CT-R – Terapia cognitiva orientada para a recuperação

A Artmed é a editora oficial da FBTC

C959   CT-R - Terapia cognitiva orientada para a recuperação de transtornos mentais desafiadores / Aaron T. Beck... [et al.] ; tradução: Sandra Maria Mallmann da Rosa ; revisão técnica: Paulo Knapp, Elisabeth Meyer. – Porto Alegre : Artmed, 2022.
xiv, 284 p. ; 25 cm.

ISBN 978-65-5882-037-6

1. Psicoterapia. 2. Terapia cognitivo-comportamental. I. Beck, Aaron T.

CDU 159.923.2

Catalogação na publicação: Karin Lorien Menoncin – CRB 10/2147

Aaron T. **Beck**
Paul **Grant**
Ellen **Inverso**
Aaron P. **Brinen**
Dimitri **Perivoliotis**

CT-R – Terapia cognitiva orientada para a recuperação

de transtornos mentais desafiadores

Tradução
Sandra Maria Mallmann da Rosa

Revisão técnica
Paulo Knapp
Psiquiatra. Formação em terapia cognitiva no Beck Institute, Filadélfia.

Elisabeth Meyer
Psicóloga. Treinamento em terapia cognitiva no Beck Institute, Filadélfia.

Porto Alegre
2022

Obra originalmente publicada sob o título
Recovery-oriented cognitive therapy for serious mental health conditions
ISBN 9781462545193

Copyright © 2021, The Guilford Press.
A Division of Guilford Publications, Inc.

Gerente editorial
Letícia Bispo de Lima

Colaboraram nesta edição:

Coordenadora editorial
Cláudia Bittencourt

Capa
Paola Manica | Brand&Book

Preparação de original
Camila Wisnieski Heck

Leitura final
Heloísa Stefan

Editoração
Ledur Serviços Editoriais Ltda.

Reservados todos os direitos de publicação, em língua portuguesa, ao
GRUPO A EDUCAÇÃO S.A.
(Artmed é um selo editorial do GRUPO A EDUCAÇÃO S.A.)
Rua Ernesto Alves, 150 – Bairro Floresta
90220-190 – Porto Alegre – RS
Fone: (51) 3027-7000

SAC 0800 703 3444 – www.grupoa.com.br

É proibida a duplicação ou reprodução deste volume, no todo ou em parte, sob quaisquer formas ou por quaisquer meios (eletrônico, mecânico, gravação, fotocópia, distribuição na Web e outros), sem permissão expressa da Editora.

IMPRESSO NO BRASIL
PRINTED IN BRAZIL

Autores

Aaron T. Beck, MD, fundador da terapia cognitiva, é professor emérito de psiquiatria da University of Pennsylvania e presidente emérito do Beck Institute for Cognitive Behavior Therapy. Recebeu vários prêmios, incluindo o Albert Lasker Clinical Medical Research Award, o Lifetime Achievement Award da American Psychological Association, o Distinguished Service Award da American Psychiatric Association, o James McKeen Cattler Fellow Award em Psicologia Aplicada da Association for Psychological Science e o Sarnat International Prize em Saúde Mental e o Gustav O. Lienhard Award do Institute of Medicine. É autor e organizador de inúmeros livros para profissionais e para o público em geral.

Paul Grant, PhD, é diretor de pesquisa, inovação e prática do Beck Institute Center for Recovery-Oriented Cognitive Therapy. Com Aaron T. Beck, deu origem à terapia cognitiva orientada para a recuperação (CT-R) e conduziu pesquisas iniciais para validá-la. Recebeu premiações da National Alliance on Mental Illness, da University of Medicine and Dentistry of New Jersey e da Association for Behavioral and Cognitive Therapies. Desenvolveu abordagens de CT-R de grupo, família e no contexto comunitário, e dirige grandes projetos de implementação da CT-R nacional e internacionalmente. Ele desenvolveu ferramentas inovadoras de implementação e está envolvido na pesquisa sobre crenças positivas e sobre mudanças na cultura da equipe como mediadoras dos resultados exitosos em CT-R.

Ellen Inverso, PsyD, é diretora de treinamento clínico e implementação no Beck Institute Center for Recovery-Oriented Cognitive Therapy. Codesenvolvedora da CT-R, criou o programa de CT-R transformadora para unidades de internação psiquiátrica, residências terapêuticas, escolas e equipes na comunidade, com foco especial em adolescentes e jovens adultos, indivíduos que se engajam em formas extremas de automutilação, pessoas que estão considerando transições para a comunidade depois de longos períodos de institucionalização e famílias. Supervisiona profissionais em início de carreira em CT-R, orienta colegas experientes para adicionar a abordagem ao seu arsenal terapêutico, além de ter sido coautora de currículos para treinamento de especialistas e treinadores em CT-R.

Aaron P. Brinen, PsyD, é professor assistente de psiquiatria clínica e ciências comportamentais no Vanderbilt University Medical Center, onde realiza treinamento em CT-R, atende indivíduos com psicose e colabora na pesquisa. Anteriormente, dirigiu o centro para disseminação, desenvolvimento, estudo e prática da CT-R na Drexel University. Codesenvolvedor da CT-R, trabalhou para formalizar o tratamento e adaptá-lo para contextos de terapia individual e em grupo, bem como para o atendimento multidisciplinar e durante tratamento hospitalar. Ele treina residentes de psiquiatria em CT-R e tem trabalhado ativamente no treinamento de terapeutas no mundo todo. Também tem um pequeno consultório de psicologia clínica especializado em terapia cognitivo-comportamental para indivíduos com esquizofrenia, transtorno de estresse pós-traumático e outros transtornos.

Dimitri Perivoliotis, PhD, é psicólogo no VA San Diego Healthcare System e professor clínico associado do Departamento de Psiquiatria da University of California, em San Diego (UCSD). No VA, é coordenador do Center of Recovery Education. Também é diretor de treinamento do VA San Diego/UCSD Interprofessional Fellowship in Psychosocial Rehabilitation and Recovery Oriented Services. Nesses contextos, conduz terapia cognitivo-comportamental individual e em grupo para indivíduos com psicose e condições concomitantes, como transtorno de estresse pós-traumático, além de fornecer supervisão, treinamento e consultoria a *trainees* em psicologia, psiquiatria e serviço social. É codesenvolvedor da CT-R.

Prefácio

Estes são tempos fascinantes para o tratamento de problemas de saúde mental graves. As duas últimas décadas testemunharam um crescimento constante de abordagens efetivas. Terapias de destaque – terapia moral, terapia ocupacional, terapia recreativa, terapia de artes criativas, modelo *clubhouse* – foram acrescidas de abordagens mais recentes – habilidades sociais, emprego apoiado, moradia com apoio, remediação cognitiva, terapia cognitivo-comportamental –, cada uma tendo acumulado sua própria base de evidências (Jay, 2016; Lieberman, Stroup, Perkins, & Dixon, 2020).

Este livro representa um salto à frente na abordagem dessas condições extraordinárias. Os conhecimentos contidos aqui são o resultado de 20 anos de esforço concentrado. Milhares de pessoas contribuíram para nossas reflexões, as mais importantes sendo aquelas que receberam um diagnóstico.

Tudo começou quando dois de nós – Grant e Beck – iniciaram um projeto paralelo para desenvolver o tratamento de indivíduos que haviam recebido um diagnóstico de esquizofrenia, a quem os profissionais da comunidade e os familiares identificavam como pessoas que desejavam ajudar mais efetivamente. Esse projeto paralelo se transformou em uma paixão e na nossa missão. Conversas com profissionais e indivíduos com experiência vivida se transformaram em observações em unidades de hospitalização, equipes da comunidade, sessões de terapia individual e de grupo, salas de espera e reuniões de família, as quais se transformaram em estudos de pesquisa.

Esses estudos confirmaram nossa teoria de que as crenças nos ajudam a entender como as pessoas com problemas de saúde mental graves podem ficar paralisadas, mas também como elas podem se sair bem. Desenvolvemos uma abordagem de tratamento poderosa e empoderadora e conduzimos estudos clínicos e de implementação para mostrar que a nossa abordagem liberta as pessoas para viver uma vida melhor, uma vida desejada, uma vida maravilhosa.

Sabemos que indivíduos que se encontram em circunstâncias difíceis com frequência são mais fortes do que percebem. Eles têm um potencial que acreditam não ter. Ficamos muito satisfeitos em poder vê-los superar todas as expectativas. Eles se recuperam, prosperam, florescem, desfrutam da vida, fazem do mundo um lugar melhor, encontram sua missão.

Embora continuemos otimistas sobre a rica possibilidade que reside dentro de cada pessoa, não somos Polianas. Os desafios podem parecer insuperáveis, tanto para aqueles que os experimentam quanto para aqueles que querem colaborar para tornar a vida melhor.

> Ele tem um cobertor sobre a cabeça. Ela não quer conversar. Ele fala sozinho o dia inteiro. Ela sai do seu quarto oscilando. Ele engole objetos. Ela diz que é Deus.

Como você encontra a pessoa que pode estar escondida nesses desafios vexatórios? Este livro lhe mostrará como.

O trabalho pode ser difícil e penoso às vezes, mas também pode ser extremamente gratificante. Compartilhamos as lágrimas com incontáveis profissionais de saúde mental e famílias quando se dá a reviravolta. E a reviravolta pode se dar de várias maneiras.

> Fazer sua primeira amizade em 20 anos. Ter um encontro romântico depois de 40 anos em uma instituição. Ser voluntário para ajudar crianças. Começar um clube de moda na comunidade. Tornar-se ativo na igreja local.

Se você quiser criar, manter e construir reviravoltas, este livro lhe mostrará como.

A vida nunca é linear. Todos nós estamos sujeitos a altos e baixos. Os retrocessos podem parecer especialmente arrasadores para alguém que está recém-começando – frequentemente depois de décadas – a ter a vida da sua escolha.

> Eles conseguem explorar sua força interna e continuar tentando? Eles conseguem cultivar resiliência para participar mais e ajudar os outros? Eles conseguem perceber que o seu florescimento está ficando mais forte quando as coisas não dão certo?

Se você quiser empoderar as pessoas para atingirem seu propósito diante dos desafios da vida, este livro lhe mostrará como.

Você pode trabalhar em casas de correção, em um hospital estadual (civil ou forense), em um hospital com internação de longa duração, em um hospital para pacientes agudos, em uma residência terapêutica, em uma equipe comunitária (tratamento comunitário assertivo, atendimento especializado coordenado, unidade móvel para atendimento de crise), em um centro de saúde mental na comunidade, na prática privada ou em um ambiente militar. A abordagem que detalhamos neste livro tem encontrado sucesso em todos esses ambientes.

O seu papel no atendimento pode ser como gerenciador de caso, terapeuta de artes criativas, na equipe de atendimento direto, como especialista em drogas e álcool, enfermeiro, terapeuta ocupacional, clínico ou especialista parceiro, especialista em reabilitação psiquiátrica, psiquiatra, psicólogo, assistente social ou especialista vocacional. Nossa abordagem tem sido útil para profissionais de todas essas disciplinas.

Você encontrará no sumário deste livro uma síntese de muitos elementos aparentemente ecléticos. A tradição humanista de Carl Rogers (1951) e Abraham Maslow (1954) está aqui. A tradição comportamental de B. F. Skinner (Liberman, 2008) e Joseph Wolpe (1990) está aqui. A tradição psicodinâmica de Silvano Arieti (1974) e outros está aqui. A tradição da reabilitação psiquiátrica de William Anthony (1980) e colaboradores também está presente.

O modelo cognitivo (Beck, 1963) e a teoria dos modos (Beck, 1996) formam o mapa teórico que faz toda a ligação. Os alvos que iremos buscar são definidos pela ênfase do movimento de recuperação na promoção de esperança, empoderamento e propósito autodefinidos (Davidson et al., 2008). Chamamos essa abordagem de *terapia cognitiva orientada para a recuperação* (CT-R).

Você poderá incorporar o conhecimento e a proficiência que já tem para contribuir para resultados poderosos. A Figura 1 representa a forma como os pontos fortes de outras abordagens terapêuticas se sobrepõem à CT-R.

O foco nos capítulos se concentra em como fazer as coisas. A CT-R é fundamentada em teoria e pesquisas. No entanto, o propósito deste livro é auxiliá-lo a aprender e a fazer.

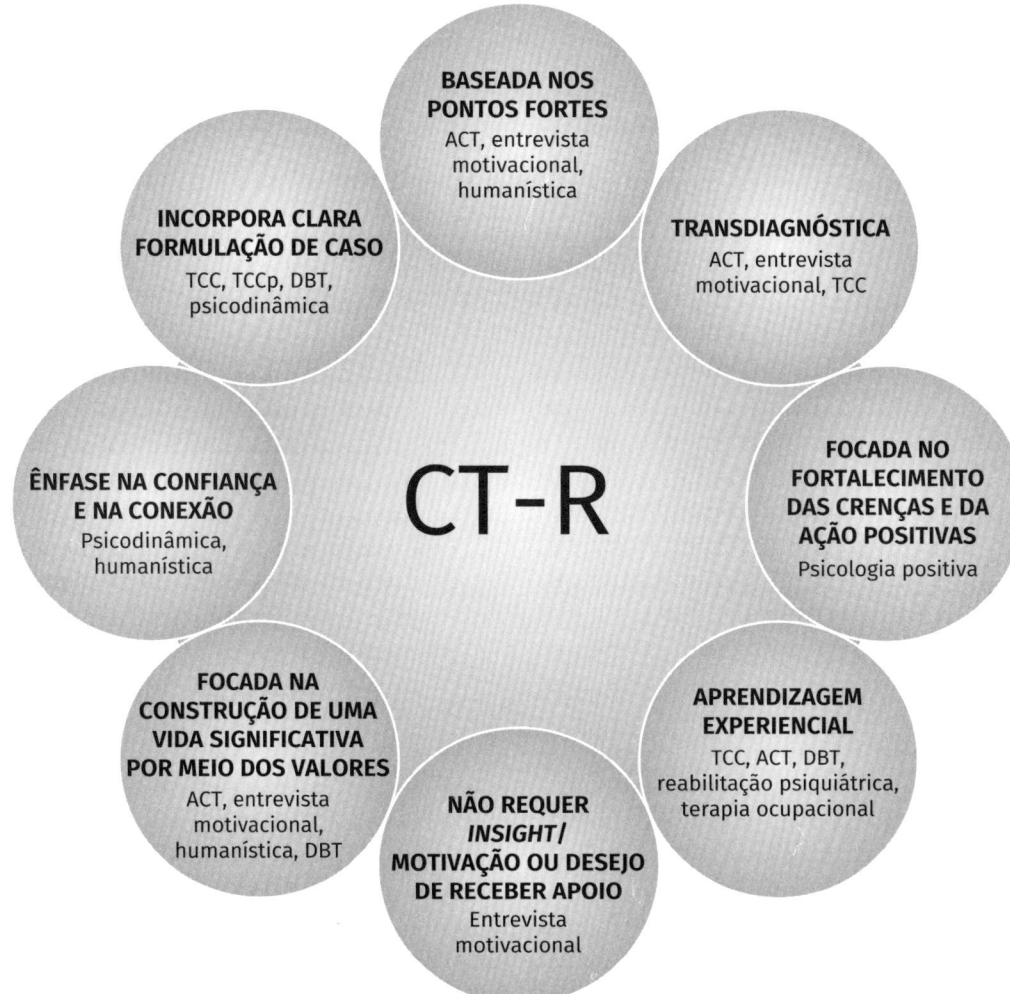

FIGURA 1 Sobreposição da CT-R com outras abordagens.
ACT, terapia da aceitação e compromisso; DBT, terapia comportamental dialética; TCC, terapia cognitivo-comportamental; TCCp, terapia cognitivo-comportamental para psicose.

Há várias categorias adicionais da CT-R que achamos que compensam o tempo dedicado a aprender sobre essa nova abordagem terapêutica:

- *Um foco no positivo.* Muito do que você encontrará neste livro visa a estimular emoções, crenças e ações positivas. Não acentuamos o positivo só porque somos pessoas boas. Focamos no positivo porque isso funciona clinicamente. Revela-se como uma forma fecunda de chegar até as pessoas onde elas estão e colaborar com elas na construção da sua melhor vida e do seu melhor *self* (Grant & Inverso, no prelo; Grant, Perivoliotis, Luther, Bredemeier, & Beck, 2018). Para pessoas que vivem com problemas de saúde mental graves, há uma miríade de razões para evitar procurar ajuda e não confiar em promessas dos contatos clínicos que repetidamente as decepcionaram (Dixon, Holoshitz, & Nossel, 2016). O foco positivo que adotamos pode ajudá-lo a superar essa desconfiança; ele serve como uma força de conexão e sustentação, a vitalidade da CT-R.
- *Uma orientação para a ação.* Você descobrirá que a ação permeia este livro. Desde como dar início à construção de uma vida desejada até o desenvolvimento de resiliência e florescimento. O propósito é vivido. Mas ação é mais do que simplesmente estar ocupado; nós a utilizamos de forma estratégica para produzir mudança drástica positiva.
- *Empoderamento por meio das crenças.* A ação goza de uma interação dinâmica com as crenças; as experiências positivas são fontes excelentes para fortalecer a visão adaptativa que uma pessoa tem de si mesma, dos outros e do futuro. O empoderamento reside nas crenças pessoais fortalecidas de ser uma pessoa boa, uma pessoa prestativa, que é forte e capaz de lidar com as coisas quando tudo fica difícil. O livro está repleto de orientações para despertar esse empoderamento que sustenta a vida.
- *Abordagens inovadoras dos desafios.* Delírios, sintomas negativos, desorganização, comportamento agressivo, autoagressão, uso de substância – utilizando uma combinação de compreensão, nossa orientação positiva e conhecimento, apresentamos formas únicas e efetivas de empoderar os indivíduos no que diz respeito a cada um desses desafios. Isso sempre está a serviço do que a pessoa realmente deseja na vida.
- *Aplicabilidade à complexidade de pessoas reais.* As pessoas experimentam uma diversidade de desafios. Nossa abordagem para a compreensão e o empoderamento está baseada na teoria e na estratégia do modelo cognitivo de Beck (2019b), que, nos últimos 60 anos, tem sido validado para quase todos os problemas que podemos encontrar no trabalho com alguém. Você verá que ninguém é tão complexo, ninguém é tão severamente problemático. Todos podem progredir na direção da sua vida desejada.
- *Foco na pessoa como um todo.* Ao incluir ações e crenças positivas nos desafios específicos, a formulação de caso se amplia para um mapeamento da

recuperação e resiliência. Não consideramos um problema ou desafio isolado a partir dos interesses positivos, das aspirações e dos recursos de uma pessoa. Criamos uma forma de guiar o foco para a pessoa como um todo – o Mapa da Recuperação. Você encontrará o Mapa da Recuperação em cada capítulo. Ele ajuda a organizar seu pensamento e pode auxiliar na coordenação de uma equipe multidisciplinar e também na continuidade entre os diversos níveis de assistência.

Este livro pode ajudá-lo a desenvolver um conhecimento sólido em CT-R ao longo de 15 capítulos, os quais organizamos em três partes:

Parte I – Modelo da CT-R de transformação e empoderamento. Os seis primeiros capítulos apresentam o modelo básico da CT-R e como ela funciona.

Parte II – Empoderamento para desafios comuns. Baseados nos aspectos fundamentais, os cinco capítulos da Parte II ampliam a compreensão, a estratégia e a intervenção para os desafios que historicamente deixaram a pessoa paralisada: sintomas negativos, delírios, alucinações, problemas de comunicação, trauma, autoagressão, comportamento agressivo e uso de substância.

Parte III – Contextos da CT-R. Os quatro capítulos finais examinam mais profundamente contextos e aplicações específicas – terapia individual, ambiente terapêutico, terapia de grupo e famílias.

A LINGUAGEM É IMPORTANTE

Ao longo deste livro tomamos o cuidado de equilibrar uma linguagem que seja sensível à experiência vivida pela pessoa, ao mesmo tempo que somos precisos. A história da psiquiatria está repleta de termos que carregam uma bagagem negativa e podem limitar o sucesso colaborativo. Algumas expressões são enganadoras, algumas são simplesmente falsas, algumas são desnecessariamente perturbadoras e algumas podem fomentar estigma.

Nosso objetivo é nos comunicarmos de uma forma que seja desestigmatizante e sem críticas, reconhecendo que indubitavelmente temos algum espaço para melhorias. Assim, adaptamos nossa linguagem em muitos aspectos que se afastam dos textos de psicopatologia tradicionais. Obtivemos a opinião valiosa de todos os nossos colaboradores, especialmente daqueles que viveram a experiência, sobre o impacto das palavras e imaginamos que isso continuará a se desenvolver com o tempo.

Neste livro, fazemos referência àqueles com quem você está colaborando, que estão recebendo atendimento, como *indivíduos*. Esses indivíduos *receberam um diagnóstico* e tendem a experimentar *desafios de saúde mental graves*. É com essa tentativa de equilíbrio que intitulamos este livro *CT-R – Terapia cognitiva orientada para a recuperação de transtornos mentais desafiadores*. Os exemplos de caso discutidos neste livro estão vagamente baseados em casos reais e não descrevem uma pessoa específica nem contêm informações de saúde protegidas. O Apêndice A define alguns dos termos comuns que usamos aqui.

Este livro estava chegando à gráfica precisamente quando a pandemia da covid-19 estava tendo um impacto significativo na cultura. Seguimos a observação do ex-Secretário da Saúde Vivek Murthy (2020) de que a prescrição para lutar contra a disseminação do vírus não é o distanciamento *social*, mas o distanciamento *físico*. A CT-R é uma abordagem orientada para a ação que enfatiza a conexão. Essa conexão pode ser obtida por meio de telessaúde ou por telefone. É possível uma conexão social muito bem-sucedida por meio da CT-R, mesmo durante o distanciamento físico. Como resultado desse sucesso, incluímos um texto sobre telessaúde nos Capítulos 3 e 12, além de duas folhas com dicas *on-line* para oferecer conselhos úteis de como obter sucesso ao realizar CT-R orientada para a ação ao nos comunicarmos por meios remotos.

AGRADECIMENTOS

Estendemos nossa imensa gratidão e reconhecimento a todos aqueles que apoiaram e estiveram envolvidos na produção deste livro. Gostaríamos de agradecer especialmente àqueles que contribuíram para elementos essenciais do texto: Elisa Payne, PhD, por muitas das ideias no capítulo "As Famílias como Facilitadoras do Empoderamento"; Joseph Keifer, PsyD, BSN, RN, por desenvolver o Guia de Instruções para o Mapa da Recuperação; Jenna Feldman, PsyD, pela construção do modo adaptativo e das árvores de decisão das aspirações; Nina Bertolami, pela organização, formatação e recursos de apoio e extensa leitura e revisão a cada estágio; Marguerite Cruz, pela assistência na organização e no projeto gráfico; Shelby Arnold, PhD, Amber Margetich, PsyD, e Adam Rifkin, LPC, pela criação de vários apêndices e representações gráficas da CT-R; Francesca Lewis-Hatheway, PsyD, pelas melhorias significativas e exemplos práticos relativos às aspirações e pelo desenvolvimento de diversos apêndices; e Sarah Fleming e Ivy McDaniels, pelas melhorias criativas nos apêndices, no material de apoio e nos gráficos. Somos gratos a todos os que deram *feedback* nas versões iniciais do texto.

Também gostaríamos de agradecer a Judith Beck, PhD (cujo livro *Terapia cognitivo-comportamental: teoria e prática* agora está na sua 3ª edição), pela estratégia e orientação; Arthur Evans, PhD, por nos desafiar a verdadeiramente trazer recuperação para todos; e a nossos muitos parceiros na comunidade e em hospitais que tanto nos ensinaram.

Este livro é dedicado aos incríveis indivíduos com experiência vivida que nos ensinaram e nos ajudaram com suas esperanças e sonhos e foram nossos parceiros na sua busca da vida a que aspiram!

Sumário

Prefácio vii

PARTE I – Modelo da CT-R de transformação e empoderamento

1. Introdução à terapia cognitiva orientada para a recuperação 3
2. Mapeando a recuperação: Desenvolvendo um plano para a ação transformadora 18
3. Acessando e energizando o modo adaptativo 31
4. Desenvolvendo o modo adaptativo: Aspirações 61
5. Realizando o modo adaptativo: Ação positiva 82
6. Fortalecendo o modo adaptativo 91

PARTE II – Empoderamento para desafios comuns

7. Empoderando quando sintomas negativos são o desafio 107
8. Empoderando quando delírios são o desafio 120
9. Empoderando quando alucinações são o desafio 139
10. Empoderando quando comunicação é o desafio 150
11. Empoderando quando trauma, autoagressão, comportamento agressivo ou uso de substância é o desafio 163

PARTE III – Contextos da CT-R

12. CT-R individual para um único profissional 189
13. Atendimento hospitalar com CT-R 205

14	Terapia de grupo com CT-R	225
15	As famílias como facilitadoras do empoderamento	237

Apêndices

A	Terminologia da CT-R	248
B	Mapa da Recuperação em branco	249
C	Guia de instruções para o Mapa da Recuperação	250
D	Sugestões de atividades para acessar o modo adaptativo	252
E	Formulário em branco para programação de atividades	253
F	Gráfico em branco para dividir as aspirações em passos	254
G	Intervenções para indivíduos que experimentam sintomas negativos	255
H	Parâmetros da CT-R	256

Recursos	273
Referências	274
Índice	278

Os compradores deste livro podem acessar o *link* do livro em www.loja.grupoa.com.br para baixar e imprimir, exclusivamente para uso pessoal ou com seus clientes, cópias dos apêndices reproduzíveis.

PARTE I

Modelo da CT-R de transformação e empoderamento

A Parte I conduzirá você pelos estágios da terapia cognitiva orientada para a recuperação (CT-R), começando pelo desenvolvimento de uma formulação da CT-R. O diagrama a seguir mostra as principais características da CT-R e corresponde ao encadeamento dos capítulos posteriores:

PRINCIPAIS CARACTERÍSTICAS DA CT-R

Acessar e energizar
- Tocar uma música.
- Pedir um conselho: "O que você acha disso?" ou "Me ensine".
- Jogar cartas.
- Falar sobre comida.
- Fazer perguntas de escolha forçada (isso ou aquilo?): "*rock* ou *pop*?"; "café ou chá?".

Desenvolver
- Identificar as aspirações.
- Usar o imaginário para enriquecer: "Como isso seria?"; "Como você se sentiria se fosse capaz de realizar isso?".
- Encontrar significado por trás da aspiração: "Qual seria a melhor parte?".

Fortalecer
- Chamar a atenção para experiências/realizações positivas.
- Desenvolver resiliência em torno dos desafios.
- "Isso foi melhor ou pior do que você esperava?" ou "O que isso significa sobre você?"
- "Em que aspectos você teve mais/menos controle?"

Realizar
- Colaborativamente dividir as aspirações em passos pequenos/atingíveis.
- Abordar os desafios no contexto das aspirações.
- Encontrar um papel significativo associado às aspirações.

CAPÍTULO 1
Introdução à terapia cognitiva orientada para a recuperação 3
Como você se familiariza com as ideias básicas e a base de evidências

CAPÍTULO 2
Mapeando a recuperação: Desenvolvendo um plano para a ação transformadora 18
Como organizar e conceitualizar as experiências positivas e negativas de uma pessoa

CAPÍTULO 3
Acessando e energizando o modo adaptativo 31
Como dar início e construir conexão e confiança

CAPÍTULO 4
Desenvolvendo o modo adaptativo: Aspirações 61
Como você descobre e enriquece aspirações que promovem esperança

CAPÍTULO 5
Realizando o modo adaptativo: Ação positiva..82
Como você transforma aspirações em ação que cultive propósito

CAPÍTULO 6
Fortalecendo o modo adaptativo 91
Como você impacta as crenças e o empoderamento durante cada estágio

1
Introdução à terapia cognitiva orientada para a recuperação

Michael, residente de um hospital estadual há várias décadas, passava a maior parte do seu tempo sentado e olhando para a parede. Quando você o via perambulando, geralmente ele estava balbuciando consigo mesmo sobre ter bilhões de dólares e milhares de esposas. Ele quase sempre estava sozinho.

A mudança começou com uma conversa atrativa. Uma integrante da equipe de tratamento se aproximou de Michael. Notando seu boné de futebol, ela perguntou se ele era torcedor e depois de que parte da cidade ele era. Michael em seguida compartilhou alguns de seus interesses: música, pesca e motos. Eles combinaram de voltar a conversar.

Nas conversas seguintes, Michael falou sobre namorar e voltar a ter uma moto. A integrante da equipe disse que as pessoas costumavam se reunir em um clube para conversar sobre coisas de que gostam e sobre o que queriam fora do hospital. Se ele se juntasse ao grupo, poderia ensinar aos outros sobre motos e dar dicas sobre bons locais para pescaria na cidade.

Michael se juntou ao clube. Desde o início, demonstrou grande conhecimento e amor pela música dos anos 60, além de ter uma ótima voz para cantar. Ele começou a se relacionar com as pessoas, a dançar ao compasso da música e falava aos outros sobre vários grupos musicais. Essas conversas conduziram naturalmente a outras sobre comida e sobre onde os membros do clube poderiam comer e ouvir música na comunidade, fora dos muros do hospital.

Com o tempo, Michael começou a falar mais sobre seu desejo de ter uma namorada. No clube, ele cantava músicas que cantaria para ela. Começou a pensar sobre o que significaria ter uma namorada. Ele queria levá-la para sair, ser um namorado carinhoso e apoiador e lhe mostrar a cidade. Isso provavelmente seria mais fácil se ele não estivesse no hospital. Pela primeira vez em décadas, Michael contemplou a ideia de aceitar a oferta de uma residência comunitária. Por fim, depois de uma visita, ele se mudou do hospital para um residencial comunitário temporário.

No residencial, Michael também descobriu um talento para a arte e começou a presentear os outros residentes com seus desenhos. Ele falava sobre esse gesto como um passo em direção a fazer e manter amizades e como uma coisa gentil a fazer para uma namorada. Com a equipe de atendimento, ele e outros membros visitaram lugares nos arredores onde compartilharam refeições, ouviram música e até foram à igreja.

A igreja o convidou para ajudar na distribuição de alimentos. Em seguida, Michael pediu para entrar na equipe de cozinheiros na sua residência. Ele recrutou um amigo da casa para se juntar a ele na copa. Pouco a pouco, Michael desenvolveu uma rede social além da sua equipe. Por fim, mudou-se para um residencial menos restritivo e começou a sair cada vez mais sozinho na comunidade. Passou a ser um rosto familiar em algumas cafeterias, puxava conversa com outros frequentadores e começou a sair com alguém que conheceu na cafeteria. Também conseguiu emprego em uma lancheria nas proximidades.

A vida de Michael se transformou drasticamente. Décadas de relativa inatividade e desconexão deram lugar a uma vida em expansão que concretizava seu desejo por relacionamentos significativos e uma experiência diária com propósito. Os sonhos, ações e sucesso eram – e são – dele. O guia para essa nova vida: terapia cognitiva orientada para a recuperação (CT-R).

A abordagem da CT-R enfatiza ir ao encontro das pessoas onde elas estão como o ponto de partida. A integrante da equipe soube procurar a personalidade adaptativa de Michael, encontrando-a nos esportes e nas motos. Confiança e conexão por meio da ação ajudam a construir dinamismo. A equipe discutiu inicialmente os interesses de Michael e depois lhe ofereceu a oportunidade de se juntar ao clube. Desse modo, desenvolveu-se um papel interpessoal para ele. A equipe também soube chamar a atenção de Michael para seus sucessos e começar a pensar sobre seu futuro. A esperança surgiu, evidenciada pela expressão da sua vontade de ter uma namorada, e então a ação – dando os passos necessários para sair do hospital e participar mais plenamente na comunidade. A equipe da comunidade se reuniu com Michael e a equipe do hospital, adotando o programa e dando continuidade ao seu sucesso e autonomia emergente – criando arte, dando-a de presente, desenvolvendo amizades, começando a namorar e conseguindo um emprego.

A CT-R produz confiavelmente o tipo certo de interações entre os parceiros do serviço, como você, e os indivíduos. Este livro é um guia de procedimentos para fazer parceria com indivíduos como Michael que lhes possibilite sair da debilidade em direção ao florescimento.

Neste capítulo, apresentamos os fundamentos da CT-R que estabelecem as bases para nosso trabalho posterior. O modelo básico da CT-R envolve o conceito de recuperação, o modelo cognitivo e a ideia de modos. Apresentamos o mapeamento da recuperação e as partes da CT-R. No final do capítulo, consideramos a base de evidências para a abordagem.

RECUPERAÇÃO – DE MOVIMENTO POLÍTICO A PADRÃO DE TRATAMENTO

A assistência em saúde mental mudou profundamente desde o começo da década de 1960 em termos de sua localização – da instituição para a comunidade – e natureza da assistência – de custodial para empoderadora (Broadway & Covington, 2018; Lutterman, Shaw, Fisher, & Manderscheid, 2017; Pinals & Fuller, 2017). A abordagem moderna da recuperação começou como um movimento político entre indivíduos que estavam principalmente em hospitais estaduais reivindicando para si mesmos e para os outros o direito de receber um tratamento melhor (ou, em determinados casos, algum tratamento) (Chamberlin, 1990). Sua inspiração foi o movimento dos direitos civis (Davidson, Rakfeldt, & Strauss, 2011).

Um ano decisivo para transformar a ideologia da recuperação em prática foi 1999, com a publicação do relatório do Secretário de Saúde sobre saúde mental e a decisão da Suprema Corte americana em *Olmstead x L.C.* Naquela decisão, a saúde mental foi equiparada à saúde física. Existiam tratamentos efetivos, e a Corte confirmou que as pessoas têm direito a receber esses tratamentos e ter uma vida na comunidade em vez de em instituições: "A noção de recuperação reflete um otimismo renovado quanto aos resultados da saúde mental, incluindo os obtidos por meio dos esforços de autocuidados de um indivíduo, e às oportunidades abertas a pessoas com doença mental de participar na dimensão completa de seus interesses na comunidade de sua escolha" (Satcher, 2000, p. 94).

Foi possível avançar mais alguns passos com o relatório final da New Freedom Commission on Mental Health do presidente George W. Bush (2003), que endossou a necessidade de incorporar completamente a recuperação na assistência à saúde mental, focando na participação integral na comunidade para todos. Em 2005, a Substance Abuse and Mental Health Services Administration (SAMHSA) publicou uma pauta de ação federal para executar os objetivos da New Freedom Commission. Esse documento reivindicava uma revolução na organização e na prestação de serviços em saúde mental.

RECUPERAÇÃO – COMO É POR DENTRO

O conceito de recuperação é admirável e amplamente atraente. Fazer disso uma realidade na vida de uma pessoa pode ser um desafio. Duas perguntas vêm à mente: o que é assistência orientada para a recuperação? Como você faz isso?

Os indivíduos que receberam tratamento psiquiátrico para problemas de saúde mental grave oferecem um caminho a seguir. Uma dessas pessoas criou as Figuras 1.1 e 1.2 para distinguir as abordagens boas das

FIGURA 1.1 Um foco do tratamento menos atraente.

ruins, respectivamente, que os profissionais podem adotar no tratamento. Na Figura 1.1, o diagnóstico psiquiátrico e o tratamento formam o círculo maior, com todos os outros fatores na vida recebendo menos importância. Nessa abordagem, o profissional prioriza lidar com problemas psiquiátricos, talvez com o pressuposto de que estes precisam ser resolvidos antes de se direcionar para os outros.

Como o abandono do tratamento prediz má qualidade de vida, institucionalização, privação de moradia e maior incapacidade para os indivíduos que recebem diagnósticos de saúde mental grave (Kreyenbuhl, Nossel, & Dixon, 2009), esse primeiro círculo sugere por que alguns podem optar por não se engajar ou abandonar o tratamento.

A Figura 1.2 contém o foco mais atraente. Nela, aspectos da vida, como ir à escola, namorar, fazer amizades, ter um papel significativo e trabalhar, são círculos muito maiores, com o tratamento psiquiátrico sendo o círculo menor. Os profissionais que prestam o tratamento desejável priorizam a vida e a participação e inserem o tratamento psiquiátrico dentro desse contexto. Focar o tratamento mais diretamente na recuperação pode ampliar seu apelo e potencialmente impactar as pessoas que de outra forma poderiam não participar (Dixon, Holoshitz, & Nossel, 2016).

Uma abordagem de tratamento orientada para a recuperação deve enfatizar a busca de um senso de propósito individualizado (ter um emprego, ser voluntário, ajudar a família) e relações significativas (amigos, colegas, encontros amorosos), além de interesses e *hobbies*. Os indivíduos devem ter a oportunidade de descobrir sua força interior para se ajudarem ou procurarem ajuda quando surgirem problemas ou estresse. Desafios surgem na vida de todas as pessoas; o tratamento deve promover resiliência no

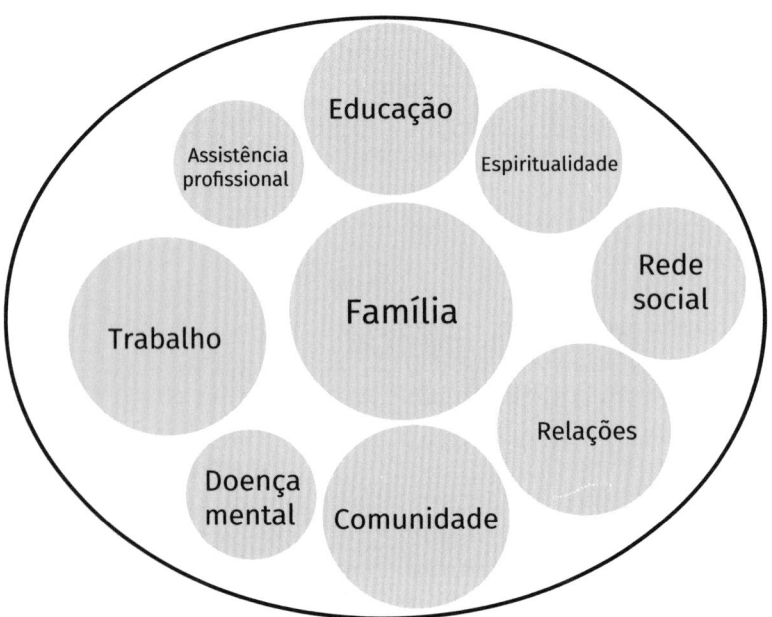

FIGURA 1.2 Um foco do tratamento mais atraente.

que diz respeito aos problemas no contexto da vida mais completa de uma pessoa.

> Recuperação significa o indivíduo recuperar:
> - Interesses
> - Capacidades
> - Aspirações
> - Habilidade de resolver problemas
> - Habilidade de se comunicar efetivamente
> - Resiliência ante o estresse

Na CT-R, recuperação é definida amplamente em termos da conexão – ou reconexão – da pessoa com outras pessoas e com valores que conduzem à vida que elas querem viver. Há certas necessidades humanas básicas que parecem estar subjacentes às esperanças e às aspirações dos indivíduos e conduzem ao bem-estar e à expressão do seu melhor *self* – conexão, confiança, esperança, propósito e empoderamento (Harding, 2019).

O MODELO COGNITIVO

Agora que temos uma noção melhor de como deve ser o atendimento, como você realiza a recuperação? O modelo cognitivo é útil nesse aspecto (Beck, 1963). Ele nos ajuda a entender como as pessoas florescem e também como elas ficam emperradas em termos das crenças que apresentam – sobre elas mesmas, sobre as outras pessoas e sobre seu futuro.

Podemos pensar no melhor *self* da pessoa como a pessoa que ela deseja ser e vivencia mais frequentemente (Callard, 2018). Esse *self* se expressa nas crenças positivas: "Eu sou uma pessoa boa", "Sou uma pessoa prestativa", "Posso ter sucesso", "As outras pessoas me valorizam", "Eu pertenço ao grupo", "Eu sou amado", "Eu tenho um futuro cheio de possibilidades para fazer a diferença". Com a CT-R, nós identificamos esse *self*, ajudamos a pessoa a vivê-lo todos os dias e fortalecemos as crenças subjacentes.

O MODO ADAPTATIVO E NOTANDO OS MOMENTOS EM SUAS MELHORES CONDIÇÕES

Todos nós falamos de estar no "modo trabalho", "modo férias", "modo sobrevivência". Um *modo* é uma maneira de agir ou fazer que envolve crenças, atitudes, emoção, motivação e comportamento (Beck, 1996; Beck, Finkel, & Beck, 2020). Todos nós temos momentos em que estamos em nossas melhores condições, assim como os indivíduos com quem trabalhamos. Esses momentos *nas melhores condições* são uma experiência do melhor *self* e podem ocorrer durante um evento musical, em uma festa de aniversário, durante um evento esportivo ou ao descrever uma receita. O que vemos durante esses momentos? A pessoa é cordial, engraçada, conectada, alerta, conhecedora. Referimo-nos a essa forma de ser como o *modo adaptativo*.

Os momentos nas melhores condições ocorrem quando o indivíduo se conecta com pelo menos uma outra pessoa e participa em uma atividade mutuamente benéfica. Podemos dizer que esses indivíduos estão no modo adaptativo pela sua expressão e comportamento. Eles ficam animados, menos pressionados e se divertem. As crenças positivas se tornam mais disponíveis, tais como: "Eu posso me divertir", "Eu posso ser eficiente" e "Eu posso ser amigo de outras pessoas". Essas crenças positivas são acompanhadas por energia, motivação e bom humor, que liberam capacidades e comportamentos latentes.

O tratamento que foca no modo adaptativo se assemelha ao indicado na Figura 1.2. Ele envolve significativamente outras pessoas, assim como os próprios pontos fortes e talentos, sonhos e ambições de uma pessoa.

O modo adaptativo não é exclusivo de pessoas que recebem o diagnóstico de um problema de saúde mental grave; é uma característica geral do ser humano. Na CT-R, recuperação significa a recuperação do modo adaptativo: recuperação dos interesses, valores, capacidades e aspirações do indivíduo, bem como de sua habilidade de resolver problemas, pensar com flexibilidade, comunicar-se efetivamente e ser resiliente diante do estresse. Recuperação significa florescer em uma vida desejada.

OS DESAFIOS E A CARACTERÍSTICA EMPERRADA DO MODO "PACIENTE"

Os indivíduos podem não conseguir experimentar seu melhor *self* ou personalidade adaptativa com tanta frequência. Esta pode ser a razão por que estão em atendimento. Seus dias podem ser dominados pela experiência de baixa motivação, falta de prazer, alucinações, delírios, comportamento agressivo, desorganização ou autoagressão. Essas experiências geralmente são flutuantes e têm tempo limitado; no entanto, podem representar um desafio significativo para a vida cotidiana (Mote, Grant, & Silverstein, 2018).

O modelo cognitivo (Beck, 1963) também é útil para a nossa compreensão dos desafios. Quando estão no modo "paciente", os indivíduos se veem como fracos, incompetentes, incapazes; eles veem os outros como ameaçadores, rechaçantes; e veem seu futuro como incerto e hostil (Beck, Himelstein, & Grant, 2019). Essas crenças têm gravidade. Elas parecem ser fatos. Torna-se difícil ter acesso à motivação e fácil ser consumido por alucinações e delírios – e acima de tudo ser privado da vida escolhida pelo indivíduo. As crenças negativas se unem em um senso de *self* negativo que pode exercer forte pressão em uma pessoa – a essência de estar emperrado.

JUNTANDO AS PEÇAS

Todo o foco da abordagem da CT-R é localizar o modo adaptativo no indivíduo. Como o modo tende a estar latente, precisamos energizá-lo e então ajudar a pessoa a desenvolvê-lo, atualizá-lo e fortalecê-lo. O acesso ao modo adaptativo geralmente envolve atividades que não se parecem com a terapia pela fala tradicional.

O que realmente funciona para as pessoas é a busca de algum propósito que lhes proporcione uma imensa quantidade de significado (Frankl, 1946). Não se trata de manter-se ocupado ou se convencer de que as coisas estão bem; trata-se de fazer a diferença. Na essência da CT-R, encontra-se a colaboração com os indivíduos para que eles possam desenvolver e realizar sua missão na vida.

A CT-R ajuda o indivíduo a localizar seu melhor *self*, desenvolvê-lo e viver seu propósito a cada dia. Ela se concentra no que é importante para o indivíduo e insere os problemas psiquiátricos no contexto da vida que ele deseja viver. Ela vai ao seu encontro onde ele está, mesmo que ele tenha baixo acesso à motivação e mínimo interesse no tratamento ou confiança nos prestadores do serviço.

A Figura 1.3 ilustra os componentes essenciais da CT-R. O modo adaptativo é o foco de cada parte: acessá-lo e energizá-lo, desenvolvê-lo, realizá-lo e fortalecê-lo. A seta é uma imagem de progresso, e os retângulos mostram como cada um dos componentes o ajudará a promover os principais aspectos da recuperação e do bem-estar: conexão, esperança, propósito e resiliência. A seta da CT-R será seu guia durante a primeira parte do livro.

Introduzindo o Mapeamento da Recuperação e o Mapa da Recuperação

A CT-R requer um foco que vai além dos desafios para incluir os interesses, as aspirações e as crenças positivas. Usamos a expressão "mapeamento da recuperação" para nos referirmos ao processo de coletar informações sobre tudo isso, desenvolver uma compreensão em termos das crenças e planejar o tratamento. O Mapa da Recuperação (ver Apêndice B) é um documento de uma página em desenvolvimento que você pode usar individualmente ou com sua equipe. Ele guia o desenvolvimento da sua compreensão da CT-R e ajuda a planejar estratégias e intervenções – com alvos concretos para mudança – que promovem colaborativamente uma vida significativa. O Mapa da Recuperação mantém você focado nas crenças a cada etapa do tratamento e ajuda a garantir que os problemas sejam mantidos no contexto da pessoa como um todo, especialmente seus interesses, aspirações e significados. No Capítulo 2, você desenvolverá suas habilidades para o mapeamento da recuperação.

A seguir, descrevemos as partes da abordagem da CT-R, incluindo como o Mapa da Recuperação entra em cena a cada etapa.

Acessando e Energizando o Modo Adaptativo por meio da Conexão

Um número significativo de pessoas que recebe um diagnóstico não diz que quer tratamento, um diagnóstico ou ajuda. Elas podem se sentir desanimadas, achando que

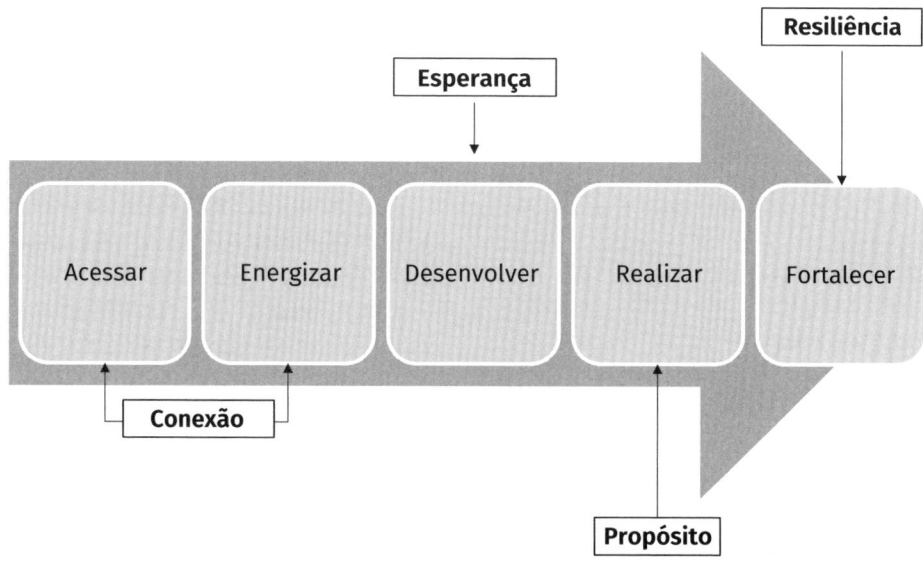

FIGURA 1.3 A seta da CT-R.

qualquer coisa que seja feita é o melhor que se pode fazer. Elas podem não confiar nos profissionais de saúde mental.

Em função dessas preocupações, você precisa ir ao seu encontro onde elas estão. Trata-se de uma questão de encontrar e acessar seu modo adaptativo. Fazemos isso por meio da conexão humana mediante os interesses e as atividades compartilhadas que entusiasmam a pessoa. O acesso ao modo adaptativo requer compreensão de por que uma pessoa inicialmente pode não interagir com você. Também envolve persistência para continuar tentando interesses e atividades até que um deles gere uma resposta. Você pode reconhecer quando o indivíduo está na sua melhor condição e ajudar a fazer essas experiências acontecerem com mais frequência.

No entanto, acessar o modo adaptativo não é suficiente. Precisamos ajudar o indivíduo a energizá-lo. O objetivo é que o modo adaptativo ocorra de forma mais frequente e previsível. Você pode desenvolver repetidamente a conexão por meio de interesses compartilhados que envolvam que o indivíduo o ajude de alguma maneira. Energizar o modo adaptativo requer atividade repetitiva, baseada nos interesses da pessoa, que com o tempo aumenta a energia e leva a um acesso mais fácil ao modo adaptativo. Por fim, o indivíduo pode começar a projetar um futuro. A primeira linha do Mapa da Recuperação (ver Apêndice B) acompanha o acesso e a energização do modo adaptativo.

Como seu relacionamento e as atividades conjuntas – seja individualmente, seja em equipe – são essenciais para acessar e energizar os esforços, esta parte da CT-R encarna a conexão humana, que é uma característica importante da recuperação e do bem-estar. O Capítulo 3 reforça sua habilidade de acessar e energizar o modo adaptativo.

Desenvolvendo o Modo Adaptativo com a Identificação e o Enriquecimento das Aspirações

Quando os indivíduos se tornam mais conectados com outras pessoas, desenvolvem confiança, adquirem mais energia e obtêm maior acesso à motivação, está na hora de focar na vida que a pessoa realmente deseja ter. As características específicas dessa vida podem incluir ter uma casa, ter um parceiro romântico, começar uma família, tornar-se enfermeiro, abrir um negócio ou ajudar animais ou os menos afortunados. Usamos o termo "aspirações" para nos referirmos ao que as pessoas realmente desejam em suas vidas. Essencial para a CT-R é identificar aspirações que sejam desejos grandes, significativos e motivadores.

É particularmente importante identificar o significado, o que quase sempre envolve ajudar outras pessoas, socialmente fazer a diferença no mundo, contribuir de forma significativa para a família ou se doar a outras pessoas que estejam em dificuldades. Os significados das aspirações são alvos para a ação cotidiana. Você pode ajudar a enriquecer as aspirações mediante o desenvolvimento de uma imagem de recuperação que ajude a empoderar a pessoa quando ocorrerem experiências estressantes. Os indivíduos experimentam uma sensação palpável de esperança quando desenvolvem seu modo adaptativo. Esperança é a chave para o sucesso da recuperação e bem-estar continuado.

A segunda linha do Mapa da Recuperação (ver Apêndice B) é o lugar onde registrar as aspirações e os significados que as impulsionam. O Capítulo 4 o ajuda a desenvolver habilidades para identificar e enriquecer as aspirações.

Realizando o Modo Adaptativo com Ação Positiva

Apenas sonhar não é suficiente – recuperação e florescimento envolvem realizar os sonhos. As aspirações nos ajudam a saber o que é mais importante para a pessoa. Depois que conhecemos o significado da aspiração de uma pessoa, precisamos introduzi-la na sua vida e torná-la realidade todos os dias. Os indivíduos criam sua vida desejada por meio da ação positiva diária que torna realidade seus significados valorizados. Tais ações podem ser dar um passo em direção ao objetivo aspirado ou engajar-se em uma atividade que tenha o mesmo significado subjacente – por exemplo, ajudar as pessoas. Cada sucesso nesses tipos de atividades diárias pode fortalecer as crenças positivas e enfraquecer as negativas. Você pode introduzir programações flexíveis para ajudar a pessoa a estruturar sua vida desejada.

Pulando a terceira linha por enquanto (à qual retornaremos quando discutirmos os desafios), a quarta linha do Mapa da Recuperação captura seus passos de ação na CT-R, além dos alvos para mudança positiva. É ali que você insere a ação positiva que permite que os indivíduos tenham um senso de propósito diário mediante a vivência do significado das suas aspirações. O propósito é outro aspecto crítico da recuperação e do bem-estar (Harding, 2019). O Capítulo 5 o ajuda a desenvolver habilidades com a ação positiva.

Fortalecendo o Modo Adaptativo ao Tirar Conclusões e Empoderar a Resiliência

O quinto quadro na seta da CT-R (ver Figura 1.3) apresenta o fortalecimento do modo adaptativo. A CT-R é um processo experiencial, e cada um dos quatro quadros à esquerda requer um processo de tirar conclusões durante as experiências. Ter sucesso interpessoal, fazer a diferença para outras pessoas, obter uma vida desejada – todas essas são oportunidades para fortalecer as crenças positivas sobre si mesmo, sobre os outros e sobre o futuro. Os indivíduos são capazes, amáveis, podem desfrutar das coisas, podem se conectar e são atenciosos. Outras pessoas os apreciam, se interessam e querem conhecê-los. Eles podem fazer a diferença no futuro.

O quadro aparece no lado direito perto da ponta da seta na Figura 1.3 para ilustrar a importância de tirar conclusões para progredir com a CT-R. Esse processo colaborativo ajuda a pessoa a obter o máximo das experiências que revelam seu potencial em ação. Você pode focar a atenção nesses significados positivos e tirar conclusões com perguntas diretas e adaptadas ao paciente. A quarta linha do Mapa da Recuperação também captura esses significados. Os indivíduos desenvolvem resiliência e empoderamento por meio desse processo. Os Capítulos 3 a 5, e especialmente o 6, lhe mostram como fazer isso.

Desafios, Resiliência e Empoderamento

A vida de cada um de nós tem estresses. Enquanto você ajuda a pessoa a começar a viver a vida que ela deseja, estressores e desafios provavelmente irão surgir. Quando a vida é mais difícil, podem surgir desafios como sintomas negativos, alucinações, delírios, agressão e autoagressão.

Resiliência envolve descobrir e desenvolver um sentido de empoderamento no que diz respeito a esses estressores. Implica que a pessoa saiba que pode ir além deles. O estresse pode aumentar o desejo de se isolar, ouvir vozes, focar em delírios, aumentar impulsos agressivos – mas o indivíduo pode aprender a afastar o foco de tais desejos e direcioná-lo para atividades que são mais importantes. Quando surgem desafios específicos, a CT-R enfatiza a sua compreensão e a promoção de estratégias para empoderamento. A terceira linha do Mapa da Recuperação captura os desafios e as crenças que estão subjacentes a eles.

A resiliência possibilita que uma pessoa continue a perseguir os objetivos e as aspirações apesar dos desafios que surgem. Uma das maiores descobertas que podemos ajudar um indivíduo a fazer é a de que, quando as coisas não dão certo, isso não é uma catástrofe; nem tudo está perdido. Desenvolver crenças resilientes desse tipo é outra parte essencial da CT-R que impulsiona e sustenta os indivíduos enquanto buscam a vida que desejam viver. Os Capítulos 7 a 11 lhe mostram como.

ESTRUTURA DE UMA INTERAÇÃO DE CT-R

Independentemente de você estar trabalhando com um indivíduo em terapia individual, em terapia de grupo, em um ambiente hospitalar ou na comunidade, qualquer interação pode ser uma interação de CT-R. Os componentes principais incluem (1) abertura explorando o modo adaptativo do indivíduo, (2) estabelecer um alvo colaborativo para o tempo que passarem juntos, (3) desenvolver ou examinar as aspirações de um indivíduo e seu significado, (4) abordar os desafios ou dar passos no contexto das aspirações e (5) desenvolver colaborativamente um plano de ação que ajude a traduzir o que vocês fizeram juntos para a vida diária do indivíduo (ver Figura 1.4).

QUADRO 1.1 A CT-R é um bom remédio

Os epidemiologistas descobriram que indivíduos que recebem diagnóstico de esquizofrenia e outros problemas de saúde mental graves vivem em média 20 anos menos que a pessoa média, sendo que a morte precoce é mais provavelmente causada por uma doença física (p. ex., doenças digestivas e endócrinas, doenças infecciosas, doenças respiratórias, problema cardíaco, desequilíbrio metabólico), e não diretamente por uma característica da saúde mental, como suicídio (Lee et al., 2018; Saha, Chant, & McGrath, 2007).

Ao mesmo tempo, uma revolução no campo da saúde pública durante os últimos 30 anos identificou fatores sociais – desconexão, falta de propósito, falta de esperança, desempoderamento – associados a piores resultados de saúde física e expectativa de vida mais baixa independentemente da presença de uma condição mental (Harding, 2019; Murthy, 2020).

Isso faz da CT-R um bom remédio, já que o foco está nas conexões sociais, nas aspirações significativas, na ação imbuída de propósito e no empoderamento constante. O modelo cognitivo se torna um mediador do bem-estar – desenvolver e viver seu melhor *self* pode resultar em uma vida mais rica e mais longa.

Evidências de que essa fórmula para o bem-estar funciona provêm de um estudo com 50 indivíduos com alta *performance* que receberam diagnóstico de esquizofrenia. Os fatores em comum que o grupo citou para seu sucesso foram ter relações valiosas, ação pessoalmente significativa todos os dias e uma forma de manejar o estresse (Cohen et al., 2017).

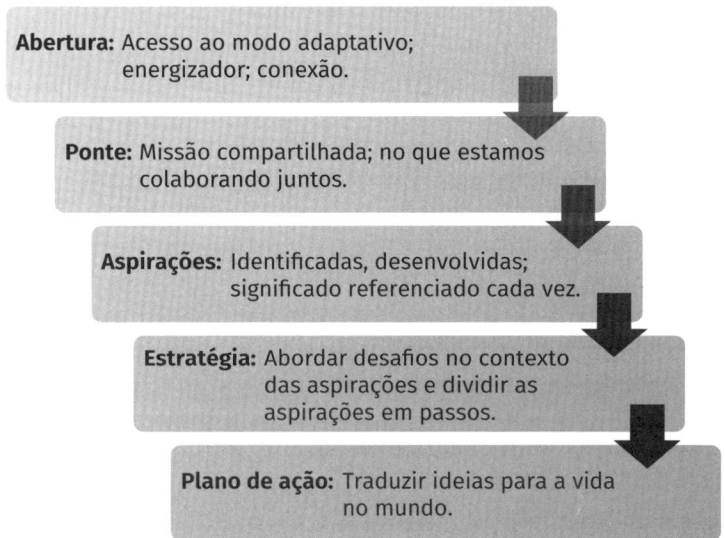

FIGURA 1.4 A estrutura de uma interação na CT-R.

Dar início a uma interação com acesso ao modo adaptativo traz energia, foco e conexão. Comunica que você está dedicado ao indivíduo como uma pessoa inteira, não apenas aos desafios, e proporciona dinamismo suficiente para progredir ao longo dos passos restantes.

A seguir, uma ponte significativa, semelhante à terapia cognitiva tradicional (Beck, 2020), lhe dá a oportunidade de verificar as atividades ou os passos em relação à aspiração que o indivíduo deu desde sua última interação. Também lhe dá a oportunidade de restabelecer a missão em que você e o indivíduo estão juntos. Em algumas circunstâncias, isso irá girar em torno da realização das aspirações e de seu significado. Em outras circunstâncias, será sobre a prontidão para fazer a transição para um nível de assistência menos restritivo, enquanto para outros pode ser sobre transformar os sonhos em ação. A missão deve ser desenvolvida em conjunto.

As aspirações fornecem a força motriz para qualquer interação na CT-R e devem ser regularmente desenvolvidas, enriquecidas e referenciadas. Aspirações são "por que tentar fazer as coisas". Montar estratégias ajuda a identificar "o que tentar". Os desafios são abordados quando impactam o progresso em direção às aspirações. Por fim, um plano de ação coloca em prática as aspirações. Ele é o que a pessoa extrai da interação. Valeria a pena para a pessoa fazer mais coisas fora do horário que ela tem com você? O que ela pode fazer durante o resto do dia ou semana para manter a dinâmica em ação?

COMO SABEMOS QUE A CT-R FUNCIONA?

A CT-R é uma prática baseada em evidências. Estudos de pesquisa apoiam o modelo cognitivo como um bom guia para o modo como pessoas com problemas de saúde mental graves prosperam e como ficam emperradas (Beck, Himelstein, & Grant, 2019; Beck, Rector, Stolar, & Grant, 2009; Grant & Best, 2019). Um ensaio controlado randomizado apoia a eficácia da CT-R para promover um melhor modo de viver a vida conforme a própria escolha (Grant, Huh, Perivoliotis, Stolar, & Beck, 2012). Os resultados da avaliação do programa mostram que a CT-R causa impacto nos diversos níveis de assistência em que os indivíduos se encontram e nas diversas especialidades dos prestadores de cuidados com os quais eles estejam trabalhando (Grant, 2019a).

Evidências que Apoiam as Crenças Positivas Ajudando as Pessoas a Fazer o Melhor

A força das crenças positivas para promover recuperação pode ser vista em um estudo em que simulamos o processo terapêutico da CT-R colaborando com indivíduos para que tivessem sucesso em uma tarefa. O sucesso foi mais bem previsto pelo aumento, nas pessoas, das crenças positivas sobre si mesmas e sobre os outros, além de aumento na sua experiência de emoção positiva (Grant, Perivoliotis, Luther, Bredemeier, & Beck, 2018). Em um estudo relacionado, constatamos que pessoas com problemas de saúde mental graves que tinham níveis mais altos de crenças positivas estavam participando mais na comunidade seis meses mais tarde. Elas também estavam experimentando menos perturbação pelos sintomas negativos, alucinações e delírios (Grant & Best, 2019).

Evidências que Apoiam o Papel das Crenças Negativas nas Pessoas que Ficam Emperradas

Quando perguntamos às pessoas por que elas já não faziam as coisas de que costumavam gostar (como basquete ou culinária), elas disseram coisas como: "Por que tentar se eu vou fracassar". Denominamos esses tipos de declarações como "crenças derrotistas", pois a pessoa se protege do fracasso sendo inativa.

Conduzimos um estudo (Grant & Beck, 2009a) mostrando que as crenças derrotistas estavam relacionadas a sintomas negativos e ao desempenho nos testes de memória, atenção e solução de problemas – fatores que predizem viver uma vida menos plena. Nosso achado original agora já foi reproduzido muitas vezes, tanto nos Estados Unidos quanto em outros países (Campellone, Sanchez, & Kring, 2016).

Pessoas que recebem um diagnóstico experimentam mais crenças derrotistas em sua vida diária, e essas crenças estão relacionadas a menor probabilidade de saírem de sua casa e de se mudarem fisicamente (Ruiz et al., 2019). Caso se sintam rejeitadas e não se sintam parte de um grupo social, é muito maior sua probabilidade de endossar crenças derrotistas (Reddy, Reavis, Polon, Morales, & Green, 2017). Por sua vez, quando as crenças derrotistas se tornam menos fortes, as pessoas que recebem um diagnóstico têm mais sucesso no trabalho e também mais sucesso socialmente (Mervis et al., 2016).

As crenças derrotistas são um fator geral que impacta os sintomas negativos e impede a busca dos indivíduos pela vida significativa que de outro modo iriam querer. O poder disruptivo das crenças emerge na adolescência (Clay et al., 2019; Perivoliotis, Morrison, Grant, French, & Beck, 2009), impedindo a pessoa de fazer parte de alguma coisa maior com outras pessoas (Fuligni, 2019) e levando a isolamento e incapacidade.

Nossas entrevistas também identificaram crenças associais, preferências por es-

QUADRO 1.2 O significado das dificuldades com atenção, memória e solução de problemas

> O fraco desempenho em testes de memória e atenção tem sido entendido como a possibilidade de existir alguma coisa danificada no cérebro do indivíduo submetido ao teste (Andreasen, 1984). Não achamos que isso seja verdade. Publicamos um estudo de revisão que inspira esperança para indivíduos que receberam diagnóstico de esquizofrenia e para suas famílias e prestadores de cuidado (Beck, Himelstein, Bredemeier, Silverstein, & Grant, 2018).
> No trabalho, mostramos que existem muitos fatores que contribuem de modo geral para o fraco desempenho nos testes e tarefas independentemente de um diagnóstico de saúde mental: estresse elevado, tristeza, expectativas de fracasso, baixo esforço e fraco acesso à motivação. Esses fatores também contribuem para o fraco desempenho de pessoas que receberam diagnóstico de esquizofrenia. Todos esses fatores podem ser abordados com tratamentos psicossociais. A conclusão é a de que os indivíduos não são limitados e podem ter sucesso; eles têm a chave para contribuir para seu próprio potencial (Grant, Best, & Beck, 2019).

tar sozinho em vez de com outras pessoas (Grant & Beck, 2010) – por exemplo: "As pessoas algumas vezes pensam que sou tímido, quando na verdade eu só quero que me deixem sozinho". Essas crenças protegem os indivíduos da dor da rejeição social. Em um estudo (Grant & Beck, 2010), demonstramos que as crenças sociais previam um futuro de não realizar atividades ou passar muito tempo com outras pessoas. Outro estudo examinou as crenças derrotistas e associais, identificando que ambas estavam associadas a menos acesso à motivação e mais baixa participação na comunidade (Thomas, Luther, Zullo, Beck, & Grant, 2017).

Como veremos, o segredo do empoderamento na CT-R é começar pela participação, aumentar o acesso à motivação e, então, fortalecer as crenças positivas sobre capacidade e o valor das outras pessoas.

Ensaio Randomizado

Em nosso ensaio clínico, recrutamos indivíduos com sintomas negativos elevados e os designamos aleatoriamente para continuar seu tratamento padrão na comunidade ou para receber CT-R semanalmente (Grant et al., 2012). O tratamento ativo durou até 18 meses. Para ter uma ideia de como as pessoas estavam se saindo no começo do estudo, se cada participante tirasse fotos instantâneas de si mesmo e do que estava à sua volta a cada hora de um dia inteiro, você veria fumaça de cigarro, a televisão, as refeições, o assistente social, uma visita ao psiquiatra – não muitas atividades.

Ao fim de 18 meses de tratamento, os avaliadores – que estavam cegos para a condição – determinaram quais indivíduos no tratamento padrão não haviam melhorado. Por sua vez, as pessoas na condição de CT-R apresentaram resultados funcionais melhorados. Elas aumentaram a motivação, e suas alucinações, delírios e transtornos da comunicação foram reduzidos. Em termos do mundo real, a mudança experimentada pela pessoa típica na condição da CT-R foi de passar toda a semana fumando e assistindo à televisão para fazer uma amizade, ser voluntária, começar a retornar para a escola, começar a ter encontros amorosos – trilhando o caminho da vida da sua escolha.

Depois de seis meses, durante os quais não foi realizado nenhum tratamento, as pessoas na condição da CT-R ainda tinham melhor funcionamento, maior motivação e redução nas alucinações, nos delírios e nos transtornos da comunicação quando comparadas com as pessoas na condição padrão (Grant, Bredemeier, & Beck, 2017). Sobretudo, a melhora nas crenças positivas durante os 24 meses do estudo previa melhora no envolvimento na comunidade e na participação (Grant & Best, 2019). As crenças positivas são o caminho principal para a recuperação e para viver uma vida desejada.

Um motivo para esperança é que as pessoas que receberam um diagnóstico 20, 30 ou 40 anos antes de entrarem no estudo ainda apresentaram melhoras aos 24 meses. A recuperação se estende a todos; todos podem começar a vida que desejam.

Resultados da Avaliação do Programa

A CT-R foi implementada com sucesso em grandes sistemas de saúde estaduais e municipais na Pensilvânia, em Nova York, Montana, Vermont, Nova Jersey, Massachusetts e Georgia. Isso envolveu diversos contextos, tais como hospitais de longa e curta permanência, abrigos protegidos, contextos forenses e comunidade, atendimento especializado e equipes de saúde integrada. Essas implementações envolveram a equipe de atenção direta, enfermeiros, arteterapeutas, terapeutas recreacionais, terapeutas ocupacionais, assistentes sociais, diferentes especialistas, psicólogos e psiquiatras. O sucesso da CT-R ocorreu na forma de terapia individual, terapia de grupo e aplicações baseadas na equipe.

Os resultados mostram que a CT-R melhora a habilidade dos profissionais de promover recuperação e resiliência em indivíduos que estavam emperrados. Em contextos hospitalares agudos e de longo prazo, a CT-R produziu redução drástica no uso de instrumentos de controle (Chang, Grant, Luther, & Beck, 2014) – restrições, isolamento, medicações calmantes – e eliminou as restrições mecânicas completamente. Os indivíduos saíam dos seus quartos com mais frequência para participar. Equipes com pacotes de serviço relatam contatos de mais qualidade evidenciados por aumento nas unidades de serviço. As taxas de hospitalização diminuíram, os dias de encarceramento foram reduzidos, e os indivíduos se mudaram para níveis de atendimento menos restritos. Eles relatam que se sentem menos solitários, com mais esperança e começando a florescer. Eles encontram uso para as habilidades da vida cotidiana. Em um grande sistema, dois terços dos indivíduos melhoraram em pelo menos uma das quatro dimensões de recuperação da SAMHSA no espaço de seis meses de CT-R supervisionada (Grant, 2019b).

O modelo cognitivo guia uma forma individualizada e centrada na pessoa de compreender como as pessoas prosperam e como elas ficam emperradas. A teoria é apoiada por um conjunto variado de estudos de pesquisa. A terapia foi validada em um ensaio randomizado e demonstrou melhorar os resultados para diferentes prestadores de cuidados em contextos variados. A recuperação se estende a todos, e existem procedimentos concretos e efetivos para promovê-la. Todos os indivíduos têm um modo adaptativo dentro de si, e todos os que trabalham com eles podem colaborar para promover florescimento. Os próximos capítulos mostram como fazer isso.

PALAVRAS DE SABEDORIA

QUADRO 1.3 A recuperação é um processo de florescimento

Recuperação não é um destino; é a evolução de um caminho de florescimento. É a participação bem-sucedida e o envolvimento na comunidade de escolha do indivíduo. Na CT-R, recuperação é a realização ativa das aspirações altamente valorizadas pelo indivíduo. Envolve uma série de marcos à medida que o espaço vital se amplia. Os retrocessos ocasionais oferecem a oportunidade de construir resiliência e descobrir força interna. Alguns indivíduos trilham rapidamente o caminho da recuperação, enquanto outros levam mais tempo. Com CT-R e tempo suficiente, todos os indivíduos podem atingir graus variados de florescimento. As pesquisas nos mostram que a *recuperação se estende a todos*. Os marcos incluem, mas não estão limitados a:

- engajamento e acesso ao modo adaptativo;
- ativação repetida do modo adaptativo;
- preparação do Mapa da Recuperação;
- seleção e enriquecimento das aspirações;
- sucesso para atingir o significado das aspirações;
- experiências de resiliência e conclusões;
- empoderamento em relação aos desafios pessoais.

RESUMO

- A CT-R é um procedimento que produz confiavelmente o tipo certo de interações entre você e os indivíduos com experiência vivida para promover recuperação, resiliência e empoderamento.
- Um modo é uma maneira de agir ou fazer que envolve crenças e atitudes, emoção, motivação e comportamento. Usamos a expressão "modo adaptativo" para descrever o que parece impulsionar o comportamento adaptativo. Acreditamos que o modo adaptativo está presente, mas inativo, quando o indivíduo está vivendo desafios. Por sua vez, quando os indivíduos são atraídos para uma atividade prazerosa significativa, o modo adaptativo é ativado.
- Os principais componentes da CT-R e do modo adaptativo são: acessar e energizar o modo adaptativo, desenvolver o modo adaptativo, realizar o modo adaptativo e fortalecer o modo adaptativo.
- O Mapa da Recuperação é um documento dinâmico de uma página que pode guiá-lo no desenvolvimento da CT-R de um indivíduo e no desenvolvimento de estratégias e intervenções para promover uma vida significativa colaborativamente.
- Há uma forte base de evidências comprovando a eficácia da CT-R, incluindo um ensaio controlado randomizado, o *follow-up* desse ensaio e os resultados da avaliação do programa.
- As crenças positivas são o caminho principal para a recuperação sustentada e o florescimento na comunidade de escolha do indivíduo.

2

Mapeando a recuperação:
Desenvolvendo um plano para a ação transformadora

Jackie vive no mesmo abrigo comunitário fechado há 25 anos. Ela foi hospitalizada várias vezes desde que se mudou para esse abrigo – em geral como consequência de perambular pela cidade, algumas vezes andando no meio do tráfego e gritando com o que presumivelmente seriam vozes. A equipe de tratamento de Jackie inclui a equipe de atendimento direto do abrigo e um gestor de casos ambulatorial, terapeuta e psiquiatra.

Eles descrevem os dias de Jackie como vazios e sombrios, passando boa parte do seu tempo na cama. Ela veste as mesmas roupas de um dia para o outro. A equipe do abrigo relata que algumas vezes Jackie vem à sala de convivência quando outros residentes estão trabalhando em projetos de artesanato, mas raramente fica tempo suficiente para trabalhar em alguma coisa com eles. Quando realmente fica com o grupo, em geral é quando eles estão fazendo bijuterias. Ocasionalmente um parente visita Jackie, mas, durante essas visitas, ela com frequência sai da sala e começa a gritar diferentes frases ou palavras de forma desarticulada e difícil de entender.

Quando a equipe ou seu terapeuta tentam falar com Jackie sobre seu dia ou coisas que ela gostaria de fazer mais tarde, Jackie responde do mesmo modo desorganizado ou compartilhando ideias sobre ter a habilidade de trazer as pessoas de volta dos mortos e gerar múltiplas partes do corpo.

Tem sido difícil para Jackie desenvolver e manter relações com outras pessoas.

A experiência de Jackie apresenta vários desafios impressionantes, mas também oferece algum vislumbre de possíveis interesses e desejos. Tudo isso fornece informações valiosas sobre como podemos nos associar a ela na sua recuperação. Para colaborar efetivamente com Jackie, precisamos desenvolver uma compreensão mais rica das coisas de que ela gosta, das esperanças e sonhos que ela tem e de crenças ou comportamentos que podem fazê-la sentir-se emperrada na busca desses sonhos.

O mapeamento da recuperação é um processo de aprofundamento da nossa compreensão da pessoa e de desenvolvimento de um plano para a ação transformadora que reforce as crenças positivas e empodere o indivíduo. É uma abordagem mais ampla do que alguns podem ter aprendido como conceitualização ou formulação de caso (Beck, 2020; Beck, Rush, Shaw, & Emery, 1979); envolve uma compreensão ampliada dos indivíduos e de suas experiências – tanto positivas quanto desafiadoras – e ajuda a organizar essa compreensão para que as intervenções sejam direcionadas e a documentação seja clara.

Este capítulo destaca como você pode mapear a recuperação, mesmo quando tiver poucas informações, e as particularidades do Mapa da Recuperação, uma ferramenta prática que pode ser usada para guiar o tratamento.

INTRODUZINDO O MAPA DA RECUPERAÇÃO

O Mapa da Recuperação é um documento de uma página que contém os elementos principais da CT-R, cada um dos quais é elaborado nos Capítulos 3 a 6. Conforme apresentado no Apêndice B, há um total de oito quadros organizados em quatro linhas e duas colunas. Olhando primeiro para as linhas, você pode ver que a linha do alto contém dois quadros focados no acesso e energização do modo adaptativo de um indivíduo. Os quadros na segunda linha se referem às aspirações de um indivíduo – suas esperanças e sonhos para o futuro. Os quadros na terceira linha se concentram nos desafios que podem impactar o progresso de um indivíduo na direção das suas aspirações. A linha inferior contém planos de ação positiva e empoderamento que são desenvolvidos com base no conteúdo das três linhas de cima.

Se agora olharmos para as colunas do Mapa da Recuperação, especificamente para as três linhas superiores, o lado esquerdo contém o que sabemos sobre as pessoas para acessar e energizar o modo adaptativo (linha 1), as aspirações (linha 2) e os desafios (linha 3). A coluna da direita representa as crenças e os significados associados a cada uma delas.

As colunas da linha inferior são um pouco diferentes. A coluna da esquerda contém estratégias e intervenções da CT-R. O quadro à direita contém a crença, o significado e o desafio que é alvo dessas estratégias e intervenções.

BENEFÍCIOS DO MAPA DA RECUPERAÇÃO

Os profissionais que trabalham sozinhos podem usar o Mapa da Recuperação para planejar as sessões com base em alvos claros. As equipes interdisciplinares podem usar esse formulário para coordenar sua compreensão e o planejamento de forma unificada. Qualquer profissional, independentemente da posição, tem a oportunidade de contribuir com base no seu respectivo papel com o indivíduo. Cada profissional pode ver os indivíduos na sua melhor condição em diferentes contextos e também pode ter informações sobre quando é mais provável que os desafios persistam.

O Mapa da Recuperação apoia a continuidade do atendimento, já que ele pode ser repassado e mais desenvolvido à medida que a pessoa avança para maior independência, assegurando uma compreensão compartilhada entre os profissionais que esteja orientada em torno dos desejos da pessoa. Igualmente, se um indivíduo requer um nível mais alto de atenção, o Mapa da Recuperação pode fornecer informações valiosas que podem impulsionar um tratamento orientado para a recuperação efetiva por parte do profissional.

O Mapa da Recuperação pode ser preenchido fora das sessões e visitas e também pode ser usado em colaboração direta com o indivíduo em algumas circunstâncias.

COMO PREENCHER UM MAPA DA RECUPERAÇÃO

Recomendamos que você imprima ou faça uma cópia do Mapa da Recuperação (ver Apêndice B). Você irá mudar suas respostas com o tempo, à medida que aprender mais sobre a pessoa. Cada estratégia e intervenção correspondente dará origem a atualizações, também. Você pode começar com poucas informações e, em seguida, descobrir que seu Mapa é uma cornucópia do melhor *self* e desejos da pessoa para uma vida mais plena impregnada de resiliência. As equipes frequentemente guardam Mapas da Recuperação em pastas ou em diagramas para o acesso rápido de toda a equipe.

Ação Positiva e Empoderamento

Embora você vá preencher a linha inferior do Mapa por último, será bom tê-la em mente enquanto o preenche a partir do alto. Essa linha o ajuda a especificar seu plano de ação para colaborar com o indivíduo. Ela também pode ajudá-lo a documentar acuradamente suas interações com a pessoa na forma como sua organização requer.

Vamos começar esclarecendo as diferenças entre *estratégia*, *intervenção* e *alvo*.

Uma *estratégia* na CT-R é um plano abrangente, uma declaração da missão geral. É o que você está buscando. Uma estratégia pode ser você desejar saber os interesses de uma pessoa ou descobrir e desenvolver suas aspirações. Você pode querer colaborar com o indivíduo para inserir o significado da aspiração na vida diária ou empoderá-lo em relação aos desafios.

Intervenções são o meio de realizar a missão mais ampla. É como você vai fazer isso. As intervenções podem incluir ouvir música ou solicitar aos familiares informações sobre os interesses para realizar a estratégia de acessar e energizar o modo adaptativo. Elas incluem perguntas e uso do imaginário para a estratégia de identificação e enriquecimento das aspirações. Podem ser a prática de relaxamento muscular progressivo para empoderar a pessoa em relação ao estresse.

Alvos são o que mudará como resultado da intervenção. Eles podem incluir:

- crenças positivas que você está esperando ativar e fortalecer com suas intervenções, como as crenças da Seção Acessando e Energizando o Modo Adaptativo;
- aspirações para as quais vocês estão trabalhando juntos;
- significados para ajudar a pessoa a experimentar e notar por meio da ação;
- crenças negativas que você está esperando reduzir;
- o comportamento ou sintoma específico que está sendo visado pelas suas intervenções.

A linha inferior do Mapa da Recuperação é o lugar onde você transforma as três linhas superiores em seu plano de ação. As estratégias e intervenções são registradas no quadro à esquerda, e os alvos para mudança, no quadro à direita. Você irá anotá-los com base no que inseriu nas três primeiras linhas. Retornaremos à Seção Ação Positiva e Empoderamento do Mapa da Recuperação depois de considerações sobre as outras três seções.

Acessando e Energizando o Modo Adaptativo

Na seção superior esquerda do mapa – o quadro rotulado como "Interesses/Formas de se Engajar" –, você deve observar interesses conhecidos do indivíduo, atividades preferidas, áreas de conhecimento específico ou habilidades. Esse quadro pretende capturar todas as vezes em que um indivíduo está na sua melhor condição. Você poderá saber mais sobre isso a partir das próprias descrições da pessoa, falando com um ente querido, pelos documentos de um profissional que o encaminhou, por observações em um ambiente, etc. Se você não sabe o suficiente sobre a pessoa para preencher alguma coisa aqui, descobrir interesses, emoções e momentos do melhor *self* será a sua primeira prioridade para a CT-R.

Na seção superior direita – o quadro rotulado como "Crenças Ativadas Durante o Modo Adaptativo" –, você deve observar as crenças positivas sobre si mesmo, sobre os outros e sobre o futuro que a pessoa deve experimentar quando está nas suas melhores condições ou engajada em interesses. Estas podem ser crenças sobre ser qualificado, ser capaz de desfrutar das coisas, ser útil, etc.

É essencial para a CT-R que você pense em termos de crenças desde o começo. Isso provavelmente envolverá conjeturas no início. Com o tempo, você será capaz de confirmar suas suposições. Desse modo, você sempre estará focado em significados importantes. As crenças são a cola que possibilita continuidade entre as experiências positivas e são a base para o crescimento e a manutenção de uma vida desejada.

Para fazer uma suposição, pergunte-se: "Como eu me sentiria ou me veria se estivesse fazendo esta atividade?". Você pode anotar suas suposições no quadro superior direito, indicando que esse é um palpite que você pode atualizar à medida que prosseguir em sua colaboração com a pessoa.

O relato mais acurado do que são essas crenças será dado pelos indivíduos. O melhor momento é perguntar quando vocês estiverem realizando a atividade preferida juntos. Você pode perguntar: "Qual é a melhor parte de [preencher a atividade]?" ou talvez: "Como você se sente em relação a si mesmo quando está fazendo isso?". Coloque a resposta no quadro superior direito.

Essas crenças positivas são importantes para o progresso. Você deverá ajudar os indivíduos a observá-las e fortalecê-las. Frequentemente você descobrirá que crenças ativadas quando a pessoa está no modo adaptativo são o oposto das crenças que dominam sua vida cotidiana quando no modo

QUADRO 2.1 A importância de fazer suposições na CT-R

Muitas das atividades centrais para a CT-R são as buscas nas quais os indivíduos se engajaram e das quais se afastaram durante sua vida sem necessariamente obter um benefício continuado. Ao focarmos nosso pensamento em crenças potenciais que podem ser ativadas durante essas atividades, estamos mudando esse *script*. A experiência de cada atividade é repleta de potencial. Os significados e as crenças são nossa maneira de perceber isso. Os indivíduos podem não saber ou não conseguir dizer quais serão esses benefícios, já que podem nunca os ter percebido antes. É por isso que começamos com suposições. Como há uma qualidade universal para muitas das atividades, pensar sobre como nos sentiríamos e pensaríamos sobre nós mesmos é um bom ponto de partida. Isso nos prepara melhor para ajudar a escolher a atividade e, então, tirar conclusões sobre o significado durante ela. Em seguida, nossas suposições são confirmadas, e a vida da pessoa começa a assumir significados importantes na maior parte do tempo – ser capaz, contribuir, sentir-se apreciado, fazer a diferença.

"paciente". O Capítulo 3 detalha como acessar o modo adaptativo e fortalecer as crenças que irão energizá-lo.

Vamos considerar o exemplo de Jackie apresentado anteriormente. A primeira seção do seu Mapa da Recuperação se parece com a Figura 2.1.

No começo, temos poucas informações. Quais são os interesses de Jackie, suas áreas de conhecimento ou habilidades? Uma pista é que há momentos em que ela é um pouco mais ativa – enquanto os outros estão fazendo artesanato e bijuterias. Que crenças são ativadas durante essas atividades? Por que alguém se juntaria a outras pessoas durante certas atividades e não durante outras? Estas são apenas algumas das perguntas que você pode considerar quando fizer suposições sobre as crenças ativadas quando a pessoa está em um modo mais adaptativo.

Aspirações

A segunda linha do Mapa da Recuperação contém as aspirações e seus significados. O quadro à esquerda é para os objetivos declarados do indivíduo. Essas esperanças e sonhos devem ser significativos, de longo prazo e capazes de gerar experiências que constituem a vida desejada da pessoa. Em muitos casos, você não saberá quais são as aspirações da pessoa. Isso é esperado.

Faça da descoberta da vida desejada da pessoa uma prioridade para a CT-R. Para começar, você pode fazer suposições e escrevê-las no Mapa da Recuperação, atualizando-o quando tiver uma noção melhor das aspirações da pessoa.

À medida que você toma conhecimento do que a pessoa está procurando na vida, você pode desenvolver a aspiração no imaginário, o que pode aprimorar ainda mais as informações capturadas no Mapa da Recuperação. O processo para a descoberta e o enriquecimento das aspirações é detalhado no Capítulo 4.

Na segunda linha à direita, encontra-se o quadro para o significado da aspiração. Você pode não ter certeza de qual é esse significado, mas pode começar com suposições. O processo é semelhante ao que vimos com as crenças ativadas pelo modo adaptativo.

Você pode se perguntar: "Qual seria a melhor parte da aspiração?" e "O que ela sentiria ao realizar a aspiração?". Você pode escrever as respostas no Mapa da Recuperação, observando que cada uma é uma suposição que você pode atualizar à medida que souber mais sobre a pessoa.

Os significados subjacentes às aspirações tendem a ser o oposto das crenças negativas que a pessoa tem sobre si mesma, sobre os outros e sobre o futuro. Eles refletem um autoconceito desejado – "Eu sou uma pessoa prestativa, não uma pes-

ACESSANDO E ENERGIZANDO O MODO ADAPTATIVO	
Interesses/Formas de se Engajar:	**Crenças Ativadas Durante o Modo Adaptativo:**
• Artes e artesanato. • Confecção de bijuterias.	• Suposição: eu sou capaz ou habilidosa. • Suposição: vale a pena estar por perto e passar um tempo com outras pessoas quando estamos fazendo coisas de que gosto.

FIGURA 2.1 Mapa da Recuperação de Jackie: Acessando e energizando o modo adaptativo.

soa ofensiva"; "Eu sou uma pessoa boa"; "Eu posso ter sucesso"; "Eu posso fazer do mundo um lugar melhor".

Quando você conhece a aspiração da pessoa, pode perguntar: "O que isso diria sobre você se realizasse isso?" ou "Qual seria a melhor parte?". O significado que você obtém pode ser inserido no Mapa da Recuperação.

Como algumas aspirações estão muito distantes (p. ex., abrir um negócio, fazer o curso de enfermagem) ou aparentemente são impossíveis de atingir (p. ex., tornar-se o líder mundial supremo), os significados se tornam sua moeda principal de progresso e recuperação. A razão: os significados podem ser vivenciados todos os dias. Por exemplo, a melhor parte de se tornar enfermeiro seria ajudar as pessoas e fazer do mundo um lugar melhor.

Isso torna o significado da seção das aspirações no Mapa da Recuperação especialmente importante – é a essência do que, em última análise, uma pessoa está procurando obter na sua vida e é central para a sua colaboração com ela.

A seção das aspirações do Mapa da Recuperação de Jackie é particularmente complicada, pois muitos dos seus desejos são desconhecidos nesse ponto na CT-R. Para começar, ela pode ter a aparência da seção das aspirações na Figura 2.2.

Como a equipe não sabe muito acerca dos desejos de Jackie, descobri-los torna-se uma prioridade. Uma pista é que Jackie frequentemente fala de "trazer os mortos de volta". A equipe reflete acerca do que isso significaria sobre ela se ela fosse capaz de trazer as pessoas de volta. Isso possibilitaria conexão? Ela seria importante? Embora inicialmente estas sejam suposições, quanto mais a equipe aprende sobre os interesses e desejos de Jackie, mais refinado se torna o Mapa da Recuperação – por exemplo, a equipe pode pensar sobre como ela poderia atingir esses significados e, então, começar a experimentar essas atividades com ela.

Desafios

A terceira linha do Mapa da Recuperação contém a seção dos desafios. Ela fornece uma imagem instantânea dos comportamentos e crenças que atualmente impulsionam o modo "paciente". Os desafios são um foco do tratamento somente quando representam um obstáculo às aspirações do indivíduo. Posteriormente examinaremos os sintomas negativos (Capítulo 7); os sintomas positivos (Capítulos 8 e 9); os desafios na comunicação (Capítulo 10); e autoagressão, comportamento agressivo e uso de substância (Capítulo 11). As descrições dos desafios estão listadas no lado esquer-

ASPIRAÇÕES	
Objetivos:	**Significado de Atingir o Objetivo Identificado:**
• Ainda não conhecidos – precisa desenvolver mais. • O que poderia significar sua crença sobre trazer as pessoas de volta dos mortos? Há alguma coisa desejada ali? • Confeccionar bijuterias.	• Suposição: conexão? • Suposição: poder ou importância? • Suposição: capacidade?

FIGURA 2.2 Mapa da Recuperação de Jackie: Aspirações.

do da terceira linha; as crenças que podem estar subjacentes aos desafios estão listadas no quadro no lado direito.

Na nossa experiência, você achará o quadro à esquerda nessa linha o mais fácil de preencher de todos os oito no Mapa da Recuperação. A maioria das entradas foca nos problemas presentes. Nos contextos de abrigos comunitários, hospitalares e forenses, além das equipes da comunidade, frequentemente se observa que os desafios justificam a necessidade de um nível maior de assistência.

As crenças correspondentes podem dar um pouco mais de trabalho. Como já vimos nas duas linhas anteriores, uma suposição com pouca informação pode contribuir muito. Para fazer algumas suposições iniciais sobre as crenças negativas que movem os desafios, podemos considerar perguntas como:

- Por que alguém se engajaria nesse comportamento?
- No que ela acreditaria sobre si mesma, sobre os outros e sobre o futuro?
- Que necessidade as crenças mais amplas (p. ex., grandes delírios) satisfariam?

Você pode inserir as respostas que suspeita serem as certas no quadro de crenças na linha dos desafios, mais uma vez indicando que você está fazendo uma suposição. Você poderá confirmar essas crenças com o tempo, atualizando o Mapa à medida que prosseguir no processo. Para verificar as crenças subjacentes aos desafios, você pode:

- Usar resumos e declarações empáticas para trazer à tona possíveis crenças (p. ex., "Estou ouvindo você dizer que está sendo visado, eu entendi direito? Imagino que isso deve ser assustador. Estou me perguntando se isso faz você se sentir inseguro ou achar que as outras pessoas não são confiáveis").
- Fazer uma análise em cadeia (ver Capítulo 6) com os indivíduos para saber mais sobre o que leva ao desafio e o que eles estão pensando sobre si mesmos, sobre os outros e sobre o futuro durante esse percurso.

As crenças subjacentes aos desafios são importantes para a sua compreensão, já que a sua ativação é a origem principal da dificuldade para a pessoa viver a vida que deseja. Quanto mais você conhecer as crenças específicas, melhor poderá desenvolver seu trabalho e, por fim, ajudar a pessoa a desenvolver resiliência.

Os desafios são frequentemente o primeiro material que você conhecerá a respeito de uma pessoa, sobretudo no início do desenvolvimento de uma relação com ela. Este foi certamente o caso com Jackie. A equipe de tratamento tinha apenas uma vaga ideia dos seus interesses e desejos, mas conseguia identificar claramente os comportamentos que a estavam mantendo emperrada. A parte dos desafios no Mapa da Recuperação de Jackie está retratada na Figura 2.3.

A equipe de Jackie desenvolveu ideias iniciais para as possíveis crenças com base no que Jackie havia dito no passado. Eles também fizeram suposições com base em seu conhecimento das crenças comuns subjacentes a certos desafios (ver Parte II). A equipe provavelmente terá mais clareza sobre quais crenças negativas são mais relevantes para as experiências de Jackie quando aprender mais sobre seu modo adaptativo e sobre quais crenças são contrárias às ativadas quando os desafios estão presentes.

DESAFIOS	
Comportamentos Atuais/Desafios:	**Crenças Subjacentes aos Desafios:**
• Presta atenção às vozes a ponto de reduzir a consciência do seu ambiente (p. ex., andando na rua). • Isolamento. • Dificuldade com a comunicação verbal (desorganização). • Delírios em torno da ideia de trazer as pessoas de volta da morte e de gerar partes do corpo.	Suposições: • Não tenho controle. • De que adianta fazer coisas com os outros? Vou fracassar de qualquer modo. • Não consigo mais desfrutar das coisas de que gostava. • As pessoas não gostam de mim. • As pessoas não conseguem me entender. • O mundo é inseguro. • Não tenho nada para oferecer, sou incapaz. • Não sou importante e tenho pouco valor.

FIGURA 2.3 Mapa da Recuperação de Jackie: Desafios.

Retorno à Ação Positiva e Empoderamento

Depois de preencher as três primeiras linhas do Mapa da Recuperação, você estará pronto para determinar suas estratégias, intervenções e alvos, anotando-os na seção inferior do Mapa.

Ao desenvolver planos de ação, o Mapa da Recuperação pode ser usado para organizar os papéis dos membros da equipe de tratamento enquanto todos estão trabalhando voltados para os mesmos alvos de recuperação. Essa seção pode informar a documentação clínica, já que apresenta o objetivo do tratamento e a justificativa para as intervenções. A Figura 2.4 mostra como isso seria para Jackie.

Acessar, energizar e desenvolver o modo adaptativo são os elementos fundamentais da CT-R. Para Jackie, não há muitas informações disponíveis para que se possa ter

AÇÃO POSITIVA E EMPODERAMENTO	
Estratégias Atuais e Intervenções:	**Crenças/Aspirações/Significados/Desafio Visados:**

1. Identificar formas de ativar o modo adaptativo.
  – Pedir orientações sobre projetos de artesanato.
  – Pedir ajuda para organizar atividades de artesanato e outras atividades.
  – Perguntar a Jackie e seus familiares sobre coisas que ela gostava de fazer.
2. Identificar e enriquecer as aspirações.
  – Criar imagem da recuperação.
	1a. Crenças sobre capacidade.
	  – Eu sou capaz e posso estar conectada.
	  – Quanto mais faço o que gosto, melhor me sinto.
	  – Consigo desfrutar mais do que eu imaginava e ainda posso fazer as coisas de que costumava gostar.
	1b. Reduzir o isolamento.
	2. Crenças sobre o futuro.
	  – Esperança e propósito para o futuro.

FIGURA 2.4 Mapa da Recuperação de Jackie: Ação positiva e empoderamento.

uma boa ideia do que ela realmente gosta, o que quer fazer mais ou o que deseja para o seu futuro. Assim, as estratégias iniciais para a ação positiva são descobrir e enriquecer os interesses e as aspirações de Jackie. As intervenções para realizar essas estratégias estão desenvolvidas em mais detalhes nos Capítulos 3 e 4.

A equipe também fez suposições sobre as crenças – por exemplo, capacidade, conexão – que poderiam se tornar ativas quando Jackie realiza atividades de que gosta com outras pessoas. O isolamento é um desafio importante que a equipe pode abordar por meio da realização das atividades preferidas de Jackie. Como eles sabem o mínimo sobre suas aspirações para o futuro, é importante que a equipe também inclua a identificação das aspirações como um passo essencial na ação positiva.

O MAPA DA RECUPERAÇÃO DURANTE O CURSO DO TRATAMENTO

O Mapa da Recuperação é um documento dinâmico que é flexível, capta a compreensão atual e guia a estratégia e a ação positiva. Você pode modificá-lo à medida que souber mais sobre o indivíduo. Muitas fontes podem contribuir para a atualização e a personalização do Mapa da Recuperação:

- novas informações sobre as experiências ou história do indivíduo;
- confirmação ou refutação de algumas das suas suposições;
- novas suposições para crenças e significados;
- uma intervenção que não funcionou;
- novas aspirações;
- novos interesses.

Quando surgem desafios ao progresso durante o curso do tratamento, você e sua equipe podem colaborar com os indivíduos para abordá-los por meio da ação positiva e da resiliência e tirando conclusões para fortalecer as crenças positivas e minimizar as crenças negativas. Se a estratégia inicial não for bem-sucedida, desenvolva uma nova que possa funcionar melhor, atualizando o Mapa da Recuperação durante o processo. O Mapa da Recuperação completo inicial de Jackie é apresentado na Figura 2.5.

QUADRO 2.2 Mapeando a recuperação e documentação

> Por concepção, seu trabalho com CT-R pode não se parecer com o tratamento tradicional. Um auditor ou pessoa não familiarizada com a abordagem pode não ver o que você está fazendo como um tratamento genuíno. O Mapa da Recuperação é uma ferramenta útil para anotar os progressos e outras informações que claramente associem o que você está fazendo às crenças subjacentes e ao progresso na direção de uma vida desejada. A quarta linha é seu guia para isso – por exemplo: "a estratégia durante o contato foi fortalecer as crenças do indivíduo sobre ser capaz de fazer a diferença e ser importante para os outros. Ajudei-o a coordenar o grupo para lembrar dos aniversários e das boas qualidades de cada pessoa. Usei descoberta guiada [estratégia e intervenções do quadro à esquerda] para ajudar o indivíduo a notar o quanto ele era bem-sucedido e como os outros reconheciam o que ele fazia e que valeria a pena fazer mais no futuro [crenças do quadro à direita]".

MAPA DA RECUPERAÇÃO	
ACESSANDO E ENERGIZANDO O MODO ADAPTATIVO	
Interesses/Formas de se Engajar:	**Crenças Ativadas Durante o Modo Adaptativo:**
• Artes e artesanato. • Confecção de bijuterias.	• Suposição: eu sou capaz ou habilidosa. • Suposição: vale a pena estar por perto e passar um tempo com outras pessoas quando estamos fazendo coisas de que gosto.
ASPIRAÇÕES	
Objetivos:	**Significado de Atingir o Objetivo Identificado:**
• Ainda não conhecidos – precisa desenvolver mais. • O que poderia significar sua crença sobre trazer as pessoas de volta dos mortos? Há alguma coisa desejada ali? • Confeccionar bijuterias.	• Suposição: conexão? • Suposição: poder ou importância? • Suposição: capacidade?
DESAFIOS	
Comportamentos Atuais/Desafios:	**Crenças Subjacentes aos Desafios:**
• Presta atenção às vozes a ponto de reduzir a consciência do seu ambiente (p. ex., andando na rua). • Isolamento. • Dificuldade com a comunicação verbal (desorganização). • Delírios em torno da ideia de trazer as pessoas de volta da morte e de gerar partes do corpo.	Suposições: • Não tenho controle. • De que adianta fazer coisas com os outros? Vou fracassar de qualquer modo. • Não consigo mais desfrutar das coisas de que gostava. • As pessoas não gostam de mim. • As pessoas não conseguem me entender. • O mundo é inseguro. • Não tenho nada para oferecer, sou incapaz. • Não sou importante e tenho pouco valor.
AÇÃO POSITIVA E EMPODERAMENTO	
Estratégias Atuais e Intervenções:	**Crenças/Aspirações/Significados/Desafio Visados:**

1. Identificar formas de ativar o modo adaptativo.
  – Pedir orientações sobre projetos de artesanato.
  – Pedir ajuda para organizar atividades de artesanato e outras atividades.
  – Perguntar a Jackie e seus familiares sobre coisas que ela gostava de fazer.
2. Identificar e enriquecer as aspirações.
  – Criar imagem da recuperação.
	1a. Crenças sobre capacidade.
	  – Eu sou capaz e posso estar conectada.
	  – Quanto mais faço o que gosto, melhor me sinto.
	  – Consigo desfrutar mais do que eu imaginava e ainda posso fazer as coisas de que costumava gostar.
	1b. Reduzir o isolamento.
	2. Crenças sobre o futuro.
	  – Esperança e propósito para o futuro.

FIGURA 2.5 Mapa da Recuperação inicial completo de Jackie.

No Apêndice C, você encontrará um Guia de Instruções para o Mapa da Recuperação – uma folha de consulta para preencher o Mapa da Recuperação – que você pode usar juntamente com o formulário em branco do Mapa da Recuperação (ver Apêndice B) para cada paciente. Esse guia inclui lembretes de quais informações são adicionadas a cada quadro, além de perguntas que você pode fazer a si mesmo ou aos indivíduos para obter informações acuradas para cada seção.

CONSIDERAÇÕES ADICIONAIS

Seguindo o Fluxo do Mapa da Recuperação de Alto a Baixo

Embora possa haver substancialmente mais informações sobre uma seção (em geral os desafios) comparada com outra, é importante tentar trabalhar de alto a baixo ao completar o Mapa. Para ter mais sucesso, você precisa identificar o que ativa o modo adaptativo do indivíduo e suas aspirações para o futuro. Ambos fornecem orientações poderosas e empoderadoras para o tratamento e são muito importantes no desenvolvimento e na manutenção da conexão. Também ajudam a preparar uma representação mais abrangente de uma pessoa que não foque inteiramente em seus desafios.

Isso é, talvez, especialmente verdadeiro se você estiver desenvolvendo um Mapa da Recuperação em colaboração com o indivíduo. É provável que ele tenha muita experiência em ser questionado sobre desafios e muito menos frequentemente tenha tido a oportunidade de compartilhar valores e esperanças significativas para o futuro. Completar o Mapa nessa ordem reflete mais acuradamente o processo da CT-R como um todo e pode guiar a abordagem. Por exemplo, se você achar que não tem nenhuma informação na seção das aspirações, isso informa que sua estratégia e intervenções (seção da ação positiva e empoderamento) devem estar focadas na identificação das aspirações.

O Mapa da Recuperação e o Planejamento do Tratamento

O Mapa da Recuperação incorpora componentes comumente encontrados nos documentos do plano de tratamento em uma variedade de contextos: objetivos para o futuro, alvos para mudança e justificativa para as intervenções com base nas crenças. É possível que o Mapa possa informar o planejamento do tratamento e a documentação nos formatos atualmente usados em programas e organizações ou seja uma substituição adequada para esses formulários. Isso permite a oportunidade de um processo colaborativo que assegure que as prioridades do indivíduo sejam centrais no planejamento do tratamento.

Desenvolvendo Mapas da Recuperação Compartilhados

Muitas vezes, os indivíduos estão envolvidos com múltiplos sistemas. Uma pessoa pode morar em um abrigo protegido e também ter apoio de uma equipe baseada na comunidade ou de um terapeuta individual. Alguns indivíduos podem ter familiares ou cuidadores que estão dispostos a contribuir para o processo de planejamento do tratamento.

Em algumas dessas situações, pode ser útil desenvolver Mapas da Recuperação compartilhados – Mapas que podem ser usados em múltiplos contextos, com base em *insights* de cada uma das fontes envolvidas. Todos os envolvidos na vida de um indivíduo podem ter experiências únicas que destacam quando a pessoa está em suas melhores condições, o que ela espera no futuro e o que pode provocar os desafios. Em última análise, o objetivo do Mapa da Recuperação compartilhado é estimular colaboração e consistência.

Os Mapas compartilhados podem ser desenvolvidos de algumas formas diferentes: todos podem se reunir ao mesmo tempo por meio de reuniões ou teleconferência para desenvolver o Mapa juntos ou cada parte pode trabalhar nele separadamente e depois compartilhar como grande grupo para criar um Mapa geral.

Decidindo Quando Usar um Mapa da Recuperação com os Indivíduos

O Mapa da Recuperação pretende ser uma ferramenta que reflete uma compreensão holística profunda de uma pessoa. Isso é útil na geração de estratégias de tratamento enraizadas em crenças e significado. No entanto, há algumas situações em que o uso do Mapa da Recuperação durante uma interação com um indivíduo acaba interferindo no processo de tratamento.

Para alguns indivíduos, um profissional que enfatiza o uso de um quadro ou folha de exercícios representa uma divisão hierárquica entre o tratador e o tratado. Isso pode dar a impressão de ser mais da mesma velha coisa. Podem ser evidências disso situações em que um indivíduo, ao ver o Mapa, expressa ideias muito grandiosas, como ser o chefe do profissional ou ser o dono da agência. Outros podem se fechar e fugir totalmente da conversa.

Nessas circunstâncias, pode ser mais efetivo focar em uma atividade ou conversa que lhe forneça as informações necessárias para completar o Mapa fora da interação com o indivíduo. Para outros, no entanto, trabalhar colaborativamente no Mapa da Recuperação pode ser uma experiência poderosa de controle sobre o compartilhamento de suas histórias e experiências – eles são os especialistas na sua vida, guiando o próprio tratamento.

Alguns indivíduos podem ficar interessados nessa abordagem imediatamente. Outros podem não responder favoravelmente ao Mapa no começo do tratamento, mas, depois de fazerem progresso, podem querer completar a ferramenta com você para destacar onde eles se situam agora e para onde querem continuar a se dirigir, mesmo que deixem o atendimento.

Ao usar o Mapa com os indivíduos, concentre o tempo nas duas primeiras linhas (acessando e energizando o modo adaptativo e as aspirações). Passe para os desafios somente quando aspirações ricas e significativas tiverem sido identificadas e elaboradas. Para alguns, esse processo pode ocorrer com o preenchimento de uma seção por interação; para outros, pode levar mais tempo.

Limitar a quantidade de tempo empregado no Mapa pode ajudar a garantir que este não seja o único foco da interação. Por fim, certifique-se de obter *feedback* dos indivíduos durante o processo: "Como isso está funcionando?", "Isso parece útil?", "Quais são seus pensamentos sobre como e por que isso pode ser útil?".

Nos próximos capítulos, você aprenderá diferentes métodos para implementar a CT-R seguindo o mesmo formato que é usado no Mapa da Recuperação. Continuamos a usar a experiência de Jackie como um exemplo de como o Mapa da Recuperação se desenvolve ao longo do tratamento utilizando essas abordagens.

PALAVRAS DE SABEDORIA

QUADRO 2.3 Mapeando a pessoa como um todo para liberar a força do positivo

O modelo cognitivo (Beck, 1963) ajuda os profissionais a entenderem os desafios psiquiátricos em termos das crenças negativas sobre si mesmos, sobre os outros e sobre o futuro. Estratégia e seleção das intervenções visam as crenças para promover a melhora dos comportamentos e das emoções angustiantes. A formulação do caso baseada em crenças está na essência da terapia cognitiva.

A observação clínica e pesquisas recentes mostram que, quando os indivíduos começam a melhorar, os *fatores positivos* assumem a liderança e se tornam dominantes, à medida que o peso das crenças negativas diminui (Grant & Beste, 2019; Grant & Inverso, no prelo). A tríade cognitiva acaba sendo uma excelente fórmula para construir o melhor *self* do indivíduo: eu sou confiante, bem-sucedido e uma pessoa boa; os outros se importam comigo, são ótimos parceiros e colaboradores; e o futuro é brilhante com a minha prosperidade.

Para melhor guiar nosso trabalho na CT-R, ampliamos a noção de formulação de caso para incluir esses atributos positivos em termos de interesses e aspirações, o que estruturamos em termos do modo adaptativo. Dessa maneira, os desafios estão em seu lugar, e a pessoa como um todo está representada.

RESUMO

- O propósito do mapeamento da recuperação é organizar a sua compreensão de um indivíduo em suas melhores condições e quando os desafios estão presentes.
- O Mapa da Recuperação é um documento dinâmico e uma forma prática que apoia a colaboração do profissional ou da equipe com um indivíduo, promove a continuidade do atendimento, melhora a comunicação entre todos aqueles envolvidos com um indivíduo e facilita a documentação das interações.
- O Mapa o ajuda a planejar estratégias efetivas, intervenções e alvos para a mudança positiva.
- O Mapa da Recuperação pode guiar o tratamento enfatizando as aspirações e associando-as aos alvos do tratamento.
- O Mapa da Recuperação apoia a realização da vida escolhida pelo indivíduo.

3
Acessando e energizando o modo adaptativo

Jackie passava vários dias consecutivos sozinha em seu quarto. A equipe do seu abrigo queria encontrar fontes de interesse que pudessem promover a conexão com os outros na casa. A equipe sabia que Jackie parecia gostar de fazer artesanato e confeccionar bijuterias. Certa tarde, a equipe foi ao seu quarto e pediu sugestões sobre diferentes tipos de materiais para confeccionar bijuterias: que cores de miçangas eles deveriam comprar? Eles mostraram a Jackie uma foto de opções de cores de uma revista de artesanato. Jackie, da sua cama, deu uma recomendação – apontando para as miçangas azul e púrpura. A equipe agradeceu sua ajuda e disse que esperava que ela lhe desse mais ideias no futuro.

Nos dias seguintes, a equipe pediu a Jackie outras sugestões: se eles deveriam usar cordão colorido, metal ou plástico para as bijuterias; qual seria o melhor tamanho das miçangas; e se ela podia pensar em pessoas que gostariam de receber as bijuterias de presente. Quando apresentada uma opção entre os materiais, Jackie continuou a dar suas recomendações da cama. Cada vez que ela fazia uma recomendação, a equipe apresentava uma foto do estoque de material para bijuterias em seus telefones ou uma foto de uma revista para garantir que escolheram a certa. À medida que a equipe mostrava as fotos, Jackie gradualmente começava a se sentar e a olhar. A equipe notou que Jackie era muito firme em suas opiniões e que, com o passar do tempo, ela se tornou menos desorganizada quando falava.

Depois de aproximadamente uma semana, quando perguntada sobre quem gostaria de receber as bijuterias de presente, Jackie respondeu: "Poderiam ser as pessoas que estão sozinhas em uma clínica de repouso". A equipe lhe disse que achava que aquela era uma ótima ideia e a convidou a compartilhá-la com o grupo: "Vamos descer para o almoço e podemos falar com os outros residentes! Todos realmente apreciam as suas ideias – você é muito útil". Jackie desceu para se juntar aos outros e à equipe e compartilhou sua ideia. Os outros residentes concordaram que Jackie possivelmente estava certa e perguntaram se ela poderia dar início a um projeto para fazer bijuterias para residentes em clínicas de repouso.

A equipe e os residentes elaboraram um plano para trabalhar nas bijuterias durante o mês e, por fim, entregá-las na clínica de repouso. Jackie se associava todas as vezes em que eles trabalhavam nas bijuterias, e a equipe notou que, quando ela fazia isso, ficava focada, ocasionalmente sorria e era muito útil.

Na apresentação inicial de Jackie (ver Capítulo 2), a equipe sabia pouco sobre o que poderia animá-la, trazer sua alegria ou energizá-la – seu modo adaptativo. Seus desafios eram muito claros, e parecia que ela passava tempo considerável em modos de desconexão. O artesanato e a confecção de bijuterias acabaram sendo o ponto de partida com Jackie, estimulando energia, conexão e confiança. Chamando a atenção para esses sucessos, a equipe ajudou Jackie a desenvolver um desejo por mais. Em seu modo adaptativo, Jackie é uma pessoa capaz e participante que os outros apreciam.

Este capítulo descreve como dar início com os indivíduos. Você fará uma ponte entre as suposições do seu mapeamento inicial da recuperação e a ação com a pessoa. O acesso ao modo adaptativo é um processo personalizado que frequentemente requer persistência, ensaio e erro e criatividade. Os indivíduos têm muitas razões para não confiar. Seu modo "paciente" pode ser muito forte. Você aprenderá formas sistemáticas de avançar, encontrar o modo adaptativo e energizá-lo com o tempo. Você fortalecerá crenças positivas – sobre si mesmo, sobre os outros e sobre o futuro –, todas elas levando a menos tempo passado no modo "paciente".

COMO ACESSAR O MODO ADAPTATIVO

Objetivo: O Que Você Está Buscando

Acessar o modo adaptativo é o primeiro passo da terapia cognitiva orientada para a recuperação. Envolve experiências que aumentam a energia, a motivação, o acesso aos recursos cognitivos, a conexão com os outros e um sentimento de controle. Também envolve atrair a atenção da pessoa para esses benefícios enquanto ela está no modo adaptativo. O acesso repetido ao modo adaptativo o energiza, aumentando a confiança e, por fim, o desejo de pensar em um futuro mais esperançoso e significativo – as aspirações – e de compartilhar essa visão com os outros. Acessar o modo adaptativo é um processo que naturalmente cria uma conexão altamente personalizada, atingindo uma importante dimensão da recuperação.

O MODO ADAPTATIVO
Conexão

Acessar → Energizar → Desenvolver → Realizar → Fortalecer

> O acesso ao modo adaptativo:
>
> ✓ aumenta a energia;
> ✓ aumenta os recursos cognitivos disponíveis para conversa e solução de problemas;
> ✓ conecta o indivíduo aos outros;
> ✓ aumenta a confiança;
> ✓ pode desviar o foco dos sintomas (p. ex., vozes);
> ✓ aumenta o acesso à motivação.

Obtendo Ideias

O primeiro passo é desenvolver ideias sobre que tipos de atividades entusiasmam a pessoa, além de pensar sobre crenças que podem ocorrer durante a atividade. Enquanto ainda está fazendo suposições razoáveis sobre as crenças, você poderá ir além das suposições para as atividades. Os momentos "na sua melhor condição" são a via mestra para o modo adaptativo. Você pode ter tido a sorte de observá-los com a pessoa ou pode perguntar a outras pessoas: familiares, amigos, outros membros da equipe ou prestadores. Para os indivíduos que são mais verbais, você pode perguntar-lhes diretamente.

Identificando os Momentos nas Suas Melhores Condições

Você pode ver o indivíduo sorrindo, gargalhando, sendo mais tagarela ou tendo um discurso mais claro, compartilhando habilidades ou conhecimento, sendo mais espontâneo na conversa ou nas ações, tomando mais iniciativas, etc. Esses sinais tendem a acontecer durante atividades sociais, atividades que envolvem compartilhar talentos, quando o indivíduo está ajudando outras pessoas ou quando está dando um passo significativo na ação em direção a uma aspiração. Essas atividades podem incluir ouvir música, jogar cartas com outras pessoas, fazer jardinagem, ir a um piquenique, ser voluntário no banco de alimentos, ensinar alguém a pescar ou compartilhar receitas dos feriados tradicionais da sua avó. As possibilidades são infinitas para o que pode levar alguém a entrar no modo adaptativo. Independentemente da duração de tempo ou do quanto o indivíduo foi afetado de forma significativa pelos desafios, todos têm esses momentos em suas melhores condições.

Perguntando sobre os Momentos nas Suas Melhores Condições

Para aqueles que conhecem bem a pessoa, você pode perguntar: "Como é Richard em suas melhores condições? Que tipos de coisas ele faz?". Você também pode perguntar sobre *hobbies* ou desejos passados que o indivíduo expressou antes de os desafios se tornarem especialmente proeminentes ("O que ele gostava de fazer antes de tudo isso?"). Também pode fazer perguntas similares diretamente à pessoa (pois isso pode acessar o modo adaptativo para algumas pessoas; ver a seguir).

Pistas a Serem Buscadas

Algumas pessoas têm interesses literalmente escondidos na manga. Preste atenção em camisetas esportivas, bonés e outros objetos de coleção. Este pode ser um sinal de filiação a um time favorito e um ótimo ponto de entrada para o modo adaptativo. Certos tipos de sapatos ou roupas, ou formas específicas de fazer as unhas ou o cabelo, podem demonstrar interesse em moda, outro indicativo. A decoração do quarto oferece outra pista – pôsteres de grupos musicais, celebridades, filmes, animais, *videogames*.

Se Você Não Tem Pistas

Pode haver casos em que você não tenha nenhuma informação sobre momentos "nas melhores condições". A Tabela 3.1 pode ser seu guia quando isso ocorrer, já que contém os tipos de atividades que têm sido bem-sucedidas no acesso ao modo adaptativo. Você pode tê-las em mente quando experimentar diferentes atividades enquanto procura a fagulha que pode acender o modo adaptativo da pessoa. Nossa experiência é a de que esse processo de busca é muito eficaz – você só precisa de uma atividade bem-sucedida para que ele funcione. O Apêndice D fornece outras sugestões subdivididas entre as crenças visadas.

Aperfeiçoando Seu Papel nas Atividades

Suas próprias paixões e as de alguns indivíduos podem coincidir – você gosta da mesma coisa ou coisas ou, pelo contrário, pode haver atividades que você conheça pouco ou nunca tenha realizado. Você pode aproveitar cada uma dessas situações para tornar suas intervenções de acesso mais efetivas.

Interesses Compartilhados

Um modo básico pelo qual as pessoas se conectam umas com as outras é pelos interesses compartilhados. Essas buscas podem ser motivo para muita ação e conversas. São muitas as possibilidades: alimentos, esportes, a origem da pessoa, feriados, programas de TV, música, destinos de férias, etc. Uma variação dos interesses compartilhados ocorre quando as pessoas gostam de times esportivos rivais e se provocam. Quando você encontrar a atividade certa, realizá-la juntos pode ser fácil e divertido. Vocês dois podem ser especialistas ou entusiastas, compartilhar conhecimento e emoções positivas e formar um time. Dessa forma, uma maneira natural de interação para todas as pessoas se transforma em um veículo para acessar o modo adaptativo e desenvolver conexão e confiança.

Buscando um Conselho do Indivíduo

Outra forma básica de conexão envolve uma pessoa ensinando outra. Não existe melhor maneira de demonstrar interesse e curiosidade do que pedir um conselho a uma pessoa ou compartilhar alguma coisa que ela conhece. Pedir uma recomendação coloca o indivíduo no papel de especialista e pode ser muito motivador, especialmente para indivíduos que são mais retraídos.

Existem algumas maneiras diferentes de pedir um conselho. Você pode:

TABELA 3.1 Atividades comuns para acessar o modo adaptativo

Música – atual, da juventude do indivíduo, da cultura *pop*, como músicas tema, canções com significado cultural	Cultura *pop* – programas de TV, filmes, eventos historicamente significativos, histórias em quadrinhos, *videogames*
Esportes – times locais, atividades específicas na região, competições transmitidas nacionalmente pela televisão, atividades ao ar livre	Alimentação – culinária, receitas de família, pratos da cultura, melhores coisas para preparar quando fica doente, iguarias locais, melhores lugares aonde ir para determinadas refeições, horta
Buscas criativas – arte, crochê/tricô, contação de histórias, fotografia	Animais – de estimação (atuais, passados, desejados), natureza, animais de abrigos, vídeos engraçados com animais

- *Buscar ajuda para um problema.* "Estou tentando pensar em uma maneira de deixar energizado meu próximo grupo terapêutico. Que música devo tocar?"
- *Obter opiniões sobre possíveis tópicos de interesse.* "Devo pintar minhas unhas de vermelho ou azul na semana que vem?"
- *Buscar conselho sobre áreas de conhecimento específicas.* "Eu observei que você tem muitas fotos de cachorros. Você tem alguma ideia de quais cães mais gostam de ficar no colo?"
- *Buscar conselho sobre como fazer alguma coisa que é uma habilidade dele.* "Você tem uma boa receita de macarrão com molho de queijo?"
- *Considerar áreas sobre as quais você quer aprender mais e ver como o indivíduo pode ser capaz de ajudar.* "Estou tentando aprender como manter as plantas vivas; há alguma chance de você saber algo sobre jardinagem?"

Estar no papel de quem ajuda energiza o indivíduo ao acessar áreas de habilidade pessoal e o desejo de ajudar os outros. Também estabelece uma conexão entre o indivíduo e a pessoa que ele está ajudando, demonstrando que os dois contribuem com alguma coisa importante para a relação. Algumas vezes, buscar um conselho ajuda porque retira a pressão do indivíduo de ter que falar sobre si mesmo e, em vez disso, muda o foco para você. O conselho que você busca não é nada extremamente pessoal – o propósito é encontrar oportunidades para a pessoa ajudar, ter um papel e se conectar.

Dando Início

Tenha em mente que você será capaz de observar claramente quando alguém estiver no modo adaptativo. Você saberá quando a atividade ou conversa estiver indo no rumo certo, pois a pessoa imediatamente fica mais animada, relaxada, tranquila, engraçada, cordial e conectada. O que você está buscando é essa mudança visível em seu comportamento.

Cada pessoa é diferente – tanto em seus interesses quanto na origem da desconexão. Encontrar a coisa certa provavelmente exigirá alguma persistência. Você deve ter a expectativa de um processo em que fará tentativas de uma intervenção e ajustará sua abordagem com base na resposta que obtiver. Felizmente, há coisas efetivas que você pode fazer para acessar o modo adaptativo quando sua tentativa inicial não tiver sucesso.

Para ajudar a navegar no acesso ao modo adaptativo, você pode seguir uma árvore de decisão (ver Figuras 3.1 a 3.5). Ela leva em conta as origens da desconexão, propondo intervenções específicas para cada uma que tenha a promessa de sucesso. Tomamos como ponto de partida a pessoa que responde bem às suas tentativas verbais de acessar o modo adaptativo. Com o tempo, à medida que você energiza o modo adaptativo, cada vez mais suas interações começarão com o acesso verbal direto.

Mas no início – quando você pode não ter confiança suficiente ou outros fatores podem interferir – as tentativas verbais diretas podem não funcionar. Isso pode ocorrer porque a pessoa é particularmente retraída e isolada, pode ser difícil de entender ou demonstrar rechaço e pode se mostrar resguardada. Outra possibilidade é que a pessoa responda prontamente a indagações sobre estar na sua melhor condição, mas fala sobre atividades de alto risco (p. ex., usar drogas). A árvore de decisão o ajuda a trabalhar com cada uma dessas possibilidades.

A Abordagem Verbal Direta (Ver Figura 3.1)

Você já pode ter algumas ideias sobre o que deixa a pessoa entusiasmada por meio da sua observação ou falando com outras pessoas que a viram na sua melhor condição. Você pode trabalhar com essas ideias. Caso não saiba o que interessa à pessoa, você também pode perguntar o que ela gosta de fazer, quais são seus interesses, que *hobbies* tem atualmente ou teve durante seu crescimento e outras perguntas curiosas abertas (usando a Tabela 3.1 e o Apêndice D como guias).

A seguir, apresentamos um fluxograma sobre como tentar acessar o modo adaptativo de um indivíduo por meio da conversa e atividade.

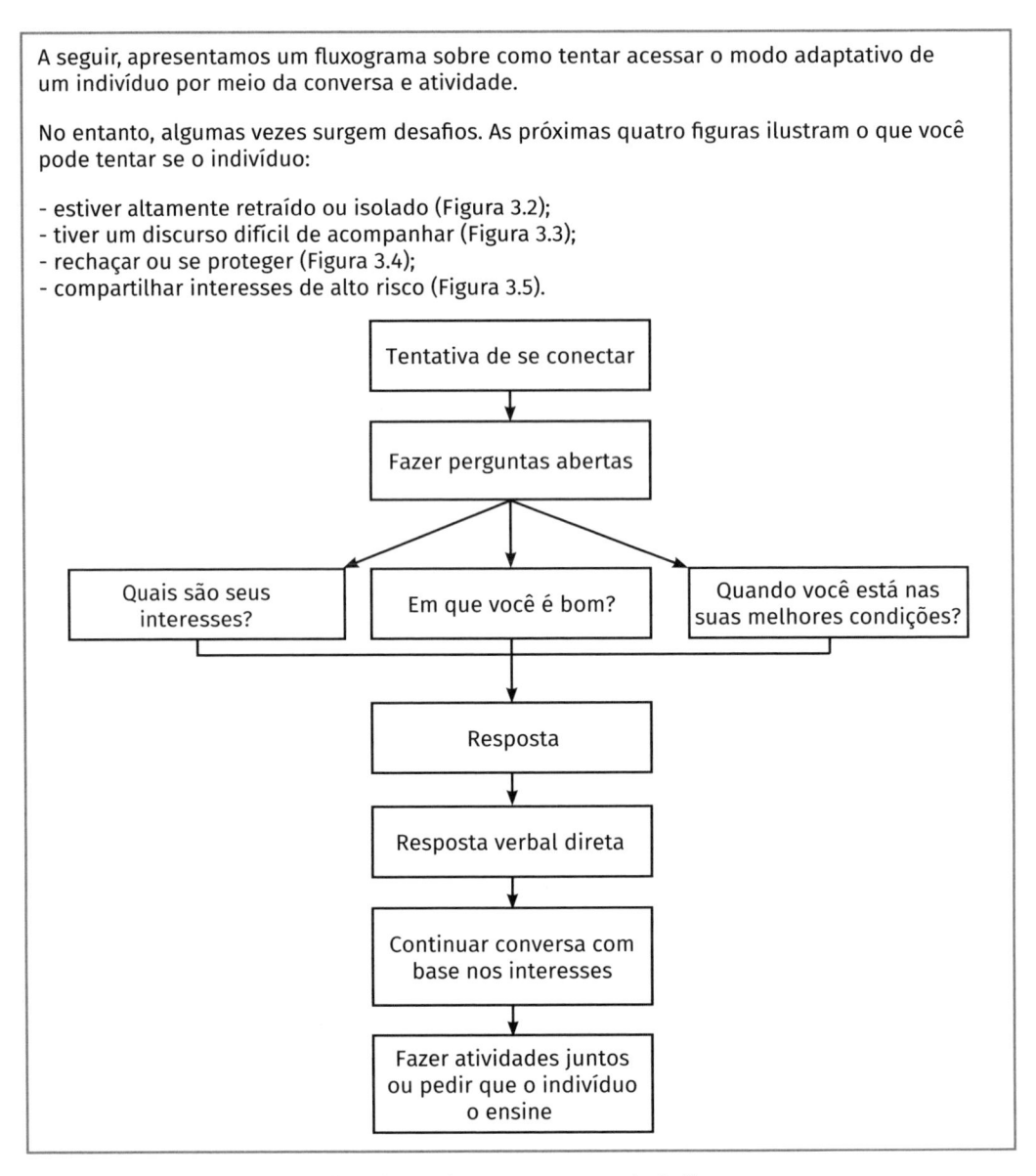

No entanto, algumas vezes surgem desafios. As próximas quatro figuras ilustram o que você pode tentar se o indivíduo:

- estiver altamente retraído ou isolado (Figura 3.2);
- tiver um discurso difícil de acompanhar (Figura 3.3);
- rechaçar ou se proteger (Figura 3.4);
- compartilhar interesses de alto risco (Figura 3.5).

```
Tentativa de se conectar
          ↓
Fazer perguntas abertas
     ↙    ↓    ↘
Quais são   Em que você   Quando você está nas
seus         é bom?        suas melhores
interesses?                condições?
     ↘    ↓    ↙
       Resposta
          ↓
Resposta verbal direta
          ↓
Continuar conversa com
base nos interesses
          ↓
Fazer atividades juntos
ou pedir que o indivíduo
o ensine
```

FIGURA 3.1 Acessando o modo adaptativo: Resposta verbal direta.

Alguns indivíduos, especialmente aqueles que têm crenças negativas sobre suas habilidades para desfrutar das coisas (p. ex., "Não consigo desfrutar das coisas de que eu gostava porque tenho um diagnóstico"), podem estar incertos quanto aos seus interesses ou dizem que não têm nenhum. Caso isso ocorra, delimite a abrangência da sua pergunta para incluir temas específicos pelos quais muitas pessoas se interessam, como perguntas sobre o tipo de música que gostam ou esportes que costumavam praticar.

Esteja atento ao tema que despertar mais entusiasmo. Você deve estar preparado para examinar algumas possibilidades até se deparar com a certa. O entusiasmo da pessoa será seu guia. Sua curiosidade será o oxigênio da conexão, especialmente ao perguntar sobre a melhor parte do interesse.

Muito importante – você ou outro membro da equipe deve transformar a conversa em ação. O que vocês podem fazer juntos que ativará o modo adaptativo da pessoa e produzirá experiências que podem ser notadas e fortalecê-lo?

Quando a Pessoa Está Retraída ou Isolada (Ver Figura 3.2)

Alguns indivíduos não têm muita energia ou tolerância a perguntas pessoais, mesmo àquelas que sondam temas positivos. Eles podem não responder, podem sair de perto, puxar o cobertor sobre a cabeça. Sua estratégia aqui é tornar a experiência de acesso menos exigente e mais fácil. A Figura 3.2 apresenta pelo menos três opções que você pode dar, cada uma reduzindo a energia e o esforço para responder às suas tentativas de acessar o modo adaptativo.

Limite o Âmbito do Questionamento e Use Mídias

Como vimos anteriormente, simplificar as perguntas pode tornar as coisas mais fáceis. Use perguntas que ofereçam duas opções e experimente atividades básicas. Você pode tentar com diferentes grupos musicais (Backstreet Boys ou 'NSync?), alimentos (panqueca ou *waffles*?) ou esportes (beisebol ou futebol?) ou uma atividade (ioga ou zumba?).

As mídias podem ser especialmente úteis. Pode ser fácil assistir a um vídeo ou ouvir uma música favorita. Tente colocar uma música em um *smartphone* ou em um tocador de música portátil. O vídeo de um destaque no esporte, um vídeo do TikTok, um vídeo engraçado com animais, um *chef* de cozinha famoso – todos esses meios podem despertar o modo adaptativo de uma pessoa que tende a ser mais retraída.

Você deverá trabalhar para a ação. Realizar atividades que ajudam você de alguma maneira pode ser especialmente atraente para a pessoa. Você pode dizer: "Eu fiquei em ambiente fechado o dia inteiro. Que tal se sairmos para uma caminhada? Isso me ajudaria". Você também pode trazer um baralho de cartas e dar a opção "*blackjack* ou *go fish*?" e começar a dar as cartas. É importante iniciar a atividade assim que possível. Quanto mais demora entre a proposta da atividade e seu início, maior a chance de o indivíduo recuar para a desconexão e rejeitar a ideia. Também é útil apresentar a atividade de modo prático ("Vamos dar uma caminhada" ou "Você conhece essa música?" ou "Dê uma olhada nesse vídeo").

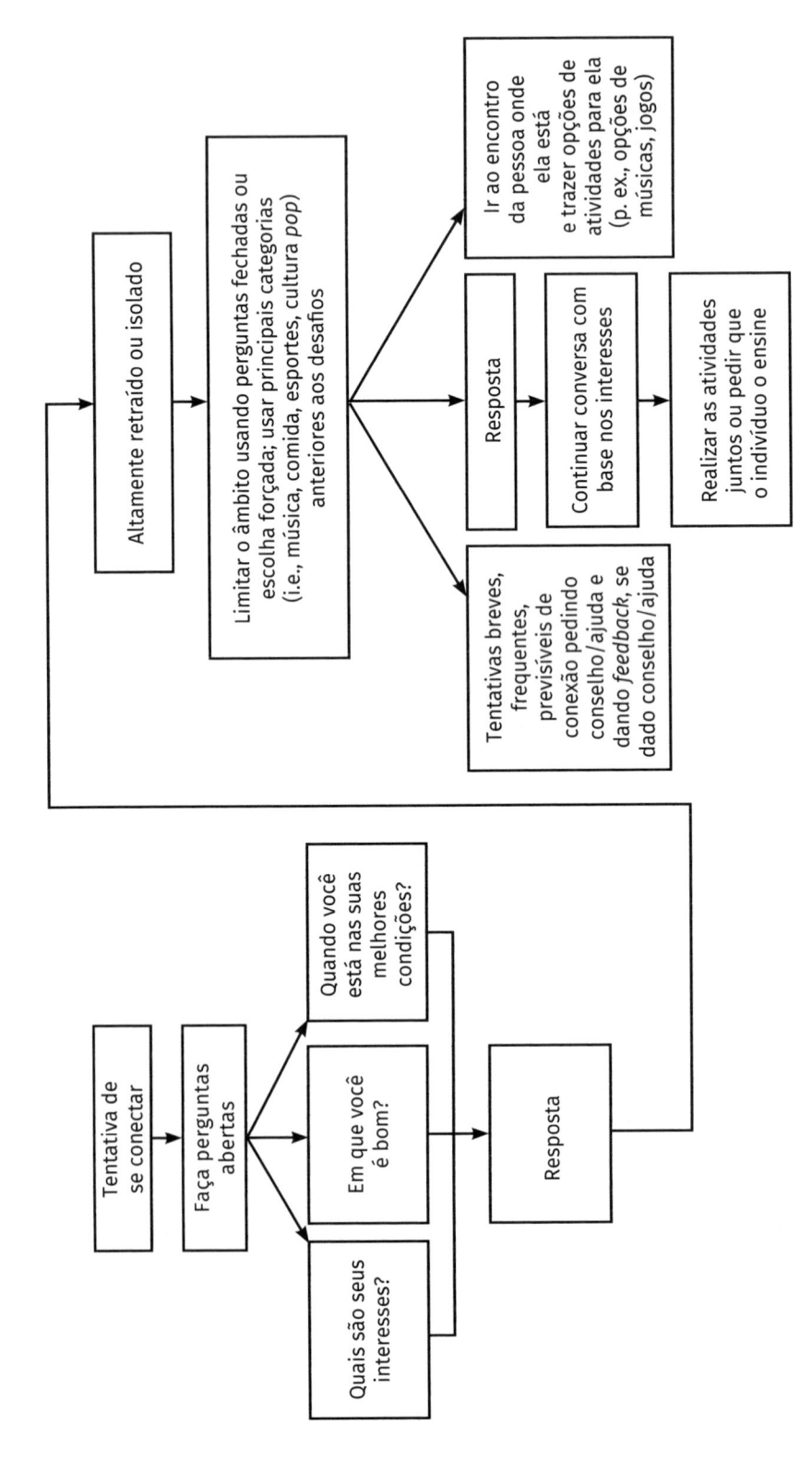

FIGURA 3.2 Acessando o modo adaptativo: Altamente retraído ou isolado.

Altamente retraído ou isolado → Limitar o âmbito usando perguntas fechadas ou escolha forçada; usar principais categorias (i.e., música, comida, esportes, cultura *pop*) anteriores aos desafios

- Ir ao encontro da pessoa onde ela está e trazer opções de atividades para ela (p. ex., opções de músicas, jogos)
- Resposta → Continuar conversa com base nos interesses → Realizar as atividades juntos ou pedir que o indivíduo o ensine
- Tentativas breves, frequentes, previsíveis de conexão pedindo conselho/ajuda e dando *feedback*, se dado conselho/ajuda

Tentativa de se conectar → Faça perguntas abertas
- Quando você está nas suas melhores condições?
- Em que você é bom?
- Quais são seus interesses?

→ Resposta

Interações Breves

Alguns indivíduos podem achar qualquer interação prolongada intolerável ou uma sobrecarga. Para eles, você pode encurtar a duração dos encontros, baseando-se em perguntas simples fechadas durante cada visita – por exemplo, você pode dizer: "O grupo deve assistir *Judge Judy* ou *Wheel of Fortune*?" ou "Devo fazer *pizza* ou biscoitos?". A breve duração e o foco concreto na interação reduzem a pressão que eles podem experimentar. Enquanto mantém as coisas breves, você também pode aumentar a frequência das suas visitas. Isso ajuda a pessoa a se sentir mais confortável com a interação, mostra que você se importa com o que ela tem a dizer e que você está falando sério quando diz que irá voltar.

Você pode usar muitas das intervenções que já discutimos. Sobretudo, ao introduzir mídias ou atividades, a pessoa desenvolve confiança, e você será capaz de acessar seu modo adaptativo por períodos mais longos. A pessoa que está lhe ensinando sobre uma área do seu interesse será particularmente eficiente ao acessar o modo adaptativo.

Trazer a Atividade até a Pessoa

Há alguns indivíduos que têm tão pouca energia que não chegarão a sair da cama ou não irão até a sala de convivência. Para tornar possível uma interação, precisamos trazer a atividade até eles. Os encontros também precisam ser breves e frequentes inicialmente, seguindo o programa da seção anterior.

Esta foi a abordagem que a equipe empregou com Jackie. As tentativas de conversa extensa frequentemente resultavam em maior desorganização e afirmações que eram difíceis de acompanhar. Em vez disso, sua equipe de tratamento fez uma suposição sobre uma possível área de interesse durante a observação dos momentos em que ela não parecia estar experimentando tantos desafios. Em um esforço para ampliar o que a equipe do abrigo sabia sobre o interesse de Jackie pela confecção de bijuterias, eles a procuraram para obter sua opinião sobre diferentes materiais e formas de fazer as bijuterias. Inicialmente lhe apresentaram perguntas curtas que davam apenas algumas opções (p. ex., plástico ou metal). Usar essa abordagem trouxe alguns benefícios: responder a uma pergunta baseada em opções requer pouca energia ou recursos cognitivos para chegar a uma resposta útil. Ao dar uma sugestão, Jackie foi capaz de ter um papel em uma atividade sem inicialmente sair da cama ou estar com os outros residentes. A equipe pôde expressar reconhecimento pela sua ajuda a cada sugestão, não somente no momento, mas também depois de seguirem seu conselho. Jackie pôde desempenhar um papel de especialista, mudando um pouco a dinâmica entre ela e a equipe. Com o tempo, à medida que a equipe constantemente a procurava, e ela foi ajudando cada vez mais, ficou mais fácil para Jackie compartilhar suas ideias e responder perguntas mais abertas (p. ex., "Quem gostaria de ganhar a bijuteria artesanal?").

Quando o Discurso da Pessoa É Difícil de Acompanhar (Ver Figura 3.3)

Por várias razões – estresse, pouca energia –, alguns indivíduos têm dificuldades para se comunicar. Inicialmente você pode não entender a resposta à sua investigação sobre o que ele acha divertido ou quando ele está na sua melhor condição. Não ser entendido é uma experiência determinante para

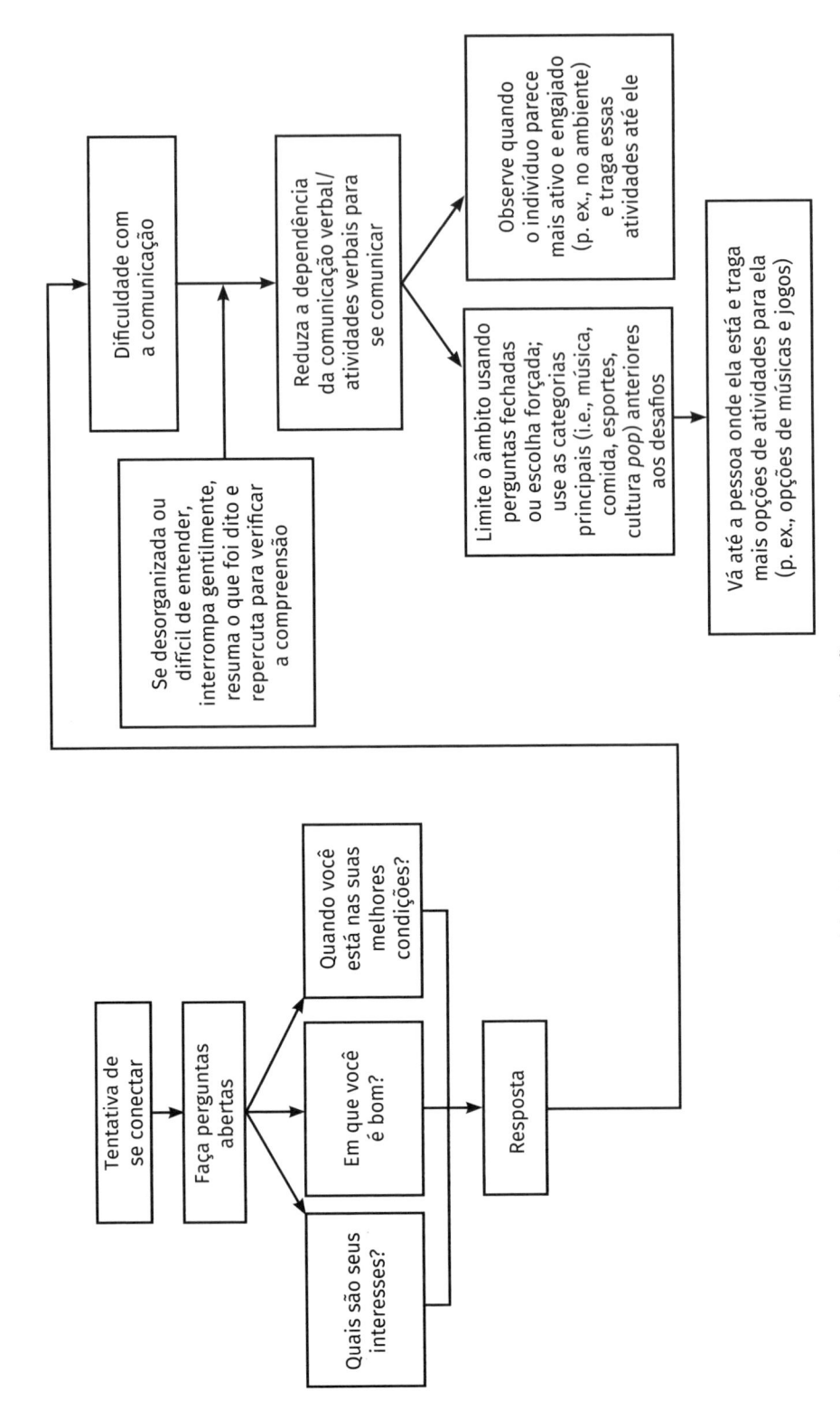

FIGURA 3.3 Acessando o modo adaptativo: Dificuldade com a comunicação.

- Dificuldade com a comunicação
- Se desorganizada ou difícil de entender, interrompa gentilmente, resuma o que foi dito e repercuta para verificar a compreensão
- Reduza a dependência da comunicação verbal/atividades verbais para se comunicar
  - Observe quando o indivíduo parece mais ativo e engajado (p. ex., no ambiente) e traga essas atividades até ele
  - Limite o âmbito usando perguntas fechadas ou escolha forçada; use as categorias principais (i.e., música, comida, esportes, cultura *pop*) anteriores aos desafios
- Vá até a pessoa onde ela está e traga mais opções de atividades para ela (p. ex., opções de músicas e jogos)

- Tentativa de se conectar
- Faça perguntas abertas
  - Quando você está nas suas melhores condições?
  - Em que você é bom?
  - Quais são seus interesses?
- Resposta

o modo "paciente" e é uma razão para que possam sentir que não pertencem. Para superar com sucesso esse desafio na comunicação e conectar-se com o indivíduo, você tem algumas opções, dependendo do quanto o discurso está atrapalhando.

Repercuta o Que Você Ouviu

Seu primeiro movimento é demonstrar seu desejo de entender, o que pode reduzir o estresse da pessoa relacionado ao medo de que você possa julgá-la. Você pode interrompê-la gentilmente e fazer o máximo para resumir o que ela disse, indicando o quanto é importante para você entendê-la. Algumas vezes, essa intervenção libera a pressão o suficiente para que você possa acessar o modo adaptativo e continuar na direção da ação.

Reduza a Demanda Verbal

Se repercutir não parecer ser efetivo, tente usar um questionamento que possa ser respondido com verbalização menos extensa. Como dissemos na seção anterior, perguntas fechadas que oferecem opções são particularmente boas. O uso de mídias como auxílio também pode ser útil.

Lidere com Ação

É aqui que você pode usar o conhecimento de atividades nas quais a pessoa parece mais à vontade (jogos, música, exercícios, artesanato). Você pode experimentá-las com ela e ver se obtém o efeito desejado de acessar o modo adaptativo.

Vá até Onde Ela Está

Algumas pessoas podem ter pouca energia e também podem ser difíceis de entender. Como vimos na seção anterior, podemos ir até elas onde elas estão, trazer a atividade até elas, ser breves e previsíveis, construir a interação com o tempo e acessar o modo adaptativo cada vez mais.

Jackie também apresentava um discurso que sua equipe achava difícil de acompanhar. A equipe usou todos esses métodos para se conectar com ela e não permitir que a pouca energia de Jackie se colocasse no caminho da ativação do seu modo adaptativo.

Quando a Pessoa Rejeita ou se Protege (Ver Figura 3.4)

Outra resposta que você pode obter quando se aproxima de um indivíduo para descobrir seu melhor *self* é ser ignorado. A pessoa pode gritar com você abertamente, dizendo para você desaparecer. Ela pode se afastar com irritação, resmungando consigo mesma. Ela pode simplesmente dizer "não" impassivelmente. Essas respostas nos mostram que a pessoa se sente vulnerável. Perguntas pessoais podem acionar maior sensibilidade em torno do controle. Ela também pode se sentir exposta, desvalorizada ou rejeitada.

Nesse caso, o ato de tentar acessar o modo adaptativo diretamente aciona o modo "paciente". Para superar isso, você pode fazer adaptações no seu questionamento que explicitamente devolvem o controle para a pessoa e tornam a interação segura e, por fim, bem-sucedida.

Controle e Segurança

Você pode transformar tudo o que diz em uma escolha: "Posso conversar com você agora ou mais tarde?"; "Tudo bem se conversarmos sobre você nas suas melhores condições?"; "Você quer ouvir uma música?"; "Posso fazer uma pergunta?"; "Tudo

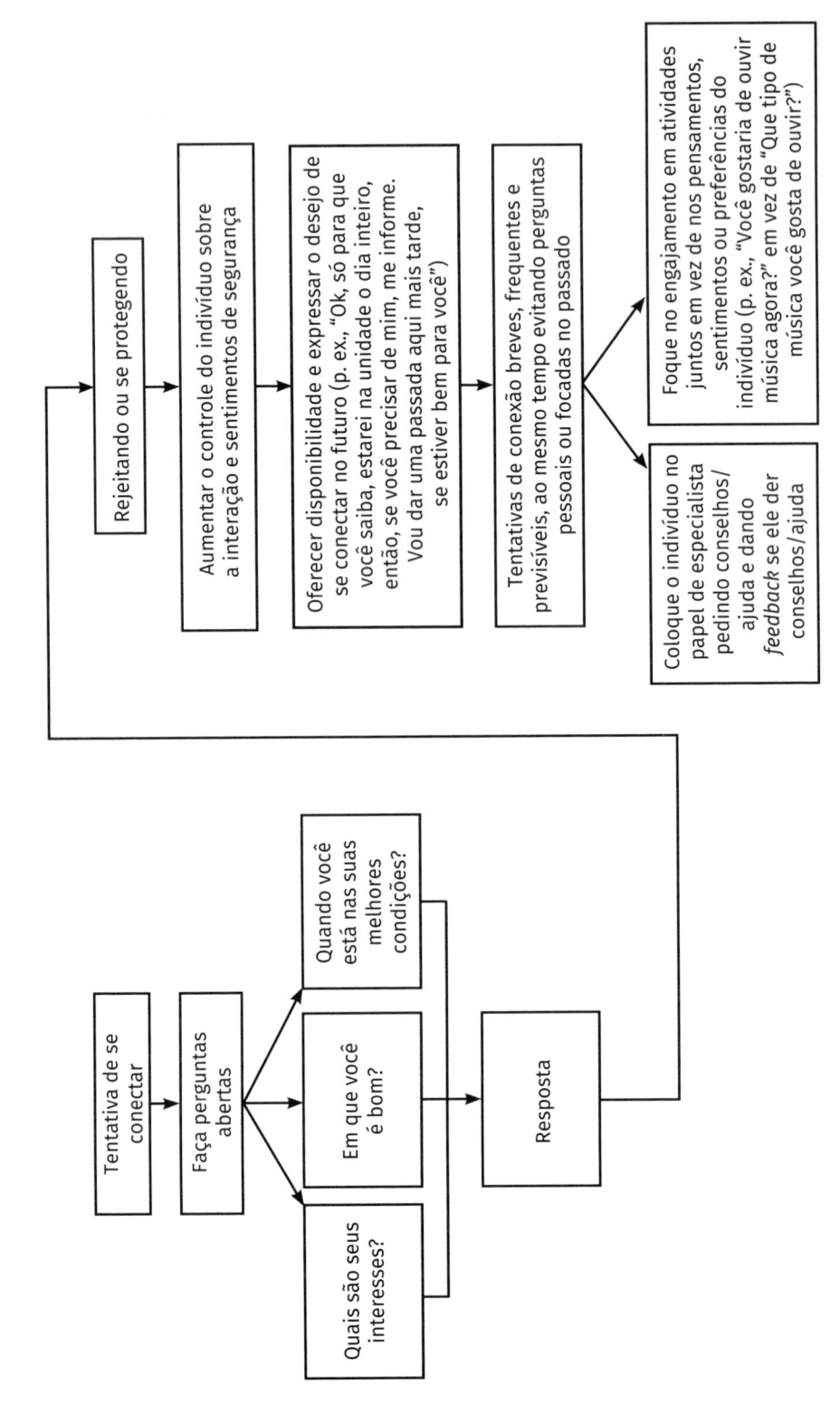

FIGURA 3.4 Acessando o modo adaptativo: Rejeitando ou se defendendo.

Rejeitando ou se protegendo

- Aumentar o controle do indivíduo sobre a interação e sentimentos de segurança
- Oferecer disponibilidade e expressar o desejo de se conectar no futuro (p. ex., "Ok, só para que você saiba, estarei na unidade o dia inteiro, então, se você precisar de mim, me informe. Vou dar uma passada aqui mais tarde, se estiver bem para você?")
- Tentativas de conexão breves, frequentes e previsíveis, ao mesmo tempo evitando perguntas pessoais ou focadas no passado
  - Foque no engajamento em atividades juntos em vez de nos pensamentos, sentimentos ou preferências do indivíduo (p. ex., "Você gostaria de ouvir música agora?" em vez de "Que tipo de música você gosta de ouvir?")
  - Coloque o indivíduo no papel de especialista pedindo conselhos/ajuda e dando *feedback* se ele der conselhos/ajuda

Tentativa de se conectar

- Faça perguntas abertas
  - Quando você está nas suas melhores condições?
  - Em que você é bom?
  - Quais são seus interesses?
- Resposta

bem se eu perguntar novamente mais tarde?"; "Posso voltar e ver você amanhã?".

Se você tratar cada interação como uma oportunidade para que ele tenha controle, será menos provável que você provoque sua vulnerabilidade. O uso cuidadoso de perguntas baseadas em escolhas também pode colocá-lo em uma posição de oferecer alternativas, ao mesmo tempo que não inclui a opção de ele rejeitá-lo completamente ("Posso vê-lo agora ou mais tarde?").

Você pode, ao mesmo tempo, ser claro na sua intenção, que é conectar-se e descobrir coisas sobre ele e determinar quais dessas coisas vocês poderiam fazer juntos – se ele concordar, é claro.

Mensagem Clara do Seu Interesse e Disponibilidade

Você ainda pode receber um "não" enquanto está aumentando o controle e a segurança da sua abordagem. Um próximo passo é deixar claro que o seu desejo é conhecê-lo melhor e que você está disponível para conversar sempre que ele quiser. A sua mensagem, se genuína e sincera, dá o controle completo à pessoa e mostra intenção positiva.

Interações Breves, Frequentes e Previsíveis

Como nas seções anteriores, ser breve pode aliviar a pressão e permitir que a pessoa se acostume com você com o tempo. A pessoa que está se sentindo vulnerável poderá ver que você continua voltando, possivelmente contrariando a sua crença de que você na verdade não se importa ou que vai rejeitá-la no final. Cada vez que estiver com ela, você pode focar a interação em lhe fazer uma pergunta, tocar uma música ou assistir a um vídeo engraçado.

Obtendo Conselhos

A pessoa provavelmente ficará hipersensível por ser aquela que está na posição inferior, mas, proporcionalmente, terá satisfação em estar em um papel de especialista. Em suas breves interações, você pode lhe pedir conselhos, observando (na forma de pergunta) o quanto ela está sendo útil ou o quanto ela tem conhecimento. Se o conselho o ajudar, você pode lhe dar *feedback*. Cada pequena ajuda que você obtiver estará o aproximando de uma melhor conexão, confiança e ativação conjunta mais longa do modo adaptativo.

Fazendo Juntos

Quando você for capaz de fazer mais para trazer à tona a melhor condição da pessoa, deverá cuidar para minimizar a conversa psicológica, pois isso pode tocar nas suas vulnerabilidades e reinstituir o modo "paciente". A sua pessoa é orientada para a ação; foque no que você está fazendo ou vai fazer em vez de nas preferências, pensamentos e afins.

Quando a Pessoa Dá Respostas de Alto Risco (Ver Figura 3.5)

Algumas vezes, os indivíduos dão respostas que refletem uma preferência por atividades potencialmente de alto risco. Na resposta à pergunta de "quando está na sua melhor condição", a pessoa pode dizer: "Quando estou chapado" ou "Quando estou me prostituindo". Aqui, a árvore de decisão lhe fornece um bom procedimento para obter interesses com os quais você pode trabalhar.

Qual É a Melhor Parte?

Sua pergunta em sequência pode ser: "Qual é a melhor parte disso?". No caso do uso de

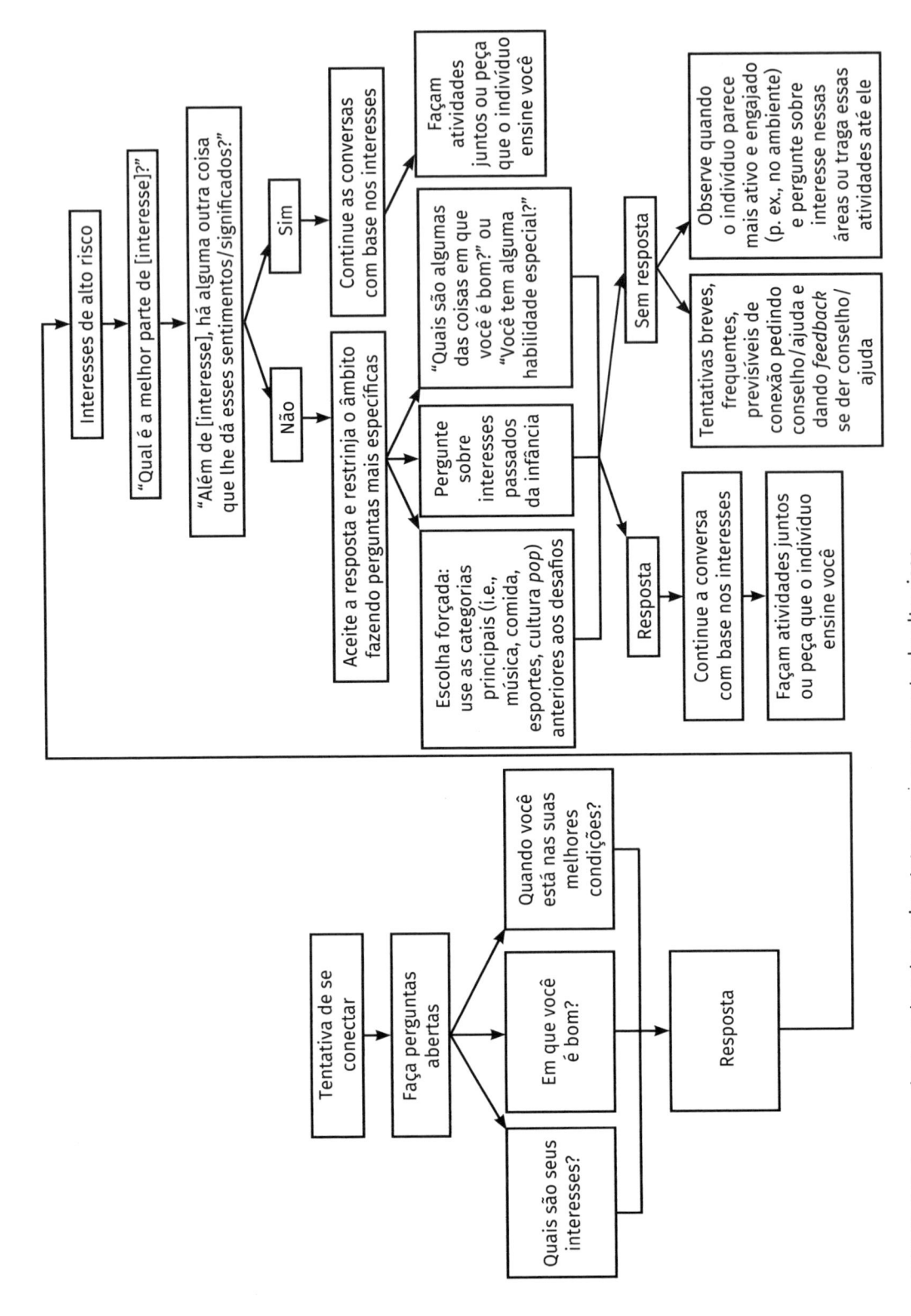

FIGURA 3.5 Acessando o modo adaptativo: Interesses ou resposta de alto risco.

substância, por exemplo, pode haver várias possibilidades: "Eu me sinto aceito", "Eu me sinto amado", "Eu me sinto incrível", etc. Você está procurando o significado ou valor para a pessoa na atividade de alto risco.

Outras Formas de Obter Isso

Depois de conhecer a função, você pode descobrir se a pessoa conhece outras formas de experimentar esse significado e sentimento. Se a resposta for "sim", então você pode discutir essas atividades e ver quais delas seria bom realizarem juntos ou pedir que a pessoa lhe ensine. Já vimos pessoas que deram respostas sobre o uso de substância encontrarem alternativas muito ricas; por exemplo, elas têm grande interesse em moda e *fitness*, uma ótima fonte para acessar seu modo adaptativo.

Restrinja o Foco

Se a pessoa não conseguir relatar uma forma alternativa de obter o sentimento ou significado da sua resposta de alto risco, você pode validar isso e tentar outro meio de descobrir o que mais poderia entusiasmá-la. Há alguns caminhos que você pode tomar: pode tentar uma abordagem de escolha usando as categorias de interesses (tênis ou boxe? *Friends* ou *Cheers*?) e também perguntar à pessoa no que ela é particularmente boa. Uma terceira abordagem é perguntar se ela se recorda de interesses da sua juventude. Qualquer uma dessas abordagens pode atingir alguma coisa que mostre a fagulha e permita que você saiba que conseguiu acessar o modo adaptativo.

Interações Breves

Se você ainda não tiver nada depois dos diferentes tipos de questionamento, sempre poderá recorrer à abordagem menos exigente: encontros breves, frequentes e previsíveis nos quais você solicita ajuda ou tenta atividades às quais você tenha visto a pessoa responder ou que acredita que ela poderia gostar.

FORTALECENDO CRENÇAS POSITIVAS AO ACESSAR O MODO ADAPTATIVO

Acessar o modo adaptativo provoca mudança comportamental evidente; é durante esses momentos que as crenças positivas que os indivíduos têm sobre si mesmos também estão consideravelmente mais acessíveis. Essas crenças são aquelas que um indivíduo já tem, embora possam não ser tão fortemente arraigadas como as que estão subjacentes a certos desafios. As crenças também podem ser novas para a pessoa. A Tabela 3.2 traz uma lista de alguns exemplos de crenças positivas comuns tornadas acessíveis no modo adaptativo.

Confirmando ou Corrigindo as Suposições

Ao planejar acessar o modo adaptativo de uma pessoa, inicialmente você faz conjeturas sobre as crenças que poderiam ser ativadas quando ela estiver fazendo a atividade. Depois que estiverem fazendo a atividade, você terá a oportunidade de verificar a precisão dessas suposições, atualizando o Mapa da Recuperação durante o processo.

Você pode identificar as crenças que são mais significativas para uma pessoa fazendo perguntas durante atividades que ativam o modo adaptativo, tais como:

- "Qual é a melhor parte de jogar este jogo?"

TABELA 3.2 Crenças positivas comuns tornadas acessíveis no modo adaptativo

Sobre si mesmo
- Eu sou competente.
- Eu tenho conhecimento ou sou habilidoso.
- Eu sou capaz.
- Eu sou prestativo.
- Eu tenho valor.

Sobre os outros
- As outras pessoas se preocupam comigo.
- As outras pessoas estão interessadas no que eu tenho a oferecer.
- Vale a pena interagir e me conectar com outras pessoas.

Sobre o futuro
- É possível usufruir das coisas, e eu posso voltar a vivenciar isso.
- Eu posso ter controle sobre as minhas experiências fazendo as coisas de que gosto com mais frequência.
- Se eu posso ajudar os outros agora, poderei fazer mais no futuro.

- "Como você se sente quando está me ensinando esta receita?"
- "Como você se sente fazendo isso agora?"

Você também pode observar o que ela diz durante essas atividades:

- "Isso é divertido."
- "Eu sei tudo o que é preciso saber sobre pássaros."
- "Vocês realmente não teriam tido sorte se eu não estivesse aqui para lhes mostrar como construir isso!"

A Figura 3.6 mostra o processo de atualização do Mapa da Recuperação de Jackie. As novas informações aparecem em itálico.

Por meio de oportunidades com pouca pressão, consistentes e previsíveis para se conectar, não só os indivíduos podem experimentar a mudança comportamental e a energia que acompanham o modo adaptativo, mas também as crenças positivas por fim se tornam cada vez mais acessíveis.

Reconhecer o papel que as crenças adaptativas têm quando alguém está no modo adaptativo também pode informar suas estratégias de planejamento e intervenções – por exemplo, as crenças positivas ativadas frequentemente estão em contraste direto com aquelas ativadas quando desafios estão presentes. Se você conhece as crenças negativas que a pessoa tem sobre si mesma (p. ex., "Eu não tenho valor"), considere apresentar oportunidades que ativem o modo adaptativo (p. ex., ajudando a coordenar uma campanha de doação de roupas para pessoas desabrigadas) e ativem a crença oposta (p. ex., "Eu posso ajudar outras pessoas e tenho valor").

A nova seção mais elaborada de ação positiva e empoderamento do Mapa da Recuperação de Jackie é apresentada na Figura 3.7.

Primeiro, a equipe de Jackie sabia que precisava aprender mais sobre seus interesses e acessar sua energia antes de buscar as aspirações ou abordar os desafios, então selecionaram intervenções que foram levadas até ela em seu quarto, com perguntas com pouca demanda. Essas perguntas

ACESSANDO E ENERGIZANDO O MODO ADAPTATIVO	
Interesses/Formas de se Engajar:	**Crenças Ativadas Durante o Modo Adaptativo:**
• Artes e artesanato. • Confecção de bijuterias. *Sucessos mais recentes:* • Dar conselhos sobre materiais para bijuterias. • Possivelmente quer ajudar outras pessoas que estão sozinhas (projeto do lar para idosos). • Movimentações com outros. • Música.	• Suposição: eu sou capaz ou habilidosa. • Suposição: vale a pena estar por perto e passar um tempo com outras pessoas quando estamos fazendo coisas de que gosto. *Outras possibilidades:* • Eu sou útil. • Outras pessoas apreciam as minhas habilidades. • Vale a pena realizar projetos com outras pessoas. • Quanto mais faço o que gosto, melhor me sinto e mais fácil é ajudar outras pessoas. • Eu posso me conectar, e vale a pena fazer coisas com outras pessoas. • Eu tenho mais energia ao fazer coisas de que gosto.

FIGURA 3.6 Mapa da Recuperação atualizado de Jackie: Seção Acessando e energizando o modo adaptativo.

AÇÃO POSITIVA E EMPODERAMENTO	
Estratégias Atuais e Intervenções:	**Crenças/Aspirações/Significados/Desafio Visados:**

1. Identificar formas de ativar o modo adaptativo.
  – Pedir orientações sobre projetos de artesanato.
  – Pedir ajuda para organizar atividades de artesanato e outras atividades.
  – Perguntar a Jackie e seus familiares sobre coisas que ela gostava de fazer.
2. Identificar e enriquecer as aspirações.
  – Criar imagem da recuperação.
	1a. Crenças sobre capacidade.
	  – Eu sou capaz e posso estar conectada.
	  – Quanto mais faço o que gosto, melhor me sinto.
	  – Consigo desfrutar mais do que eu imaginava e ainda posso fazer as coisas de que costumava gostar.
	1b. Reduzir o isolamento.
	2. Crenças sobre o futuro.
	  – Esperança e propósito para o futuro.

FIGURA 3.7 Mapa da Recuperação atualizado de Jackie: Seção Ação positiva e empoderamento.

proporcionaram uma oportunidade inicial para que ela contribuísse com sucesso. Eles buscaram sua colaboração, o que aumentou tanto a conexão quanto possivelmente a capacidade. Quando Jackie encontrou uma forma de ajudar outras pessoas, a equipe transformou isso em uma intervenção para mudar possíveis crenças de ser inútil para crenças sobre ter valor e ser útil. Graças ao sucesso dessa abordagem, a equipe pode usar a compreensão das crenças para informar intervenções futuras – por exemplo, há outras formas como Jackie pode ser útil no abrigo, na comunidade ou na sua família?

Tirando Conclusões

Acessar o modo adaptativo torna as crenças positivas mais acessíveis. No entanto, ter uma boa experiência por si só não garante que um indivíduo irá *notar* que está conectado, que é capaz ou outra coisa de valor. Quando a experiência termina, pode-se perder a oportunidade de explorar a força potencial desses significados. Essa é uma das razões por que o modo adaptativo está latente para muitos indivíduos – o potencial das suas boas experiências ficou sobretudo inexplorado.

Para fortalecer as crenças positivas subjacentes, fazemos afirmações e perguntas que chamam a atenção para esses significados valiosos durante a atividade de acesso. Considerações importantes são *quando* usar estratégias orientadoras, *que tipos* de questionamentos estão mais baseados nas crenças visadas e a quantidade de energia ou outros recursos cognitivos que o indivíduo tem.

Quando Guiar: Durante o Pico ou Logo Após uma Atividade

Tirar conclusões quando o indivíduo ainda está no modo adaptativo é importante, pois ele está experimentando emoções e crenças positivas em tempo real, tornando particularmente fácil notar e tirar conclusões. Estamos captando as emoções e crenças positivas enquanto elas estão acesas! Quanto maior o tempo decorrido entre o pico da atividade e a orientação, mais difícil será para a pessoa encontrar as emoções e as crenças benéficas. Isso será especialmente verdadeiro se ela tiver retornado ao modo "paciente".

O melhor momento de notar é quando a atividade está no seu pico, o que você pode identificar pelo nível de entusiasmo e energia da pessoa. À medida que a experiência estiver aumentando, você pode dizer: "Eu adoro essa música. Como é isso para você? Mais divertido do que pensou?" ou "Esta caminhada está sendo ótima. Como você se sente? Você tem mais ou menos energia comparado a antes de começarmos?".

Chame a Atenção para o Valor da Atividade

É importante destacar o valor das atividades para auxiliar o indivíduo. A conclusão que você quer que ele tire está baseada (1) no efeito pretendido da atividade e (2) em ver se o indivíduo sentiu o efeito. Para fazer isso, você pode fazer perguntas como: "Você se divertiu mais ou menos do que pensava?" e "É melhor fazer coisas com as outras pessoas?".

Acessar o modo adaptativo também é uma chance para o indivíduo fazer muitas observações úteis e tirar conclusões que possibilitarão uma futura conexão e atividades com outras pessoas:

"Eu compartilho semelhanças com outras pessoas."

"O tempo com outras pessoas é valioso."

"O tempo com outras pessoas é divertido."

"Conversar com outras pessoas é melhor do que um tempo sozinho."

"A conexão com outras pessoas pode me dar propósito e um papel."

"Eu posso aprender com outras pessoas e ajudar outras pessoas."

"Conversar com outras pessoas me dá mais energia."

Por fim, você deverá ajudar a pessoa a descobrir que o engajamento em certas atividades com outras pessoas tem grande benefício pessoal e que vale a pena fazer esse tipo de coisa. Essas conclusões são a porta de entrada para energizar o modo adaptativo.

Perguntas Fechadas *versus* Perguntas Abertas

"O que isso diz sobre você?" Esta é uma ótima pergunta para tirar conclusões sobre os significados positivos de uma interação em termos de si mesmo, dos outros e do futuro. Entretanto, perguntas amplas como esta podem facilmente reativar o modo "paciente", frustrando seu propósito de acessar o modo adaptativo. Uma pergunta aberta pode demandar energia extra. Se formulada diante de uma pessoa que identificou um ponto forte (p. ex., "Eu sou capaz"), ela pode experimentar insegurança ou ansiedade e não responder à pergunta. Ela também pode ter a expectativa de que irá dar a resposta errada.

Para manter a pessoa no modo adaptativo enquanto ela tira conclusões sobre a experiência, você pode usar uma estratégia de começar com um questionamento fechado que demande menos esforço, evoluindo para um questionamento mais aberto com o tempo. Isso começa com o compartilhamento das observações, trazendo à tona uma conclusão e vendo se o indivíduo concorda (p. ex., "Estou muito contente que você me deu essa ótima ideia! Você é uma pessoa muito prestativa. O que você pensa disso?"). À medida que constrói confiança e fortalece o modo adaptativo, você pode mudar e fazer perguntas mais amplas sobre as experiências e sobre como a pessoa se vê (p. ex., "O que significa o fato de você ter feito isso?", "O que isso significa sobre a sua habilidade de se conectar com os outros?").

Considerando Jackie, a equipe esperava fortalecer as crenças sobre ser *capaz*, *conectada* e *com valor* e esperava que, quanto mais envolvida ela estivesse em buscas prazerosas, mais energia teria e *melhor se sentiria*. Levando em conta esses alvos de crenças, a equipe ajudou Jackie a dar-se conta de uma maneira que cada vez mais se adaptasse à sua energia e confiança:

- Direcionando sua atenção para observações da equipe.
    - "Eu notei que você estava sorrindo enquanto me ajudava a escolher as miçangas. Você gosta de trabalhar neste projeto?"
- Gradualmente formulando perguntas mais abertas sobre o que significa para Jackie quando ela está no modo adaptativo.
    - Inicialmente:
        - "Uau – você teve uma grande ideia, e todos estão se divertindo ao fazer isso. Você é realmente muito prestativa, não é?"
        - "Eu tenho muito mais energia quando estamos trabalhando neste projeto. E quanto a você?"
        - "Se você se sente bem quando fazemos isso, acha que deveríamos fazer com mais ou menos frequência?"
    - Com o tempo:
        - "O fato de você ter tido a ideia para nosso projeto de trabalho diz o que sobre você?"
        - "O fato de ele ter tido um sucesso e ter aproximado mais as pessoas diz o que sobre você?"
        - "Como tem sido para você agora que temos feito bijuterias para o abrigo de idosos com mais frequência?"

ENERGIZANDO O MODO ADAPTATIVO

Depois que você identificou os interesses e as atividades que podem acessar com confiabilidade o modo adaptativo, o próximo passo será fazer essas coisas com mais frequência. Como o modo adaptativo muitas vezes está latente, e o modo "paciente" é respectivamente hiperativo, precisamos desenvolver a pessoa energizando o modo adaptativo dessa maneira. Acessar repetidamente o modo adaptativo juntos é bom e fortalece a sua relação. Ajudar a pessoa a acessar seu modo adaptativo com mais frequência a cada dia enriquece sua vida e a impulsiona a pensar mais sobre o futuro e sobre como sua vida poderia ser.

Repetição das Experiências

Energizar exige acessar o modo adaptativo da pessoa repetidamente de uma forma que seja previsível para ela. Isso pode ser feito de maneira informal. Pode envolver planejar mais atividades nas unidades ou em ambientes residenciais ou pode implicar gerar individualmente planos de ação que envolvam a programação de mais atividade na semana do indivíduo. Oportunidades frequentes e consistentes de se engajar em atividades escolhidas aumentam o tempo passado no modo adaptativo. À medida que os indivíduos aumentam a quantidade de tempo no modo adaptativo, existem menos oportunidades para os desafios se tornarem intrusivos. Também há mais oportunidades de fortalecer as crenças sobre sua capacidade de ser energizado e de se conectar com outras pessoas.

Programação de Ações Positivas

Alguns gostam de uma abordagem estruturada para energizar o modo adaptativo. A programação de ações positivas, uma variação da programação de atividades (Beck, 2020; Beck et al., 1979), envolve o planejamento de atividades que ativam o modo adaptativo. Este é um processo de desenvolvimento da vida da pessoa para aumentar a energia, melhorar o humor e reduzir a quantidade de tempo em que os desafios estão presentes. A pessoa tem oportunidades adicionais de ver que a ação vale a pena e de fortalecer crenças positivas sobre o benefício da ação com outras pessoas. Os passos da programação de ações positivas são apresentados na Figura 3.8.

Experimentando o Benefício da Atividade Conjunta

O tempo que você passa com o indivíduo pode demonstrar os benefícios de entrar em ação juntos. Entre eles estão prazer, aumento da energia, sucesso, pertencimento e muito mais. Melhor ainda, você pode chamar a atenção do indivíduo *no momento* para os benefícios que ele está experimentando. Você também pode sugerir que ele tente fazer a mesma atividade sozinho ("Uau, foi uma ótima caminhada, e nós dois dissemos que nos sentimos mais energizados. Quando você pode fazer isso novamente?"). A programação de ações positivas o ajuda a planejar atividades que ativam o modo adaptativo mais frequentemente. Este é um exemplo:

Profissional: Quanta energia você tem hoje?
Indivíduo: Ih...
Profissional: Não muito?
(*O indivíduo acena com a cabeça.*)
Profissional: Eu gostaria de um pouco de energia também. Vamos dar uma caminhada!
Indivíduo: OK.
(*Durante a caminhada*)

Propósito: Planejar atividades prazerosas, movidas pelas aspirações, que tragam significado e propósito à vida cotidiana

Experimente	Experimente o benefício de realizar uma atividade conjunta (p. ex., ouvir música).
Observe	Observe os benefícios de uma atividade, realizando-a mais durante a semana.
Programe	Programe uma atividade durante a semana.
Direcione	Direcione a programação para desafios específicos (p. ex., certas horas do dia, certos tipos de estressores, etc.).
Refine	Refine a programação aumentando a frequência e o tipo de atividades.
Fortaleça	Fortaleça as crenças positivas relacionadas à ação.

FIGURA 3.8 Programação de atividades positivas.

Profissional: O que você acha de caminhar?
Indivíduo: É bom.
Profissional: Eu gosto, também. Você não acha que tem um pouco mais de energia? Você se sente um pouco melhor?
Indivíduo: Sim, sinto.
Profissional: Eu também! Então, nós saímos para uma caminhada juntos e agora nos sentimos melhor. Eu me pergunto se, quando você faz um pouco mais do que gosta, se sente melhor e tem um pouco mais de energia.
Indivíduo: É, acho que sim.

A programação de atividades positivas começa pela própria experiência do indivíduo com você. Ele desenvolve novas ideias sobre como a vida pode ser melhor (p. ex., fazer coisas de que gostamos com outras pessoas faz nos sentirmos mais energizados).

Vendo o Benefício da Ação na Vida Cotidiana

Capitalizando sua ação conjunta bem-sucedida, você pode ajudar a pessoa a planejar a realização das atividades em outros momentos e ver se ocorre o mesmo sentimento bom. Por exemplo:

- "Você com certeza gosta de música! Você costuma ouvir música em outros momentos?"
- "Você com certeza tem mais energia quando fala sobre esportes. Você fala sobre esportes em outros momentos?

- Com quem mais você poderia conversar sobre isso?"
- "Esses movimentos de dança com certeza fazem você se sentir melhor e ter um pouco mais de energia. Quando você pode tentar de novo?"
- "Você pode mostrar ao seu irmão esse vídeo engraçado?"

Comece por atividades prazerosas ou significativas que produzam o maior impacto na energia.

Programando a Atividade

Você pode colaborativamente criar um programa com o indivíduo usando algumas ferramentas, baseado nas preferências do indivíduo. Você quer que a programação aumente as chances de que ele tenha sucesso mais frequente na ativação do seu modo adaptativo. Isso tem que funcionar para ele. A experiência deve ser edificante e parecer boa, e não um fardo ou fonte de sensação de fracasso – características que o levarão de volta ao modo "paciente" e que irão acabar com o propósito da programação da ação. Em vez de um itinerário de tarefas mundanas, o programa foca em atividades atraentes que realcem na pessoa as suas melhores condições.

Inicie focando na memória. Todos nós podemos ter dificuldades para lembrar das coisas. Como ele gostaria de se lembrar do plano para realizar mais da sua atividade preferida? Ele quer anotá-la? Usar uma planilha, fazer um calendário no computador, usar materiais de arte? Ele quer usar tecnologia, como um *tablet* ou *smartphone*? Ele quer criar uma figura ou meme? A programação em si pode ser em qualquer formato – um pouco de criatividade colaborativa pode fazer toda a diferença. A Figura 3.9 é apenas um exemplo de uma programação de ação positiva. Um formulário em branco para programação de atividades positivas pode ser encontrado no Apêndice E.

Visando Desafios Específicos com a Programação

À medida que se acumulam os benefícios da atividade, você pode considerar aquelas partes do dia em que pode ser importante entrar no modo adaptativo (p. ex., pela manhã para dinamizar a energia ou prever momentos em que os estressores ou desafios podem ter mais chance de aparecer). Se uma pessoa tiver dificuldades para reunir a energia necessária para se levantar e começar o dia, para ajudar, vocês podem programar atividades que estimulem a energia. Você pode perguntar: "Já que você se sentiu mais energizado enquanto ouvia música, há momentos em que você sente menos energia e poderia usar música para ajudar?". Você então acrescenta "ouvir música" à programação em um horário que pareça ser mais útil – no começo do dia. Mesmo que as atividades programadas atenuem alguns desafios, o foco está em acessar o modo adaptativo. As atividades programadas não devem ser orientadas em torno da "condição de paciente" – como tomar medicação, participar de grupos de cuidados pessoais ou ir a grupos terapêuticos.

Refine a Programação Aumentando a Frequência e o Tipo das Atividades

Quando a pessoa se beneficia da realização das atividades com mais frequência, foque no aumento da quantidade e na diversidade das buscas – por exemplo, se um indivíduo teve sucesso no uso de música para se sentir bem pela manhã uma vez durante a semana, talvez valesse a pena fazer isso novamente

DICAS DO PROFISSIONAL:
- Seja criativo! Não precisa ser um diagrama ou parecer chato!
- Use a tecnologia, *notebooks* ou qualquer coisa que a pessoa possa acessar com facilidade.
- Crie colaborativamente COM o indivíduo.

Programação Semanal de Atividades

Domingo	Segunda	Terça	Quarta	Quinta	Sexta	Sábado
			8h30min – ler uma citação inspiracional na reunião da comunidade			
	13h – assistir a vídeos de animais com a equipe					
					18h – participar no clube que escreve cartas para os veteranos	

Aspiração:
1. Ser assistente social.
2. Ser defensor dos animais e fazer resgates.

Significado:
1. Ajudar as pessoas; ser membro útil da minha comunidade; realizar algo; inspirar esperança; ter propósito.
2. Prestativo; acolhedor; demonstrar paciência, cuidado e afeição; tornar o mundo melhor.

FIGURA 3.9 Exemplo de programação de ação positiva.

em outro dia. Se a música foi efetiva, será que outras atividades também ajudariam com a energia? Ter uma variedade de experiências ativas atraentes pode ajudar a ampliar a quantidade de tempo passado no modo adaptativo. Considere atividades que o indivíduo tenha interrompido, mas que gostaria de retomar, bem como alguma coisa completamente nova. Você poderá retornar às ideias para acessar o modo adaptativo, como as listadas na Tabela 3.1 e no Apêndice D, para identificar interesses adicionais.

Fortalecendo Crenças

À medida que os indivíduos se engajam em atividades que lhes sejam cada vez mais atraentes todos os dias, você pode verificar regularmente os sucessos. Você pode fortalecer ainda mais as crenças positivas sobre sucesso, capacidade, energia e os benefícios do planejamento de atividades – por exemplo, pode chamar a atenção do indivíduo para o fato de que, quanto mais ele faz coisas de que gosta durante a semana, melhor se sente e mais fácil se torna fazer ainda mais atividades preferidas.

As programações de ação positiva também podem ser modificadas para tornar mais fácil tirar conclusões – por exemplo, você pode acrescentar uma coluna na qual a pessoa observa como se sente enquanto está realizando determinadas atividades e se ela gostaria ou não de realizá-las novamente. O *feedback* que ela dá pode ajudar a responder suas perguntas orientadoras (p. ex., "Você disse que se sentiu orgulhosa por ter ajudado a cuidar do cachorro da sua irmã e que vale a pena fazer isso novamente. Qual foi a melhor parte disso? Quando você a ajudaria novamente?"). A Figura 3.10 traz um exemplo de uma programação modificada.

A programação de ações positivas não está limitada ao planejamento de atividades prazerosas. Também pode ser usada para planejar passos de ação significativa na direção das aspirações. No Capítulo 5, revisitamos o uso da programação de ação positiva e como ela se desenvolve quando identificamos e desenvolvemos as aspirações.

ENERGIZANDO O MODO ADAPTATIVO COM JACKIE

Para energizar o modo adaptativo de Jackie, a equipe precisou fazer observações sobre o aumento no humor, na energia e na conexão com as outras pessoas na instituição. Eles disseram coisas como: "Ao que parece, você realmente nos ajudou ao nos mostrar como fazer bijuterias. O que você acha? Se fazer bijuterias ajuda e faz você se sentir bem, o que você acha de fazer isso com mais frequência?". Com a concordância de Jackie, a equipe lhe perguntou quando ela gostaria de fazer isso novamente e com que frequência. Juntos, eles planejaram fazer bijuterias duas vezes por semana. Com o tempo, eles acrescentaram algumas outras atividades, como ir até a loja com a equipe para comprar material, juntar-se aos outros residentes para ver filmes na sala de convivência e ouvir mais música. Com o modo adaptativo energizado, a vida de Jackie estava começando a se expandir.

O IMPACTO DE ACESSAR E ENERGIZAR NO MAPA DA RECUPERAÇÃO

À medida que você atravessar os estágios da CT-R, a sua compreensão vai se desenvolver e você irá atualizar o Mapa da Recuperação do indivíduo de acordo com isso. Com muito mais informações sobre o que ajuda Jackie a acessar seu modo adaptativo e com planos para ajudá-la a energizar esse modo de viver, a equipe revisou seu Mapa da Recuperação, que agora tem a aparência da Figura 3.11. Os novos desenvolvimentos estão anotados em itálico.

	Atividade	Sente-se?	Vozes/ estresse/dor?	Quer fazer novamente?
Segunda		bem mal apenas OK útil orgulhoso incomodado forte triste	Sim Não	Sim Não
Terça		bem mal apenas OK útil orgulhoso incomodado forte triste	Sim Não	Sim Não
Quarta	Levar o cachorro da irmã para passear; brincar de atirar um objeto	bem mal apenas OK útil orgulhoso incomodado forte triste	Sim Não	Sim Não
Quinta		bem mal apenas OK útil orgulhoso incomodado forte triste	Sim Não	Sim Não
Sexta		bem mal apenas OK útil orgulhoso incomodado forte triste	Sim Não	Sim Não
Sábado		bem mal apenas OK útil orgulhoso incomodado forte triste	Sim Não	Sim Não
Domingo		bem mal apenas OK útil orgulhoso incomodado forte triste	Sim Não	Sim Não

FIGURA 3.10 Programação semanal de atividades usada para tirar conclusões.

CONSIDERAÇÕES ADICIONAIS

O Processo Pode Levar Tempo

O processo de descoberta do que o indivíduo está fazendo quando está no seu modo adaptativo não tem que acontecer de repente. Você pode tentar conversar a respeito ou deixar tocando uma música por alguns minutos em determinado dia e experimentar novamente o mesmo tópico de forma breve no dia seguinte, mas, se não parecer do interesse da pessoa, você pode tentar algo diferente na próxima interação. Acessar o modo adaptativo envolve *ir ao encontro das pessoas onde elas estão* e ser genuinamente curioso sobre suas experiências e interesses. Muitos indivíduos estiveram desconectados dos outros por um longo período de tempo e algumas vezes tiveram na vida experiências que reforçam que eles deveriam se manter afastados dos outros. Outros podem estar desconectados porque períodos extensos de inatividade e isolamento tornam até a própria ideia de conexão extenuante. Nós descobrimos que *você deve continuar tentando*. Poderão ser necessárias muitas tentativas antes que você encontre a estratégia certa.

MAPA DA RECUPERAÇÃO	
ACESSANDO E ENERGIZANDO O MODO ADAPTATIVO	
Interesses/Formas de se Engajar: • Artes e artesanato. • Confecção de bijuterias. *Sucessos mais recentes:* • Dar conselhos sobre materiais para bijuterias. • Possivelmente quer ajudar outras pessoas que estão sozinhas (projeto do lar para idosos). • Movimenta-se com os outros com música.	**Crenças Ativadas Durante o Modo Adaptativo:** • Suposição: eu sou capaz ou habilidosa. • Suposição: vale a pena estar por perto e passar um tempo com outras pessoas quando estamos fazendo coisas de que gosto. *Outras possibilidades:* • Eu sou útil. • Outras pessoas apreciam as minhas habilidades. • Vale a pena realizar projetos com outras pessoas. • Quanto mais faço o que gosto, melhor me sinto e mais fácil é ajudar outras pessoas. • Eu posso me conectar, e vale a pena fazer coisas com outras pessoas. • Eu tenho mais energia ao fazer coisas de que gosto.
ASPIRAÇÕES	
Objetivos: • Ainda não conhecidos – precisa desenvolver mais. • O que poderia significar sua crença sobre trazer as pessoas de volta dos mortos? Há alguma coisa desejada ali? • Ela estaria envolvida em atividades criativas no futuro. *Suposição:* • Ajudar outras pessoas?	**Significado de Atingir o Objetivo Identificado:** • Suposição: conexão? • Suposição: poder ou importância? • Suposição: capacidade? *Suposição:* • Valor?
DESAFIOS	
Comportamentos Atuais/Desafios: • Presta atenção às vozes a ponto de reduzir a consciência do seu ambiente (p. ex., andando na rua). • Isolamento. • Dificuldade com a comunicação verbal (desorganização). • Delírios em torno da ideia de trazer as pessoas de volta da morte e de gerar partes do corpo.	**Crenças Subjacentes aos Desafios:** • Não tenho controle. • De que adianta fazer coisas com os outros? Vou fracassar de qualquer modo. • Não consigo mais desfrutar das coisas de que gostava. • As pessoas não gostam de mim. • As pessoas não conseguem me entender. • O mundo é inseguro. • Não tenho nada para oferecer, sou incapaz. • Não sou importante e tenho pouco valor.

(Continua)

AÇÃO POSITIVA E EMPODERAMENTO	
Estratégias Atuais e Intervenções: 1. Identificar formas de ativar o modo adaptativo. – Pedir orientações sobre projetos de artesanato. – Pedir ajuda para organizar atividades de artesanato e outras atividades. – Perguntar a Jackie e seus familiares sobre coisas que ela gostava de fazer. 2. Identificar e enriquecer as aspirações. – Criar imagem da recuperação.	**Crenças/Aspirações/Significados/Desafio Visados:** 1a. Crenças sobre capacidade. – Eu sou capaz e posso estar conectada. – Quanto mais faço o que gosto, melhor me sinto. – Consigo desfrutar mais do que eu imaginava e ainda posso fazer as coisas de que costumava gostar. 1b. Reduzir o isolamento. 2. Crenças sobre o futuro. – Esperança e propósito para o futuro.

FIGURA 3.11 Mapa da Recuperação atualizado de Jackie.

O Acesso ao Modo Adaptativo Pode Ser Retomado a Qualquer Momento

Acessar o modo adaptativo não é apenas um movimento inicial; é um processo contínuo com o indivíduo. Ao longo do tratamento, os indivíduos podem oscilar entre o modo adaptativo e o modo "paciente". Quando você vir sinais de que o indivíduo está começando a perder energia ou aumentando a expressão dos desafios, poderá retornar ao uso de métodos de ativação do modo adaptativo.

Os Métodos de Acesso ao Modo Adaptativo Não São Recompensas

Como as atividades e os interesses que promovem o modo adaptativo são frequentemente eventos prazerosos cotidianos típicos, dizemos que *o melhor tratamento nem sempre parece ser um tratamento*. Na CT-R, atividades como música, jogos, sair para ambientes externos, jardinagem, arte, caminhadas, etc., fazem parte do acesso ao modo adaptativo e são um elemento fundamental do tratamento. Elas também focam em crenças pessoais e específicas. Assim, é importante que essas atividades sejam incorporadas ao plano de tratamento e sejam disponibilizadas, e não fornecidas como recompensas pela demonstração dos comportamentos desejados. Recompensas invocam uma dinâmica de poder – uma quebra na conexão – que o *recompensador* controla e o indivíduo precisa cumprir – uma maneira involuntária de desencadear e manter o modo "paciente".

A Repetição Ajuda a Fortalecer as Crenças

A repetição de experiências de conexão energizantes e bem-sucedidas, bem como de conclusões sobre essas experiências, fortalece as crenças positivas. Muitas das crenças negativas sobre si mesmo, sobre os outros e sobre o futuro permearam as formas como os indivíduos viram o mundo por muito tempo. Você pode ouvir indivíduos dizerem coisas como: "Bem, foi divertido ontem, mas foi por acaso. Não consigo me energizar assim de novo". Esta é apenas uma razão por que é especialmente importante ter experiências repetidas quando você pode ajudar o indivíduo a notar sua força e capacidade. Você pode achar que está formulando o mesmo tipo de pergunta orientadora frequentemente (p. ex., "Você parece ter muito mais energia quando está fazendo bijuterias, não acha?"; "Se fazer bijuterias lhe dá mais energia, isso significa que você deve ou não deve fazer isso com mais frequência?"; "Você se sente mais energizada quando está fazendo bijuterias? Para mim, também parece"). Na CT-R, a repetição não é redundante – ela faz parte do fortalecimento que reforça a resiliência do indivíduo.

Acessando o Modo Adaptativo em Ambientes Altamente Restritivos ou com Poucos Recursos

Algumas vezes, engajar-se em atividades que acessam e energizam o modo adaptativo simplesmente não é uma opção devido ao ambiente em que a pessoa se encontra. Exemplos podem ser instituições forenses ou correcionais ou instituições com carência de recursos. Nessas situações, você terá que ser muito criativo. Um método que você pode usar para acessar o modo adaptativo é a visualização ou o imaginário para ajudar uma pessoa a imaginar as atividades preferidas. A construção da imagem pode envolver questões como: "Qual é a atividade que você imagina fazer?"; "Como ela é?"; "Onde você está?"; "Quais são as imagens, os cheiros e os sons?"; "Como você se sente realizando a atividade?"; e "Como você se sente neste momento imaginando a atividade?". À medida que a pessoa desenvolve uma imagem rica e entra no modo adaptativo, você pode fazer perguntas reforçadoras e que conduzem à energização: "Se parece ser bom e energizante imaginar isso agora, valeria a pena pensar nessas coisas novamente?" e "Para quando você pode planejar fazer isso?".

Para indivíduos nesses contextos restritivos e de poucos recursos que têm dificuldade para conversar e para quem a visualização ou o imaginário pode ser demais, encontre formas de trazer diversão e energia a uma interação. Isso pode incluir aproximar-se e perguntar se a pessoa conhece a música tema da TV que está martelando na sua cabeça, e então você começa a cantarolar, ou apresentar opções simples relacionadas a áreas de interesse ou a formas de ajudá-la (p. ex., "Então: hambúrgueres ou *pizza*?" ou "Quem faz o melhor filé com queijo?"). Todas essas opções atraem o modo adaptativo, mas não é necessário nenhum material ou conversa mais profunda!

Respeite Seu Próprio Nível de Conforto e Limites

Como as atividades e conversas que despertam o modo adaptativo podem não se parecer com as intervenções terapêuticas tradicionais, alguns profissionais podem se sentir desconfortáveis ou se preocupar com a possibilidade de estarem ultrapassando as fronteiras profissionais. Se você tiver preocupações como essas, assegure-se de ainda poder identificar o modo adaptativo de um indivíduo e se manter fiel às suas próprias necessidades de limites e privacidade. Curiosidade *genuína* é o melhor recurso que você pode usar – por exemplo, em vez de pedir um conselho sobre alguma coisa que poderia fazer fora do trabalho, você pode pedir algumas sugestões para renovar a aparência do espaço do seu consultório. Você não precisa cantar, dançar ou fazer exercícios com os indivíduos para perguntar sobre os movimentos que eles poderiam ensinar a outra pessoa. Você também pode usar outros métodos para uma atividade, como tecnologia (p. ex., assistir a vídeos em um computador), ou convidar o indivíduo a ensinar outra pessoa. Em alguns casos, o uso de estratégias para visualização e imaginário é suficiente. Em qualquer uma dessas situações, o mais importante é que você empenhe esforços para se conectar.

O Modo Adaptativo como a Porta de Entrada para as Aspirações

A energia, a conexão, a flexibilidade cognitiva e a distância de experiências angustiantes que ocorrem quando um indivíduo está no modo adaptativo proporcionam uma porta de entrada para a identificação de aspirações significativas e esperança para o futuro. Algumas vezes, a ideia de compartilhar desejos e sonhos pode fazer as pessoas se sentirem vulneráveis, com medo ou derrotadas. No entanto, quando conexão e confiança são estabelecidas, pode ser mais fácil compartilhar possibilidades significativas para o futuro. A curiosidade genuína que você usa para revelar interesses e habilidades o ajuda a fazer uma transição suave para curiosidade sobre as aspirações. O dinamismo que se desenvolve quando é energizado o modo adaptativo e se parte para a ação pode desenvolver aspirações significativas.

O próximo capítulo detalha como identificar e enriquecer as aspirações e desenvolver melhor o modo adaptativo.

PALAVRAS DE SABEDORIA

QUADRO 3.1 Relação genuína ou como "você acredita em mim" se torna "eu acredito em mim"

> Quando perguntados sobre o que os ajudou a melhorar, os indivíduos com frequência dirão algo como: "Você acreditou em mim", em vez de nomearem estratégias terapêuticas específicas. Igualmente, quando questionados sobre o significado de realizar uma análise em cadeia de uma situação assustadora, eles podem dizer: "É bom ter um amigo".
>
> Genuinamente pedir ajuda aos indivíduos (sobre saúde, culinária, exercícios, esportes) e trabalhar em um projeto conjunto são duas abordagens magníficas que os apoiam a concluir: "Uau, alguém realmente me respeita"; "Ela tem fé nas minhas instruções"; etc. A sua expressão entusiasmada de satisfação quando o indivíduo realiza um projeto ou atinge um marco mostra que você está sendo amigável e apoiador. Saber que "Você tem confiança em mim e na minha habilidade de atingir a minha aspiração" reforça a busca pelo sucesso.
>
> Um elemento fundamental da CT-R é que a relação terapêutica deve ser altamente autêntica e genuína – você chega a isso por meio da identificação com o indivíduo de uma forma holística e humanista.
>
> Os indivíduos podem atribuir grande significado ao seu comportamento verbal e não verbal em relação a eles – por exemplo, quando alguém teve um retrocesso ou realizou uma tarefa desafiadora, a sua compreensão empática ou o prazer relacionado ao seu sucesso tem um significado importante para ele. Você constrói autenticidade por meio da curiosidade, querendo conhecer seus interesses, valores, história, família, anseios e relembrando-os.
>
> Essa relação mútua em que um ajuda o outro genuinamente conduz de forma natural a sucessos e à construção de confiança. Apoiado pelo questionamento amistoso, isso ajuda "Você acredita em mim" a se transformar em "Eu acredito em mim".

RESUMO

- O modo adaptativo é um alvo clínico concreto e atingível que todo indivíduo tem a habilidade de acessar. Você pode identificar os momentos em que os indivíduos estão no modo adaptativo respondendo à pergunta: "Como eles são na sua melhor condição?". Cada indivíduo tem momentos na sua melhor condição.
- Acessar o modo adaptativo pode demandar tempo e persistência; o processo é diferente para cada indivíduo.
- As árvores de decisão podem ajudá-lo a adaptar sua abordagem para ter sucesso ao acessar o modo adaptativo quando inicialmente não conseguir fazer isso.
- Acessar o modo adaptativo pode ser uma oportunidade para os indivíduos fortalecerem crenças positivas sobre *ação*: "Eu compartilho semelhanças com outras pessoas", "O tempo com outras pessoas vale a pena" e "O tempo com outras pessoas é divertido" e sobre *eles mesmos*: "Eu tenho conhecimentos", "Eu posso me conectar com outras pessoas", "Eu sou capaz de criar minha própria energia" e "Eu sou capaz de desfrutar das coisas".
- Podemos energizar o modo adaptativo proporcionando múltiplas experiências para o envolvimento em atividades significativas, prazerosas e voltadas para a conexão e ajudar o indivíduo a tirar conclusões durante o processo.
- Acessar e energizar o modo adaptativo são os passos fundamentais da CT-R. Eles dão vida à dimensão da conexão da recuperação.

4

Desenvolvendo o modo adaptativo:
Aspirações

Jackie e os outros residentes fizeram uma boa quantidade de bijuterias durante várias semanas. A equipe achou que já estava na hora de encontrar um local onde eles pudessem entregá-las. Eles convidaram Carl, outro residente, para ajudá-los a localizar e telefonar para lares de idosos na área que pudessem aceitar os presentes. Carl nunca fez nenhuma bijuteria com os outros, mas estava motivado para ajudar seus companheiros a encontrar um lugar "para que possa fazer outras pessoas felizes", disse ele.

Quando foram fazer a sua primeira entrega, Jackie foi uma das primeiras pessoas a se acordar, vestir-se e ficar pronta para sair. Eles ouviram música na *van* durante o caminho, e a equipe observou Jackie sorrindo e cantando junto algumas vezes. Enquanto estavam no lar de idosos, o discurso de Jackie foi claro, ela falou com algumas das pessoas que receberam as bijuterias sobre como ela havia produzido as peças e perguntava se haviam gostado do que ela tinha feito.

Mais tarde naquela noite, de volta ao abrigo, a equipe perguntou a Jackie se ela gostaria de fazer e entregar bijuterias novamente. Para sua surpresa, a resposta repetida de Jackie foi: "Eu preciso trazer todos de volta dos mortos e curá-los". No entanto, ela continuou a fazer bijuterias no dia seguinte. Cerca de uma semana mais tarde, o grupo foi fazer outra entrega em um lar de idosos diferente. Jackie mais uma vez estava totalmente no modo adaptativo.

Desta vez, assim que os residentes entraram na *van* ao saírem do lar de idosos, um membro da equipe perguntou: "Qual foi a melhor parte de fazer isto – entregar as bijuterias?".

Jackie disse: "Ajudar as pessoas e fazer amigos".

Carl disse: "Eles veem que nos importamos com eles".

Jackie acrescentou: "Eles não vão ficar sozinhos".

Então o membro da equipe falou: "Então devemos planejar fazer isso de novo?".

Todos responderam com entusiasmo: "Sim!".

A equipe compartilhou a experiência da saída com o terapeuta de Jackie para que ele continuasse tirando conclusões com ela sobre a experiência positiva e começasse a explorar outros desejos que ela possa ter para o futuro.

Até aqui, já descobrimos muito sobre como é Jackie em suas melhores condições – seu modo adaptativo – e sobre os tipos de experiências que ela foi capaz de acrescentar à sua vida. Agora, sua equipe pode começar a usar a energia e o dinamismo do modo adaptativo para descobrir as esperanças, os desejos e as possibilidades para o futuro. Este capítulo foca em como desenvolver o modo adaptativo para identificar e enriquecer as aspirações. Isso ajuda os indivíduos a construir uma vida rica e plena da sua escolha. Primeiramente, definimos "aspiração". Depois, distinguimos aspirações de outros objetivos declarados. A seguir, descrevemos quando e como você pode identificar essas aspirações. Então, são introduzidas técnicas para enriquecer e descobrir o significado das aspirações.

DEFININDO AS ASPIRAÇÕES

Quando um indivíduo está gradualmente passando mais tempo no modo adaptativo, será uma extensão natural do seu trabalho começar a identificar as aspirações na vida. Usamos o termo "aspirações" como grande intenção. Aspirações ampliam o conceito de objetivos, enfatizando a importância de buscas significativas de longo prazo. A palavra "aspirações" não substitui a palavra "objetivos" – na verdade, é um conceito mais amplo.

Algumas pessoas com experiência vivida nos contaram que ser indagadas sobre suas aspirações em vez dos objetivos fez com que pensassem de forma diferente sobre a sua resposta. Em sua mente, a palavra "objetivos" era reservada para as necessidades do tratamento, enquanto as aspirações evocavam ideias mais orientadas para a vida. As aspirações são altamente valorizadas pelo indivíduo – elas se conectam com os sistemas de crenças e refletem como eles querem se ver como pessoa e como esperam que os outros os vejam (Callard, 2018). As aspirações fornecem recursos internos de motivação, são tópicos que ajudam a equipe clínica a colaborar melhor e se conectar com os indivíduos e são pontos centrais em torno dos quais a ação positiva pode ser planejada. As aspirações podem servir como uma luz orientadora que aumenta a sustentabilidade do modo adaptativo e podem ser perseguidas com o tempo. Descobrir e construir o tratamento em torno das aspirações ajuda a *desenvolver* o modo adaptativo – nutrindo um senso de esperança, que é um componente essencial do bem-estar e da recuperação (Harding, 2019).

Muitos indivíduos com condições de saúde mental graves desistiram de sonhar com o futuro. O processo de geração de aspiração reaviva seu sonho, expande seus horizontes e traz à tona seu potencial inexplorado. Algumas vezes, a ideia de reimaginar um futuro e especialmente compartilhar essa visão pode fazer as pessoas se senti-

O MODO ADAPTATIVO
Esperança

Acessar → Energizar → **Desenvolver** → Realizar → Fortalecer

rem menos vulneráveis. Talvez elas tenham crenças como "Não posso mais ter sonhos porque isso já é o melhor que posso ter", "Os outros vão me julgar" ou "O futuro é sem esperança".

Sobretudo, é essencial que você não passe para as aspirações até que:

1. vocês tenham uma relação bem estabelecida com suficiente conexão e confiança;
2. a pessoa esteja no modo adaptativo.

Essas duas condições são formadas por meio de atividades que acessam e ativam o modo adaptativo (ver Capítulo 3). O modo adaptativo fornece as bases para a segurança e o entusiasmo no compartilhamento de ideias sobre o futuro.

Quando você descobre uma aspiração verdadeiramente significativa, o modo adaptativo do indivíduo se torna ainda mais ativado. Da mesma forma que no acesso ao modo adaptativo, pelo comportamento da pessoa, você conseguirá ver que atingiu o alvo correto. Os sinais incluem aumento de:

- energia no afeto, na fala e na linguagem corporal quando falam sobre a aspiração;
- espontaneidade e elaboração da fala referente à aspiração;
- planejamento espontâneo e solução de problemas para a aspiração.

> Aspirações:
> ✓ Expandir o conceito de objetivos.
> ✓ Estender o modo adaptativo até o futuro, proporcionado esperança.
> ✓ São significativas e fornecem uma percepção dos valores da pessoa.
> ✓ Fornecem informações sobre o autoconceito desejado de um indivíduo.
> ✓ Fornecem motivação interna.
> ✓ Melhoram a colaboração com os profissionais.
> ✓ São os pontos de ancoragem para o tratamento.
> ✓ Fornecem o contexto e a justificativa para aumentar a ação e trabalhar nos desafios.

Resumindo, as aspirações são excitantes e fornecem informações importantes sobre os valores e o propósito maior ou a missão que uma pessoa busca.

A progressão que você seguirá quando trabalhar com as aspirações é ilustrada na Figura 4.1.

Você primeiramente identifica o que a pessoa diz que deseja e, então, usa técnicas para enriquecer a visão para o futuro. A seguir, você identifica o significado e as crenças subjacentes à aspiração e, então, colabora com o indivíduo nos passos da ação para atingir o alvo ou o significado subjacente a ele. Criamos uma árvore de decisão para ajudar a guiá-lo durante o processo de desenvolvimento de aspirações poderosas e efetivas (ver Figuras 4.2, 4.4 e 4.5).

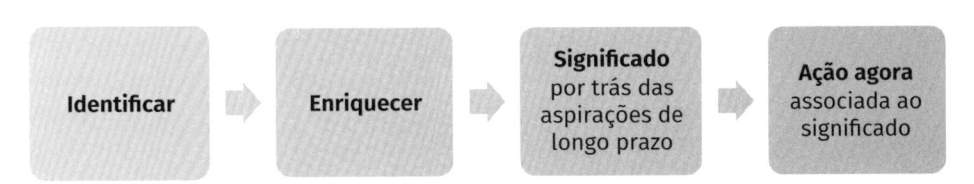

Identificar ▷ **Enriquecer** ▷ **Significado** por trás das aspirações de longo prazo ▷ **Ação agora** associada ao significado

FIGURA 4.1 Desenvolvendo o modo adaptativo: Processo de aspirações.

IDENTIFICANDO AS ASPIRAÇÕES

Quando Fazemos Isso

Identificar aspirações requer confiança, energia e flexibilidade mental. Você deve acessar o modo adaptativo da pessoa (ver Capítulo 3) quando estiver em busca das aspirações. A conexão interpessoal resultante torna mais fácil e mais seguro para a pessoa compartilhar esforços pessoais. Um modo adaptativo ativado também aumenta os recursos mentais necessários para projetar a mente no futuro e considerar novas possibilidade e perguntas.

Algumas vezes, a pessoa sai do modo adaptativo quando responde perguntas orientadas para o futuro. Ela pode responder sem emoção. Ela pode dizer "Não sei. Nada." ou apresentar aspirações vagas (p. ex., "algo melhor"). Outras podem ter dificuldade em focar no futuro ou em se sentir seguras para compartilhar seus sonhos, pois se sentem desmoralizadas ou derrotadas pelos desafios (p. ex., "Eu perdi tudo e todos que amo!"; "Não consigo fazer nada porque ouço vozes"; "Meu terapeuta na verdade não está interessado no que eu quero"). Cada uma dessas respostas reflete o modo "paciente" e significa que você deve mudar a sua abordagem retornando às intervenções energizantes e movidas pela conexão.

Por exemplo, você pode tentar fazer uma caminhada ou conversar sobre alguma coisa que o indivíduo goste de fazer para ativar o modo adaptativo e identificar as aspirações. É importante ressaltar que essas intervenções podem ser retomadas em qualquer ponto durante o processo de desenvolvimento das aspirações para recarregar e redirecionar o foco.

O Que Perguntar

Para identificar as aspirações, você começa com a pergunta: "Se tudo fosse como você gostaria, o que você estaria fazendo ou obtendo?". Outras perguntas para identificar as aspirações incluem:

- "Depois que você tiver alta, o que gostaria de fazer ou obter?"
- "Antes de tudo isso ter começado [isto é, os desafios], o que você queria fazer ou obter?"
- "O que sua família gostaria que você estivesse fazendo ou obtendo?"
- "Se eu pudesse estalar os dedos para que nada o estivesse incomodando e ninguém estivesse no seu caminho, o que você estaria obtendo ou fazendo de modo diferente?"
- "Quando você era pequeno, o que sonhava que seria capaz de fazer?"
- "Se você não estivesse aqui agora, às [p. ex., 1h da tarde de uma quarta-feira], o que gostaria de estar fazendo?" [Para o indivíduo em tratamento hospitalar]

A Figura 4.2 é uma árvore de decisão para ajudar a guiá-lo na identificação das aspirações que têm a maior possibilidade de levar a uma vida desejada e a mantê-la.

DISTINGUINDO ASPIRAÇÕES DE OUTROS ALVOS

As pessoas com frequência expressam desejos excitantes em resposta à pergunta: "Se tudo fosse como você gostaria, o que você estaria fazendo ou obtendo?". Entretanto, algumas vezes os indivíduos compartilham ideias para o futuro que podem soar

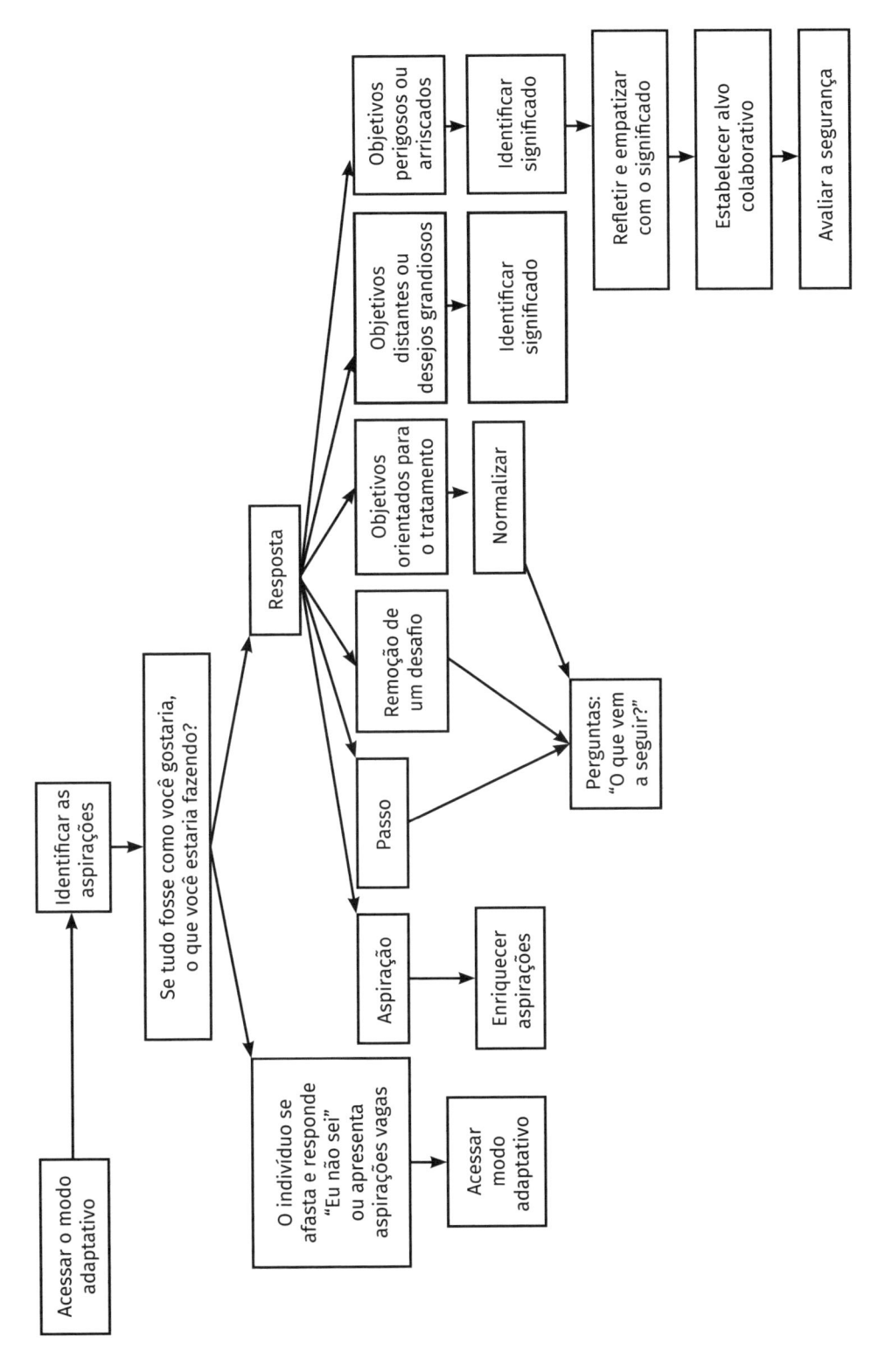

CT-R: Terapia Cognitiva Orientada para a Recuperação **65**

FIGURA 4.2 Identificando as melhores aspirações.

como objetivos altamente valorizados, mas não como aspirações. Elas podem incluir:

- *Um passo.* Alguma coisa que, depois de atingida, não fornece nenhuma razão para uma busca continuada (p. ex., obter licença para dirigir, receber alta do hospital, moradia).
- *Objetivos orientados para o tratamento.* Objetivos apoiados unicamente em atividades baseadas no tratamento ou que abordem desafios (p. ex., participar de terapia de grupo, tomar medicação, tomar banho diariamente).
- *Remoção do desafio.* Focar no que *não* é desejado em vez de no que *é* desejado (p. ex., parar de ouvir vozes, parar de se cortar, sobriedade).
- *Grandes desejos.* Objetivos que estão enraizados no que pode ser considerado delírios ou que são incrivelmente difíceis para qualquer um atingir (p. ex., querer ser atleta profissional, voltar para as suas 20 mansões, trazer as pessoas de volta dos mortos).
- *Objetivos distantes.* Aspirações que podem levar um longo tempo para serem atingidas e que envolvem muitos passos (p. ex., ser empresário ou cirurgião, ter uma casa).
- *Objetivos potencialmente perigosos ou arriscados.* Objetivos que podem causar danos a si mesmo ou a outras pessoas (p. ex., me matar, continuar ou voltar a usar drogas).

Você pode colaborar com o indivíduo para transformar qualquer uma dessas respostas em aspirações poderosas que tenham valor considerável para ele. Vamos examinar cada uma.

Passos

Algumas vezes, o objetivo expressado pelo indivíduo é na verdade um passo para uma aspiração. Os passos não costumam ser suficientemente excitantes para manter a motivação no longo prazo. Passos são objetivos que são distintos e ajudam a avançar na direção de uma aspiração, mas com frequência não têm grande significado e não são mais buscados depois de realizados.

Por exemplo, receber alta do hospital ou adquirir um apartamento são grandes passos. Eles envolvem esforço para conseguir atingi-los, e as pessoas os desejam muito, mas por si só não levam a uma ação positiva continuada. Os passos podem, no entanto, conduzir a maiores aspirações, como tornar-se um cineasta que ensina outras pessoas ou ser cuidador de um familiar idoso. Transformar os passos em aspirações é importante, pois, quando surgem desafios (p. ex., obedecer a vozes cruéis ou acesso reduzido à energia), uma fonte mais forte de motivação é necessária para agir. Basicamente, quanto maior e mais baseada em valores for a aspiração, melhor.

Se um indivíduo indica que quer um passo, você pode fazer perguntas que se estendam além da sua realização, tais como: "Isso parece ótimo. Qual seria a melhor parte em relação a isso? Depois que você alcançar o que disse, o que você seria capaz de fazer ou obter?". Por exemplo:

Profissional: O que seria bom em relação a ter um apartamento? O que você poderia fazer quando tiver o apartamento?

Indivíduo: Eu poderia ter um cachorro e montar um espaço para a minha arte.

Profissional: Isso parece muito bom! Qual seria a melhor parte disso para você?

Indivíduo: Eu gostaria de desfrutar das coisas de novo e talvez até ensinar a minha sobrinha.

Fazer perguntas do tipo "O que vem a seguir?" insere os passos em um contexto mais abrangente e ajuda a identificar múltiplos pontos de energia e motivação. O processo é semelhante à técnica da seta descendente na terapia cognitiva tradicional (Beck, 2020; Beck et al., 1979), exceto que, em vez de uma crença nuclear, o processo revela buscas nucleares valorizadas.

Objetivos Orientados para o Tratamento

Quando indagados sobre aspirações, alguns indivíduos compartilham objetivos que focam predominantemente no papel de ser um paciente cujos desejos têm foco no tratamento (p. ex., eu quero tomar as medicações, participar de mais grupos, frequentar um programa de tratamento). Isso reflete crenças que eles têm sobre si mesmos (p. ex., "Estou destruído", "Isso é tudo o que sou capaz de fazer") ou um desejo de dizer o que acham que você quer ouvir.

Os objetivos orientados para o tratamento, assim como os passos, são muito limitados. Eles também focam na condição de paciente e na doença em vez de na pessoa como um todo e em uma vida desejada. Por fim, pode ser desafiador dar prosseguimento aos objetivos relacionados ao tratamento quando estes não estão associados a alguma coisa maior.

Quando a pessoa expressa querer um objetivo orientado para o tratamento, reconheça o valor da resposta e depois pergunte o que a realização dessas atividades permitiria que o indivíduo fizesse – por exemplo, "Tomar a sua medicação e frequentar os grupos parece bom. O que você gostaria de fazer enquanto estiver cuidando dessas coisas?" ou "Se você fizesse essas coisas, o que seria capaz de fazer ou obter?".

Aqui, você continua a procurar até que obtenha uma boa aspiração. Você descobrirá que algumas pessoas ficam especialmente ansiosas para dar a resposta *certa*, que elas não conseguem se afastar dessas respostas mais ensaiadas. Se for assim, você pode usar a seguinte abordagem:

Profissional: Ao que parece, frequentar o grupo e tomar suas medicações é muito importante para você – e para muitas pessoas. Mas eu me pergunto: além das ideias relacionadas à terapia ou a outro tratamento, o que você quer fazer ou obter? Quais são alguns dos seus sonhos para a sua vida – talvez até mesmo coisas em que você não pensa há algum tempo?

Indivíduo: Mesmo?

Profissional: Sim, mesmo!

Indivíduo: Meu pai e eu pertencíamos a um clube de ferromodelismo, e eu sempre gostei disso. Eu gostaria de encontrar um por aqui.

Profissional: Isso parece legal! Posso ajudá-lo a conseguir isso? Que tipos de trens?

Nesse exemplo, o profissional reconhece e assegura o indivíduo de que a sua resposta foi boa, mas então o encoraja a identificar uma aspiração mais rica, expressando curiosidade genuína para saber mais.

Remoção de um Desafio

De modo similar aos objetivos orientados para o tratamento, os indivíduos podem desejar reduzir os desafios, como não ouvir mais as vozes, manter-se sóbrio ou não sentir tanta raiva ou medo o tempo todo. Estes podem ser desafios significativos, ou a pessoa pode estar lhe dizendo o que ela acha que você quer ouvir.

Existem algumas questões que explicam por que a remoção de um desafio não irá funcionar como uma aspiração efetiva:

- Pode não ser possível remover o desafio completamente.
- O empoderamento relacionado ao desafio é um passo, não um esforço na vida.
- Focar tanto no desafio tem o efeito não intencional de enfatizar o modo "paciente" e as crenças de ser inadequado.

O foco no potencial futuro (p. ex., tornar-se um enfermeiro que dá esperança às pessoas) provavelmente produzirá mais motivação e a ativação de crenças positivas (p. ex., capacidade, importância, conexão).

Para direcionar a resposta do desafio para a aspiração, você pode dizer: "Esse desafio parece muito importante, e devemos ajudar com isso. Se ele não estivesse no seu caminho, o que você seria capaz de fazer ou obter?". Por exemplo:

Indivíduo: Eu quero silenciar as vozes.

Profissional: Com certeza, parece que isso é muito perturbador para você. Mas estou curioso: se você estivesse menos incomodado por ouvir vozes, o que seria capaz de fazer ou obter?

Indivíduo: Eu poderia voltar a frequentar as orações das sextas-feiras na minha comunidade.

Profissional: Isso parece muito importante. Podemos trabalhar nisso também?

Você começa empatizando com a angústia do desafio. No entanto, em vez de focar na angústia do momento, você procura identificar o que o empoderamento permitiria em termos de desejos maiores para a vida.

Alguns indivíduos são completamente inundados pelos desafios. Eles já passaram tanto tempo convivendo com a angústia ou se identificando como "doentes" que sua visão do futuro é limitada. A pessoa pode querer um emprego, mas ao mesmo tempo pensa: "Eu sou burro, inadequado e estou destruído". Pode temer a rejeição por ser diferente ou achar que os outros podem ouvir suas vozes. Você pode, então, indagar sobre as aspirações enquanto desenvolve um plano para se livrar do desafio – por exemplo: "E se você sentisse que é capaz de focar mais e não precisasse se preocupar com as vozes o incomodando? Que trabalho você iria querer? O que você acha de trabalharmos nesse emprego e encontrarmos alguns truques para que essas preocupações não o limitem? Você acha que vale a pena tentar?".

Desejos Grandiosos

Algumas vezes, os indivíduos respondem o questionamento sobre as aspirações com respostas que são muito abrangentes ou enraizadas em crenças improváveis (p. ex., trazer as pessoas de volta dos mortos) ou difíceis para qualquer pessoa atingir (p. ex., tornar-se um *rapper* famoso ou uma estrela do *rock*). Aspirações grandiosas frequentemente são a expressão de anseios mais básicos em uma forma exagerada. A pessoa pode estar expressando esses desejos como uma forma de compensação por se sentir controlada e alienada das outras pessoas. Desejos grandiosos também podem ser uma forma de recuperar o atraso na vida ou compensar o sentimento de se sentir rebaixado pelos outros.

Esses desejos podem criar uma tensão para você. A dificuldade, se não total impossibilidade, de atingi-los está associada à importância que esses desejos têm para a pessoa. Se você tentar reduzir o tamanho da ambição, arriscará desmoralizar a pessoa e prejudicar sua relação com ela. Permitir que ela vá atrás disso parece criar uma situação propícia para o fracasso.

O caminho a ser seguido é focar no significado subjacente (p. ex., ser respeitado, ser ouvido e conectado) que *seria* experimentado ao atingir o grande desejo.

Para entender o significado, você pode perguntar: "O que teria de bom nisso? O que você seria capaz de fazer ou obter se atingisse isso?". Então você pode focar em buscas que satisfaçam esse significado ou necessidade no aqui e agora – por exemplo, quando o terapeuta de Jackie pergunta o que teria de bom em trazer as pessoas de volta dos mortos, Jackie diz: "Eu posso ajudá-las, e outras pessoas ficarão felizes". O terapeuta de Jackie pode, então, refletir sobre o significado em termos do aqui e agora: "Parece que ajudar os outros e fazer com que se sintam felizes é muito importante para você. Será que eu entendi bem?".

Ser uma pessoa útil e uma pessoa boa são significados importantes que ela pode sempre perseguir – eles são motivados pelo valor e são aspiracionais.

Objetivos Distantes

Objetivos distantes, como ser dono de um negócio, concluir sua educação ou ter sua casa própria, são desejos que frequentemente demandam tempo considerável e planejamento para todos. O desafio aqui é a qualidade distante, o que pode dificultar a manutenção do entusiasmo, da esperança e da motivação com o tempo.

Para ajudar a pessoa a obter o máximo desses desejos, avalie o quanto eles estão repletos de significado. O que ser dono de um negócio diz sobre uma pessoa? Por que seria bom ter sua casa própria? Para alguns, pode ter a ver com ser realizado ou bem-sucedido. Para outros, realizar os desejos significa que eles podem ajudar mais outras pessoas na sua família ou na comunidade – ajuda e conexão sendo os significados valiosos.

Você deverá saber o máximo possível sobre esses significados e colaborar para encontrar maneiras de experimentá-los agora e no futuro à medida que a pessoa der os passos na direção das suas aspirações de longo prazo.

Nada tem mais sucesso do que o próprio sucesso para despertar a motivação para perseguir um sonho distante – por exemplo, ao serem voluntários regularmente em um banco de alimentos, os indivíduos cuidam de outras pessoas, o que reforça a sua de-

QUADRO 4.1 Não restringir os sonhos

Os indivíduos com quem trabalhamos têm um potencial inexplorado. Por uma variedade de razões, eles não conseguiram perceber do que são capazes. Na CT-R, nosso objetivo é ajudá-los a explorar essa fonte de força interna e possibilidades. Seremos mais eficazes nessa missão se formos ao seu encontro onde eles estão. Nosso papel é colaborar com eles para identificar o significado da aspiração e focar nas buscas que eles podem realizar agora e que também têm esse significado. Eles podem se manter firmes em sua busca de uma aspiração que seja difícil de atingir, ou você pode descobrir que a aspiração muda à medida que o indivíduo encontra o significado subjacente por outros meios.

cisão de continuar os estudos que são pré-requisitos para a escola de enfermagem para que possam ajudar ainda mais outras pessoas. Desse modo, os indivíduos desenvolvem um apetite pelo sucesso que ajuda a manter sua busca de objetivos distantes.

Objetivos Potencialmente Perigosos ou Arriscados

Os indivíduos ocasionalmente expressam aspirações que têm potencial para danos e podem ser preocupantes (p. ex., me matar, matar minha equipe de tratamento, me cortar, continuar o uso de drogas, morar na rua). Quando um indivíduo sugere um desses desejos, você tem a oportunidade de obter informações úteis sobre as suas necessidades.

O que ele ganharia com as ações de alto risco? Qual é o significado? Depois de encontrar o benefício, você pode propor um método alternativo para obter esses benefícios que não inclua o comportamento perigoso – por exemplo:

Profissional: Você se importa se eu lhe perguntar o que haveria de bom em se matar? Quero me certificar de que estou entendendo isso pela sua perspectiva.
Indivíduo: Eu não me magoaria tanto.
Profissional: Magoar? Magoar como?
Indivíduo: Focando no quanto eu perdi e não consigo fazer. E também não bagunçaria mais a vida da minha mãe.
Profissional: Então você não se magoaria mais por não ser capaz de fazer as coisas e não se veria bagunçando a vida da sua mãe. Isso parece ser doloroso. Eu entendi bem?
Indivíduo: Sim, muito bem.
Profissional: Teria mais alguma coisa de bom em se matar?
Indivíduo: Eu não teria que ouvir mais aquelas mensagens da TV sobre a minha vida ser um fracasso.
Profissional: Posso entender que você queira que todas essas coisas tenham um fim. E se conseguíssemos fazer com que você não fosse incomodado pelas mensagens, não se visse bagunçando a vida da sua mãe, conseguisse fazer as coisas e talvez até não se magoasse tanto sem que para isso precise se matar? Você gostaria disso, mesmo que pareça uma ideia impossível?
Indivíduo: Sim, acho que sim.
Profissional: E se você conseguisse não se magoar mais assim, o que seria capaz de fazer ou obter?

A validação da dor e da angústia do indivíduo é o primeiro passo. Você segue essa empatia propondo a melhora por outros meios – em vez de atuar no comportamento perigoso. A articulação para as aspirações

QUADRO 4.2 Aspirações perigosas

Encontrar o significado do desejo perigoso pode ser uma abertura útil para os protocolos de avaliação de segurança no seu contexto. Fazer isso aumenta a compreensão das experiências de uma pessoa, o que por si só aumenta a conexão com ela e possivelmente reduz o risco de que ela atue em direção aos seus desejos. Além disso, estar conectado e ser entendido aumenta as chances de o indivíduo participar no planejamento e nas avaliações de segurança colaborativamente com você.

ocorre quando você faz a pessoa considerar o que é possível e o que ela iria querer caso estivesse se sentindo melhor.

A Tabela 4.1 é um guia rápido para a transformação dos objetivos declarados em aspirações. O lado esquerdo inclui os tipos de respostas que você poderia obter quando pergunta sobre as aspirações, e o lado direito pode estimulá-lo a recordar a melhor estratégia para cada uma.

IDENTIFICANDO AS ASPIRAÇÕES DE JACKIE

Para Jackie, a equipe inicialmente trabalhou com o objetivo de desenvolver seus desejos para o futuro trazendo a ideia de fazer bijuterias novamente. Pensar sobre essa possibilidade para o futuro animou Jackie e energizou seu modo adaptativo. Ter uma atividade concreta forneceu um ponto de partida para o terapeuta de Jackie identificar ainda mais desejos para o futuro. Sobretudo, seu terapeuta também perguntou sobre a melhor parte de entregar as bijuterias no lar de idosos. A resposta de Jackie foi poderosa: ajudar e conectar-se com os outros.

O terapeuta disse: "Parece que ajudar as pessoas é muito importante para você. Isso é algo que você gostaria de fazer mais?". Jackie concordou que queria ajudar as pessoas, mas que "é mais importante que as pessoas não estejam solitárias e que sintam que os outros se preocupam com elas". Este é um significado fundamental. Como Jackie poderia ajudar outras pessoas a não serem tão solitárias? Jackie disse que passaria mais tempo como voluntária em um dos lares de idosos. O terapeuta acrescentou isso ao Mapa da Recuperação, conforme mostra a Figura 4.3.

Você notará que mesmo com a confirmação de um desejo futuro e seu significado, o terapeuta e a equipe mantêm suas ideias e suposições no Mapa da Recuperação, porque Jackie pode ter outros desejos que eles ainda não conhecem. A equipe deverá tentar entender mais sobre ela. Como agora já conhecem algumas das aspirações de Jackie, eles riscaram o item "ainda não conhecido".

ENRIQUECENDO AS ASPIRAÇÕES

Depois que um indivíduo compartilhou um desejo para o futuro, você deverá enriquecê-lo. Enriquecer é o processo de descobrir o valor que a aspiração tem na vida de uma

TABELA 4.1 Transformando os alvos dos objetivos em aspirações

Resposta	Estratégia
Passo	Perguntas do tipo "O que vem em seguida?"
Remoção de um desafio	Perguntas do tipo "O que vem em seguida?"
Desejos grandiosos	Identificar o significado
Objetivos distantes	Identificar o significado
Objetivos orientados para o tratamento	Normalização e perguntas do tipo "O que vem em seguida?"
Objetivos perigosos ou arriscados	Identificar o significado, refletir e empatizar com o significado, estabelecer um alvo colaborativo e avaliar a segurança

ASPIRAÇÕES	
Objetivos:	**Significado de Atingir o Objetivo Identificado**
• *Ser voluntária em um lar de idosos.* • O que poderia significar sua crença sobre trazer as pessoas de volta dos mortos? Há alguma coisa desejada ali? • Ela gostaria de estar envolvida em atividades criativas no futuro – *Sim!* **Suposição:** • *Ajudar outras pessoas.*	• Conexão, ajudar – as pessoas não ficarão tão solitárias, elas verão que alguém se preocupa com elas. • Suposição: poder ou importância? • Suposição: capacidade? • Ajudar? **Suposição:** • Valor?

FIGURA 4.3 Aspirações atualizadas de Jackie com novas suposições e objetivos confirmados.

pessoa e por que ele é tão excitante ou energizante para ela. Você enriquece as aspirações:

1. usando o imaginário;
2. identificando sentimentos associados à possível realização da aspiração.

A Figura 4.4 apresenta uma árvore de decisão para guiar seus esforços de enriquecimento.

Enriquecendo as Aspirações por meio do Imaginário

As aspirações podem ser enriquecidas pela criação de *imagens de recuperação* vívidas e elaboradas que tornam fácil para a pessoa se projetar no futuro. As imagens mentais são vantajosas, pois melhoram o acesso à emoção e auxiliam a memória (Hackmann, Bennerr-Levy, & Holmes, 2011). Muitos indivíduos experimentam imagens que motivam emoções desagradáveis e crenças negativas sobre si mesmos. Usar o imaginário para as aspirações transforma essa suscetibilidade em vantagem, gerando força, pois a imagem estimula emoções positivas e uma visão esperançosa do seu futuro.

Neste passo, você está visando responder à pergunta: "Como isso seria?". Quanto mais vívida e específica a imagem, mais efetivo será criar emoção positiva e aumentar a esperança. Também é mais fácil recordar. Um indivíduo poderia dizer que deseja ter seu próprio espaço. Contraste esse alvo em grande parte informacional com uma imagem de recuperação: "Eu me vejo em uma casa de tijolos marrons. Estou no meu *laptop*, bebendo uma xícara de chá e acariciando meu cachorro. Estou falando com amigos *on-line*. Vamos começar a jogar".

Para criar uma imagem de recuperação com um indivíduo, você pode usar os cinco sentidos (visão, audição, olfato, paladar, tato), memórias, conexões sociais, planos e outros detalhes para imaginar colaborativamente como a vida seria. Por exemplo, se o indivíduo quiser ter seu próprio espaço, você pode perguntar:

- "O que seria o melhor de tudo em ter seu próprio espaço?"
- "Conte-me mais sobre isso; como seria a sua casa?"
- "Que refeição você prepararia e qual seria o aroma dela?"

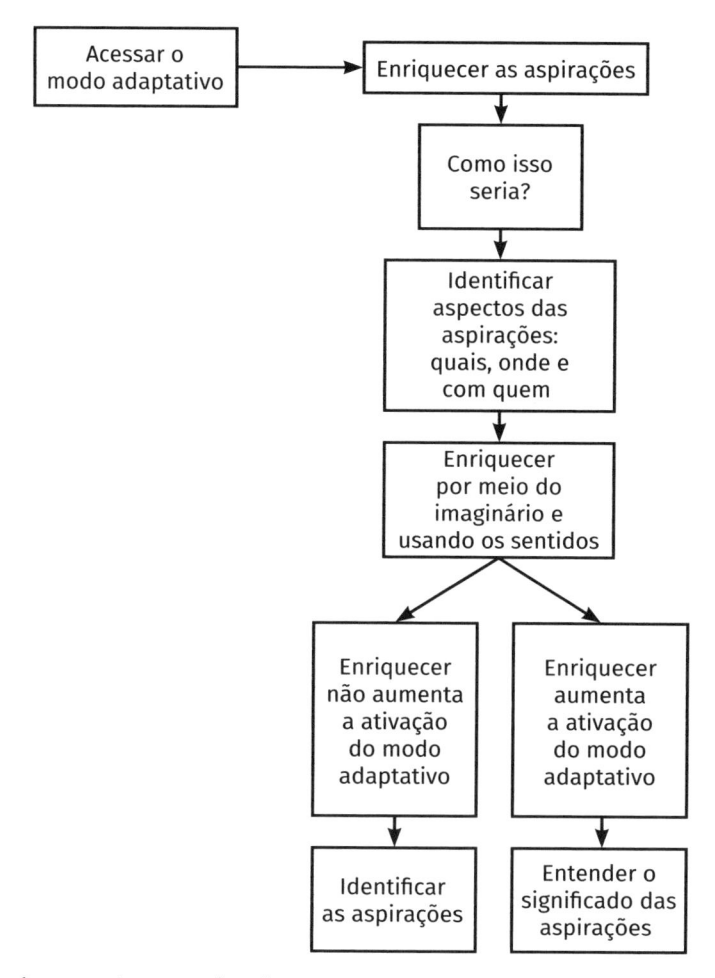

```
┌──────────────┐      ┌──────────────────────┐
│  Acessar o   │─────▶│ Enriquecer as aspirações │
│modo adaptativo│      └──────────────────────┘
└──────────────┘                 │
                                 ▼
                        ┌──────────────┐
                        │  Como isso   │
                        │    seria?    │
                        └──────────────┘
                                 │
                                 ▼
                     ┌────────────────────┐
                     │    Identificar     │
                     │   aspectos das     │
                     │    aspirações:     │
                     │  quais, onde e     │
                     │     com quem       │
                     └────────────────────┘
                                 │
                                 ▼
                     ┌────────────────────┐
                     │    Enriquecer      │
                     │   por meio do      │
                     │   imaginário e     │
                     │  usando os sentidos│
                     └────────────────────┘
                          │          │
                  ┌───────┘          └───────┐
                  ▼                          ▼
        ┌──────────────┐            ┌──────────────┐
        │  Enriquecer  │            │  Enriquecer  │
        │ não aumenta  │            │   aumenta    │
        │  a ativação  │            │  a ativação  │
        │   do modo    │            │   do modo    │
        │  adaptativo  │            │  adaptativo  │
        └──────────────┘            └──────────────┘
                  │                          │
                  ▼                          ▼
        ┌──────────────┐            ┌──────────────┐
        │  Identificar │            │   Entender o │
        │ as aspirações│            │ significado das│
        │              │            │  aspirações  │
        └──────────────┘            └──────────────┘
```

FIGURA 4.4 Enriquecendo as aspirações.

- "Quem você convidaria para visitá-lo?"
- Se alguma coisa se destacar (p. ex., um cômodo particular na casa, um lugar aonde ir com um parceiro romântico, uma ocasião particular para se encontrar com a família), passe algum tempo focando nela ("Conte-me mais sobre esse cômodo", "Que tipo de música você vai tocar?").
- "Pinte um quadro para mim de como seria a sua vida."

Para um indivíduo que deseja uma pessoa significativa, você pode perguntar:

- "Como ela seria?"
- "O que vocês fariam juntos?"
- "Aonde você gostaria de ir? Qual seria sua coisa favorita sobre ter um parceiro?"

Ao criar uma imagem, enfatize o desenvolvimento dos aspectos que contêm um papel social para o indivíduo – por exemplo, ter um carro é uma ótima aspiração, mas ter um carro para que o indivíduo possa levar seu filho à escola todos os dias é mais forte; tem um *papel* incorporado e talvez tenha o significado de ser um bom pai ou parente.

Imaginar esse papel é animador e explora valores pessoais importantes, fazendo a aspiração parecer mais possível e associada ao melhor *self* da pessoa.

As imagens de recuperação que você cria colaborativamente podem, então, ser consultadas durante o curso do seu trabalho juntos para provocar entusiasmo e esperança e verificar se elas ainda são áreas de foco importantes para a pessoa.

Acessar a imagem pode ser muito útil. A pessoa pode trazê-la à mente quando estiver sentindo a pressão do estresse. Pode ajudá-la a se manter no caminho quando a vida se tornar mais desafiadora. Também pode ser útil para experimentar diariamente. Para ajudar os indivíduos a recordarem a imagem, você pode ser criativo e colaborativo. Eles podem anotá-la, criar quadros de visualizações com imagens ou palavras, criar uma palavra ou frase combinada mutuamente que faça a pessoa se recordar da imagem (p. ex., ouvir Frank Sinatra ou Tupac), entre outras possibilidades.

Enriquecendo Aspirações ao Identificar a Emoção Positiva

Quando construir colaborativamente uma imagem de recuperação rica, você deverá identificar como seria experimentar a aspiração. Você pode perguntar: "Como seria ter a sua aspiração?". Quanto mais específico você puder ser, melhor:

- "Como será ter uma namorada?"
- "Como será estar cozinhando na sua cozinha para seus vizinhos na sua própria casa?"
- "Como você imagina que se sentiria ao dirigir até o concerto com seus amigos?"
- "Como você vai se sentir quando ensinar sua filha a usar um taco de beisebol?"

Você também pode notar que a pessoa sorri, tem uma postura mais relaxada ou fica animada enquanto compartilha a sua imagem. Você pode fazer perguntas para ajudá-la a notar isso no momento também:

- "Enquanto falamos sobre isso, notei você sorrindo. O simples fato de pensar nisso faz você se sentir feliz? Animado?"

Chamar a atenção para essa emoção presente pode apoiar ainda mais o uso da imagem de recuperação no futuro. Por exemplo:

- "Parece ser bom e energizante o simples fato de compartilhar a sua imagem. Valeria a pena encontrar uma forma de se lembrar e pensar nela nos dias em que parecer mais difícil ter energia?"

Identificar as emoções positivas serve a vários propósitos. Elas trazem boas sensações e podem contribuir com dinamismo e motivação para se empenhar. Também são boas pistas de memória para os benefícios da aspiração. Além disso, você pode usar a emoção como um ponto de partida para considerar outras atividades em que o indivíduo se sentiria da mesma forma e que valeria a pena realizar.

DESCOBRINDO O SIGNIFICADO DAS ASPIRAÇÕES

Depois que você identificou a aspiração, construiu uma imagem de como ela seria e a associou a um sentimento, faça perguntas que visem descobrir seu significado *mais profundo* – crenças sobre si mesmo, sobre os outros e sobre o futuro que estão associadas à aspiração. A Figura 4.5 apresenta uma árvore de decisão para ajudá-lo a encontrar o significado de cada aspiração.

Uma pergunta essencial é: "Qual seria a melhor parte?". Você também pode perguntar:

- "Qual é a parte mais importante de fazer isso?"
- "Como você se veria se realizasse isso? Veria a si mesmo como capaz? Com valor? Prestativo?"
- "Como os outros o veriam?"
- "O que isso diria sobre você como pessoa?"

Os significados são incrivelmente importantes. Eles podem ser buscados independentemente das aspirações declaradas ou das restrições ou limitações do contexto (comunidade, internação, forense). Há infinitas maneiras de ser prestativo, útil, um líder, etc. O desejo de atingir algum desses valores é maior do que qualquer ação.

É por isso que você não precisa se preocupar em julgar se uma aspiração é realista ou não para uma pessoa – pois os significa-

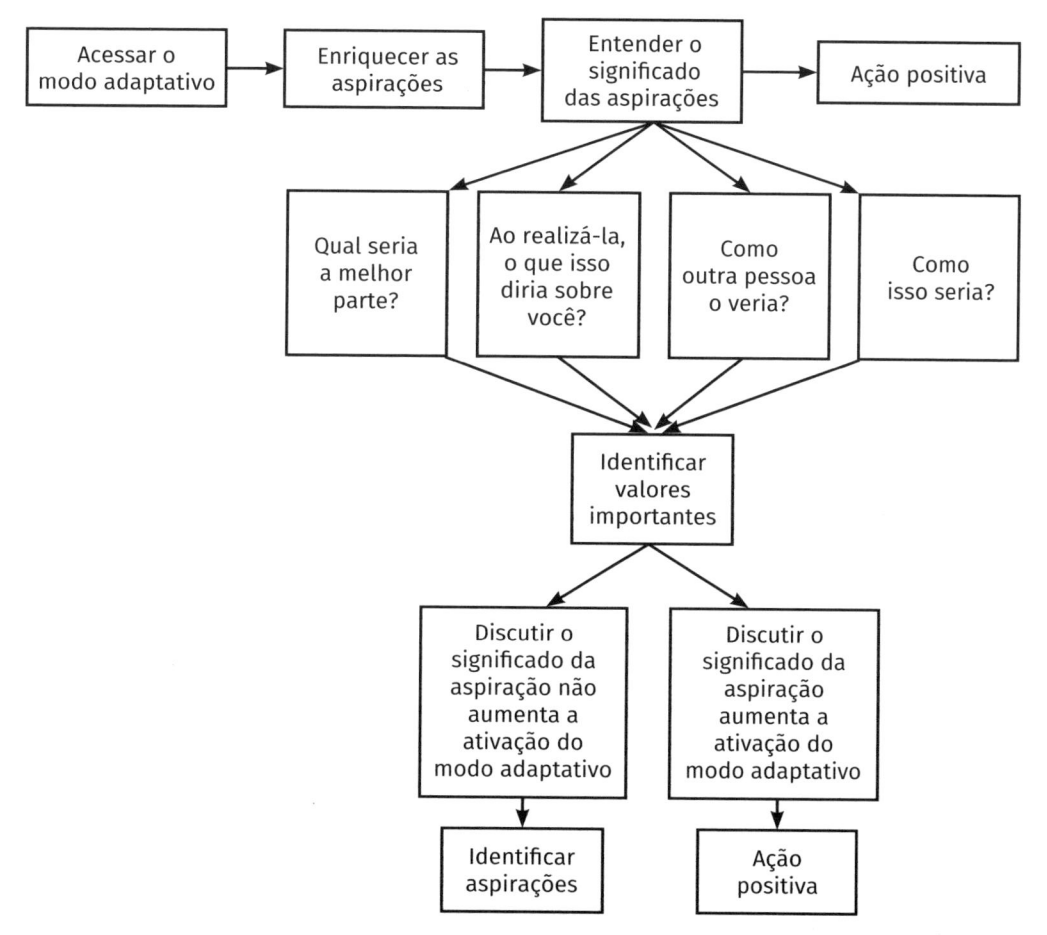

FIGURA 4.5 Encontrando o significado das aspirações.

dos, a emoção positiva e as crenças que ela apoia são muito reais e atingíveis todos os dias. A Figura 4.6 apresenta um resumo das perguntas sugeridas.

ENRIQUECENDO E SIGNIFICANDO COM JACKIE

Jackie havia identificado uma aspiração inicial de que gostaria de ser voluntária em um lar de idosos. Seu terapeuta sabia que ajudar e cuidar de outras pessoas eram dois valores importantes que Jackie tinha, mas ele queria saber mais sobre o significado específico do voluntariado.

A conversa se desenvolveu inicialmente com o uso de imaginário, depois o sentimento e, então, o significado.

Imaginário

Terapeuta: Ser voluntária no lar de idosos parece incrível! Como seria isso? O que você faria?

Identificando	Enriquecendo (imaginário)	Identifique o significado	Difícil de atingir/delírio
Identifique uma visão significativa sobre um modo como o indivíduo queira viver sua vida.	O que, onde e com quem; enriqueça por meio do imaginário e usando os sentidos.	Encontre o significado subjacente às aspirações para identificar os valores e as crenças-alvo.	Ainda podemos aprender muito quando os indivíduos compartilham aspirações abrangentes ou difíceis.
"Se tudo fosse do jeito que você gostaria, o que você estaria fazendo?" "Antes de tudo isso ter começado, o que você queria estar fazendo?" "Se eu pudesse estalar os dedos para que nada o estivesse incomodando, como seria o seu dia?" "Eu notei que [insira a atividade] é algo que você gosta de fazer... isso é algo que você gostaria de fazer mais no futuro?"	"Como será o seu dia?" "Onde você se vê fazendo isso?" "Com quem você estará fazendo as coisas?" "Como você acha que seria fazer isso?" "Pinte um quadro para mim; eu quero imaginar como você o vê."	"Qual seria a melhor parte?" "O que diria sobre você o fato de realizar isso?" "Como as outras pessoas o veriam?" "Como isso seria?"	"Qual seria a melhor parte sobre [aspiração]?" "Parece que [significado] é importante para você; estou entendendo direito? Qual é a parte mais importante sobre isso?" "Se pudermos trabalhar juntos para sentir mais [significado/crença], valeria a pena tentar?"

FIGURA 4.6 Perguntas sugeridas para as aspirações.

Jackie:	Talvez eu pudesse apenas conversar com eles ou jogar cartas. Eles são tão solitários.	Jackie:	Fazer as pessoas se sentirem felizes. Eu seria uma boa amiga.
Terapeuta:	Então você conversaria ou faria atividades diferentes com eles. É isso? Parece que são coisas que seriam muito úteis para eles.	Terapeuta:	Parece que ter amigos e estar conectada com as pessoas também é muito importante. O que isso diria sobre você se você fizesse os residentes do lar de idosos felizes?
Jackie:	Espero que sim.		
Terapeuta:	Quando você se imagina fazendo isso, como seria? O que você faria? O que eles fariam?	Jackie:	Que eu posso fazer o bem. Eu sou amistosa. Eu realmente seria prestativa.
Jackie:	Eu traria meus jogos favoritos, e eles iriam sorrir. Talvez conversássemos sobre de onde eles vêm.		

Sentimento

Terapeuta:	Notei que você está sorrindo enquanto me conta isso. Como está se sentindo neste momento?
Jackie:	Feliz. Eu realmente quero ajudá-los.
Terapeuta:	Como você imagina que vai se sentir se for voluntária?
Jackie:	Feliz.
Terapeuta:	Houve outros momentos em que você teve esse sentimento?
Jackie:	Ajudando a minha família.

Significado

Terapeuta:	Qual seria a melhor parte de ser voluntária?

O terapeuta é agora capaz de atualizar o Mapa da Recuperação com a aspiração e o valor que ela contém para Jackie, conforme mostra a Figura 4.7. Ambos são alvos significativos para Jackie.

O processo de enriquecimento das aspirações pode demorar algum tempo, frequentemente durante vários encontros com um indivíduo. Permita-se ter tempo suficiente para construir as aspirações e aprender sobre seu significado antes de passar para o próximo estágio: o planejamento da ação. Com a quantidade certa de detalhes e significados, a aspiração pode ajudar a ativar o modo adaptativo da pessoa, o que então leva a mais ação – e realização – na direção da sua vida desejada.

Ao buscar as aspirações, o indivíduo começa a viver a vida da sua escolha, uma vida que é como a de outras pessoas

ASPIRAÇÕES	
Objetivos:	**Significado de Atingir o Objetivo Identificado**
• Ser voluntária em um lar de idosos. • Continuar a fazer bijuterias. • O que poderia significar sua crença sobre trazer as pessoas de volta dos mortos? Há alguma coisa desejada ali? • Ajudar outras pessoas.	• *Conexão, ajudar – as pessoas não ficarão tão solitárias, elas verão que alguém se preocupa com elas.* • *Sentir-se feliz.* • *Ser uma boa amiga.* • *"Fazer o bem."*

FIGURA 4.7 Aspirações atualizadas de Jackie com os significados confirmados.

e não é definida por uma doença ou por ser um "paciente". Essas aspirações atualizam a realização dos anseios, como a recuperação da dignidade, tornar-se parte da comunidade, fazer a diferença e estar no controle da própria vida. Princípios abstratos de bem-estar e recuperação – esperança, eficácia, independência e conexão – se tornam realidade na sua vida e pensamento cotidianos (Harding, 2019). As aspirações fornecem um guia para a ação que realize o melhor *self* diariamente (Condon, 2018).

CONSIDERAÇÕES ADICIONAIS

Aspirações como uma Forma de Construir Resiliência e Empoderamento

As aspirações são específicas do indivíduo e cristalizam sua visão de uma vida significativa. Elas formam os fundamentos da resiliência e do empoderamento, pois as melhores aspirações são buscas que um indivíduo continua a querer na vida. Os indivíduos acham vantajoso se engajar regularmente em ações na busca da aspiração significativa (p. ex., conversar com amigos, acordar pela manhã e praticar *mindfulness*). Quanto mais passos o indivíduo dá na direção das aspirações e experimenta sucesso, mais são reforçadas as crenças positivas sobre o *self*, sobre os outros e sobre o futuro. As aspirações fornecem o *porquê* para continuar fazendo o que ajuda uma pessoa a superar os desafios; elas também podem fornecer a razão para se recuperar se e quando os desafios reaparecerem.

Aspirações como uma Ligação entre os Membros da Equipe Multidisciplinar

As aspirações podem ser alvos colaborativos que conectam os membros das equipes multidisciplinares entre si e com o indivíduo. Cada membro de uma equipe tem a oportunidade de aprender não só o que uma pessoa quer na vida, mas também o significado contido nisso. Com esse conhecimento, os membros da equipe podem trabalhar conjuntamente para determinar qual parte de uma aspiração pode ser visada e por qual membro da equipe, com base em seus respectivos papéis – por exemplo, uma pessoa que deseja ajudar crianças pode trabalhar com seu par especialista para pesquisar na comunidade organizações que precisem de voluntários ou doações. Ao mesmo tempo, o indivíduo pode trabalhar com seu psiquiatra em formas de desviar a atenção das vozes para que ele possa focar melhor na ajuda. A colaboração com um especialista em alojamento pode agora parecer importante porque o indivíduo quer estar mais próximo da comunidade com a qual gostaria de contribuir. Quando todos estão orientados em torno da aspiração, há maior consistência, e os indivíduos podem ter maior envolvimento para trabalhar com a equipe.

Aspirações em Ambientes Altamente Restritivos

As aspirações são incrivelmente importantes, independentemente do ambiente do tratamento. Mesmo indivíduos que estão encarcerados ou que não devem retornar à vida na comunidade podem se beneficiar ao ter uma razão significativa para se envolver com os outros e na vida. Você pode fazer as mesmas perguntas que faria em qualquer ambiente sobre como uma pessoa gostaria que fosse a sua vida. O foco da conversa deve, então, residir em grande parte no significado subjacente – por exemplo, você pode reconhecer que, embora possa ser difícil realizar a aspiração como ele idealmente a vê, pode haver algumas maneiras de ainda se sentir produtivo, contribuinte, útil, uma pessoa boa – ou qualquer que seja o significado.

Muitos profissionais compartilharam conosco formas criativas pelas quais os indivíduos atingiram esses significados: trabalhando em seus blocos de celas, criando arte para mandar para seus entes queridos em casa, ensinando exercícios a outros indivíduos confinados, estudando e buscando oportunidades de aprendizagem a distância, participando em comitês de defensoria, etc. Pode ser preciso vários passos para ter acesso a essas oportunidades em ambientes restritivos, como, por exemplo, atingir determinados níveis de privilégios. Nesse caso, você pode trabalhar para visualizar e criar imagens o mais vividamente possível para construir energia e desejo a fim de que finalmente possa se engajar em ação pessoalmente significativa. Desse modo, as aspirações despertam e mantêm a esperança.

Mudando as Aspirações

Alguns indivíduos mudam suas aspirações durante o curso do tratamento. Isso reflete um processo que todos podem experimentar à medida que avaliam o que querem fazer em suas vidas – por exemplo, um indivíduo pode ter a aspiração de conseguir um emprego. Nas reuniões, ele pode citar diferentes ocupações (professor, terapeuta, auxiliar de suporte técnico, balconista de armazém, assistente social) enquanto planeja. Você pode encontrar um significado comum subjacente à aspiração (p. ex., ser prestativo ou útil) e fazer disso uma busca. Você também pode focar nos caminhos comuns para realizar as aspirações, tais como voltar para a escola, aumentar as conexões ou tornar-se ativo. Ao focar no fator em comum nessas diferentes aspirações, você pode combiná-las em uma categoria (p. ex., ter uma carreira) e dar início aos passos da ação para atingir isso. Durante o processo, o indivíduo irá obter mais informações sobre essas diferentes áreas e terá uma noção mais clara dos caminhos que deseja seguir.

Você poderá descobrir que alguns indivíduos mudam as ideias aspiracionais para evitar o fracasso. Alguns se protegem para não cometerem mesmo o menor erro (crenças derrotistas). Em uma tentativa de evitar decepções, a pessoa pode pular de aspiração em aspiração sem investir muito tempo ou esforço em nenhuma específica. Essa evitação por fim tem o efeito involuntário de fortalecer a crença de ser um fracasso, pois o indivíduo exerce esforço constante, mas jamais tem sucesso. Nessas situações, você pode enriquecer a aspiração para encontrar os significados buscados que são verdadeiramente valiosos, trabalhar com o indivíduo para ter experiências de sucesso que contrariam as crenças derrotistas ou usar estratégias que aumentem a atividade e a energia, para que o indivíduo possa se reengajar no processo de desenvolvimento da aspiração.

Múltiplas Aspirações

Os indivíduos com frequência têm mais de um desejo – de fato, isso é preferível. Considerando-se que as aspirações motivam mudança, múltiplas aspirações asseguram fontes contínuas de motivação – por exemplo, o indivíduo pode estar tentando namorar, conseguir um emprego, retornar às orações ou ter um apartamento. Se a vida dos encontros amorosos estiver em baixa, a busca por um emprego ou um apartamento pode compensar o dinamismo perdido. Isso pode levar ao fortalecimento de crenças de resiliência ("Bem, namorar pode ser difícil, mas pelo menos meu chefe está feliz, e o formulário para o apartamento está preenchido"). Diversificar as aspirações é uma boa abordagem e algo a ser encorajado.

Quando as Aspirações São Realmente Grandes

Você pode ter a preocupação de não dar aos indivíduos falsas esperanças sobre o futu-

PALAVRAS DE SABEDORIA

QUADRO 4.3 "Chamado às armas" para criar aspirações dinâmicas

Longe de serem epifenômenos ou apenas algo superficial, palavras como "valores" e "missão" são os principais motivadores para a ação e podem ser associadas às aspirações de um indivíduo. Como exemplo, no típico "chamado às armas", uma nação é mobilizada para cumprir objetivos amplos, mas personalizados, como liberdade, fraternidade e igualdade. Quando existe um "inimigo" comum, a ativação do espírito coletivo e os valores podem se sobrepor a outros valores, como a segurança pessoal. Canções patrióticas como A Marselhesa (francesa) ou jogos competitivos também podem adicionar "um tempero" à motivação geral. Assim, palavras abstratas, embora mal definidas, podem captar o espírito da equipe ou do grupo.

Em nosso trabalho, a força motivadora do "chamado às armas" pode ser encontrada nas aspirações. Queremos identificar os significados positivos subjacentes à aspiração ("Eu sou uma pessoa boa", "Eu sou competente", "Eu tenho confiança em mim", "Eu sou amigável, e as outras pessoas me consideram com respeito"). Esses significados podem ser classificados em categorias: conexão, controle, competência e compaixão. A força das aspirações se origina da ativação desses significados, os quais mobilizam a motivação, a cognição, o afeto, a atenção, a memória e a solução de problemas.

As aspirações servem não apenas como um princípio organizador para mapear o comportamento; elas também podem evocar e fortalecer o modo adaptativo, estimular a esperança, enriquecer a conexão e desenvolver o melhor *self* do indivíduo. Estes são os passos para a construção dinâmica da aspiração:

1. *Descubra* a aspiração colaborativamente.
2. *Detalhe* o significado da aspiração realizada. Qual é a melhor parte? Conexão, pertencimento, assumir o comando da própria vida, fazer a diferença, ajudar os outros, realização?
3. *Imagine* a realização da aspiração em grandes detalhes. Faça perguntas para que você possa vê-la da forma como os indivíduos a veem.
4. *Experimente* a realização como se estivesse acontecendo neste momento.
5. *Foque* nos sentimentos associados à realização: satisfeito, feliz, entusiasmado, orgulhoso.
6. *Chame a atenção* para os atributos pessoais necessários para a aspiração: amável, efetivo, forte, sociável.
7. *Aja agora!* Pense em uma atividade neste momento que possa ter um significado e emoção similares.

ro. No entanto, nossa experiência é exatamente o oposto: grandes sonhos ou desejos que levariam algum tempo para atingir têm grande potencial para catalisar a recuperação. Essas aspirações ajudam os indivíduos a explorarem seus desejos, e a energia por trás delas pode trazer à tona talentos e potenciais sobre os quais de outra forma não teríamos conhecimento. Aspirações são buscas constantes de longo prazo. Desenvolver uma aspiração não é um contrato com o indivíduo de entregar o desejo dentro de uma semana. O que é essencial para manter a motivação é o significado da atividade – estar conectado, ser capaz, valorizado, amado, etc. Cada atividade, como começar a fazer exercícios ou namorar, avança na direção de desejos mais profundos que têm significado importante para a pessoa (p. ex., ter uma família). Satisfazer o significado desejado das aspirações regularmente, juntamente com a divisão das aspirações em passos de ação positiva, permite que os indivíduos mantenham motivação e saboreiem sucessos pequenos e significativos. Isso mantém e desenvolve esperança: cada engajamento de sucesso em uma atividade é um passo mais próximo da aspiração, e esses sucessos servem como motivação para mais ação.

O Capítulo 5 foca na ação que satisfaz o significado das aspirações para realizar o melhor *self* do indivíduo todos os dias.

RESUMO

- As aspirações são a força motriz na terapia cognitiva orientada para a recuperação. Elas são movidas pelo valor e consistem no modo como uma pessoa gostaria que fosse a sua vida; elas fornecem uma razão para trabalhar nos desafios que podem surgir.
- O significado das aspirações – a "melhor parte" – fornece uma compreensão das crenças positivas que os indivíduos esperam ter sobre si mesmos, sobre os outros e sobre seu futuro.
- O significado de uma aspiração pode ser alcançado independentemente do quanto possa ser difícil atingir a aspiração declarada e do quanto o ambiente seja restritivo.
- O desenvolvimento das aspirações deve acontecer quando o indivíduo estiver no modo adaptativo. As aspirações não devem ser divididas em passos para ação até que estejam suficientemente enriquecidas com o uso do imaginário e significado.

5

Realizando o modo adaptativo:
Ação positiva

Jackie e sua equipe identificaram sua aspiração de ser voluntária em um lar de idosos e os significados valiosos que isso tem para ela. Eles trabalharam conjuntamente para que ela encontrasse oportunidades de realizar esse desejo. Jackie e seu terapeuta criaram um quadro de visualização com figuras que eles encontraram de jogos, pessoas rindo juntas, bijuterias e notas musicais. A equipe na sua instituição convidou Jackie para ajudá-los a organizar semanalmente noites de jogos na casa – atendendo ao seu desejo de ser útil e construir conexão entre as pessoas por meio de uma atividade de que ela realmente gostava. Eles também continuaram a fazer bijuterias, com Jackie no papel de distribuidora do material.

Certo dia, quando eles entregaram as bijuterias em um dos lares de idosos, Jackie perguntou se eles precisavam de voluntários para fazer companhia às pessoas durante a semana. Ela foi convidada a vir todas as quartas-feiras.

Depois que você tiver desenvolvido uma ou mais aspirações e identificado seu significado, o foco se volta para a ação. Ação positiva se refere a atividades para ajudar as pessoas a dar os passos na direção das suas aspirações ou que satisfaçam os significados subjacentes. Os passos da ação positiva incluem a revisão frequente da aspiração, dividindo-a em passos, planejando a ação focada na aspiração e monitorando o progresso e os sucessos. Esse processo *atualiza* o modo adaptativo e promove um senso de propósito, que é um determinante importante de bem-estar e recuperação (Harding, 2019).

O MODO ADAPTATIVO
Propósito

Acessar → Energizar → Desenvolver → **Realizar** → Fortalecer

AUMENTANDO A AÇÃO POSITIVA NA DIREÇÃO DAS ASPIRAÇÕES

Revisando as Aspirações em Cada Interação

As aspirações podem algumas vezes parecer tão distantes que os indivíduos não acreditam que algum dia possam atingi-las. Crenças derrotistas (Grant & Beck, 2009), como "Por que tentar? Só vou fracassar de qualquer modo" e "É muito esforço", podem minar a motivação e a energia e tornar o planejamento da ação mais desafiador. Assim, o primeiro passo antes de tomar uma ação positiva é revisar as aspirações e os significados em cada interação com a pessoa. Isso cria energia, gera esperança e desenvolve dinamismo para perseguir os sonhos.

> Ação positiva:
> - ✓ transforma as aspirações e os significados em passos;
> - ✓ inclui formas de realizar as aspirações diariamente;
> - ✓ fornece marcadores significativos do progresso;
> - ✓ fornece evidências do sucesso que ajudam a fortalecer as crenças positivas;
> - ✓ promove propósito, que é importante para o bem-estar e a recuperação.

Você pode dizer: "Ainda estamos trabalhando juntos para que você consiga aquele apartamento com espaço de arte, certo? Lembre-me de novo qual será a melhor parte disso!" ou "Sei que conversamos sobre a possibilidade de você voltar à escola, trabalhar e namorar. Essas coisas ainda são as mais importantes para você? Eu lembro que você disse que se sentir realizado e no controle da sua vida era uma grande parte disso. Está correto?".

Você pode listar os significados das aspirações cada vez que estiver com alguém e usar isso para ativar o modo adaptativo durante o planejamento da ação.

Dividindo as Aspirações em Passos

Depois que os anseios do indivíduo são revigorados, você pode associar aspirações animadoras de longo prazo a ações positivas atuais e específicas. Isso pode tornar animadores até mesmo os passos mais iniciais: "Você quer dizer que, se eu me levantar todos os dias pela manhã, posso estar mais perto de me tornar um viajante pelo mundo? Eu posso fazer isso!". Ao dividir a aspiração em passos suficientes, o indivíduo percebe que o alvo é atingível. Poder ver o caminho fortalece o esforço e a determinação durante o percurso.

Você pode ser flexível ao registrar os passos e progredir na direção das aspirações de uma pessoa. Use um quadro branco, uma folha de papel ou algum auxílio visual que permita que vocês dois tracem o caminho até a conquista da recuperação. Um exemplo de como dividir uma aspiração em passos utiliza o diagrama do Apêndice F. Você pode imprimir ou desenhar o diagrama. A aspiração é colocada no topo dos passos à direita; os significados motivadores ficam à esquerda. A representação visual do plano de ação pode ser uma forma de acompanhar o progresso, marcando um passo quando ele é concluído, mesmo que repetidamente.

Para identificar os passos, comece com uma pergunta como: "O que temos que fazer para chegar lá? O que você precisaria fazer antes de se tornar enfermeira?". Converse sobre cada passo e sobre onde ele se localiza no caminho que conduz à aspiração de longo prazo.

Você pode repetir o processo com a frequência necessária para desenvolver um plano para ação. O diálogo a seguir ilustra esse processo:

Profissional: O que você precisaria fazer para voltar a estudar a fim de se tornar um empresário de sucesso?
Indivíduo: Eu tenho que sair do hospital.
Profissional: OK. O que mais você precisa fazer para voltar a estudar?
Indivíduo: Bem, tenho que conseguir um empréstimo.
Profissional: Você precisaria conseguir o empréstimo antes ou depois de sair do hospital?
Indivíduo: Depois.
Profissional: OK. O que mais você precisaria fazer para voltar a estudar?
Indivíduo: Eu preciso decidir sobre a disciplina de especialização.
Profissional: Onde isso entraria? [*Mostra ao indivíduo o diagrama dos passos.*] Você precisa decidir isso antes de voltar a estudar?
Indivíduo: Não, acho que não.
Profissional: Poderíamos colocar isso mais adiante. [*O indivíduo concorda.*] O que mais você precisaria fazer?
Indivíduo: Preciso fortalecer meu cérebro, porque não consigo me manter nas coisas por muito tempo.
Profissional: OK. Quando você poderia fazer isso? Você tem que esperar até sair do hospital?
Indivíduo: Isso pode ficar para depois.
Profissional: Ah, estou curioso. Se você começasse a exercitar seu cérebro aqui, o quão forte ele estará quando você estiver pronto para voltar a estudar?
Indivíduo: É verdade. Acho que esse passo vai antes, não é?
Profissional: Sim, acho que sim. Então parece que estamos começando a encontrar uma ordem.

Você então ajuda o indivíduo a organizar os passos em uma sequência. Você pode continuar identificando os passos com o indivíduo até que o mapa do caminho tenha passos suficientes para ligar o presente à realização da aspiração. É importante pensar de forma ampla – nenhum passo é pequeno demais para ser incluído. Os passos rotineiros na direção da realização do significado também podem ser incluídos. A seguir, apresentamos alguns exemplos:

Voltar a Estudar para Ser uma Enfermeira Que Luta pelos Outros
3. Exercitar-me pela manhã para ter energia.
4. Estudar para o vestibular.
5. Procurar escolas.
6. Descobrir como pagar.
7. Procurar aulas.

Diariamente: Encontrar alguém para ajudar – perguntar aos outros: "Em que posso ajudá-lo hoje?".

Ter um Relacionamento Romântico
1. Juntar-me à reunião da comunidade para conhecer as pessoas da unidade.
2. Conversar com as pessoas.
3. Pensar aonde eu gostaria de ir para conhecer pessoas com os mesmos interesses que os meus.
4. Receber alta.
5. Ir a lugares na comunidade onde há pessoas.

Diariamente: Imaginar o que eu cozinharia para a minha família algum dia como uma boa parceira e cuidadora.

Por fim, você pode colaborar com o indivíduo para desenvolver planos diários que ajudarão quando buscar a aspiração:

- Programar um alarme para acordar cedo ajuda a se acostumar a um horário de trabalho.
- Planejar as refeições pode reduzir o estresse quando estiver na escola ou trabalhando.
- Praticar exercícios para aumentar a energia no começo do dia.
- Praticar *mindfulness* ou oração para "desligar" e relaxar à noite.

A Figura 5.1 mostra um exemplo de como isso pode se desenvolver para um indivíduo que desejava um relacionamento significativo. Para ele, sair da cama pela manhã foi o passo mais desafiador por algum tempo, mas foi importante ver que cada vez que ele conseguia dar esse passo, isso o deixava muito mais próximo do relacionamento significativo que desejava.

Note que não é necessário preencher todos os passos do diagrama – apenas o suficiente para fazer a ligação parecer plausível e acompanhar o progresso. Além disso, quando a pessoa começa a ter sucesso, passos mais específicos se tornarão aparentes.

Essa atividade de desenvolvimento dos passos também pode ser usada em sessões de terapia de grupo – o Capítulo 14 ilustra como.

Programação de Ações Positivas para as Aspirações

A programação de ações positivas (Beck, 2020; Beck et al., 1979), apresentada no Capítulo 3, pode apoiar a busca das aspirações. Junto com o indivíduo, planeje atividades que o aproximem de realizar as aspirações. Essas atividades podem variar desde passos como ler mais, ir a uma palestra gratuita ou visitar a família até buscas mais amplas, como ser voluntário, conseguir um emprego ou cuidar de um idoso. Também podem incluir diferentes formas de satisfazer significados importantes, como ajudar alguém a cada dia.

A programação de ações positivas para as aspirações leva a programação além de atividades que energizam e acrescenta atividades motivadoras alinhadas com maior realização na vida.

Significados da Aspiração
- Companheirismo
- Alguém com quem viajar
- Alguém com quem tentar coisas novas
- Alguém com quem fazer compras
- Alguém que ame você e que você ame, mesmo quando as coisas forem estressantes
- Começar uma família
- Intimidade e proximidade
- Sentir-se conectado e não tão solitário

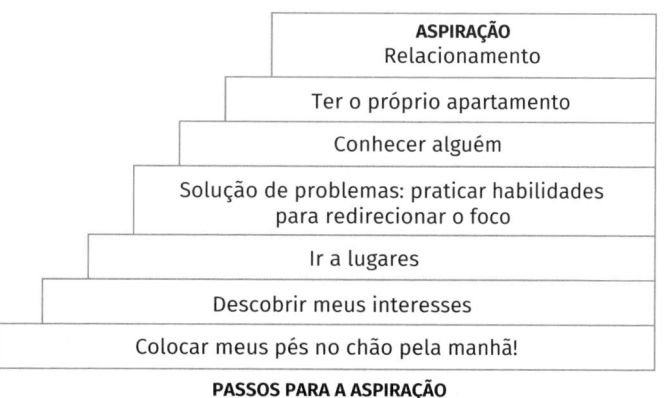

ASPIRAÇÃO
Relacionamento

Ter o próprio apartamento

Conhecer alguém

Solução de problemas: praticar habilidades para redirecionar o foco

Ir a lugares

Descobrir meus interesses

Colocar meus pés no chão pela manhã!

PASSOS PARA A ASPIRAÇÃO

FIGURA 5.1 Um exemplo da divisão das aspirações em passos.

Se você estiver usando o Apêndice E (ou um equivalente), pode agora incluir as aspirações da pessoa e os significados associados no diagrama. Depois disso, vocês podem visualizar juntos como a atividade planejada de cada dia está ligada à vida desejada da pessoa. Esta é uma forma concreta de ajudá-la a experimentar propósito diariamente, chamando sua atenção para o que isso diz sobre sua capacidade, conexão com os outros e habilidade de fazer a diferença (ver Capítulo 6).

Construa Gradualmente a Ação Positiva

O objetivo da ação positiva *não* é assegurar que cada momento do dia de alguém seja pleno ou que essa pessoa seja ativa o tempo todo. Por mais empolgantes que sejam as aspirações e por mais ambicioso que alguém seja para querer realizá-las, o planejamento da ação positiva será mais efetivo se for lentamente construído com o tempo, garantindo o sucesso. O risco de uma programação sobrecarregada é que não realizar as tarefas planejadas pode ser decepcionante e frustrante, desencadeando crenças derrotistas. No entanto, à medida que os indivíduos dão os passos com sucesso, provavelmente identificarão momentos em que podem usar um estímulo na ação.

AVALIANDO O PROGRESSO E TIRANDO CONCLUSÕES DA AÇÃO POSITIVA

À medida que os indivíduos concluírem com sucesso as ações positivas, tire conclusões que os ajudem a notar o progresso, fortalecendo as crenças positivas sobre si mesmos, sobre os outros e sobre o futuro. Para avaliar o progresso, você pode usar a própria programação ou criar ferramentas visuais, como o diagrama dos quadros da Figura 5.1. Indique o que foi atingido preenchendo uma barra de progressão, fazendo uma marca de verificação ou algum outro método que o indivíduo prefira.

Cada passo bem-sucedido pode ser reconhecido ou celebrado. Os indivíduos podem pendurar uma cópia do diagrama dos passos e do seu progresso para que possam vê-lo todos os dias. O objetivo é ver como eles estão avançando na direção da vida que desejam e que as ações de hoje os conectam com sua vida desejada. Por exemplo:

Profissional: Você esteve muito ocupado nesta semana. Olhe só todas essas atividades que você fez! Como você se sente estando tanto tempo lá fora?

Indivíduo: Muito bem!

Profissional: Você não está cansado de estar assim tão ocupado?

Indivíduo: Não, eu me sinto ótimo!

Profissional: Incrível! Indo à biblioteca, ajudando seu irmão com o trabalho no quintal e indo à igreja, você tem mais ou menos energia do que quando não estava fazendo essas coisas?

Indivíduo: Tenho muito mais.

Profissional: Será que isso deixa você mais próximo ou mais distante da sua aspiração de ser um ótimo tio?

Indivíduo: Muito mais próximo. Eu me sinto mais próximo da minha família agora e sei que a minha sobrinha e meu sobrinho gostam de ver que estou mais por perto.

Quando os indivíduos tiverem ações positivas, chame a sua atenção para as crenças positivas. Estas podem incluir o seguinte:

- *Aspirações podem ser alcançadas com planejamento.* As aspirações não são

inatingíveis ou irrealistas; elas apenas requerem a aplicação consistente de esforço. Quando são encontrados desafios, surge uma oportunidade para resolver o problema e planejar-se para triunfar.
- *Ação significativa produz energia.* O indivíduo não precisa conservar energia – pelo contrário, quanto mais uma pessoa faz, de quanto mais coisas desfruta, mais energia ela provavelmente terá. Você pode ajudar a pessoa a notar que, nos dias em que ela fez mais, especialmente quando a atividade era orientada para a aspiração, ela teve mais energia do que nos dias em que fez menos atividades ou uma atividade menos significativa.
- *Ação significativa e humor estão conectados.* Quanto mais animadoras e significativas forem as atividades, mais impacto elas terão na energia e no humor.
- *Cada passo que eu dou me deixa mais perto das minhas aspirações: Eu sou capaz, competente e estou no controle.*

Quando os indivíduos planejam com sucesso e partem para a ação, o que isso diz sobre eles e sobre sua habilidade de controlar suas próprias vidas? Chamar a atenção para isso fortalece a autoeficácia.

AÇÃO POSITIVA PARA JACKIE

Jackie, seu terapeuta e a equipe na sua instituição trabalharam em conjunto como um time para transformar seus sonhos em realidade. Eles também desenvolveram maneiras para que ela cumprisse os significados associados às suas aspirações. Não se tratava apenas de atingir o objetivo desejado de ser voluntária, mas também de maximizar oportunidades para que ela se visse como prestativa, acolhedora, conectada e feliz. Seu Mapa da Recuperação atualizado reflete esse progresso, conforme mostra a Figura 5.2. As suposições que não se aplicavam foram removidas.

MAPA DA RECUPERAÇÃO	
ACESSANDO E ENERGIZANDO O MODO ADAPTATIVO	
Interesses/Formas de se Engajar:	**Crenças Ativadas Durante o Modo Adaptativo:**
• Artes e artesanato. • Confecção de bijuterias. • Música.	• Suposição: eu sou capaz ou habilidosa. • Suposição: vale a pena estar por perto e passar um tempo com outras pessoas quando estamos fazendo coisas de que gosto.
ASPIRAÇÕES	
Objetivos:	**Significado de Atingir o Objetivo Identificado:**
• Ser voluntária em um lar de idosos. • Continuar a fazer bijuterias. • O que poderia significar sua crença sobre trazer as pessoas de volta dos mortos? Há alguma coisa desejada ali? • Ajudar outras pessoas.	• *Conexão, ajudar – as pessoas não ficarão tão solitárias, elas verão que alguém se preocupa com elas.* • *Sentir-se feliz.* • *Ser uma boa amiga.* • *"Fazer o bem."*

FIGURA 5.2 Mapa da Recuperação de Jackie completo e atualizado. *(Continua)*

DESAFIOS	
Comportamentos Atuais/Desafios:	**Crenças Subjacentes aos Desafios:**
• Presta atenção às vozes a ponto de reduzir a consciência do seu ambiente (p. ex., andando na rua). • Isolamento. • Dificuldade com a comunicação verbal (desorganização). • Delírios em torno da ideia de trazer as pessoas de volta da morte e de gerar partes do corpo.	• Não tenho controle. • De que adianta fazer coisas com os outros? Vou fracassar de qualquer modo. • Não consigo mais desfrutar das coisas de que gostava. • As pessoas não gostam de mim. • As pessoas não conseguem me entender. • O mundo é inseguro. • Não tenho nada para oferecer, sou incapaz. • Não sou importante e tenho pouco valor.
AÇÃO POSITIVA E EMPODERAMENTO	
Estratégias Atuais e Intervenções:	**Crenças/Aspirações/Significados/Desafio Visados:**
1. Identificar formas de ativar o modo adaptativo. – Pedir orientações sobre projetos de artesanato (intervenção de sucesso, continuar usando). – Pedir ajuda para organizar atividades de artesanato e outras atividades. – Perguntar a Jackie e seus familiares sobre coisas que ela gostava de fazer. 2. Continuar os métodos identificados que ativam seu modo adaptativo e procurar outros interesses (bijuterias, música, pedir ajuda, noite de cinema). 3. Identificar e enriquecer as aspirações. – Criar imagem da recuperação. 4. Oportunidades para Jackie estar em um papel útil e que ajude a reunir outras pessoas. – Liderar a noite dos jogos semanalmente. – Fazer bijuterias. – Ser voluntária 1x/semana. 5. Fortalecer crenças positivas. – Tirar conclusões depois da participação e sucesso.	1a. Crenças sobre capacidade. – Eu sou capaz e posso estar conectada. – Quanto mais faço o que gosto, melhor me sinto. – Consigo desfrutar mais do que eu imaginava e ainda posso fazer as coisas de que costumava gostar. 1b. Reduzir o isolamento. 1c. Valor e utilidade. 2 e 3. Crenças sobre o futuro. – Esperança e propósito para o futuro. 4. Papéis. – Todos os acima. – Esperança e propósito para o futuro. 5. Crenças positivas. – Fortalecer e desenvolver crenças sobre ser prestativo, conectado, atencioso, benquisto pelos outros, capaz, com valor, seguro e bem-sucedido.

FIGURA 5.2 *(Continuação)* Mapa da Recuperação de Jackie completo e atualizado.

CONSIDERAÇÕES ADICIONAIS

Identificando os Desafios Durante o Percurso

Depois que os significados e os passos da ação foram desenvolvidos, você pode começar a considerar os desafios que podem interferir na realização das aspirações. Você pode perguntar sobre a aspiração em geral: "O que está se colocando no caminho para você fazer o que deseja?" ou sobre o passo imediato da ação: "O que poderia dificultar a sua ida à biblioteca amanhã?". Os indivíduos podem indicar pouca energia, crenças

PALAVRAS DE SABEDORIA

QUADRO 5.1 Mantendo a bola rolando

Estabelecer aspirações e uma missão conduz naturalmente à ação. É aqui que emergem as múltiplas defesas, inibições e comportamentos de segurança do indivíduo (p. ex., pensamento paranoide, evitação, hipervigilância). Podemos revigorar a pessoa para manter a motivação diante de vários desafios. O engajamento total para atingir as aspirações é a maneira de fazer isso. A ação significativa estimula o modo adaptativo, que ativa características e crenças positivas (p. ex., autoconfiança, confiança, esperança). Esse foco constante e investimento mental nos traços positivos, pontos fortes, talentos e crenças afasta o foco dos aspectos negativos (p. ex., apatia, inibição, desconfiança, senso de fracasso, rejeição) e tende a desativá-los.

Exemplos de estratégias específicas para enfrentar os desafios são:

- Insegurança → fazer em conjunto
- Paranoia/hipervigilância → fazer em conjunto e pertencer a um grupo
- Rejeição → participação no grupo
- Inibição e evitação → experiências de sucesso com outras pessoas

Experiências de sucesso e atividades significativas aumentam a confiança em si mesmo e reforçam a autocompetência e o controle. As relações interpessoais estimulam atitudes e crenças positivas. O espírito de equipe e o espírito de grupo estimulam o desejo de pertencimento ao grupo e um papel social de valor.

As atividades se traduzem em significados pessoalmente valorizados de autoestima e respeito. A pessoa progride, já que a participação no grupo ou nas atividades individuais aumenta os componentes positivos da sua personalidade e diminui os negativos. Os indivíduos respondem maravilhosamente a atividades comuns que se alinham com o significado das suas aspirações (p. ex., decorar a unidade, trabalhar em um jardim, ajudar em um abrigo de animais). Os interesses específicos, talentos e capacidades do indivíduo com frequência são reacendidos depois de permanecerem latentes por longos períodos. Cada sucesso consolida as atitudes positivas e os recursos do indivíduo e enfraquece o acesso ao negativo.

De tempos em tempos, o indivíduo pode se deparar com uma atividade específica muito desafiadora. Você pode ser um colaborador perfeito chamando a sua atenção para a emoção positiva e o significado aspiracional da tarefa. Recorra ao modo adaptativo para acessar a motivação e a força de vontade. Os indivíduos podem enfrentar melhor um desafio no contexto da realização dos seus objetivos e aspirações finais. Como diz Mary Poppins: "Uma colher de açúcar ajuda o remédio a descer!".

sobre serem incapazes, tornarem-se agressivos em certas situações, temores de ouvirem vozes, etc. Aborde os desafios somente até o ponto em que eles impedem a ação na direção das aspirações da pessoa. Pode não valer a pena experimentar intervenções como gerenciamento do estresse e técnicas de redirecionamento do foco, pois elas estão a serviço do atingimento de um desejo significativo e, como tal, podem ser incluídas nos passos da ação. Intervenções específicas para os desafios são discutidas na Parte II, Capítulos 7 a 11.

RESUMO

- As aspirações e o valor que elas representam para uma pessoa fornecem poderosas fontes internas de motivação. As aspirações ajudam os profissionais a se conectarem com o indivíduo e podem ser a força motriz para partir para a ação.
- As aspirações e seus significados podem ser divididos em passos práticos e praticados todos os dias. Essa ação pode empoderar os indivíduos a verem suas capacidades e se sentirem mais no controle de suas vidas.
- A divisão das aspirações e dos significados em passos só deve ser feita depois que a aspiração for suficientemente desenvolvida (ver Capítulo 4).
- Quando os indivíduos tiveram sucesso repetido na realização dos passos na direção das suas aspirações e do seu significado, é essencial chamar sua atenção para o que significa sobre eles o fato de terem feito isso.
- Os desafios são abordados somente quando interferem na ação de uma pessoa na direção da sua aspiração e do seu significado subjacente.

6

Fortalecendo o modo adaptativo

Jackie tem feito e entregado bijuterias no lar de idosos há mais de dois meses e tem sido voluntária em uma instituição nos últimos dois meses. Ela passa mais tempo com seus companheiros, e as visitas à sua família estão durando cada vez mais tempo. Algumas vezes, ela ainda expressa desejo de trazer as pessoas de volta dos mortos, mas tem tido menos experiências de sair de casa angustiada.

Como um time, seu terapeuta e a equipe na residência querem garantir que Jackie note suas capacidades e sucessos e se veja como forte, competente, prestativa e com valor. Eles tentaram fortalecer essas crenças e outras durante seu tratamento, mesmo quando os momentos são mais estressantes.

Certo dia, o terapeuta de Jackie lhe perguntou: "Você já está envolvida com o projeto das bijuterias há algum tempo. O que isso diz sobre você?". Jackie respondeu: "Eu os deixo felizes e estou fazendo amigos. Eu sou boa". O terapeuta, então, perguntou: "Em dias que não parecem tão bons, ou quando não tem muita coisa acontecendo, valeria a pena pensar sobre como você é boa – uma pessoa boa que ajuda os outros?". Jackie sorriu e disse: "Com certeza".

Ter sucesso na esfera interpessoal, fazer a diferença com outras pessoas, ter a vida que você quer – todas essas são oportunidades de fortalecer as crenças positivas sobre si mesmo. A terapia cognitiva orientada para a recuperação é um processo experiencial no qual os indivíduos passam a acreditar que são capazes, amáveis, que podem desfrutar das coisas e podem se conectar; que outras pessoas os apreciam, querem conhecê-los e se importam; e que eles podem fazer a diferença no futuro. Uma parte importante da abordagem da CT-R é chamar a atenção para essas crenças positivas a fim de fortalecê-las.

É claro, quando um indivíduo começa a viver a vida que deseja, ele irá se deparar com estressores e coisas que nem sempre vão ocorrer como ele quer. Quando a vida é mais difícil, emergem desafios como sintomas negativos, alucinações, delírios, agressão e autoagressão.

Resiliência é descobrir e desenvolver um senso de empoderamento no que diz respeito a esses estressores e experiências. É uma expressão humana de força. Resiliência é saber que você pode enfrentar essas coisas e não permitir que se atravessem no caminho. Desenvolver crenças de resiliência é outra parte essencial da CT-R.

Jackie experimenta conexão, prazer e capacidade, mas pode não reconhecer imediatamente essas mudanças. Mudanças nas crenças, como de "Eu não tenho valor" para "Eu sou prestativa" ou de "Não vale a pena passar um tempo com outras pessoas" para "Pode ser divertido me conectar com as pessoas", podem levar a uma vitalização mais

O MODO ADAPTATIVO
Resiliência

Acessar → Energizar → Desenvolver → Realizar → **Fortalecer**

frequente da ação. Isso, por sua vez, apoia a resiliência mesmo ante retrocessos.

Neste capítulo, focamos em como identificar as crenças ativadas durante as experiências positivas e aquelas que contribuem para os desafios. Também abordamos como fortalecer crenças positivas e desenvolver crenças de resiliência por meio da orientação. Esses procedimentos são usados em cada estágio da CT-R para ajudar os indivíduos a tirar conclusões significativas sobre si mesmos, sobre os outros e sobre o futuro. Fortalecer o modo adaptativo promove resiliência, um aspecto importante do bem-estar e da recuperação (Harding, 2019).

IDENTIFICANDO AS CRENÇAS

Tirar conclusões das experiências é um processo sistemático. Os objetivos são:

- reconhecer os pontos fortes;
- desenvolver ou reforçar as crenças úteis (p. ex., as que ajudam alguém a avançar na direção de suas aspirações);
- construir crenças de resiliência que sejam mais acuradas do que as crenças que alimentam os desafios.

Primeiramente, precisamos identificar crenças positivas que possam ser fortalecidas. Crenças que movem os desafios também são alvos importantes para mudança. Você pode capturar essas crenças nas Seções "Acessando e Energizando o Modo Adaptativo" e "Desafios" do Mapa da Recuperação (ver Capítulo 2).

Quando os indivíduos estão no modo adaptativo, as crenças positivas se tornam mais acessíveis e podem ser fortalecidas. Você pode perguntar à pessoa: "Qual é a melhor parte de fazer esta atividade? O que isso diz sobre você quando faz isso?".

Você terá o objetivo de enfraquecer as crenças negativas relacionadas aos desafios,

QUADRO 6.1 Seja flexível

Pode ser desafiador para os indivíduos descreverem as crenças que eles têm sobre si mesmos, sobre os outros e sobre o futuro. Muitas intervenções neste capítulo podem ser realizadas com mínima necessidade de falar, embora algumas exijam conversa mais profunda. Seja flexível ao escolher uma abordagem – vá ao encontro de cada pessoa onde ela estiver para maximizar a oportunidade de uma verdadeira mudança de crenças.

substituindo-as por crenças de resiliência mais acuradas. Você poderá perguntar: "Quando esse desafio surge, quais são os pensamentos que você tem sobre si mesmo ou sobre outras pessoas?".

Tenha em mente que responder a perguntas abertas como esta requer muita energia e pensamento abstrato, o que pode ser difícil para algumas pessoas. Se perguntas verbais como estas não o ajudarem a obter informações novas, existem outras abordagens que você pode usar. Você pode começar fazendo suposições sobre as crenças e, então, ir aprimorando a sua precisão.

Os métodos que ajudam a identificar essas crenças centrais incluem fazer observações, buscar conclusões e fazer uma análise em cadeia.

Notando no Momento

Comece observando o que a pessoa está fazendo, pensando sobre o que isso pode significar e, então, ajudando a pessoa a notar o significado. Quando uma pessoa está no modo adaptativo, o que ela está fazendo e dizendo? Ela pode estar interagindo mais com os outros. Ela pode apresentar emoções intensas: sorrindo, rindo, falando mais. Ela pode dizer: "Isso é divertido!" ou "Já temos que parar?". Você pode supor que a pessoa se sente feliz, está vivenciando prazer ou está se sentindo conectada socialmente.

Para identificar as crenças positivas do modo adaptativo, você pode perguntar:

- "Quando você está fazendo isso, qual é a melhor parte?"
- "Como você se sente?"
- "Eu notei que você estava sorrindo e disse a John que estava se divertindo. O que significa o fato de você ser capaz de se divertir com ele?"

Se a pessoa tiver dificuldade para responder perguntas abertas, você pode ser ainda mais específico:

- "Qual é a melhor parte disso? É a energia que você adquire ou o fato de compartilhar seu conhecimento com os outros?"

O mesmo processo pode ser aplicado quando um indivíduo está tendo dificuldades com um desafio particular – por exemplo, ele pode estar angustiado e dizer: "Todos me abandonam; nenhum de vocês realmente se preocupa comigo!" ou, quando convidado a participar de uma atividade, ele pode dizer: "De que adianta me juntar a você? Eu só vou estragar tudo de qualquer maneira".

Notar frases como estas é importante e informa a sua compreensão da pessoa e lhe dá um vislumbre do que provavelmente está atrapalhando a busca das aspirações.

Para confirmar que essas crenças são importantes, resuma o que você ouviu e demonstre empatia pelo que você imagina que seja – por exemplo: "Ouvi você dizer que ninguém se preocupa. Eu entendi bem? Imagino que isso faça você se sentir solitário e desconectado. É essa a sua experiência?".

Trazendo à Tona uma Crença Possível

A seguir, tente determinar se a sua suposição sobre a crença está correta. Você pode perguntar diretamente ao indivíduo. Essa abordagem tem várias vantagens:

- É colaborativa e coloca o indivíduo no controle do compartilhamento e da confirmação das suas experiências.

- Ajuda os indivíduos com dificuldades a colocarem seus pensamentos em palavras.
- Reduz a quantidade de energia necessária para responder.
- Pode ajudar o indivíduo a ver que ele não é estranho por ter certos pensamentos, pois os outros podem entendê-los e verbalizá-los.

Considerando possíveis crenças positivas, você pode dizer: "Uau – você me ensinou tanto! Deve ser um professor muito bom. O que acha?".

Os estímulos que você pode usar para trazer à tona possíveis crenças incluem:

- "Você já notou que... [quanto mais você faz o que gosta, melhor se sente]?"
- "Algumas vezes, eu me sinto... [mais próximo das pessoas quando estamos fazendo alguma coisa divertida juntos] – você já pensou nisso?"
- "Algumas pessoas realmente se veem como... [capazes quando concluem um passo]. Essa é a sua experiência?"

Ao tentar entender um desafio, você pode perguntar: "Estou me perguntando se você pensa consigo mesmo que as vozes estão dizendo a verdade, e então você tem que ouvi-las?". "Então o problema é que as vozes estão dizendo a verdade ou que elas nunca vão parar de falar e você não tem controle do que elas dizem? Ou é alguma outra coisa?"

Os estímulos que você pode usar para trazer à tona crenças sobre os desafios incluem:

- "Você já se sentiu como se... [as pessoas simplesmente não entendem; a energia nunca vai surgir; falhar em parte é o mesmo que ser um fracasso completo]?"
- "Eu sei que algumas vezes é difícil para mim partir para a ação se eu penso... [as pessoas na verdade não querem me ver; é muito esforço]. E quanto a você?"
- "Algumas pessoas que eu conheço pensam que... [não vale a pena se o sucesso não for garantido; as outras pessoas não se importam e apenas as julgam], e isso as impede de fazer coisas de que elas realmente gostam. O que você acha?"

Análise em Cadeia

Há momentos em que pode ser útil identificar uma crença ativada por um acontecimento específico. A *análise em cadeia* (Beck, Davis, & Freeman, 2014) é um procedimento que você pode usar para descobrir essas crenças. Ela pode ser usada para eventos positivos e negativos.

Para eventos positivos, esta pode ser uma oportunidade de ir mais devagar com o evento e determinar todos os bons pensamentos que a pessoa teve durante o processo. Você pode chamar a atenção da pessoa para tornar essas crenças mais fortes e mais acessíveis.

Quanto aos eventos negativos, esta é a sua oportunidade de determinar quais crenças são ativadas e que podem inibir a ação na direção das atividades preferidas ou aspirações.

Antes de considerar uma análise em cadeia, você precisa ter construído um bom relacionamento com a pessoa. Quando você tentar isso, a pessoa deve ter energia e recursos cognitivos para a conversa. Você deve usar estratégias para acessar o modo adaptativo antes de usar alguma abordagem extensamente verbal ou exploratória. O imaginário é a chave para obter os resultados certos. Faça a pessoa imaginar a cena e então veja como ela se sente e o que isso significa.

Exemplo para uma experiência positiva:

Profissional: Quando ajuda as pessoas, você se sente melhor, certo?
Indivíduo: Sim, me sinto.
Profissional: Quando foi a última vez que você ajudou uma pessoa?
Indivíduo: Na sopa comunitária, na quinta-feira.
Profissional: Ajude-me a ver o que você viu.
Indivíduo: Eu servi a sopa para uma senhora.
Profissional: E o que o rosto dela mostrava?
Indivíduo: Um sorriso.
Profissional: O que você sentiu?
Indivíduo: Felicidade.
Profissional: O que isso significou sobre você como pessoa?
Indivíduo: Que eu sou uma pessoa boa.
Profissional: O quanto você acredita nisso?
Indivíduo: Muito.

Exemplo para um evento negativo:

Profissional: Então, quando ouve vozes, você fica muito perturbado. Quando foi a última vez que isso aconteceu?
Indivíduo: Eu estava no meu quarto ontem à noite e ouvi.
Profissional: Então você estava no seu quarto. O que estava fazendo quando ouviu a voz?
Indivíduo: Eu estava na cama lendo, mas parei e comecei a olhar para a parede.
Profissional: Então você estava na cama, lendo seu livro, e parou e olhou para a parede. E é quando ouviu a voz. O que ela estava dizendo? Como você se sentiu?
Indivíduo: Sim. Ela ficava dizendo que eu ia morrer. Eu fiquei muito apavorado.
Profissional: Então você estava sentado na sua cama, lendo, e começou a se distrair. Enquanto estava distraído, você ouviu a voz dizendo que você iria morrer, e isso, compreensivelmente, o apavorou. Quando ouviu isso, o que você disse a si mesmo sobre o que ela disse?
Indivíduo: É melhor eu me organizar porque eles estão vindo. Isso é real. Então eu fiquei acordado a noite inteira esperando.
Profissional: Então, quando ouve a voz, você pensa consigo mesmo: "Ela está dizendo a verdade"?
Indivíduo: Sim! Ela está sempre dizendo a verdade.
Profissional: Isso parece realmente assustador. Quando você diz a si mesmo que ela está lhe dizendo a verdade, fica acordado. Deve ser cansativo fazer isso todas as noites. Lamento por isso.

Nesses exemplos, o profissional passa pela situação junto com o indivíduo para preencher os detalhes enquanto a pessoa revisita a memória no momento. Deve-se ter cuidado para garantir que as crenças e os sentimentos sejam acurados, e você pode verificar com o indivíduo. Você pode comemorar os sucessos e ter empatia com o estresse. As crenças identificadas o ajudarão a colaborativamente fortalecer o melhor *self* da pessoa.

Por exemplo, para fortalecer as crenças adaptativas e positivas de Jackie em torno da ajuda, a equipe na instituição a procurou para ajudá-los a coordenar a noite dos jogos. Essa mesma experiência ajuda a combater suas crenças de que ela não tem valor, o que eles suspeitam que contribua para suas crenças generalizadas de trazer as pessoas de volta dos mortos.

GUIANDO PARA CRENÇAS POSITIVAS E DE RESILIÊNCIA

Como a CT-R é altamente experiencial, você tem ampla oportunidade de ajudar os indivíduos a notar quando as coisas estão indo bem, quando estão indo melhor do que o esperado e o que significa o fato de as ações que *eles* tomaram terem feito isso. Essas crenças serão mantidas mais fortemente e terão mais probabilidade de ser retidas pelo indivíduo quando ele as descobrir por si mesmo (Beck, 1963; Beck et al., 1979). Você pode usar questionamento ou refletir sobre as experiências com o indivíduo para chegar a esse resultado.

A Tabela 6.1 contém exemplos de perguntas que você pode usar para ajudar as pessoas a notarem que elas têm mais energia, capacidade, controle e conexão do que de outra forma teriam imaginado. A seguir, descrevemos como você pode usar essas e outras perguntas enquanto conduz a CT-R.

Acessando e Energizando o Modo Adaptativo

As oportunidades iniciais para tirar conclusões provêm da observação dos benefícios durante o engajamento nas atividades que

TABELA 6.1 Fortalecendo o modo adaptativo: Amostra de perguntas para descoberta guiada

Energia	Capacidade	Conexão	Controle
"Uau, tenho mais energia agora do que quando começamos. E quanto a você?"	"Já que você conseguiu fazer isso, acha que é possível que consiga fazer de novo? Ou fazer [atividade diferente]?"	"Parece que trabalhando juntos nós conseguimos fazer muita coisa – é muito importante fazer coisas com os outros. O que você acha?"	"O diz sobre você o fato de que, ao fazer isso, você não foi incomodado pelas vozes?"
"Cara, parece que quanto mais dançávamos, mais alertas nos sentíamos, você não acha?"	"Você foi realmente capaz de realizar muito. Você trabalha duro, não é?"	"Isso foi divertido, parece que você e [o par] estão muito conectados. É bom ter um amigo, você não acha?"	"É possível que você tenha mais controle do que pensava?"
"Você gostou disso? Valeria a pena tentar de novo?"	"Parece que trabalhar nisso com seus amigos foi um sucesso. Devemos fazer de novo?"	"Se você consegue se conectar com [comigo/par], é possível que faça amigos em [outro lugar na comunidade; p. ex., igreja]?"	"É tão legal que você tenha conseguido fazer isso! Você acha que isso o deixa mais próximo de [inserir a aspiração aqui]?"
"Isso correu melhor do que você esperava?"			

ativam e energizam o modo adaptativo – por exemplo, um indivíduo que sai para dar uma caminhada com um par especialista pode tirar a conclusão de que estava com mais energia depois da caminhada do que antes de começar. Igualmente, conclusões podem ser tiradas durante uma atividade de grupo – por exemplo, em uma instituição com uma horta:

Profissional: Olhe só para você! Quantos tomates você colheu hoje? Quantos você comeu com Sally?

Indivíduo: Perdi a conta.

Profissional: Parece que foi divertido.

Indivíduo: Foi!

Profissional: Sei que quando estávamos para começar você disse que achava que ninguém iria querer fazer isso com você, mas Sally quis, não é?

Indivíduo: Sim.

Profissional: As coisas saíram melhor do que você esperava?

Indivíduo: Na verdade, sim.

Profissional: Isso é ótimo! Então parece que fazer jardinagem com outra pessoa é muito agradável, e fazer as coisas sozinho teria sido menos divertido?

Indivíduo: Sim, teria sido.

Profissional: Então, se fazer jardinagem com outros é divertido, fico imaginando se fazer outras coisas seria divertido também. Valeria a pena tentar?

Indivíduo: Com certeza.

Profissional: Com quem você poderia fazer alguma coisa e quando poderia fazer?

Essa conclusão representa uma mudança na perspectiva: é divertido e bom passar um tempo com outras pessoas, e os outros podem estar mais interessados em passar um tempo comigo do que eu imaginava antes. E isso é algo que pode ser notado em outros momentos.

Estas são algumas das principais perguntas orientadoras que você pode usar durante atividades no modo adaptativo:

- "Quando foram os momentos em que você se sentiu melhor/pior?" Chama atenção para o fato de que a atividade no modo adaptativo foi melhor do que não se engajar na atividade.
- "Em que aspectos você teve mais/menos controle (p. ex., sobre as vozes, impulsos)?" Chama atenção para o fato de que uma pessoa se sente no controle quando ela faz coisas de que gosta ou nas quais tem habilidade.
- "Isso foi melhor ou pior do que o esperado?" Chega à conclusão de mudar as expectativas e ajudar a pessoa a notar que pode, de fato, prever experiências positivas.
- "Você parece ter mais energia do que antes; você notou isso?" Chega à conclusão de que fazendo atividades agradáveis ou habilidosas ela pode criar sua própria energia.

As perguntas que podem ser feitas ao energizar o modo adaptativo incluem:

- "Seria útil fazer mais ou menos disso?" Chega à conclusão de que a ação continuada vale a pena, pois faz a pessoa se sentir bem ou conduz a alguma coisa de valor.
- "O que significa sobre você o fato de ter realizado tudo isso?" Chega a conclusões de capacidade, força e competência.

Aspirações

Os indivíduos podem ser guiados para crenças mais empoderadoras à medida que avançam na direção das suas aspirações (p. ex., habilidade para ter sucesso, chance de sucesso no futuro, poder fazer a diferença). Aprender a partir de pequenos sucessos estimula a pessoa a ir em busca de aspirações maiores. Isso é fortalecido ainda mais quando os indivíduos têm sucesso repetido e progressivamente se aproximam da realização dos seus sonhos – por exemplo:

- "Seu filho o visitou no fim de semana? Isso parece divertido e cansativo ao mesmo tempo. Você acha que ele se divertiu?"
- "Então se vocês dois se divertiram tanto assim, isso faz de você um bom pai ou não?"
- "O que isso significa sobre você? Se pode ter sucesso como pai, pode ter sucesso em outros aspectos?"

A quantidade de progresso observado na direção da aspiração pode ser usada para fortalecer ainda mais as crenças:

Profissional: Você se lembra do nosso primeiro encontro? Você achava que jamais sairia do hospital.
Indivíduo: É.
Profissional: E o que você acabou de fazer?
Indivíduo: Me matriculei na faculdade.
Profissional: O que diz sobre você o fato de estar se matriculando na faculdade?
Indivíduo: Que eu posso fazer as coisas.
Profissional: Foi fácil?
Indivíduo: Não. Foi necessário muito trabalho, e eu fiz uma coisa de cada vez.
Profissional: Então o que isso significa em relação a você conseguir ou não realizar coisas no futuro?
Indivíduo: Que eu posso ter sucesso. Só preciso de alguma ajuda dos amigos e ir devagar e com constância.
Profissional: Isso me parece correto. Podemos começar e ver o que acontece?

Ação Positiva e Resiliência

Atividade significativa proporciona algumas das melhores oportunidades para fazer a pessoa se voltar para fora, na direção das buscas que ela acha prazerosas e com propósito. Quando a pessoa se engaja nessas atividades, ela pode experimentar uma correspondente redução na angústia. Isso mostra que ela não tem que esperar que os problemas se dissipem antes de obter o que deseja na sua vida.

Você pode perguntar:

- "Quando estava [se engajando nesta atividade], você se sentiu mais ou menos estressado?"

Você pode comparar este a outros momentos que foram mais difíceis no passado:

- "E quando você ficava na cama o dia inteiro – isso era mais ou menos estressante?"

Você pode, então, guiar os indivíduos até a conclusão de que as atividades os colocam no controle para reduzir o estresse:

- "Então parece que, quando estava fazendo as coisas de que realmente gosta, você se sentiu bem, mas também não ficou tão estressado – ouviu

menos vozes e não teve o impulso de se machucar. Você concorda?"
- "O que diz sobre você o fato de ter sido capaz de fazer isso e ficar menos estressado?"
- "Você tem mais ou menos controle sobre o estresse do que havia imaginado?"

Sua estratégia pode se desenvolver desde notar o empoderamento até prevê-lo – por exemplo: "Se as vozes pararam de incomodá-lo quando *nós* conversamos sobre a receita da sua avó, você poderia tentar falar com seu *irmão* sobre outra receita? Se as vozes pararam conosco, então o que você acha que aconteceria com o seu irmão?".

Vocês podem, então, avaliar a eficácia juntos:

Profissional: Então o quanto de vozes você ouviu enquanto estava conversando com seu irmão sobre as receitas da família?

Indivíduo: Absolutamente nada.

Profissional: Como foi antes de ele ter feito a visita?

Indivíduo: Oh, as vozes ficavam me falando como ele cospe na minha comida.

Profissional: Isso parece terrível. Então o que aconteceu?

Indivíduo: Quando nós começamos a conversar, elas pararam!

Profissional: Isso é incrível! Você gostaria que isso acontecesse mais frequentemente?

Indivíduo: Sim!

Profissional: O que mais você pode tentar?

Indivíduo: Falar com as pessoas?

Profissional: Se você falou com seu irmão e elas pararam, então quem está no controle de quando elas vêm e vão?

Indivíduo: Eu estou. Com certeza.

Esta é a base para o desenvolvimento de crenças de resiliência. Se os indivíduos conseguem ter mais controle sobre alguns dos desafios que experimentam, eles podem perseverar quando as coisas ficarem difíceis. Esta é a definição de descobrir o empoderamento interno e desenvolvê-lo.

Podemos fazer perguntas que enfatizam isso ainda mais:

- "O que diz sobre você o fato de que, mesmo que ainda ouça algumas vozes, você conseguiu fazer todo o seu trabalho da escola?"
- "Sei que ela a deixou tão zangada que você queria bater nela, mas será que isso a deixaria mais perto ou mais distante de sair do hospital e ser uma tia incrível?"
- "O que diz sobre você o fato de não ter batido nela? Quem é a pessoa mais forte?"
- "O que isso diz sobre a sua habilidade de assumir o controle quando você realmente se importa com alguma coisa?"

RELEMBRANDO CRENÇAS POSITIVAS E DE RESILIÊNCIA

Quando os indivíduos começam a considerar novas possibilidades sobre si mesmos, é bom planejar como e quando eles trarão as ideias à mente – por exemplo: "Agora que já vimos que você pode ter sucesso se continuar tentando, como poderíamos nos lembrar disso quando você precisar?". Alguns métodos incluem ensinar outras pessoas, realizar programação de ação positiva e criar cartões de empoderamento.

Ensinando Outras Pessoas a Fortalecer as Crenças Positivas

Ensinar outras pessoas tem o benefício de fortalecer crenças positivas sobre a capacidade interpessoal (Koh, Lee, & Lim, 2018) e é uma das melhores maneiras de se conectar com os outros – por exemplo, se um indivíduo aprende alguma coisa nova (p. ex., um movimento de dança, uma receita, um ponto de tricô, respiração profunda, ioga, *mindfulness*), ensiná-la a outras pessoas, como pai ou mãe, um amigo ou colega de quarto, envolveria recordar e entender:

- a justificativa (p. ex., diversão, redução do estresse);
- momentos em que fazer isso foi útil (p. ex., a primeira coisa pela manhã antes de uma entrevista de emprego);
- o melhor momento para experimentá-la (p. ex., antes do evento estressante);
- os passos para fazer isso com sucesso.

As ações da pessoa fazem com que ela passe para o modo adaptativo. Ela pode notar que tem controle, liberdade e força. Além disso, quando a pessoa ajuda familiares, amigos, colegas de quarto ou conhecidos, ela poderá reconhecer sua própria capacidade, sentir-se reconhecida e saber que está fazendo do mundo um lugar melhor. Muitas conclusões podem ser alcançadas – por exemplo, um indivíduo ensina *mindfulness* ao seu pai. Quando seu pai descreve uma reunião na qual ele pegou uma xícara de café e focou no calor do café, no seu aroma e no gosto amargo, o indivíduo percebe que é capaz de ajudar seu pai a reduzir o estresse. O profissional pode ajudar a chegar a essas conclusões dizendo: "Então você ensinou ao seu pai como fazer uma pausa quando está com a cabeça cheia? E isso ajudou? Uau, você deve ser um bom professor e muito prestativo".

Programação de Ação Positiva

Outra maneira de solidificar a crença modificada é acrescentar prática à programação de ação positiva do indivíduo (ver Capítulos 3 e 5). O indivíduo pode fazer isso de duas formas:

1. Identificando atividades na sua programação diária que ativam a crença positiva (p. ex., "Um tempo com meus filhos, trabalhar ou participar das orações de sexta-feira me permite saber que eu sou uma pessoa boa e amorosa"). Você pode, então, verificar a *força* dessas crenças. Pergunte à pessoa o quanto ela acredita nisto agora – "Eu sou uma pessoa boa e carinhosa" em uma escala de 0 a 100% (ou apresente uma variação de "um pouco" até "muito") e compare a como era anteriormente.

2. Estabelecendo um horário para revisar os acontecimentos do dia e determinando se eles apoiam a crença de empoderamento – por exemplo, uma pessoa costumava acreditar nas vozes que diziam que seu namorado ia matá-la. Embora tivesse obtido sucesso (escola, apartamento, namoro, voluntariado na sopa comunitária), ela continuava a ter momentos de preocupação e frustração com as vozes. Em determinado momento, ela fez a pergunta: "Algum dia eu vou poder ser como as outras pessoas?". Depois de examinar os fatos com seu terapeuta, ela concluiu que poderia. Eles definiram um horário no fim do dia para examinar os fatos do dia, perguntando se aquele

foi como o dia de outras pessoas. Fazer isso repetidamente proporcionou oportunidades para que ela recordasse e fortalecesse a conclusão de que estava vivendo a vida como qualquer outra pessoa. Quanto mais fazia isso, mais ela acreditava e mais empoderada se sentia para perseguir seus sonhos.

Cartões de Empoderamento

Um cartão de empoderamento é excelente para auxiliar com a lembrança das crenças positivas e de resiliência. Esse "cartão" pode assumir muitas formas: cartão de fichário, mensagens de texto, memes, vídeos, sinais, bijuterias, pôsteres coloridos – qualquer forma que chame a atenção do indivíduo. Quanto mais atraente for o auxílio para empoderamento da memória, mais fácil será usá-lo. O propósito do lembrete é criar uma versão tangível das conclusões tiradas durante ou após experiências positivas. Estas são quatro formas como você pode usar os cartões de empoderamento:

1. *Motivacional.* Esses cartões contêm conteúdo que inclui ideias e emoções fortemente atraentes. Eles podem incluir as aspirações, com os passos para a sua concretização. Pode ser uma expressão como: "Você conseguiu!". Pode ser uma imagem que ajude a pessoa a se sentir na sua melhor condição. Você pode criar a informação usando figuras, vídeos, música, palavras ou algum outro material.
2. *Planos de ação.* Esses cartões definem uma atividade ou conjunto de atividades específicas, ajudando a pessoa a se lembrar do que deseja fazer. Eles podem ser elaborados, incluindo os passos a serem seguidos, lembretes sobre as crenças associadas e planos para atividades prazerosas durante o dia – por exemplo, um cartão pode dizer:

O plano é voltar a ser um ótimo pai.
1. Leia o plano de ação durante o dia.
2. Ouça a *playlist* de músicas.
3. Lembre-se: Depois que você coloca seu coração em ação, o corpo e a mente o seguem.
4. Tome um café depois que terminar a primeira metade do plano.

---

3. *Desafios.* O propósito desses cartões é lembrar o indivíduo do que fazer para ativar seu empoderamento – por exemplo, o indivíduo pode ter um cartão que diga:

"Kit *de ferramentas para as vozes*": *o plano é desviar o foco das vozes para o que importa.*
1. Converse com seu vizinho sobre culinária.
2. Coloque seus fones de ouvido e curta o som.
3. Descreva a fruta que você está prestes a comer.
4. Não importa o que elas dizem. Você não precisa escutar.

---

4. *Acessibilidade.* À medida que o indivíduo fortalece e desenvolve as crenças, você pode colaborativamente desenvolver cartões que registrem essas conclusões e revisá-los diariamente (p. ex., "Quanto mais faço o que gosto, melhor me sinto" *versus* "Preciso esperar pela energia"; "Meus filhos valem a pena o esforço" *versus* "Enquanto as pessoas estiverem me perseguindo, não posso fazer nada").

Estes são usados como cartões de estudo que preparam a perspectiva positiva e acurada da pessoa.

Os cartões de empoderamento podem ser adaptados para indivíduos que têm dificuldade para ler e escrever, já que os planos e as conclusões podem ser representados na forma de imagens. Ao criar planos para ação futura, desenvolva-os colaborativamente com a pessoa. Desse modo, a preferência da pessoa é trabalhada em cada cartão para que ela queira usá-lo. A Figura 6.1 traz exemplos de cartões de empoderamento.

CONSIDERAÇÕES ADICIONAIS

Transforme Elogios em Perguntas

Use perguntas, como as apresentadas neste capítulo, em vez de simplesmente elogiar os indivíduos pelos sucessos ou trabalhos bem-feitos – por exemplo, muitas pessoas ignoram os elogios, dizendo: "Bem, foi tudo bem dessa vez, mas foi apenas um golpe de sorte". O indivíduo também pode atribuir o sucesso a outras pessoas. Apresentar os elogios como perguntas (p. ex., "Uau, você deve ser muito inteligente para descobrir isso, não acha?" ou "O que diz sobre você o fato de ter resolvido esse problema?") dá oportunidade para a pessoa tirar suas próprias conclusões, o que a fortalece e a ajuda a notar alguma coisa que de outra forma ela teria deixado passar.

Uma dica a ser lembrada: Toda vez que você quiser fazer um elogio a alguém, acrescente uma pergunta no final. Acrescentar perguntas curtas a um elogio, como "Você é uma pessoa muito prestativa, não acha?" ou "Você consegue fazer mais do que imaginava, percebeu isso?", pode ajudá-lo a praticar essas estratégias orientadoras.

Quando se Trata de Perguntas para Descoberta Guiada, Vá ao Encontro das Pessoas Onde Elas Estão

Perguntas grandes e abertas podem ajudar alguns indivíduos a tirar conclusões significativas da experiência – entretanto, algumas vezes você precisará adaptar sua abordagem para ir até uma pessoa onde ela está. Isso pode incluir limitar as perguntas, apresentar opções ou outros métodos para

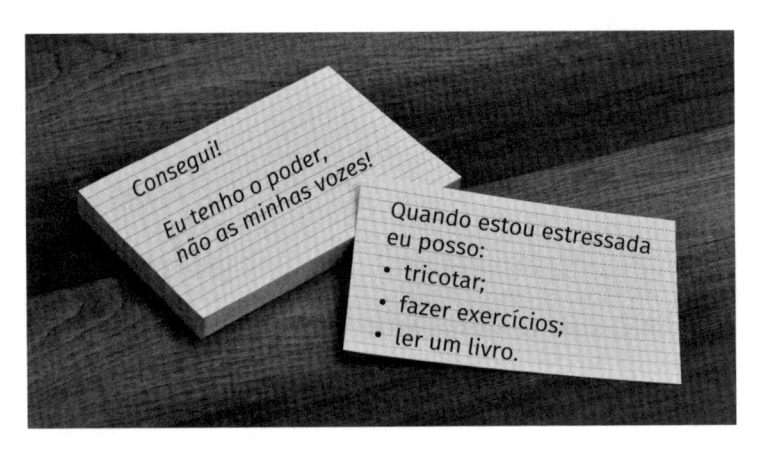

FIGURA 6.1 Amostra de cartões de empoderamento.

dar ao indivíduo a melhor chance de fortalecer ou mudar as crenças. Você pode fazer as seguintes adaptações:

- *Faça perguntas mais simples ou mais concretas.* "Quando tem mais energia, você se sente melhor? Você gostaria de se sentir assim mais vezes?"
- *Faça perguntas para ter uma definição melhor de uma ideia.* "Então como eu saberia que uma pessoa não conseguiu ter energia? E como seria se ela estivesse energizada?"
- *Esclareça uma ideia.* "Então, para resumir, estas são as formas para eu saber que uma pessoa não tem energia?"

PALAVRAS DE SABEDORIA

QUADRO 6.2 Respondendo aos estressores e construindo resiliência

Esses indivíduos estiveram sujeitos a um número incomum de eventos traumáticos. Eles também se deparam regularmente com estressores menores que refletem a atitude da sociedade em relação a si mesmos como "desajustados", "com defeito" e "sem valor". Como consequência desse estresse violento, eles desenvolvem uma imagem feia de si mesmos como sem valor, inúteis, ineficazes e impotentes. Com o tempo, essas imagens se tornam exageradas, e eles tendem a se afastar de atividades que tragam propósito e da participação na comunidade. A pessoa pode pensar "Eu não tenho valor" em resposta às frustrações no trabalho, "Eu sou inútil" às insinuações de outras pessoas, "Não gostam de mim" à rejeição dos outros, "Estou inseguro e vulnerável" à intimidação dos outros e "Eu sou impotente" quando se sente controlada.

Focar nos significados que o indivíduo associa a estresses maiores e menores é a melhor forma de chegar à resiliência. Você pode encontrar o significado perguntando diretamente ou notando o que as vozes da pessoa dizem: "Você é burro... fraco... inútil... sem valor". A reação do indivíduo aos significados negativos pode assumir a forma de regressão e passividade total, evitação e inatividade, aumento da desconfiança, reações hostis, incluindo entrar em brigas, ou autoagressão.

Para empoderar o indivíduo contra tais reações, é importante conduzir uma análise em cadeia da sequência. A análise em cadeia pode reestruturar o significado do evento e mudar a reação do indivíduo para uma reação que apoie o empoderamento pessoal, a resiliência e a busca das aspirações. Depois que a sequência de significados autodepreciativos e das ações causadoras de problemas é detalhada, pode ser viável conduzir uma dramatização em que o indivíduo ensaia a reação original e, posteriormente, uma diferente e mais adaptativa.

Tenha à mão frases acessíveis, como: "Quando você estiver em um buraco, pare de cavar"; "Não faça tempestade num copo d'água"; "Você precisa cometer erros para encontrar o caminho certo"; e "Algumas vezes, a pessoa mais forte não reage".

Como a CT-R envolve conexão, sucesso e propósito, a resiliência do indivíduo aumenta com o tempo. Ele desenvolve um senso de segurança, valor, eficácia, conexão e poder, todos os quais atuam para apoiar ainda mais a resiliência. Quando sujeito a traumas menores da vida cotidiana, o ataque à sua autoestima pode ser neutralizado por inúmeras crenças positivas sobre si mesmo, permitindo uma recuperação mais rápida. Ele também tem menos probabilidade de interpretar mal as atitudes das pessoas e situações ambíguas. Em vez disso, ele ativa crenças que o ajudam a não reagir exageradamente.

- *Adapte a pergunta original para guiar na direção desejada.* "Se você pudesse gerar sua própria energia quando quisesse, seria mais fácil para você sair e ficar menos preocupado com o que as pessoas poderiam pensar?"
- *Faça perguntas mais diretas e fechadas.* "Quando você diz isso a si mesmo, fica mais fácil ou mais difícil sair? É possível que você tenha muita energia, mas apenas não tenha usado nada dela?"
- *Resuma as informações já apresentadas, com o propósito de redirecionar o foco.* "Então, para resumir [revisar as informações], o que aconteceria se tentássemos o contrário? Isso faria você sair com mais facilidade?"

Repetição, Repetição, Repetição

As pessoas tipicamente não fortalecem ou mudam as crenças com base em uma única experiência positiva; a maioria das pessoas não costuma endossar uma forma diferente de pensamento depois de uma pergunta orientadora. Com frequência você precisará repetir as perguntas muitas e muitas vezes e ajudar a pessoa a notar os mesmos pontos fortes e crenças de resiliência ao longo do tempo. As crenças que mantêm a pessoa emperrada, como crenças derrotistas, crenças sobre inadequação, autoestigma, etc., geralmente foram construídas e fortalecidas durante um tempo considerável. Será a partir das repetidas experiências e da repetida orientação que os indivíduos poderão descobrir e desenvolver seu próprio empoderamento interno.

RESUMO

- Geralmente as pessoas não modificam as crenças de modo espontâneo a partir de experiências positivas.
- É importante identificar as crenças quando a pessoa está no modo adaptativo ou quando está impedida na direção da ação valorizada.
- Experiências de sucesso oferecem oportunidades instantâneas para guiar os indivíduos na direção de crenças empoderadoras sobre si mesmos, sobre os outros e sobre o futuro.
- Sucesso podem ser as experiências pessoais positivas ou o manejo do estresse. Conclusões relativas a ambos apoiam o empoderamento individualizado.
- O fortalecimento de crenças positivas e de resiliência requer repetição.
- O planejamento de ação positiva futura proporciona uma variedade de experiências para fortalecer as crenças e reforçar o empoderamento.

PARTE II

Empoderamento para desafios comuns

Esta seção o conduz pela abordagem da CT-R perante os desafios. Nosso processo é representado aqui:

PROCESSOS PARA ABORDAR DESAFIOS EMERGENTES

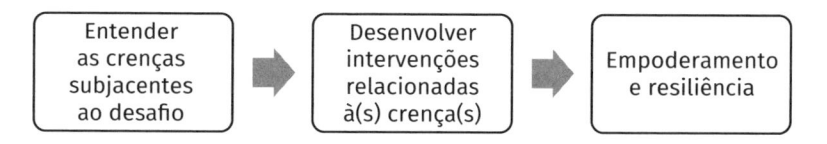

Entender as crenças subjacentes ao desafio ➡ Desenvolver intervenções relacionadas à(s) crença(s) ➡ Empoderamento e resiliência

Os desafios são abordados quando eles impedem o progresso na direção das aspirações.

Primeiro, você desenvolve uma compreensão cognitiva das crenças que alimentam os desafios. Depois, desenvolve intervenções relacionadas a essas crenças subjacentes. Então, fortalece crenças de resiliência, o que empodera os indivíduos em relação aos desafios que eles enfrentam. Na CT-R, você aborda os desafios quando eles impactam o progresso na direção das aspirações. Nestes capítulos, visamos equilibrar a experiência de muitos indivíduos, a formulação e a abordagem para ação e empoderamento. Faremos isto:

CAPÍTULO 7
Empoderando quando sintomas negativos são o desafio 107
Acesso reduzido a motivação, energia e conexão

CAPÍTULO 8
Empoderando quando delírios são o desafio..120
Crenças fortemente arraigadas que podem ser difíceis para os outros entenderem

CAPÍTULO 9
Empoderando quando alucinações são o desafio 139
Percepções que podem consumir a atenção e impedir a ação

CAPÍTULO 10
Empoderando quando comunicação é o desafio 150
Discurso limitado em quantidade ou difícil de acompanhar

CAPÍTULO 11
Empoderando quando trauma, autoagressão, comportamento agressivo ou
uso de substância é o desafio.. 163
Respostas dos indivíduos ao trauma e sua busca por segurança

7

Empoderando quando sintomas negativos são o desafio

> Maria passa a maior parte dos dias no quarto, deitada na cama, com as luzes apagadas. Ela só sai para fazer as refeições e tomar as medicações. Quando está no corredor, Maria cambaleia, frequentemente deslizando os dedos pela parede. Ela não é de falar muito, principalmente de maneira espontânea. Ela se recusa a tomar banho, e os outros estão preocupados que seu cabelo vire um tufo maciço. Quando as pessoas tentam puxar conversa, ela tende a dizer "não" e se afasta. Quando convidada para a reunião da equipe de tratamento, ela em geral diz "Eu estou bem" e não participa ou sai imediatamente da sala.

Maria exibe um conjunto de desafios denominados "sintomas negativos", que podem ser muito difíceis para os indivíduos que os vivenciam e para os profissionais de saúde mental. A designação *negativo* implica que estes são sintomas que refletem a redução ou a diminuição do que se presume que estava previamente presente – redução na energia, no afeto, etc. Isso contrasta com *positivo*, que implica a adição de uma experiência, como vozes (Crow, 1980). Os termos psiquiátricos aceitos para os sintomas negativos podem ser um pouco enganadores, pois implicam completa ausência de motivação ("amotivação" ou "avolição"), ausência de desejo social ("associalidade"), ausência de prazer ("anedonia"), ausência de fala ("alogia") ou ausência de emoção ("afeto embotado") (American Psychiatric Association, 2013; Blanchard & Cohen, 2006; Galderisi, Mucci, Buchanan, & Arango, 2018). Sabemos que essa ausência estrita de linguagem não é acurada, pois a pessoa pode apresentar todas essas coisas no contexto correto. Uma maneira mais útil de pensar nos sintomas negativos é em termos de acesso, e não de ausência: ter dificuldade para *acessar* a motivação, dificuldade para acessar a energia, dificuldade de socialização ou dificuldade de previsão e participação em prazer ou alegria.

Este capítulo o ajuda a desenvolver uma estratégia bem-sucedida de empoderamento para esse conjunto incômodo de desafios (Patel et al., 2015). Iniciamos pelo modo como seria a experiência dos sintomas negativos. Isso leva a uma discussão das crenças subjacentes associadas. Então sugerimos ações específicas que acessam, desenvolvem, realizam e fortalecem o melhor *self* da pessoa.

COMO SÃO OS SINTOMAS NEGATIVOS

Os desafios incluídos na denominação "sintomas negativos" incluem desconexão. Você pode já não ter mais vontade de estar perto de outras pessoas como gostava antes. Pode ter dificuldade de encontrar energia para tolerar outras pessoas. Você pode até mesmo não se sentir confortável socialmente. Nada parece certo. A sua vida pode ter sido repleta de decepções, deixando-o na expectativa do pior. As pessoas podem tê-lo chamado de preguiçoso. Elas parecem não entender o quanto as coisas podem ser difíceis para você, o quanto você se sente diferente delas. Em várias ocasiões, as pessoas lhe fizeram promessas e não as cumpriram. Elas parecem não se importar. E você já foi bastante magoado pelas pessoas inúmeras vezes. Como você pode confiar em alguém? Então você fica consigo mesmo. Isso parece seguro. Você diz "não" para cada oportunidade. Isso pode durar meses, anos, décadas.

E, no entanto, seu desejo por conexão social ainda está ali. Embora seja bom estar seguro, você ainda deseja ter um amigo, encontrar um parceiro e, acima de tudo, pertencer. Mas é como se existisse uma parede entre você e os outros. Parece não haver solução para a situação, você se sente impotente, e o isolamento parece interminável.

Além dessa profunda desconexão, os sintomas negativos podem negar o propósito. Cada tarefa parece ser insuportavelmente desafiadora. Pode ser difícil reunir energia para as ações mais corriqueiras. Você pode se perguntar: "Como é que algum dia vou poder fazer coisas maiores na vida?". Você se sente muito incompetente. Muito diferente dos outros. Mesmo a menor coisa que não dá certo parece ser um enorme fracasso.

Então você não tenta, ou, se começa, desiste rapidamente. Você pode estar esperando se sentir bem novamente, recuperar a energia, sentir-se motivado. Os morros na sua vida se transformam em montanhas, e isso é a única coisa que você consegue ver. Então você espera e faz o mínimo exigido de você. A vida parece estar seguindo, mas você não faz parte dela.

Desde criança, você queria fazer do mundo um lugar melhor. Isso ainda é verdadeiro. Você quer muito fazer parte de algo maior que você. Para fazer a diferença. Para ajudar os outros. Mas você se sente totalmente incapaz, nada parecido com os outros – certo de que irá fracassar em absolutamente tudo. Embora nem sempre tenha sido assim, você agora se sente derrotado, impotente, danificado.

As crenças comuns subjacentes aos sintomas negativos incluem:
✓ Dificuldade para acessar a motivação ou energia
  • Por que se incomodar?
  • Falhar em parte do caminho é o mesmo que falhar completamente.
  • Tenho que esperar para fazer as coisas depois que tiver energia.
  • O futuro é desalentador.
✓ Dificuldade para socializar
  • Ninguém gosta de mim.
  • Ninguém vai gostar de mim.
✓ Dificuldade de prever prazer ou alegria
  • Não consigo curtir isso.
  • Não vou curtir isso.
✓ Discurso limitado ou dificuldade de comunicação
  • As pessoas não me entendem.
  • As pessoas não se importam com o que eu tenho a dizer.
  • As pessoas vão me julgar.

Como se não fosse suficientemente ruim minar a conexão e o propósito, os sintomas negativos também podem retirar a alegria de tudo. Quem diria que o prazer seria difícil de encontrar ou estaria fora de alcance? As outras pessoas parecem estar vivendo os melhores momentos das suas vidas, mas a alegria parece tão distante, tão improvável para você. Tanto trabalho para tão pouco – ou nenhum – retorno. Então você não tenta se divertir.

Por dentro, tudo parece tão inteiramente desligado. A vida está dominada pela sua sensação de incapacidade, que é como a gravitação, mantendo-o em repouso. Parece ser impossível ter a energia, o acesso à motivação, para reverter a situação. Como é possível que você possa fazer alguma coisa? Conexão, propósito e prazer parecem fora do alcance, talvez para sempre.

COMO PENSAR ACERCA DOS SINTOMAS NEGATIVOS

A pessoa que experimenta sintomas negativos fica presa no campo gravitacional de crenças que promovem inação como uma maneira de permanecer seguro (Grant & Beck, 2009a, 2010). Essas crenças limitam o acesso à motivação e à energia; elas impedem a pessoa de ver o sucesso social ou prever a participação em prazer ou alegria. O isolamento resultante – por exemplo, ficar na cama a maior parte do dia, se não todo o dia – promove uma inércia que pode parecer impossível de ser rompida.

Entretanto, a pessoa ainda tem desejos e a capacidade de sonhar. E há momentos, também, em que o embotamento é temporariamente preenchido, quando as coisas parecem certas, e a pessoa está no modo adaptativo. Isso pode ocorrer durante um caraoquê, um evento esportivo, uma festa de aniversário ou um piquenique. Durante esses momentos, as coisas não parecem tão impossíveis, há um senso de capacidade e possibilidade, embora fugaz.

Desta dicotomia – de isolamento seguro, por um lado, e um desejo não realizado, por outro – temos nosso caminho à frente. O derrotismo do indivíduo e a dificuldade de ter motivação provêm de crenças poderosas, que emergem da desconfiança, de um senso de incapacidade, fracasso inevitável e vergonha. Contudo, sabemos que a pessoa não é incompetente, nem tão incapaz quanto suas crenças sugerem. Ela tem talentos e potencial não explorado, mas existem poucas oportunidades para que esse "melhor *self*" seja realizado.

O QUE FAZER – EMPODERAMENTO

Acessando o Modo Adaptativo – Encontrando o Gancho

Com essa compreensão em mente, você tem que localizar esse melhor *self* e ajudar a pessoa a cultivá-lo. Você precisa acessar e energizar o modo adaptativo (ver Capítulo 3). Você faz isso perguntando sobre interesses compartilhados ou pedindo a ajuda do indivíduo e consistente e previsivelmente disponibilizando oportunidades para experimentar energia, conexão, motivação e sucesso.

A terapia orientada para a recuperação usa a conexão humana para combater a desconexão profunda e debilitante. No entanto, por mais importantes e positivas que sejam as experiências sociais e o sucesso, eles não são suficientes por si só para potencializar e manter a vida desejada da pessoa. Para combater a força das crenças negativas, você precisa chamar a atenção do indivíduo para o fato de que ele é realmente energizado, conectado e bem-sucedido – uma combinação de acesso ao modo adaptativo e fortalecimento dele. Você faz isso durante a própria experiência, em vez de apenas refletir sobre ela posteriormente. Você quer que o indivíduo comece a notar a emoção positiva e a experimente ao vivo, quando a experiência de sucesso ou prazer é mais imediata e acessível. Com suficiente repetição das atividades realizadas em conjunto, e notando seu impacto, a pessoa desenvolverá mais acesso à energia e à motivação. Ela também começará a confiar em você, já que você fez coisas com ela e a ajudou a ver o quanto a vida pode ser melhor.

Inicialmente, você pode não ter muito a buscar em termos do que faz a pessoa entrar no modo adaptativo. É importante ser persistente e avançar por tentativa e erro. As crenças negativas subjacentes à desconexão da pessoa são fortes, mas, com uma atividade suficientemente atraente, você poderá acessar seu modo adaptativo. Você saberá quando acertou por causa da mudança na interação dela com você.

Ao preencher o Mapa da Recuperação de Maria (ver Figura 7.1), a equipe ainda não sabe muito para poder acessar o modo adaptativo ou as aspirações. O que eles sabem se enquadra nos desafios: crenças e sintomas negativos. O plano de ação na quarta linha do mapa se concentra em tentar acessar e energizar o modo adaptativo.

Um membro da equipe começa a trazer revistas e tocar música. Maria inicialmente rejeita todos esses esforços – desliga a música, não quer olhar as revistas, deixando-as sem abrir a cada reunião. Toda vez que estão juntos, quando Maria quer dar um basta, ela chuta o membro da equipe ou se levanta e vai embora.

O membro da equipe continua a comparecer previsivelmente, tentando diferentes tipos de música, diferentes revistas, diferentes temas. Em uma ocasião, Maria reage a um cachorro em uma das capas das revistas. O membro da equipe pergunta se ela gosta de cachorros. A mudança é drástica – Maria fica muito animada falando sobre o cachorro que teve na infância. Cachorros foram o primeiro gancho e o ponto de acesso ao seu modo adaptativo. Antes de sair, o membro da equipe pergunta: "Parece que conversar sobre cachorros nos deixa muito energizados; você gostaria de fazer isso mais vezes?". Maria concorda com a cabeça antes de se afastar.

Este é um exemplo do quanto tentativas de conexão breves, frequentes e previsíveis podem ser efetivas. Outras estratégias e intervenções, como oferecer opções – "Devemos olhar esta revista ou aquela?" – e programar atividades com a equipe (ver Capítulo 13), são boas alternativas. O membro da equipe faz uma rápida observação para destacar o impacto e verifica a sua utilidade. O Apêndice G é um resumo de uma página desses passos.

Energizando o Modo Adaptativo – Mais Ganchos, Mais Frequentemente

Depois que você tem a atividade que acessa o modo adaptativo – o gancho – e estabeleceu o quanto vale a pena realizá-la novamente, você precisa fazer pelo menos duas coisas. Primeiro, tornar essa atividade de acesso uma ocorrência regular com a pessoa. Isso ajuda a energizar o modo adaptativo e oferece repetidas ocasiões para fortalecer crenças positivas sobre capacidade, energia e sucesso, além de crenças relacionadas a conexão e confiança. Em segundo lugar, você deve empregar esforços para expandir

DESAFIOS	
Comportamentos Atuais/Desafios:	**Crenças Subjacentes aos Desafios:**
• Fica na cama; não sai do quarto. • Respostas curtas; encerra o tratamento precocemente; diz "não". • Não toma banho.	Suposição: • Por que me incomodar? Eu não sou capaz. Esperando pelos outros. Os outros não se importam. • Não estou segura.
AÇÃO POSITIVA E EMPODERAMENTO	

Estratégias Atuais e Intervenções:
1. Identificar formas de ativar o modo adaptativo.
  • Tocar música.
  • Olhar revistas.
2. Fazer encontros previsíveis para energizar o modo adaptativo.
3. Conectar as saídas com as aspirações e a comunidade.
  • Ir à cafeteria.
	Crenças/Aspirações/Significados/Desafio Visados:
	1. Ativar o modo adaptativo.
	  • Eu sou capaz e posso me conectar.
	  • Reduzir o isolamento.
	2. Crenças sobre controle e sobre os outros.
	  • Eu tenho controle.
	  • As pessoas se importam.
	3. Crenças sobre o futuro.
	  • Eu posso perseguir objetivos – há esperança para o futuro.
	  • Eu posso fazer parte da comunidade.

FIGURA 7.1 Mapa da Recuperação inicial de Maria.

e encontrar outros interesses e atividades que possa fazer com a pessoa para acionar o modo adaptativo. Essa ampliação consistente da atividade constrói o espaço da vida da pessoa, aumentando a experiência de emoção positiva, prazer e significado. Esta é a base do empoderamento à medida que a pessoa se afasta decisivamente de um estado limitado em que os sintomas negativos foram seu modo padrão.

À medida que os encontros continuam, fica claro que Maria sabe muito sobre cachorros e realmente se importa com eles. Ela começa a ensinar cada membro da equipe. Quais são as diferentes raças (a raça ideal é um boxer)? Como cuidar deles (cuidados e alimentação)? O que fazer quando eles estão doentes (ir ao veterinário)? As sessões se tornam mais longas, a energia da interação aumenta; Maria está mais radiante, entra mais em detalhes, está se conectando.

Durante um desses encontros, o membro da equipe pergunta sobre café e fica sabendo que o favorito de Maria é *mocha*. Então ele leva *mocha java* a cada encontro, o que continua a ocorrer previsivelmente de forma breve. Maria ainda encerra as sessões de forma abrupta, mas cada encontro é um pouco mais longo do que o anterior.

Nesse ponto, a equipe já consegue preencher a linha de cima do Mapa da Recuperação, incluindo possíveis crenças a serem visadas no meio da atividade atraente, conforme mostra a Figura 7.2. O plano de ação muda para energizar o modo adaptativo, tirar conclusões e descobrir e enriquecer as aspirações (ver Capítulo 4).

ACESSANDO E ENERGIZANDO O MODO ADAPTATIVO	
Interesses/Formas de se Engajar:	**Crenças Ativadas Durante o Modo Adaptativo:**
• Cachorros. • Café *mocha*.	• Suposição: eu tenho alguma coisa a oferecer. • Suposição: outras pessoas estão interessadas em mim.

FIGURA 7.2 Acrescentando formas de se engajar ao Mapa da Recuperação de Maria.

Indo Atrás – Sonhos e Aspirações

À medida que a pessoa passar mais tempo no modo adaptativo, você pode começar a considerar a pergunta: "Quais são suas aspirações?". O momento é quando a pessoa tem mais energia disponível e recursos mentais para pensar sobre um futuro. A pessoa também deve confiar em você o suficiente para compartilhar seus sonhos, que podem ter sido ignorados por outros no passado.

Você precisa escolher uma pergunta aberta. Você pode começar perguntando se a pessoa quer fazer mais das atividades que trazem à tona o seu melhor *self*: "Nós nos divertimos muito conversando sobre receitas de família; há outras coisas como esta que você gostaria de fazer?". Basquete, por exemplo, pode despertar uma aspiração relacionada a treinamento ou significados importantes de querer ajudar pessoas jovens. Cozinhar pode levar a uma aspiração de querer se tornar um *chef* ou ser voluntário em um projeto de sopa comunitária. Também é uma opção simplesmente fazer uma pergunta geral sobre o que a pessoa quer fazer ou obter.

O membro da equipe pergunta a Maria: "Se você não estivesse aqui, o que estaria fazendo ou obtendo?". Ela responde que estaria em algum lugar rodeado de montanhas e árvores pescando.

Quando perguntada sobre qual seria a melhor parte disso, Maria diz: "Seria divertido estar em um cenário bonito na natureza, e seria excitante pegar um peixe bem grande". Quando questionada sobre como se veria se fizesse isso, ela diz: "Relaxada e habilidosa". Quando perguntada sobre o que a estaria impedindo de fazer isso, ela responde: "Eu estou presa aqui e queria fazer isso e não sei se posso". A equipe acrescenta as aspirações, os significados, as crenças positivas e as crenças derrotistas ao Mapa da Recuperação de Maria (ver Figura 7.3).

As sessões focam em cachorros, pescaria e cenários bonitos para férias. Mais uma vez, o membro da equipe aprende com Maria, que é a especialista. Um novo interesse emerge nesse ponto: artes marciais. Eles começam a realizar atividades juntos envolvendo chutes, alongamentos e movimentos. As artes mar-

ASPIRAÇÕES	
Objetivos:	**Significado de Atingir o Objetivo Identificado:**
• Ir pescar em um belo cenário. • Aprender *taekwondo*. • Ensinar *taekwondo*.	• Capacidade. • Capacidade. • Ajudar pessoas; boa pessoa.

FIGURA 7.3 Acrescentando novas aspirações ao Mapa da Recuperação de Maria.

ciais passam a ser uma aspiração: Maria quer aprender *taekwondo* e ensiná-lo a outras pessoas. Quando perguntada sobre qual é a melhor parte de aprender *taekwondo*, ela diz que é "Ser mestre em alguma coisa, ser uma especialista". A melhor parte sobre ensinar *taekwondo* é "Ajudar outras pessoas, fazendo do mundo um lugar melhor". A equipe adiciona isso ao Mapa da Recuperação, conforme mostra a Figura 7.3.

Realizando Ativamente o Modo Adaptativo – Levando Propósito ao Cotidiano

As aspirações fornecem uma cornucópia de bondade para as pessoas que experimentam sintomas negativos. As ideias específicas que a pessoa desenvolve são uma fonte de esperança para o futuro. Elas oferecem a oportunidade de fortalecer crenças otimistas sobre conquistar a vida que a pessoa deseja. As aspirações envolvem profundamente o senso de propósito dos indivíduos e o que traz significado à sua vida. Esse quadro mais amplo empodera a pessoa para seguir em frente, manter a motivação e a ação diante dos problemas e frustrações do cotidiano.

As aspirações podem funcionar como um princípio organizador para a vida da pessoa. O significado da aspiração lhe dá a força propulsora. Você irá colaborar com a pessoa para introduzir esse significado em cada dia. O propósito é vivido. Ele é uma questão de planejar a ação, executá-la e tirar conclusões. A vida se desenvolve de dentro para fora.

> O *taekwondo* se torna um foco da ação cotidiana para Maria e a equipe. Ela assiste a vídeos e pratica movimentos, por fim definindo horários regulares a cada dia para praticar *taekwondo*. Os outros notam que ela está fazendo os movimentos e pedem para se juntar a ela. Maria diz "não". Depois de repetidas solicitações, ela muda de ideia, permitindo que os membros da sua equipe e outros indivíduos aprendam *taekwondo* com ela. Um membro da equipe chama a atenção de Maria para o que significa sobre ela o fato de estar dominando artes marciais ("Eu posso fazer as coisas se me concentrar nelas") e ensinando outras pessoas ("Eu estou ajudando as pessoas").
>
> Durante esse período, Maria começa a sair com os outros. Ela é vista chutando uma bola, sorrindo largamente, rindo, visivelmente aproveitando a experiência, um grande contraste com seu modo de vida anterior, em que ela fazia pouco, falava pouco, ficava sozinha, andando pelos corredores e permanecendo a maior parte do tempo na cama.

Fortalecendo o Modo Adaptativo – Construindo Resiliência

Devido à forte atração das crenças negativas, você precisa ajudar a pessoa a tirar conclusões repetidamente considerando todos os benefícios de estar ativo, fazer coisas com os outros e o significado do sucesso (ver Capítulo 6). O empoderamento está, em última análise, refletido em dois tipos de crenças:

10. Crenças positivas sobre o *self* e o próprio papel no mundo – "Eu posso criar minha própria energia", "Eu sou uma boa pessoa", "Eu sou uma pessoa prestativa", "Eu posso fazer a diferença".
11. Crenças de resiliência sobre a própria habilidade para lidar com problemas e estresse diário – "Mesmo que eu não tenha vontade de fazer, se con-

tinuar tentando, vou me sentir melhor e posso ter sucesso", "Eu posso não ter sucesso inicialmente, mas, se persistir, terei".

As crenças positivas geralmente já fazem parte do modo adaptativo da pessoa e se tornam ativas e acessíveis quando estão nesse modo. Contudo, as crenças de resiliência tendem a ser novas e podem ser desenvolvidas em nosso trabalho com a pessoa. Os dois conjuntos de crenças fortalecem o modo adaptativo. As crenças positivas reforçam a acessibilidade e a durabilidade do modo adaptativo, enquanto a resiliência ajuda a pessoa a mudar de volta para o modo adaptativo quando as crenças negativas do modo "paciente" se tornam ativas.

A equipe de Maria, de forma repetida e gentil, aponta sua habilidade emergente de aprender formas difíceis de artes marciais: "O que diz sobre você o fato de estar aprendendo *taekwondo*?". Eles a ajudam a tirar conclusões sobre o que isso significa para o seu futuro: "Se você consegue fazer isso aqui, que outras coisas você pode fazer?". Eles também observam colaborativamente o impacto do seu ensino bem-sucedido sobre os outros: "Uau, você está aprendendo tanto e se divertindo. O que isso diz sobre você como professora?".

Surge a possibilidade de alta, porém Maria não está interessada. A equipe especula que a ideia de ir embora pode ser uma sobrecarga para ela, acumulando crenças sobre não ser capaz, não ser apreciada e não ter controle. A equipe, então, trabalha com ela para consolidar todo o seu progresso:

Membro da equipe: Quais são as coisas que fazem você se sentir melhor?

Maria: Cachorros bonitos, café *mocha*, *taekwondo*.

Membro da equipe: Como você pode se lembrar dessas coisas, mesmo quando não estiver mais aqui?

Maria: Figuras, desenho, fazer uma lista.

A equipe começa a incluir novos membros da comunidade no planejamento da ação com Maria. Embora inicialmente não permitindo que eles se juntem a ela, Maria fica mais receptiva quando essas pessoas trazem café *mocha* e querem conversar com ela sobre seus interesses: cachorros, *taekwondo*, pescaria, lugares bonitos nas montanhas para viajar. Eles começam a se juntar à aula. Então, um membro do seu novo time traz a ideia de saírem para participar de *taekwondo* na comunidade. Eles fazem passeios de campo para tomar café, vão a lojas de animais de estimação e fazem aulas de *taekwondo*. Por fim, Maria começa a dizer que quer ir embora e começa a falar sobre sua família. A nova equipe atualiza seu Mapa da Recuperação (ver Figura 7.4). Finalmente, Maria decide fazer a transição.

CONSIDERAÇÕES ADICIONAIS

Os sintomas negativos historicamente têm sido difíceis tanto para os indivíduos quanto para os profissionais. Essas experiências podem afastar as pessoas das características mais valiosas da vida e também contribuir para incapacidade e mortalidade precoce (De Hert et al., 2011; Saha, Chant, & McGrath, 2007). Temos uma forte compreensão e estratégia para empoderar pessoas desafiadas por sintomas negativos. No entanto, as experiências podem ser difíceis. Os pontos a seguir são um guia para manter o otimismo e a eficácia ao colaborar com alguém que experimenta sintomas negativos.

MAPA DA RECUPERAÇÃO	
ACESSANDO E ENERGIZANDO O MODO ADAPTATIVO	
Interesses/Formas de se Engajar: • Cachorros. • Café *mocha*.	Crenças Ativadas Durante o Modo Adaptativo: • Eu tenho alguma coisa a oferecer. • Outras pessoas estão interessadas em mim.
ASPIRAÇÕES	
Objetivos: • Ir pescar em um belo cenário. • Aprender *taekwondo*. • Ensinar *taekwondo*.	Significado de Atingir o Objetivo Identificado: • Capacidade. • Capacidade. • Ajudar pessoas; boa pessoa.
DESAFIOS	
Comportamentos Atuais/Desafios: • Fica na cama; não sai do quarto. • Respostas curtas; encerra a consulta cedo; diz "não". • Não toma banho.	Crenças Subjacentes aos Desafios: • Por que me incomodar? Eu não sou capaz. Esperando pelos outros. Os outros não se importam. • Não estou segura.
AÇÃO POSITIVA E EMPODERAMENTO	

Estratégias Atuais e Intervenções:
1. Identificar formas de ativar o modo adaptativo.
  • Tocar música.
  • Olhar revistas.
2. Fazer encontros previsíveis para energizar o modo adaptativo.
3. Conectar as saídas com as aspirações e a comunidade.
  • Ir à cafeteria.
	Crenças/Aspirações/Significados/Desafio Visados:
	1. Ativar o modo adaptativo.
	  • Eu sou capaz e posso me conectar.
	  • Reduzir o isolamento.
	2. Crenças sobre controle e sobre os outros.
	  • Eu tenho controle.
	  • As pessoas se importam.
	3. Crenças sobre o futuro.
	  • Eu posso ir atrás dos objetivos – há esperança para o futuro.
	  • Eu posso fazer parte da comunidade.

FIGURA 7.4 Mapa da Recuperação de Maria completado.

Permaneça Alegre e Persistente

As crenças negativas e os vieses subjacentes à experiência dos sintomas negativos podem ser difíceis de romper. A pessoa se defende contra a decepção e o fracasso. O indivíduo pode estar sem fazer atividades com outras pessoas há um tempo considerável. Isso significa que pode haver instabilidades ao tentar coisas novas com ele, e você pode se deparar com muitas recusas ao tentar. Mantenha o otimismo. Saiba que boa parte da relutância tem a ver com a pessoa querer se manter segura. A pessoa também pode estar sem prática interpessoal. Saiba que o que você está vendo faz parte de por que a pessoa ficou estagnada. Enquanto você não ficar desencorajado, a sua vontade irá prevalecer. É preciso apenas uma centelha de sucesso ao acessar o modo adaptativo para abrir caminho para uma nova vida desejada. Ela quer esta vida, mas não sabe como alcançá-la. O principal está dentro dela. Com uma abordagem positiva, calorosa e genuína, persistência e um pouco de criatividade, vocês a encontrarão juntos. O resultado será transformador.

Quanto Menos o Seu Trabalho Parecer Tratamento, Melhor

As crenças negativas ligadas ao isolamento e à inatividade estão bem acessíveis. A pessoa tem muita prática nesse modo de vida. Ela pode ter uma longa história de receber diagnósticos e serviços de vários tipos. Ela pode achar toda a questão do tratamento muito desempoderadora. Os encontros com os profissionais da saúde podem expor todas as crenças sobre incapacidade pessoal, a inutilidade de tentar e a impossibilidade da conexão verdadeira. Por essa razão, você será mais bem atendido se os seus encontros não parecerem "terapêuticos" no sentido tradicional.

A pessoa provavelmente não irá procurar ajuda, mas poderá estar sedenta por dar ajuda. Divertir-se com outras pessoas é algo que ela pode apreciar. É esse anseio profundo que você quer explorar – as experiências que têm o maior potencial para empoderamento são a pessoa ajudá-lo ou a outras pessoas e divertir-se em grupo. O que poderia ser melhor evidência de que o indivíduo é uma boa pessoa do que ajudar outra pessoa? Qual a melhor forma de ver que ele é capaz e que fazer coisas com outras pessoas é melhor do que fazer as coisas sozinho? É na repetição dessas atividades que muda toda a vida e a visão de vida da pessoa.

Muitas atividades que funcionam melhor podem ser reunidas nas terapias chamadas recreacionais, ocupacionais, *coaching* pessoal e autoaperfeiçoamento. Mas há uma diferença fundamental. Entendemos que as crenças que levam à desconexão dificultam o acesso à motivação e à energia. Em vez de esperar pela energia, fazemos coisas que são prazerosas ou significativas, as quais produzirão mais acesso à energia e à motivação. Em vez de esperar, usamos a conexão humana tangível para combater os descontentamentos disseminados da desconexão.

Nenhuma Intervenção é Muito Pequena

O que funciona pode ser algo absolutamente comum, sobretudo no começo. Uma xícara de café a cada encontro pode não parecer muito, mas, como vimos com Maria, esta é uma intervenção poderosa. O *mocha* proporciona uma experiência previsível, compartilhada e prazerosa. É o fundamento de uma conexão emergente. Mostra que alguém se importa. É uma coisa sobre a qual podemos ter uma expectativa. Tomar um café é um momento natural para conversar, o que permite a exploração dos interesses de Maria, levando a encontros mais longos, seu conhecimento sobre cachorros e depois para o desenvolvimento das artes marciais.

Sinta-se confortável para começar de forma pequena. Pode ser com uma comida ou bebida, uma música, um *hobby*. Uma brincadeira pode funcionar, talvez acontecimentos atuais ou política, um lugar na cidade ou no mundo, ou simplesmente sair para uma caminhada. A lista é infinita.

Embora possamos começar pequeno, não permanecemos assim. O empoderamento exige que sejamos grandes, especialmente quando sintomas negativos são o desafio. As aspirações envolvem o propósito da pessoa, a sua missão. Isso é tão grande quanto possível.

Não Seja Dissuadido se o Progresso For Lento

Como estamos trabalhando com formas muito praticadas e arraigadas de ser e pensar, pode-se esperar que o progresso seja lento. Encontrar o gancho certo para começar leva tempo. Então, quando você começa a construir a atividade, acesso à energia e à motivação, isso também leva tempo. A cautela pode ser difícil de ser superada, com a pessoa se abrindo lentamente e cada vez mais para correr riscos e viver mais. Encontrar e cultivar amigos e relacionamentos leva um tempo. As aspirações mais significativas são de longo prazo. Encontrar e desenvolver as aspirações certas pode demorar um tempo, e localizar as oportunidades adequadas que as impulsionem pode levar mais tempo ainda.

Reconheça esses limites potenciais sobre o quanto de mudança você vê. Mantenha sua vigilância para notar mesmo o menor avanço. O que pode parecer pequeno para os outros na verdade é enorme internamente. Ser capaz de compartilhar regularmente seu conhecimento sobre cachorros é um salto gigantesco comparado a ficar deitado na cama o dia inteiro.

Não Fique Surpreso se Algumas Pessoas Simplesmente Decolarem

Todas as pessoas são diferentes. Isso certamente vale para aquelas que experimentam sintomas negativos. Embora você precise estar pronto para o progresso lento, há algumas pessoas que respondem rapidamente ao programa de conexão, aspiração e ação. Elas passam rápido da inatividade para uma vida rica e colorida. Pesquisas sugerem que pessoas que são mais jovens e passaram menos tempo convivendo com sintomas negativos têm mais probabilidade de apresentar mudança rápida (Grant et al., 2017) – no entanto, pessoas com uma vida inteira em desconexão também podem progredir rapidamente (Grant et al., 2017; Savill, Banks, Khanom, & Priebe, 2015). Elas só precisam de uma pequena faísca para reacender a sua vida interrompida, e então nada pode pará-las. O potencial está dentro de cada pessoa. Continuamos a nos surpreender com cada pessoa que realiza seu melhor *self* e o traz para o mundo, seja de forma rápida ou lenta.

Se a Pessoa Recua, Volte a Acessar e Energizar o Modo Adaptativo

A recuperação não é linear; a vida não é linear. Ocorrem altos e baixos. Temos períodos mais difíceis e períodos mais fáceis. Como os sintomas negativos promovem uma sensação de segurança contra a mágoa e os problemas, podemos compreensivelmente esperar que essas experiências se tornem mais proeminentes quando a pessoa está tendo momentos difíceis. A pessoa pode sentir que tudo isso é demais para ela. Ela pode começar a ver que seu progresso é muito pequeno ou pode achar que está se preparando para o fracasso. Por essas e outras razões, ela pode começar a se afastar dos outros, dos interesses e da busca das suas aspirações.

PALAVRAS DE SABEDORIA

QUADRO 7.1 Significados, motivação e afeto

Já observamos indivíduos executando um conjunto de atividades solicitadas e ainda assim não sentirem energia e ânimo. Observamos esses mesmos indivíduos se tornarem vigorosos ao saírem para uma caminhada, mostrando como preparar uma receita culinária ou demonstrando um passo de dança.

Essa diferença no afeto e no acesso à motivação centraliza-se no significado das atividades. Quando o indivíduo percebe a tarefa como mecânica, alguma coisa que é esperado que ele faça e que pode ser julgada, é difícil de reunir a energia. Quando a tarefa tem um significado pessoal é bem mais provável que, a energia, o afeto positivo e a motivação apareçam. Não se trata de "Quanto mais você faz, melhor você se sente" – mas de "Quanto mais você faz o que gosta ou é significativo para você, melhor se sente".

Preste atenção às expectativas que o indivíduo tem sobre atividades potenciais. Ele acredita que "Eu não tenho energia para a atividade" ou "Eu não vou gostar" ou "As pessoas vão me rejeitar"? Como essas crenças são globais e extremas, você tem quase uma garantia de que a experiência real irá combater essa previsão negativa. Experiências de prazer ou aceitação podem se traduzir em crenças positivas sobre o *self*, sobre o mundo exterior e sobre o futuro.

Pesquisas apoiam a ideia de que, por meio da repetição de uma série de experiências bem-sucedidas, você pode ajudar o indivíduo a se ver como mais capaz e aceitável, os outros como mais apoiadores e receptivos e o futuro como promissor e desejável (Grant et al., 2018). Quando a tarefa parecer imensa e desafiadora, você pode ser apoiador e encorajador, o que pode influenciar enormemente os significados que a pessoa extrai.

Como nossos métodos podem alcançar as pessoas quando elas estão mais desconectadas, você pode continuar tendo esperança e ir até a pessoa onde ela está. Retorne a um foco nas atividades que primeiro acessaram e energizaram o modo adaptativo. Se, quando da alta, Maria começasse a permanecer na cama de novo, sua nova equipe poderia se organizar para trazer *mochas* e fazer perguntas a ela porque precisam de ajuda com seus cachorros ou então assistir a vídeos de pescaria *on-line*.

RESUMO

- Os sintomas negativos podem ser entendidos como difíceis de acessar, em vez de como ausência de energia ou habilidade.

- Os indivíduos que experimentam sintomas negativos frequentemente têm fortes crenças negativas sobre si mesmos, sobre sua capacidade e sobre a forma com os outros os veem. Essas crenças podem impedir que eles vivam a vida que desejam, limitando seu acesso à motivação e à energia.

- As melhores maneiras de neutralizar sintomas negativos são acessar o modo adaptativo tentando se conectar por meio de interesses compartilhados ou convidando o indivíduo para nos ajudar a aprender. Depois que o modo adaptativo foi acessado e energizado, as aspirações são identificadas e se tornam o motivador poderoso para manter e desenvolver atividade e interações com os outros.

- Consistência e repetição são essenciais no trabalho com um indivíduo para enfrentar os sintomas negativos devido a crenças negativas fortemente arraigadas.
- Enquanto os indivíduos estão no seu modo adaptativo e dando passos significativos na direção da realização de suas aspirações, você pode ajudá-los a tirar conclusões sobre si mesmos e sobre os outros, o que combate diretamente esse cultivo dos sintomas negativos.
- O empoderamento é realizado por meio de um espaço de vida em expansão de conexão e atividade intencional acompanhado por crenças positivas e de resiliência.

8

Empoderando quando delírios são o desafio

Jonathan é um homem de meia-idade que vive sozinho em uma cidade grande. Ele é inativo na maioria dos dias, saindo pouco. No entanto, é agradável e receptivo com aqueles que o visitam, em especial com os membros da sua equipe de manejo de caso. A equipe seguidamente o encontra assistindo a comédias da década de 1960 na televisão. Jonathan informa a todos os visitantes que ele é Deus, uma pessoa que doa seus alimentos e posses para ajudar as outras pessoas a satisfazerem suas necessidades, mesmo que isso o deixe sem essas coisas. Quando eles perguntam se ele precisa de algo, Jonathan diz: "Não, não se preocupem, eu sou Deus. Eu não preciso comer porque sou Deus". A equipe relata que todas as conversas retornam ao fato de ele ser Deus, o que torna desafiadora a realização do trabalho clínico ou o manejo do caso. Jonathan toma corretamente as medicações entregues pela equipe. Quando a equipe pergunta sobre o que mais quer para a sua vida, ele diz: "Estou bem – porque Deus serve aos outros".

Delírios são crenças veementemente contestadas. Para os entes queridos, prestadores de serviços e a maioria das outras pessoas (se não todas), as crenças parecem irremediavelmente falsas. Para aqueles que as têm, no entanto, as crenças não são crenças, mas verdades, verdades importantes, verdades negligenciadas, verdades definidoras do mundo. Ninguém gosta de ser chamado de delirante. Assim, essa clivagem produz conflito, defesa ou impasse. A pessoa que tem as crenças está desconectada dos outros precisamente devido a essas crenças, que são tão importantes pessoalmente, ficando isolada e no ostracismo como alguém que não tem a mente sadia. Como você colabora com a vida desejada de uma pessoa levando tudo isso em consideração?

Neste capítulo, descrevemos uma abordagem para essas crenças e experiências que beira o conflito e, por fim, proporciona a todos – indivíduo, ente querido, prestador de serviço – uma boa oportunidade de obter o que desejam. Consideramos inicialmente como é a sensação interna. Veremos que essas crenças nos dão uma compreensão poderosa do que a pessoa valoriza e quer na sua vida. O empoderamento acontecerá ao se introduzir esse significado na vida diária e ao tirar conclusões para construir resiliência durante esse percurso.

Há uma longa história na literatura psiquiátrica de tipificar as crenças rotuladas como delírios. Focamos em duas categorias básicas: crenças que compensam um sentimento de inadequação subjacente (frequentemente denominadas "grandiosas") e crenças que refletem um sentimento de vulnerabilidade subjacente, ameaça e preocupação com a própria segurança e a dos outros (frequentemente denominadas "paranoides"; Kiran & Chaudhury, 2009). Nosso entendimento e estratégia irão diferir dependendo do tipo de crença com a qual estamos trabalhando. Em cada caso, consideramos a necessidade que está sendo expressa – para controle, um sentimento de valor, conexão, propósito, segurança – e formas alternativas de satisfazê-la.

CRENÇAS GRANDIOSAS E O MODO EXPANSIVO

Como Pode Ser a Sensação

Você está no hospital quando se dá conta disso pela primeira vez. As coisas não parecem certas. Eles dizem que você foi expulso do time de futebol, expulso da escola, repudiado pela sua família. Eles dizem que você tem uma doença e deve tomar remédios. Mas isso não pode estar certo.

Todos amam você. Você sempre soube que era especial. Mas uau! Como você é especial! E forte. Você é Bruce Lee, droga! O homem mais forte do mundo. O melhor lutador.

Seu médico diz que Bruce Lee já morreu. Mas isso só faz você querer mostrar o quanto é resistente. Você sorri enquanto flexiona os músculos no corredor e faz movimentos de *kung fu*. Todos o amam. Você é o melhor de todos os tempos. É muito boa a sensação de ser você.

Como Pensar Sobre as Crenças Grandiosas

Dada a importância das crenças na vida da pessoa e o potencial sempre presente para conflito inútil, você precisa ir com cuidado. Tenha em mente que você deve focar nessas crenças somente quando elas estiverem atrapalhando a vida que o indivíduo deseja – por exemplo, quando interferem na formação de relações, no tempo que é passado com outras pessoas e na busca das ambições na vida. Algumas vezes, essas crenças podem fazer a pessoa se envolver com sistemas (p. ex., justiça criminal) que podem causar mais isolamento e afastamento da sociedade.

As crenças comuns subjacentes a delírios grandiosos incluem:

Sobre si mesmo
- ✓ Eu sou incapaz.
- ✓ Eu sou inadequado ou inferior.
- ✓ Eu tenho defeitos.
- ✓ Eu não tenho valor.
- ✓ Eu sou burro.

Sobre os outros
- ✓ As pessoas não gostam de mim ou não se importam comigo.
- ✓ As pessoas me desrespeitam e me rejeitam.

Sobre o futuro
- ✓ O futuro é desalentador.
- ✓ Jamais vou contribuir com alguma coisa de valor.

Com crenças grandiosas, a vida da pessoa é permeada por um sentimento de falta (Beck et al., 2019; Knowles, McCarthy-Jones, & Rowse, 2011). As coisas não são como deveriam ser – a pessoa não realizou o que achava que deveria, e os outros parecem não a reconhecer ou valorizar. Por baixo das ideias grandiosas, encontram-se crenças como "Eu não tenho valor", "Eu sou insignificante" ou "Eu estou destroçado"; "Os outros não me respeitam", "Os outros não se importam comigo" ou "Eu não sou amado"; e "Jamais vou realizar alguma coisa", "Nunca vou fazer algo significativo" ou "Sempre vou ser um lixo".

Essas crenças negativas sobre si mesmo, sobre os outros e sobre o futuro dão origem a emoções desagradáveis e desconfortáveis. A crença grandiosa compensa esse sentimento pessoal e social de deficiência absoluta. Sentimentos e ideias terríveis são substituídos por sentimentos e ideias grandiosos, e a pessoa entra em um modo mais expansivo. Como diz o ditado: "É bom ser rei". A abrangência e o tamanho da crença podem ajudá-lo a entender quão mal a pessoa se sente quando as crenças subjacentes são acionadas – ser dono da situação, ser Deus ou ser um líder mundial supremo. Quão mal você deve se sentir se precisa ser Deus para se sentir bem?

Entender as crenças grandiosas de uma pessoa também lhe dá uma boa noção do que ela valoriza e deseja na sua vida. Você pode começar perguntando a si mesmo: "O que seria bom no fato de ter a crença? Qual é a melhor parte de ser Deus ou rei?". No caso de ser divino, você seria extremamente importante, os outros se voltariam para você buscando ajuda, eles o escutariam, você sabe tudo e você criou o mundo. Como rei, você está no topo da escala social, as pessoas escutam o que você tem a dizer, elas o respeitam e o admiram, e você pode fazer as coisas acontecerem. Um senso de importância e realização decorre em ambos os casos. Não é preciso que necessariamente todos esses valores sejam importantes para a pessoa, embora provavelmente um ou outro será. E é fácil imaginar que, por trás disso tudo, a pessoa está se sentindo muito insignificante, incapaz e sozinha.

Você pode conduzir esse tipo de exercício do pensamento para qualquer ideia grandiosa ou improvável: ser uma pessoa famosa ou amada por uma, ser dono de um time esportivo ou de um negócio, inventor de uma descoberta importante ou escritor de um livro ou música influente. Essa forma de pensar ajuda você a ter um ponto de partida. Você fará suposições úteis quanto ao tipo de experiência que deseja ter com a pessoa – quais são os valores dela, que crenças positivas podem ser ativadas e quais crenças negativas estão contribuindo para que o delírio seja expresso.

À medida que você progride com a pessoa e desenvolve seu relacionamento, você pode ser capaz de fazer diretamente a pergunta "Qual é a melhor parte de _____?" e aprimorar a sua compreensão do significado.

> A equipe de Jonathan começa a entender seu modo expansivo perguntando a si mesmos: "Qual seria a melhor parte de ser Deus?". Os membros da equipe têm várias ideias:
>
> • Que todos gostam de Deus.
> • Eles escutam a Deus.
> • Eles respeitam Deus.
> • Deus faz coisas boas para todos.
>
> Ser Deus poderia ser uma forma fácil de se conectar com outras pessoas com garantia de sucesso o tempo todo, já que Deus é extremamente atrativo e nunca falha. Doar alimentos e ser bom também se encaixaria na ideia de que Jonathan quer ser uma pessoa boa e prestativa que é reconhecida pelos outros. Parece razoável supor que por trás de tudo isso Jonathan se sinta incompetente e sem valor, com sua vida submersa em uma solidão insuportável.
>
> Na verdade, para Jonathan, a solidão está próximo da santidade. Quanto mais sozinho se sente, mais intensamente ele precisa ser Deus. Quanto mais inferior se sente, mais ele precisa dizer às pessoas que é Deus e lhes conceder dádivas. A equipe especula se

inadvertidamente acionou o modo expansivo de Jonathan quando o visitou. Ele os via como pessoas que vinham ver Deus, ele lhes concedia dádivas e declarava que não precisa de nenhuma ajuda. O que a equipe precisa é de uma maneira de acessar seu modo adaptativo, que ao mesmo tempo não ative suas vulnerabilidades em torno de inferioridade e incapacidade. Os desafios de Jonathan e as crenças associadas são capturados na Figura 8.1.

O Que Fazer – Empoderamento

Acessando o Modo Adaptativo

Depois de entender o significado dessas crenças fortemente arraigadas, você pode começar a acessar o modo adaptativo, pois isso lhe dará uma melhor compreensão do que é importante para a pessoa. Cada vez que vocês fazem atividades juntos, crenças positivas e outras crenças são ativadas. Você pode chamar a atenção para elas. Atividades que envolvem papéis que mostram o valor interpessoal da pessoa são o ponto por onde começar, já que têm menor probabilidade de ativar o modo expansivo. Coordenar um grupo de caminhadas ou explicar como fazer uma receita ou escolher uma música para o grupo são atividades que mostram que a pessoa é capaz de contribuir. As crenças que podem surgir e que você pode fortalecer incluem "Eu sou capaz", "Eu posso contribuir de forma significativa com as outras pessoas" e "As outras pessoas estão interessadas no que eu tenho a dizer".

Um membro da equipe se encontra com Jonathan para tentar um novo rumo. Na esperança de acessar o modo adaptativo, ela lhe pergunta sobre seus interesses. Jonathan responde de uma maneira muito difícil de acompanhar. Ele parece estar dizendo que Deus está interessado em todas as suas criações. Como falar é desafiador no momento e pode estar fazendo Jonathan se sentir vulnerável, o membro da equipe tenta tocar uma música. Isso surte efeito. Acontece que Jonathan adora ouvir música com outra pessoa. Eles cantam juntos e depois dançam, também. A energia de Jonathan aumenta durante o tempo todo, e ele sorri largamente várias vezes. Ele se torna mais falante, compartilhando seu conhecimento sobre a música, o cantor e sobre quando a gravação foi lançada. Visivelmente, durante todo esse canto e dança compartilhados, Jonathan não fala sobre ser Deus nem por um momento. A equipe pode se basear nesse encontro, já que ele mostra que uma atividade social mutuamente agra-

DESAFIOS	
Comportamentos Atuais/Desafios:	**Crenças Subjacentes aos Desafios:**
• Refere-se a si mesmo como Deus. • Isolamento. • Inatividade. • Doa seus pertences. • Não se alimenta.	• Eu estou sozinho. • Os outros me abandonam. • Se você for realmente bom, as pessoas não irão abandoná-lo. • Não posso fazer as coisas até que eu tenha energia para elas. • Eu estou em perigo, então devo ficar em casa.

FIGURA 8.1 Mapa da Recuperação inicial de Jonathan.

dável não ativa as vulnerabilidades que acionam seu modo expansivo e, em vez disso, promove efetivamente o modo adaptativo.

Energizando o Modo Adaptativo

Você deverá estabelecer atividades previsíveis. Elas podem começar por você, porém é melhor se incluírem outros para que a pessoa tenha repetidas oportunidades de se ver como capaz e participante de uma forma significativa. A previsibilidade também ajuda a pessoa a se sentir no controle e atenua as expectativas negativas de que as outras pessoas não se importam. Você pode apoiar os indivíduos a chegar a essas conclusões úteis sobre si mesmos e sobre os outros no momento em que a experiência está no seu auge. Chame atenção para como a experiência é boa e para a clara contribuição que a pessoa está dando. Se a atividade o ajudou, você pode compartilhar isso com ela: "Você realmente nos ensinou muito bem. Você é muito prestativo, não é mesmo?". Então você pode perguntar o que significa sobre ela o fato de ter ajudado a você e outras pessoas: "Você gostaria de fazer isso mais vezes? Há outros tipos de contribuições que você gostaria de fazer?".

Toda essa repetição energiza o modo adaptativo e ajuda a pessoa a experimentar importância genuína. Quando se sentir importante, conectada, no controle, competente e energizada, ela terá menos probabilidade de entrar no modo expansivo, pois não há necessidade de compensar a coisa real. Por fim, você irá desenvolver conexão e confiança suficientes para que possa projetar as aspirações e avançar com seu trabalho conjunto para o próximo nível.

Depois do sucesso inicial com Jonathan, a equipe muda o foco a fim de se conectar com ele de forma repetida e previsível para energizar seu modo adaptativo. Durante o encontro seguinte, ele e o membro da equipe ouvem música, dançam e fazem uma caminhada. Durante a caminhada, eles encontram alguns dos vizinhos de Jonathan. O membro da equipe comenta: "É ótimo encontrar seus vizinhos. Você gosta de vê-los? Já falou com eles em outros momentos? Seria divertido conversar com eles durante a semana?". Jonathan ri e concorda.

Ao longo das semanas seguintes, o membro da equipe gradualmente aumenta a atividade com Jonathan. Eles começam cada encontro escutando música e dançando juntos, depois passando para caminhadas no parque próximo ao seu conjunto de apartamentos. Em seguida, eles acrescentam passeios para tomar café juntos e, por fim, tomam café e se encontram com pessoas na vizinhança. O tempo todo eles tiram conclusões sobre o valor de realizar as atividades para ganhar energia, sentir-se melhor e conectar-se com os outros (ver Figura 8.2).

Quando a energia de Jonathan aumenta, ele fala com menos frequência sobre ser Deus. A equipe está muito confiante de que a conexão e as relações são importantes para ele.

Aspirações e Significado

Quando crenças grandiosas e o modo expansivo compõem o desafio, as aspirações são fundamentais para ajudar a pessoa a obter mais da vida que ela deseja, porque o valor do que a pessoa quer é encontrado na melhor parte de ser Deus, rei, um cantor famoso, muito rico, etc. As aspirações de sucesso exploram esse mesmo significado.

Até esse ponto você esteve construindo a atividade para possibilitar que a pessoa tenha a experiência de ser importante, contribuir de forma bem-sucedida e confiar em

ACESSANDO E ENERGIZANDO O MODO ADAPTATIVO	
Interesses/Formas de se Engajar:	**Crenças Ativadas Durante o Modo Adaptativo:**
• Música (ouvir, cantar e dançar). • Caminhadas. • Conversar sobre amigos e ajudar amigos. • Tomar café.	• Eu estou conectado com as outras pessoas. • Eu sou igual às outras pessoas. • Quanto mais faço o que gosto, melhor me sinto.

FIGURA 8.2 Acrescentando interesses e crenças ao Mapa da Recuperação de Jonathan.

você e nos outros. Agora, você pode negociar confiança e a energia recém-encontrada para ajudar a pessoa a sonhar. Este é um sonho do melhor *self* da pessoa. As aspirações fornecem alvos para a ação diária que traz esse significado mais valorizado para a vida cotidiana. Mais provavelmente isso terá a ver com fazer a diferença no mundo.

> Durante a caminhada, o membro da equipe pergunta sobre os vizinhos de Jonathan. Ele diz gostar deles e concorda que fazer atividades com eles é melhor do que sozinho. O membro da equipe aventa a possibilidade de ajudar os vizinhos – ajudar a colocar o lixo na rua, talvez, ou levar os cachorros deles para passear. Jonathan fica muito entusiasmado. Ele consegue imaginar como isso seria bom. A melhor parte é fazer a diferença, fazer o bem. Ele concorda em fazer isso no dia da coleta de lixo.
> Na visita seguinte, Jonathan está muito animado. Ele compartilha como ajudou dois de seus vizinhos a retirar o lixo. O membro da equipe pede que ele descreva em detalhes como se sentiu e o que todos disseram. Jonathan chega à conclusão de que ele é uma pessoa prestativa, uma boa pessoa. Ele explica que uma de suas vizinhas o convidou para cuidar do seu cachorro enquanto ela coloca a roupa para lavar. Esta é mais uma oportunidade para atualizar o modo adaptativo.

> Em sua caminhada na ocasião seguinte, Jonathan explica a ótima experiência e o sentimento bom de ajudar a vizinha a carregar o cesto de roupa suja e cuidar do cachorro dela:
>
> **Membro da equipe:** O que diz sobre você o fato de estar ajudando tanto os seus vizinhos?
> **Jonathan:** Que eu sou uma pessoa prestativa, não uma pessoa nociva.
> **Membro da equipe:** Houve outros momentos em que você sentiu isso?
> **Jonathan:** Com amigos.
> **Membro da equipe:** Uau, parece que você quer ajudar seus vizinhos e se reconectar. Eu entendi direito?
> **Jonathan:** Sim.
> **Membro da equipe:** Há outras coisas que você quer também?
> **Jonathan:** Eu gostaria de rever um velho amigo, visitar os lugares daquela época, ter uma namorada, me casar.
>
> Estas se tornaram aspirações e o foco do trabalho da equipe com Jonathan, conforme mostra a Figura 8.3.

Praticando o Modo Adaptativo – Experimentando o Melhor Self do Mundo

O valor da crença grandiosa reside no seu significado. Desenvolver aspirações que realizem esse mesmo valor fornece ampla

ASPIRAÇÕES	
Objetivos:	**Significado de Atingir o Objetivo Identificado:**
• Ter amigos. • Casar. • Ter um emprego.	• Eu posso me conectar com as outras pessoas. • Eu estarei conectado no futuro. • Eu sou capaz. • Eu sou uma pessoa boa e prestativa.

FIGURA 8.3 Acrescentando aspirações ao Mapa da Recuperação de Jonathan.

oportunidade para a ação mais significativa e realização do propósito. Sucesso alimenta sucesso, e o modo adaptativo cresce para preencher mais espaço na vida da pessoa, à custa do modo expansivo. Como você está sendo guiado pelo significado e pelo progresso, nenhuma ação é tão pequena – por exemplo, se a pessoa deseja ser assistente social, o significado pode ser ajudar pessoas. Isso pode ser realizado em qualquer lugar. Na comunidade, ela pode ajudar seus vizinhos, em uma clínica ou em ambiente hospitalar, ela pode ter um papel interno de ajudar outros indivíduos ou a equipe, e isso pode satisfazer o significado e também ser um passo na direção da aspiração mais ampla.

Faça um *brainstorm* com a pessoa. Pode haver restrições devido à situação atual, mas isso não precisa o impedir. Permita-se ser criativo. Permita que a pessoa seja criativa. Existem incontáveis maneiras de satisfazer o significado da aspiração da pessoa depois que você o conhece.

> O primeiro passo na direção da reconexão com velhos amigos é ir até a parte da cidade onde eles vivem. O membro da equipe pega o ônibus com Jonathan. O retorno a esse local familiar tem um grande efeito em Jonathan. Seu discurso é claro e animado. Ele orienta o membro da equipe pelo local e conta em detalhes histórias interessantes sobre aquela parte da cidade e a sua vida ali. Jonathan demonstra prazer ao falar sobre seus velhos amigos. Essa atividade parece ativar crenças positivas sobre sua própria capacidade, a receptividade das pessoas e o potencial do seu futuro. A equipe acrescenta essas ideias ao seu Mapa da Recuperação (ver Figura 8.4).
>
> Quando está na hora de ir, Jonathan continua a dinâmica, sugerindo ideias para a próxima ida, incluindo lugares onde comer e amigos a visitar. Com muita ponderação, quando vão embora, ele propõe um ônibus melhor para a equipe chegar em casa mais rapidamente.
>
> Com o tempo, Jonathan amplia sua rede social, acrescentando conexões atuais e pessoas conhecidas do passado. Ele combina encontros com velhos amigos e vai visitá-los, reacendendo as relações, uma por uma. Ajudar as pessoas e restabelecer contato com velhos amigos aumenta sua energia e expande o espaço de vida. A equipe o encontra mais frequentemente no modo adaptativo quando o visita. Durante todo esse tempo, ele fala cada vez menos de ser Deus, para de doar seus alimentos e posses e aparenta e se sente como seu melhor *self*.

Fortalecendo o Modo Adaptativo – Construindo Resiliência

Quando você colabora nas atividades que realizam o significado subjacente das as-

AÇÃO POSITIVA E EMPODERAMENTO	
Estratégias Atuais e Intervenções:	**Crenças/Aspirações/Significados/Desafios Visados:**
1. Ouvir música e caminhar juntos, fazer Jonathan apresentar o membro da equipe ao vizinho. 2. Planejar atividades sociais a serem feitas no próximo encontro e como ele pode passar um tempo com as pessoas entre as visitas. 3. Avaliar o nível de energia antes e depois de ouvir música e de fazer outras atividades conjuntas.	1. Crenças sobre estar conectado com outras pessoas. 2. Reduzir o impacto da separação entre as sessões; estabelecer o padrão em que a conexão social irá acontecer no futuro; habilidade para se conectar com os outros. 3. Crenças sobre ter que esperar que surja energia antes de fazer as coisas.

FIGURA 8.4 Acrescentando estratégias e ações positivas ao Mapa da Recuperação de Jonathan.

pirações do indivíduo, este é um ótimo momento para capacitá-lo a chegar a conclusões sobre seus pontos fortes. Fazer a diferença, ser valorizado, ser uma boa pessoa – tudo isso está na essência do melhor *self* da pessoa. Fazer progresso na direção da aspiração é outra força central e fala de capacidade e de ser capaz de perseverar quando as coisas ficam mais difíceis.

Podemos ajudar a construir resiliência, já que conhecemos as situações que provavelmente irão desencadear o modo expansivo – situações que sugerem rejeição ou desrespeito ou em que a pessoa se sente insegura. A resiliência pode estar na forma de crenças de empoderamento, tais como "Eu sou uma boa pessoa", "Nem todos precisam gostar de você" e "Eu posso fazer a diferença". Também pode assumir a forma de crenças que descatastrofizam os retrocessos: "Se eu perseverar, terei sucesso" e "Mesmo que isso não dê certo, ainda assim terei sucesso".

À medida que Jonathan se torna mais ativo, a equipe repetidamente chama sua atenção para o significado pessoal dessas experiências. Ele conclui que se sente melhor quando faz as coisas de que gosta junto com outras pessoas. Ele conclui que pode fazer a diferença e que os outros o valorizam. Quando perguntado se deseja doar suas coisas, ele explica que está ajudando as pessoas no seu prédio. A Figura 8.5 mostra o Mapa da Recuperação de Jonathan completo.

CRENÇAS PARANOIDES E O MODO DE SEGURANÇA

Wayne é um homem de meia-idade que mora na cidade. Ele vive sozinho e não permite que ninguém entre em seu apartamento. Quando os membros da sua equipe de manejo de caso batem à sua porta, ele grita com eles. Ele lhes diz para pararem de envená-lo. Ele acusa a equipe de raptar as outras pessoas que visitam e de conspirar para matá-las. Wayne se sente muito protetor em relação às pessoas que percebe como mais fracas, as quais acha que estão em grande perigo por causa da sua equipe perversa. Ele desconfia especialmente do psiquiatra da equipe, a mente principal por trás do envenenamento, sequestro e assassinato. A equipe de Wayne não consegue passar pela porta. Compreensivelmente, eles estão preocupados com a própria segurança.

MAPA DA RECUPERAÇÃO	
ACESSANDO E ENERGIZANDO O MODO ADAPTATIVO	
Interesses/Formas de se Engajar: • Música (ouvir, cantar e dançar). • Caminhadas. • Conversar sobre amigos e ajudar amigos. • Tomar café.	**Crenças Ativadas Durante o Modo Adaptativo:** • Eu estou conectado com as outras pessoas. • Eu sou igual às outras pessoas. • Quanto mais faço o que gosto, melhor me sinto.
ASPIRAÇÕES	
Objetivos: • Ter amigos. • Casar. • Ter um emprego.	**Significado de Atingir o Objetivo Identificado:** • Eu posso me conectar com as outras pessoas. • Eu estarei conectado no futuro. • Eu sou capaz. • Eu sou uma pessoa boa e prestativa.
DESAFIOS	
Comportamentos Atuais/Desafios: • Refere-se a si mesmo como Deus. • Isolamento. • Inatividade. • Doa seus pertences. • Não se alimenta.	**Crenças Subjacentes aos Desafios:** • Eu estou sozinho. • Os outros me abandonam. • Se você for realmente bom, as pessoas não irão abandoná-lo. • Não posso fazer as coisas até que eu tenha energia para elas. • Eu estou em perigo, então devo ficar em casa.
AÇÃO POSITIVA E EMPODERAMENTO	
Estratégias Atuais e Intervenções: 1. Ouvir música e caminhar juntos, fazer Jonathan apresentar o membro da equipe ao vizinho. 2. Planejar atividades sociais a serem feitas no próximo encontro e como ele pode passar um tempo com as pessoas entre as visitas. 3. Avaliar o nível de energia antes e depois de ouvir música e de fazer outras atividades conjuntas.	**Crenças/Aspirações/Significados/Desafios Visados:** 1. Crenças sobre estar conectado com outras pessoas. 2. Reduzir o impacto da separação entre as sessões; estabelecer o padrão em que a conexão social irá acontecer no futuro; habilidade para se conectar com os outros. 3. Crenças sobre ter que esperar que surja energia antes de fazer as coisas.

FIGURA 8.5 Mapa da Recuperação de Jonathan completo.

Como Pode Ser a Sensação

Você é incomum. Você está atento ao bem maior. Existem muitas pessoas más. Isso não parece nada justo. Mas elas não gostam de você. Realmente não gostam de você. Você pode ouvi-las cochichando. Você pode ver isso em seus rostos.

Você se esconde no seu quarto, espreita a rua pelo canto da janela. A placa do carro é mandada por eles. MNH – significa Morto na Hora. Morto. Eles querem matar você. Imediatamente. Eles lhe mandam imagens de uma gangue o espancando. É terrível. Você não consegue tirar isso da sua cabeça. Isso dói. Você pode sentir a pressão das mãos deles em torno do seu pescoço, asfixiando-o.

A comida tem um gosto estranho. Será que ela está envenenada? Você não pode comê-la. Já faz alguns dias que você não come. Você quer se vingar, revidar, mas isso é vida e morte.

Crenças comuns subjacentes aos delírios paranoides

Sobre si mesmo
- ✓ Eu estou indefeso.
- ✓ Eu sou fraco/vulnerável.
- ✓ Eu não estou seguro.
- ✓ Eu não tenho controle.
- ✓ Eu sou incapaz.

Sobre os outros
- ✓ As pessoas não são confiáveis.
- ✓ As pessoas vão se aproveitar de mim.

Sobre o mundo/o futuro
- ✓ O mundo é perigoso.
- ✓ O futuro é assustador.
- ✓ O futuro é vazio.

Como Pensar Sobre as Crenças Paranoides

Com a paranoia, a ansiedade é disseminada. A pessoa se sente profundamente insegura. O mundo é ameaçador, as pessoas têm más intenções, o dano parece iminente (Bentall, Corcoran, Howard, Blackwood, & Kinderman, 2001; Freeman, 2007; Freeman & Garety, 2014). E essa sensação de extrema vulnerabilidade é agravada por uma dúvida profundamente arraigada quanto a ser capaz de impedir que a coisa ruim aconteça, independentemente de o alvo do mal ser a própria pessoa, os outros ou ambos. A pessoa entra no modo de segurança e rastreia o ambiente para sinais de ameaça e conspiração. Ela pode se retrair e se recusar a sair de casa e a se alimentar. Ao tentar se manter segura, ela encontra perigo em todo lugar. Como disse um homem que viveu isso: "A paranoia é como ser enterrado vivo".

Vemos claramente que a pessoa valoriza a segurança. No entanto, as tentativas de garanti-la podem tornar a vida difícil, pois a pessoa se torna agudamente isolada e terrivelmente angustiada. Na essência do modo de segurança, encontram-se os temas da vulnerabilidade e da incapacidade, combinados com uma necessidade poderosa de controle e valor (Beck et al., 2019). A pessoa pode acreditar: "Eu sou vulnerável", "Eu sou fraca" ou "Eu sou indefesa"; "Os outros me rejeitam", "Os outros não são confiáveis" ou "Os outros vão me prejudicar"; e "O mundo é perigoso", "Jamais estarei segura" ou "Meu futuro é sombrio".

Quando você desenvolver sua compreensão de como as coisas funcionam para a pessoa no modo de segurança, deverá considerar: "O que avisa essa pessoa de que algo ruim está acontecendo? Ela sente um aperto na garganta? É uma sensação de estômago embrulhado? O coração acelera?". Isso será útil em termos do desenvolvimento da sua compreensão, mas também da sua empatia de como ela deve se sentir, o que reforçará a confiança. Você também pode planejar ajudar a pessoa em relação à angústia, o que tem o duplo valor de aliviar a ansiedade e também ativar crenças positivas de que outras pessoas se preocupam com ela.

> A equipe de Wayne começa a refletir sobre como pode colaborar com ele. Ele parece se sentir muito inseguro e fora de controle. Não os deixar entrar no apartamento pode lhe proporcionar alívio temporário – ele pode se sentir mais seguro e mais no controle da situação. O fato de se sentir envenenado provavelmente é como funciona sua crença sobre os outros – eles o odeiam tanto que querem matá-lo. Ele sabe que sua comida está envenenada provavelmente porque ela tem gosto esquisito, o que pode resultar do foco excessivo em se manter seguro e evitar ser envenenado. O entendimento inicial da equipe sobre os desafios de Wayne está compilado na Figura 8.6.
>
> Como uma pista de como ele é fora do modo de segurança, a equipe nota que Wayne está na sua melhor condição quando está ajudando seu vizinho idoso. Quando está no hospital, Wayne ajuda as pessoas que têm dificuldade para andar pelo corredor. A equipe também fica sabendo por um antigo membro da equipe que ele adorava fazer arremessos de bola na cesta de basquete. Essas observações sobre a sua vulnerabilidade, seu gosto por ajudar e o basquete informam sua estratégia para o próximo encontro.

O Que Fazer – Empoderamento

Acessando o Modo Adaptativo

Para a pessoa que é cautelosa com os outros e tem preocupações com vulnerabilidade, a sua primeira tarefa é estabelecer um sentimento de confiança que a ajude a se sentir conectada, confortável e segura. O acesso ao modo adaptativo é feito apenas para esse propósito. Como ocorre com cada desafio, pode não ficar claro o que tentar inicialmente. Se você tem noção dos interesses da pessoa, isso lhe dá uma vantagem inicial. Pode ser ouvir música, cantar, dançar ou assistir a vídeos engraçados ou destaques esportivos. Se a tentativa de atividade mutuamente gratificante não der certo, você pode tentar outra vez. Nada está perdido na tentativa.

Conversar sobre uma área de especialidade da pessoa e pedir conselhos pode ser uma estratégia particularmente efetiva, já que apresenta a necessidade de conexão ao mesmo tempo que fornece uma oportunidade para que ela tenha controle. Quando a

DESAFIOS	
Comportamentos Atuais/Desafios:	**Crenças Subjacentes aos Desafios:**
• Acredita que os membros da equipe estão conspirando contra ele. • Não quer deixar os membros da equipe entrarem na sua casa.	• Não se pode confiar nas outras pessoas. • Eu estou em perigo.

FIGURA 8.6 Mapa da Recuperação inicial de Wayne.

pessoa está no modo adaptativo, ela se sente mais como parte das coisas, menos ansiosa e mais segura.

São muitos os benefícios do modo adaptativo para os indivíduos que experimentam crenças paranoides. Ele os tira temporariamente do modo de segurança. Eles se sentem melhor e menos ansiosos. A atividade é mutuamente gratificante, e a experiência positiva de conexão estimula mais crenças positivas sobre os outros que se contrapõem às desconfianças do modo de segurança, tais como "Eu tenho coisas em comum com outras pessoas" ou "Eu posso ensinar a minha equipe".

> Os membros da equipe têm em mente que oferecer ajuda a Wayne pode involuntariamente estar mantendo-o no modo de segurança durante suas visitas, resultando no impedimento da sua entrada em casa e em gritos. Como ajudar os *outros* parece ser um valor para ele, eles decidem que devem tentar pedir ajuda a Wayne. Visitas prévias mostram que Wayne está agudamente alerta para se defender contra eles; para ter sucesso, eles precisarão fazer um pedido. O próximo membro da equipe vai até a porta de Wayne e bate.
>
> **Membro da equipe:** Olá, Wayne, eu não sou muito bom nessa coisa de chaves de torneio nos esportes. Você poderia me ajudar com isso?
> **Wayne:** [*Começa a gritar*] ... Oh, seu fracassado... [*Abre a porta*] ... Mostre para mim... Entre aqui.
>
> Acontece que Wayne tem muito conhecimento sobre esportes e chaves de torneio. Ele é acolhedor e generoso durante o encontro, ajudando a organizar a chave do torneio com destreza. O membro da equipe agradece e lamenta ser tão ruim nisso. Wayne abre um largo sorriso e diz: "Não tem problema. Você tem a mim. Volte a hora que quiser".
>
> Depois do sucesso do encontro e de acessar seu modo adaptativo, a equipe atualiza o Mapa da Recuperação de Wayne (ver Figura 8.7). A equipe começa a planejar encontros futuros, focando em como Wayne pode ajudá-los.

Energizando o Modo Adaptativo

Depois que você tem o gancho, seu foco é tornar a atividade regular e encontrar mais exemplos que tragam à tona o melhor *self* da pessoa. Papéis interpessoais que envolvem liderança fazem maravilhas para esse processo. Se a pessoa gosta de cozinhar, será que ela poderia ensinar os outros ou compartilhar receitas? Se gosta de esportes, será que ela poderia conversar com outras pessoas e organizar as chaves do torneio? Se gosta de fazer exercícios, poderia liderar um grupo ou uma aula? Se é espiritualizada, poderia compartilhar citações espirituais com as pessoas para dar início a um encontro ou grupo?

Esse trabalho de energização destaca a importância interpessoal da pessoa e pos-

ACESSANDO E ENERGIZANDO O MODO ADAPTATIVO	
Interesses/Formas de se Engajar:	**Crenças Ativadas Durante o Modo Adaptativo:**
• Chaves de torneios.	• Eu sou capaz.
• Jogar basquete.	• Eu estou no controle.
• Ajudar outras pessoas.	

FIGURA 8.7 Acrescentando interesses e crenças ao Mapa da Recuperação de Wayne.

sibilita que ela supere a suspeita e a desconfiança – o desejo de ajudar substitui as preocupações com a segurança. Você pode chamar a atenção durante as atividades, o que permite que a pessoa note o quanto ela foi útil e o que isso significa sobre a sua vida de forma mais abrangente. Ela tem-se afastado das outras pessoas devido ao seu medo. Você a está ajudando a transpor o abismo e a se tornar a pessoa que ela sempre desejou ser.

Em alguns casos, será melhor se você abordar diretamente as relações em que a pessoa se percebe inferior na hierarquia. Frequentemente o foco é um profissional de atenção à saúde ou membros da equipe de tratamento. Ter juntos repetidas experiências de equalização positivas contribui muito para dissipar a desconfiança que foi construída. Isso pode se apresentar de várias maneiras. Fazer o médico aprender alguma coisa com o indivíduo, por exemplo, como jogar cartas ou aprender uma língua diferente, funciona particularmente bem para transformar a relação de perigosa em mutuamente confiável.

O próximo membro da equipe segue a mesma fórmula que o primeiro, pedindo ajuda com as chaves do torneio. Wayne responde: "O que há de errado com vocês?... OK... Entre". Ocorre um resultado similar: um encontro cordial, ajuda especializada, convidado a voltar. Um terceiro membro da equipe faz outra visita e pede conselhos sobre preparar um encontro da equipe.

Membro da equipe: Eu tenho que organizar a recepção da equipe. Não sei o que estou fazendo. Não sou bom nesse tipo de coisa.
Wayne: [Abrindo a porta] Para o que é? Aniversário? Feriado? Chá de fraldas?
Membro da equipe: [Entra] Chá de fraldas.
Wayne: Você tem que se assegurar de não servir algo que uma mulher grávida não possa comer. Você sabia que há muitos alimentos que elas não podem comer?
Membro da equipe: Uau, eu não sabia disso. Obrigado.
Wayne: Ainda bem que você tem a mim. Que brincadeiras ela deseja fazer?

Os diferentes membros da equipe fazem visitas durante cada semana, dois com esportes, e um planejando o chá de fraldas. Wayne é mais receptivo a cada vez que os cumprimenta. Em uma ocasião, a conversa sobre esportes desvia-se para o basquete. Wayne fala sobre jogar. Ele e o membro da equipe combinam de sair para fazer alguns arremessos naquele momento. Wayne é muito bom; eles se divertem muito e fazem algumas brincadeiras.

Depois de algumas idas à quadra, o membro da equipe menciona que o psiquiatra também quer jogar basquete. Wayne estaria interessado em se encontrar com ele na quadra na próxima vez e ajudar? Embora surja um lampejo de desconfiança, Wayne concorda.

Depois de acessar o modo adaptativo e continuar a energizá-lo, você gradualmente chama a atenção para o seu impacto: "Você me ajudou tanto, você percebeu?" ou "Parece que, quando está fazendo isso, você não se sente tão estressado, está correto? Devemos fazer isso novamente?" ou "O que significa sobre você o fato de ter ensinado o médico a jogar?". Essas perguntas atingem a essência do fortalecimento das crenças positivas.

Algumas vezes, o indivíduo exibe agitação considerável resultante de temores de ser prejudicado ou de estar em perigo. Nessa situação, ele pode rejeitar o engajamento em atividades que trazem à tona o modo adaptativo. Para reduzir a intensidade da agitação, você deverá demonstrar que consegue entender por que ele ficaria tão incomodado. Imagine como você se sentiria se achasse que seria prejudicado e veja se é assim que o indivíduo experimenta isso. Você pode dizer: "Imagino que eu me sentiria amedrontado. É assim que você se sente?". Ser entendido pode aumentar a conexão, reduzir a emoção negativa aumentada e elevar a probabilidade de redirecionar o foco da energia para as atividades do modo adaptativo. Uma descrição mais robusta de um método para resumir e empatizar quando os indivíduos estão agitados (resumir, testar, empatizar, empoderar e redirecionar o foco; STEER; em inglês, *summarize, test, empathize, empower, refocus*) pode ser encontrada no Capítulo 11.

Aspirações e Significado

As aspirações fornecem a qualidade sustentada do modo adaptativo. O modo de segurança é dominado pela vigilância e crenças negativas sobre as próprias capacidades e sobre as intenções dos outros. Já que o foco está na segurança (especialmente se focado em outros), você deve considerar a possibilidade de a pessoa querer fazer do mundo um lugar melhor. Os valores da pessoa foram cooptados, por assim dizer, pelo sentimento aumentado de incerteza e perigo iminente.

Você deverá procurar aspirações que tornem o mundo e as outras pessoas melhores. Isso pode incluir ter um parceiro e começar uma família. Pode envolver tornar-se defensor das pessoas desfavorecidas. Pode ser tornar-se *chef*. Pode ser cuidar dos animais. As formas possíveis de realizar o significado de fazer do mundo um lugar melhor são variadas e surpreendentes. O segredo é ajudar a pessoa a sonhar o suficiente de modo que possa emergir uma ideia rica que a entusiasme e se torne uma missão para que ela possa orientar a sua vida.

> A dinâmica da equipe com Wayne é perceptível. Todos tiram conclusões com ele sobre controle e fazer a diferença. Ele agora está recebendo bem a equipe na porta e saindo para jogar basquete e comprar alimentos. A conexão é forte. A equipe começa perguntando de que outras maneiras ele poderia querer ajudar. Em uma interação animada, ele descreve o quanto as crianças são importantes e como elas não têm muita orientação. Wayne quer defender as crianças. Ele já foi sem-teto por mais de uma vez e, portanto, quer encabeçar uma campanha de doação. Além disso, também sonha em poder treinar crianças em basquete. A equipe se sente próxima dele, e ele da equipe. Quando eles lhe pedem para imaginar como seria ser um treinador de basquete, ele imagina crianças sorrindo em uma fotografia ao lado de um grande troféu (ver Figura 8.8).

ASPIRAÇÕES	
Objetivos:	**Significado de Atingir o Objetivo Identificado:**
• Ser treinador de basquete. • Ser defensor dos sem-teto e das crianças.	• Eu sou capaz. • Eu sou uma pessoa boa/prestativa. • Eu posso ter controle.

FIGURA 8.8 Acrescentando aspirações ao Mapa da Recuperação de Wayne.

Praticando o Modo Adaptativo – O Melhor Self Substitui o Foco na Segurança

Com o objetivo da aspiração em mente, os indivíduos podem experimentar seu melhor *self* diariamente. O significado é a questão e está mais provavelmente relacionado a ser uma pessoa boa que melhora as coisas no mundo ou alguém capaz que está mais no controle da sua vida. A pessoa tem dois cursos para a ação positiva nesse ponto: dar passos na direção da aspiração e também realizar seu significado todos os dias.

Viver o próprio propósito pode ser sedutor, especialmente para alguém que pode ter sido tão desconfiado e desconectado. Você pode colaborar para planejar a ação que faz a pessoa avançar, ajudar a experimentar sua missão todos os dias e tirar conclusões sobre toda essa atividade confirmadora da vida.

> Wayne começa a ficar mais ocupado nesse momento. A equipe começa a ter que mudar os horários de encontro com ele, pois há muitas coisas acontecendo para ele. Ele busca várias oportunidades de voluntariado. Em termos de crianças e de sem-teto, Wayne participa de projetos de sopas comunitárias e de abrigos. Quanto ao basquete, ele começa a ir ao centro de recreação local para ajudar.
>
> Quando Wayne dá início a uma campanha para coletar roupas, seus horários ficam ainda mais cheios. Em todos os locais em que é voluntário, ele começa a divulgar sua campanha de doação de roupas. Ele encontra outras pessoas na comunidade que estão interessadas. Eles começam se encontrando em cafeterias. O grupo faz cartazes e pede permissão para colocar as caixas de doação na biblioteca local e no banco. Wayne e sua equipe começam a discutir a possibilidade de ele sair da equipe, pois está ocupado demais. O pessoal da equipe faz uma brincadeira dizendo que ele os está demitindo. A seção da ação positiva do seu Mapa da Recuperação é semelhante à Figura 8.9.

Fortalecendo o Modo Adaptativo – Construindo Resiliência

Quando a pessoa buscar as aspirações, desafios irão surgir. É importante ter em mente as vulnerabilidades subjacentes que irão provocar o modo de segurança. Três grandes exemplos são desrespeito percebido ou real, rejeição ou ser controlado. Você pode ajudar a pessoa a se antecipar e estar preparada para desdobramentos indesejados como estes – por exemplo, você pode perguntar: "Há coisas que podem se complicar durante o percurso enquanto você busca esse objetivo?". Podem surgir desafios como ansiedade, ser informado de que não pode se associar a uma organização ou ter

AÇÃO POSITIVA E EMPODERAMENTO	
Estratégias Atuais e Intervenções: 1. Ser voluntário em um centro recreativo local. 2. Participar de sopas comunitárias. 3. Começar a campanha de doação de roupas.	**Crenças/Aspirações/Significados/Desafio Visados:** 1. Crenças sobre estar conectado com os outros. 2. Crenças sobre habilidade de ajudar os outros.

FIGURA 8.9 Acrescentando estratégias e ações positivas ao Mapa da Recuperação de Wayne.

de estar com pessoas com quem nunca se deu bem.

Dramatizações podem ajudar a pessoa a ver que ela pode lidar com desrespeito ou rejeição. Você pode perguntar: "O que outra pessoa faria nessa situação? Quais são todas as opções? Devemos encená-las e ver o que pensamos?". Atravessando cada cenário, você infunde empoderamento: "Isso o deixaria mais próximo ou mais distante de ser aquele mentor incrível que deseja ser?". Você pode, então, apoiar o indivíduo para chegar à conclusão de que a pessoa mais forte é aquela que está no controle de suas próprias ações. Isso também ajuda a não transformar em catástrofe qualquer retrocesso que aconteça, já que ele tem formas mais efetivas de responder.

A vida é um processo de aprendizagem, e ele pode aprender ao máximo quando as coisas não dão certo. Isso irá ajudá-lo a não recuar para o modo de segurança quando a vida ficar difícil. Crenças sobre resiliência ajudam a manter o bem que está na essência de viver uma vida com propósito.

> Os membros da equipe se juntam a Wayne para algumas das suas saídas, ajudando-o a tirar conclusões sobre seu sucesso em fazer do mundo um lugar melhor.
>
> **Membro da equipe:** Considerando toda a ajuda que você está dando no projeto da sopa comunitária no centro de recuperação e na campanha de doação de roupas, o que isso diz sobre você?
> **Wayne:** Que eu sou uma pessoa boa.
> **Membro da equipe:** O quanto você acredita nisso?
> **Wayne:** Muito.
> **Membro da equipe:** E como as pessoas se sentem sobre isso?
> **Wayne:** Elas me valorizam. Isso torna suas vidas mais fáceis.
>
> O Mapa da Recuperação completo de Wayne é apresentado na Figura 8.10.

CONSIDERAÇÕES ADICIONAIS

Você Não Tem de Fazer Algo Grandioso

A abrangência do modo expansivo pode ser intimidadora. A pessoa acredita que ela é alguma coisa especial, alguma coisa maior do que as vidas da maioria das pessoas, como uma deidade, um rei ou uma pessoa excepcionalmente capaz. Embora o modo expansivo compense o quanto a pessoa se sente mal, a solução não precisa ser em grande escala. De fato, o que você faz pode ser muito pequeno (como caminhar, cuidar de animais), desde que satisfaça a sua necessidade subjacente.

Não Tenha Medo se Você For Incluído na Crença

Acontece, de vez em quando, de você estar incluído no sistema de crenças. Isso vale especialmente para o modo de segurança, em que você pode ser visto como um perseguidor. Isso não precisa perturbar o seu relacionamento – ao contrário, é um sinal de que você quer voltar a acessar e energizar o modo adaptativo. Essa atividade compartilhada ativará crenças positivas e confiança. Igualmente, se a pessoa no modo expansivo vê você como seu objeto ou precisando do seu dinheiro ou benevolência, você também pode retornar às atividades do modo adaptativo.

Outra estratégia é traduzir que você entende o valor do que o indivíduo está dizendo. Você pode dizer algo como "Parece que me ajudar é muito importante para você – qual seria a melhor parte disso?" e, então, redirecionar o foco das atividades e intervenções para atender à necessidade da

MAPA DA RECUPERAÇÃO	
ACESSANDO E ENERGIZANDO O MODO ADAPTATIVO	
Interesses/Formas de se Engajar: • Chaves de torneios. • Jogar basquete. • Ajudar outras pessoas.	Crenças Ativadas Durante o Modo Adaptativo: • Eu sou capaz. • Eu estou no controle.
ASPIRAÇÕES	
Objetivos: • Ser treinador de basquete. • Ser defensor dos sem-teto e das crianças.	Significado de Atingir o Objetivo Identificado: • Eu sou capaz. • Eu sou uma pessoa boa/prestativa. • Eu posso ter controle.
DESAFIOS	
Comportamentos Atuais/Desafios: • Acredita que os membros da equipe estão conspirando contra ele. • Não quer deixar os membros da equipe entrarem na sua casa.	Crenças Subjacentes aos Desafios: • Não se pode confiar nas outras pessoas. • Eu estou em perigo.
AÇÃO POSITIVA E EMPODERAMENTO	
Estratégias Atuais e Intervenções: 1. Ser voluntário em um centro recreativo local. 2. Participar de sopas comunitárias. 3. Começar a campanha de doação de roupas.	Crenças/Aspirações/Significados/Desafio Visados: 1. Crenças sobre estar conectado com os outros. 2. Crenças sobre habilidade de ajudar os outros.

FIGURA 8.10 Mapa da Recuperação de Wayne completo.

"melhor parte": ajudar, cuidar, capacidade ou alguma outra coisa.

Não Tenha Medo se Você Estiver Preocupado com Conspiração

No processo de compreensão das crenças grandiosas ou paranoides, pode parecer que você está concordando com a pessoa sobre a verdade da sua crença. Na terapia cognitiva orientada para a recuperação, você busca uma terceira via, que vai além de concordar ou discordar da crença de uma pessoa. Para delírios grandiosos ou expansivos, o seu questionamento revela os valores subjacentes ("Qual é a melhor parte disso?") – que são mais importantes para ela. E ações mútuas trazem esses significados importantes para a vida real. Para delírios paranoides, a sua pergunta ("Como você descobre que isso está acontecendo?") demonstra que você pode entender os sentimentos que movem a crença (p. ex., medo).

Isso não é uma conspiração. Em ambos os casos, você *não* entra nos detalhes da crença ou desafia os fatos (p. ex., "Onde está o dinheiro? Vamos ligar para o banco"). Isso só servirá para aumentar a desconexão e a luta de poder e pode, por sua vez, acionar as crenças subjacentes ao delírio.

Não Tenha Medo se as Crenças Tiverem Características Grandiosas e Paranoides

Existem versões de crenças grandiosas que também têm uma pitada paranoide. A pessoa é Jesus e está sendo perseguida. A pessoa pode ser uma grande inventora, enquanto os outros estão roubando suas ideias e ficando com todo o dinheiro. Nesses casos, os dois modos negativos provavelmente estão ativos; você poderá acessar o modo adaptativo da pessoa por meio de atividade significativa compartilhada. Equalização, confiança e importância podem ser desenvolvidas quando você energiza o modo adaptativo e desenvolve aspirações. Em suma, múltiplas crenças podem ser abordadas por meio de uma única intervenção.

RESUMO

- A estratégia para crenças grandiosas (expansivas) e crenças paranoides (segurança) envolve a compreensão das crenças subjacentes e, então, a identificação de atividades que irão atender à necessidade expressa nas crenças subjacentes.
- Refletir a nossa compreensão dos significados ou necessidades mais importantes para a pessoa (p. ex., ser valorizada, ter controle) aumenta a conexão e reduz as lutas de poder em torno da validade das crenças delirantes.

PALAVRAS DE SABEDORIA

QUADRO 8.1 Crenças e imagens transformadas: atendendo à necessidade

Crenças emocionais, como ser controlado, desvalorizado e analisado, são pictoricamente transformadas em crenças persecutórias ou grandiosas específicas. Outras são vistas como desvalorizadoras, controladoras, rechaçantes e perigosas. A pessoa experimenta imagens de ser influenciada por raios de uma máquina influenciadora, ser observada por múltiplas câmeras, ter seu alimento envenenado ou ser ameaçada por uma gangue de assaltantes.

A gênese dessas experiências difíceis de entender é o autoconceito negativo e o conceito negativo dos outros: o *self* como desvalorizado, controlado, vulnerável e desamarrado; os outros como desvalorizadores, controladores, rechaçantes e perigosos. Essa visão negativa de si mesmo e dos outros, combinada com o conteúdo de crenças delirantes, ativa anseios de ser valorizado, estar no controle, seguro, etc. Ao atender diretamente a essas necessidades, você pode impulsionar o indivíduo para o modo adaptativo e reduzir a necessidade da crença.

Os delírios grandiosos compensam o sentimento de ser diminuído, não considerado como importante e ser rejeitado. O delírio de ser Deus, por exemplo, substitui adoração pelo sentimento de ser desvalorizado, onipotência por falta de controle e ser todo-amoroso pelo sentimento de ser indesejável. Se as crenças forem da variedade persecutória ou grandiosa, as estratégias terapêuticas específicas ajudam a recuperar os indivíduos para o que é mais importante para eles: pertencer, contribuir, estar seguro e ajudar os outros.

- Quando os indivíduos estão engajados no modo adaptativo, e mais crenças adaptativas são ativadas, ajude-os a tirar conclusões sobre si mesmos, sobre suas relações com os outros e sobre as possibilidades para o futuro.

- Colabore repetidamente nas atividades valorizadas com o indivíduo que têm o significado das suas aspirações. Tire conclusões que sejam o oposto dos significados subjacentes ao modo expansivo e ao modo de segurança.

9

Empoderando quando alucinações são o desafio

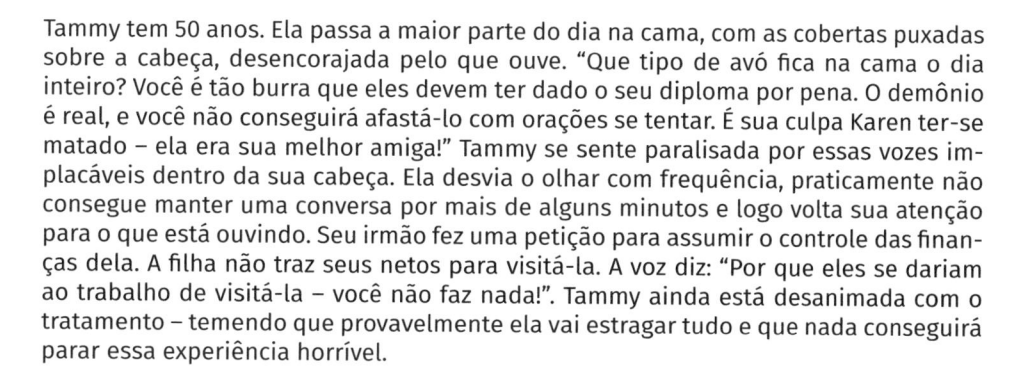

Tammy tem 50 anos. Ela passa a maior parte do dia na cama, com as cobertas puxadas sobre a cabeça, desencorajada pelo que ouve. "Que tipo de avó fica na cama o dia inteiro? Você é tão burra que eles devem ter dado o seu diploma por pena. O demônio é real, e você não conseguirá afastá-lo com orações se tentar. É sua culpa Karen ter-se matado – ela era sua melhor amiga!" Tammy se sente paralisada por essas vozes implacáveis dentro da sua cabeça. Ela desvia o olhar com frequência, praticamente não consegue manter uma conversa por mais de alguns minutos e logo volta sua atenção para o que está ouvindo. Seu irmão fez uma petição para assumir o controle das finanças dela. A filha não traz seus netos para visitá-la. A voz diz: "Por que eles se dariam ao trabalho de visitá-la – você não faz nada!". Tammy ainda está desanimada com o tratamento – temendo que provavelmente ela vai estragar tudo e que nada conseguirá parar essa experiência horrível.

Alucinações são percepções que podem causar muita confusão. Exemplos de alucinações incluem ouvir a voz de um genitor falecido, de uma divindade, do demônio. Outros exemplos incluem sentimentos de ser asfixiado ou tocado ou de exalar um odor horrível e ver aparições (American Psychiatric Association, 2013). A experiência é privada. Os outros não conseguem ouvir, ver ou sentir o que a pessoa está experimentando. Esse fato pode originar uma sensação profunda de isolamento e solidão. A experiência pode, ao mesmo tempo, ser convincente e altamente envolvente. A pessoa é capturada nessa divisão entre uma experiência constante que a separa das outras, mas também parece tão vitalmente importante.

Neste capítulo, consideramos como é experimentar alucinações, de que forma entendê-las como um desafio e o que fazer para promover o empoderamento. Como é o caso com outros desafios, as alucinações são um problema sobretudo quando se colocam no caminho da vida que a pessoa deseja ter. Voltar o foco para essa vida é a abordagem mais poderosa para as alucinações.

COMO PODE SER A SENSAÇÃO

Ela conseguiu a sua atenção. Como ela sabe isso sobre você? Isso é vergonhoso. E as coisas que ela diz sobre as pessoas enquanto você passa por elas – embaraçoso! Elas também ouvem? Difícil dizer. Você não consegue deixar de rir desconfortavelmente em público. As pessoas olham para você de um jeito estranho. Então talvez você escolha ficar em casa com mais frequência.

De alguma maneira, isso as deixa – há mais de uma! – mais altas, e você as ouve mais frequentemente. Você não as vê, mas elas são tão reais quanto seus batimentos cardíacos. Você não consegue controlá-las. Elas dizem o que querem. E quando querem.

Você se sente inferior, diminuído, impotente e encurralado. Elas sabem tudo sobre você, seus maiores medos, e falam com você constantemente. Elas dizem que as outras pessoas o odeiam, que você não é amado, que é um lixo, sem valor e completamente inútil, que você deveria morrer, que o mundo seria um lugar melhor sem você. Isso o deixa com raiva. Você não é um lixo... ou é?

É difícil fazer alguma coisa por muito tempo. Você começa a ler, e elas falam. Você quer ligar para um velho amigo, e elas gritam. Você se sente intimidado e impotente. Você para de tentar. De que adianta?

COMO PENSAR SOBRE AS ALUCINAÇÕES

A literatura de pesquisa e as histórias daqueles que viveram a experiência convergem de uma forma útil para abordar as alucinações. A maioria daqueles que ouvem vozes regularmente (de 8 a 10% da população em geral) não recebeu um diagnóstico e descreve relacionamentos ricos e vidas laborais (Beavan, Read, & Cartwright, 2011; Romme & Escher, 1989). Mais ainda, quase todos experimentaram alucinações, tais como ouvir seu nome ser chamado em uma sala vazia ou ouvir falando alguém que não está ali (Posey & Losch, 1984). Particularmente, essas alucinações são mais prováveis de ocorrer quando você está sozinho, mais estressado ou adormecendo (Delespaul, deVries, & van Os, 2002).

> Crenças comuns sobre as vozes incluem:
> ✓ Não tenho controle sobre as vozes.
> ✓ As vozes são poderosas.
> ✓ As vozes são verossímeis.
> ✓ As vozes são externas.

Essas observações nos dizem que as alucinações são comuns e não necessariamente um problema; muitas pessoas experienciam vozes e ainda assim conseguem ter a vida que desejam viver. O que parece fazer das vozes um problema são as crenças que a pessoa tem sobre elas: achando que as vozes vão e vêm como bem entendem e sentindo-se, em última análise, diminuída ou inferior a elas; acreditando que as vozes são uma fonte confiável de informação, e você precisa ouvi-las para obter conhecimentos importantes; ou acreditando que você tem que fazer o que a voz diz, pois de outra forma ela lhe causará danos (Beck et al., 2009; Chadwick, Birchwood, & Trower, 1996).

> As crenças subjacentes ao conteúdo das vozes incluem:
>
> *Sobre si mesmo*
> ✓ Eu sou incapaz.
> ✓ Eu sou fraco/vulnerável.
> ✓ Eu sou inadequado.
> ✓ Eu não tenho valor.
> ✓ Eu sou ignorante.
>
> *Sobre os outros*
> ✓ As pessoas são ameaçadoras.
> ✓ As pessoas julgam você.
> ✓ As pessoas conhecem todas as minhas falhas.
> ✓ As pessoas não me entendem.
>
> *Sobre o futuro/mundo*
> ✓ O mundo é perigoso.
> ✓ Isso *nunca* vai parar.

Essas crenças podem originar sentimentos angustiantes. A pessoa pode se fechar em desânimo ou reagir gritando com aquela voz. A pessoa pode ouvir as vozes por muitas horas, pois acha que tem que fazer isso. Ela pode se sentir tão desamparada e deprimida que a única opção parece ser atender aos comandos (Romme, Honig, Noorthoorn, & Escher, 1992).

As crenças sobre as vozes podem nos ajudar a entender como a pessoa se sente e o que ela faz em resposta às alucinações. Outro aspecto importante sobre as vozes é o que elas dizem. Para muitas pessoas, as alucinações são um desafio, pois as vozes são tremendamente negativas. Elas humilham a pessoa, dizem que ela não é boa, não é amada, é má, etc. O conteúdo desses tipos de vozes provém das crenças negativas da própria pessoa sobre si mesma, sobre os outros e sobre o futuro (Beck et al., 2019). A experiência de ter crenças negativas expressas por fontes verossímeis, poderosas e controladoras pode ser um inferno terreno.

Se conhecermos o conteúdo negativo que a voz está dizendo para a pessoa, isso ajudará quando pensarmos sobre as crenças positivas ativadas quando a pessoa se engaja com outros, e não com a voz.

Tammy passa seus dias completamente consumida pela barreira de coisas horríveis que as vozes dizem. Seu irmão encontra um terapeuta, e inicialmente eles vão às sessões juntos. O terapeuta de Tammy vê o quanto uma conversa é difícil para ela, mas ela está disponível para o que as vozes dizem. O terapeuta adiciona isso ao Mapa da Recuperação de Tammy, conforme mostra a Figura 9.1.

Tammy presta tanta atenção às suas vozes que na verdade não consegue se engajar com as outras pessoas à sua volta. O primeiro movimento do terapeuta é estimular um senso de conexão com Tammy por meio de atividades mutuamente prazerosas. Isso acessará o modo adaptativo, dará a Tammy mais controle sobre suas experiências e lhe fornecerá energia

DESAFIOS	
Comportamentos Atuais/Desafios:	**Crenças Subjacentes aos Desafios:**
• Dá atenção às vozes. • Isolamento e dificuldade de afastar o foco das vozes e redirecionar a atenção.	• Eu sou uma avó ruim. • Eu sou fracassada, má. • Isso não pode ser melhor. • Eu não tenho controle. • Isso nunca vai parar, não há nada que eu possa fazer. • Eu sou burra. • As coisas ruins são culpa minha. • Tudo que eu ouço é verdade. • De que adianta fazer alguma coisa? Não sou boa de qualquer modo. • Eu tenho que ouvir as vozes, pois elas dizem a verdade. • Minha família já tirou tudo de mim (controle), então de que adianta?

FIGURA 9.1 Mapa da Recuperação inicial de Tammy.

para falar um pouco sobre suas esperanças para o futuro. A seção de ação positiva do Mapa da Recuperação de Tammy é apresentada na Figura 9.2.

O QUE FAZER – EMPODERAMENTO POR MEIO DO REDIRECIONAMENTO DO FOCO

As alucinações se tornam um desafio quando as pessoas são capturadas por elas e param de viver sua vida desejada. A estratégia que você quer fomentar é que a pessoa mude o foco da voz sedutora-incômoda e, por fim, volte-se para atividades que se conectam a aspirações e valores. Chamamos esse processo de *redirecionamento do foco*. É uma forma ativa de empoderamento. Os indivíduos saem de um ponto em que se sentem inferiores, fracos e encurralados para se sentirem importantes, fortes e livres. Eles mudam suas crenças sobre a voz. Já não parece mais haver controle ou valer a pena ouvir.

Acessando o Modo Adaptativo

Acessar o modo adaptativo cria uma mudança natural de saída do mundo interno. Encontrar o interesse da pessoa e fazer essa atividade juntos torna-se uma experiência inicial de redirecionamento do foco. É uma versão geral do velho ditado de que você não pode falar e ouvir ao mesmo tempo. Você não pode se engajar em uma atividade prazerosa de conexão e simultaneamente focar toda a sua atenção nas vozes. O modo adaptativo é acompanhado de emoções e crenças positivas. A atividade parece boa e é o oposto da experiência de ouvir as vozes. A atração do modo adaptativo é mais poderosa do que as vozes.

A pessoa pode ter alucinações proeminentes nas quais foca mais facilmente. Você precisará da atividade certa, o que provavelmente exigirá ensaio e erro: cantar juntos uma música é particularmente bom e vale a pena tentar, assistir a vídeos engraçados, assistir a esportes, jogar um jogo de cartas acelerado ou quicar uma bola que vai e vem. Como sempre, permita-se ser criativo e nunca desista.

AÇÃO POSITIVA E EMPODERAMENTO	
Estratégias Atuais e Intervenções: 1. Aumentar o controle sobre as vozes. • Identificar interesses para ajudar a redirecionar o foco da atenção no imediato (Música? Conversar sobre os netos?). 2. Identificar e enriquecer as aspirações a fim de encontrar um alvo significativo para redirecionar o foco – aumentar a esperança e o propósito. • Ensinar os netos? • Trabalhar?	**Crenças/Aspirações/Significados/Desafios Visados:** 1. Crenças sobre controle. • Eu posso ter mais controle sobre isso do que imaginava. • Mesmo que pareça que isso nunca vai parar, há coisas que posso fazer para assumir o controle e ter poder sobre isso. 2. Esperança e propósito. • Eu sou capaz de realizar meus sonhos. • Quando as coisas estão estressantes, eu posso redirecionar o foco da minha atenção para as coisas que são importantes e que quero para a minha vida.

FIGURA 9.2 Adicionando estratégias e ações positivas ao Mapa da Recuperação de Tammy.

Acessar o modo adaptativo e estabelecer uma conexão proporciona uma oportunidade valiosa para tirar conclusões. Primeiro, você pode ajudar a pessoa a notar que a voz é menos incômoda durante a atividade. A seguir, você pode focar na opção de participar, o que começa a estabelecer que a pessoa tem controle, e não a voz:

Terapeuta: Quando estamos cantando juntos a música, você nota alguma coisa sobre as vozes?

Tammy: Eu nem mesmo as notei!

Terapeuta: Isso é muito legal. Você escolheu a música para nós cantarmos, e elas não a incomodaram. O que isso diz sobre a sua capacidade de assumir o controle delas?

Energizando o Modo Adaptativo

Há uma variedade de razões por que a atração das vozes pode ser forte. É possível que a pessoa esteja tão isolada que as vozes sejam a única coisa na sua vida. Ou ela pode pensar que, se não as ouvir, alguma coisa ruim pode acontecer ou informações importantes podem ser perdidas. Ou as vozes facilmente recebem a sua atenção depois de anos de prática. Seja qual for a razão, quando você energiza o modo adaptativo com atividade repetida, também quer chamar a atenção para o sucesso da atividade escolhida na diminuição da experiência das vozes e na promoção de um senso de controle. O jogo olhe-aponte-nomeie ilustra como isso pode funcionar.

O Jogo Olhe-Aponte-Nomeie

Jogar esse jogo envolve guiar a atenção para o exterior, na direção de objetos no ambiente à volta da pessoa, indicando-os e nomeando-os. Como vocês jogam juntos em turnos alternados, o jogo pode ativar o modo adaptativo. A pessoa está se divertindo, desfrutando da emoção positiva, sentindo-se conectada e confiante, demonstrando controle sobre as vozes.

Primeiramente, você faz uma avaliação superficial do quanto a pessoa está estressada por causa das vozes: "O quanto você está estressado? Um pouco, muito ou em algum ponto intermediário?". Você então apresenta o jogo dizendo: "Eu conheço um tipo de jogo meio bobo que algumas pessoas usam para fazer o estresse baixar um pouco. Você quer tentar comigo?". Então, começa o jogo indicando e nomeando um objeto, como um relógio. A pessoa irá apontar para uma parede, você aponta para uma janela. A pessoa aponta para uma porta. Você aponta para um quadro. A pessoa aponta para o ladrilho. Você aponta para um livro. E assim por diante. Durante o curso desse jogo alternado, a pessoa adquire mais afeto e energia e fica mais focada no ambiente à sua volta. Se no início a pessoa estiver visivelmente estressada e não responder à sua tentativa de avaliar o estresse, você pode passar diretamente para o jogo.

No auge do jogo, quando olhar, apontar e nomear estiver evoluindo mais rapidamente, você para e pergunta: "As vozes estão mais ou menos incômodas?" ou "Você está mais ou menos estressado?". Isso lhe proporciona uma avaliação grosseira e a oportunidade de o indivíduo notar a diferença. Você, então, dá ao indivíduo o crédito por assumir o controle das vozes, perguntando: "Quem as fez diminuir?" ou "Então, enquanto você está fazendo isso, as vozes são menos intensas. Parece que você tem algum controle sobre elas. O que acha?". Isso ajuda a fortalecer essas crenças. Algumas vezes, os indivíduos irão minimizar seu próprio papel dizendo que você foi a causa, pois você sugeriu a atividade. Nesse caso, você pode simplesmente responder: "Mas quem escolheu fazer isso comigo?".

Se o jogo se mostrar efetivo na redução da intensidade das vozes e no aumento do controle, você pode tirar conclusões sobre se vale a pena realizá-lo novamente: "Como isso nos ajudou a nos sentirmos menos estressados agora, estou pensando se não deveríamos tentar novamente". Para encorajar o indivíduo a usar a técnica entre as interações com você, você também pode perguntar: "Você gostaria de tentar isso em outros momentos, ou há outras pessoas com quem gostaria de fazer isso?". Juntos, vocês também podem encontrar as melhores formas de recordar a técnica – por exemplo, a pessoa deseja criar um cartaz com figuras para lembrar os passos? Não seria um bom plano de ação ensinar o jogo ao irmão ou a um colega de quarto?

Existem muitas variações desse jogo – você pode ser criativo. Ele precisa ser interativo e envolver coisas no ambiente. Ele pode ser feito usando a Bíblia ou o Corão, bem como durante uma caminhada na natureza. As melhores adaptações incorporam os interesses da pessoa. Uma representação gráfica de olhe-aponte-nomeie pode ser encontrada na Figura 9.3.

Em termos mais gerais, qualquer atividade que aumente a conexão e a energia – seja compartilhar dicas sobre *videogame*, seja jogar cartas, dançar – pode seguir essa mesma receita para acessar o modo adaptativo, notar que a voz não está tão incômoda e chamar a atenção para a escolha que a pessoa fez de participar, dessa forma atribuindo a ela o controle.

Energizar o modo adaptativo é construir a vida da pessoa independentemente das alucinações. Significa que os indivíduos estão preenchendo seus dias com cada vez

Propósito: Redirecionar o foco, afastando-o do estresse (vozes, pensamentos acelerados), e aumentar o senso de controle.

Introdução: "Parece que talvez você esteja se sentindo estressado, está correto? Eu conheço um jogo meio bobo que algumas vezes ajudou a mim e outras pessoas a se sentirem menos estressadas. Vamos experimentar?"

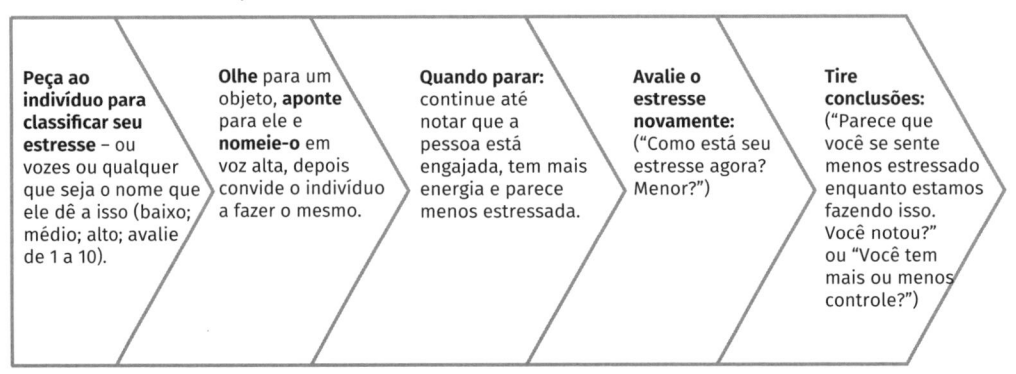

Peça ao indivíduo para classificar seu estresse – ou vozes ou qualquer que seja o nome que ele dê a isso (baixo; médio; alto; avalie de 1 a 10).	Olhe para um objeto, aponte para ele e nomeie-o em voz alta, depois convide o indivíduo a fazer o mesmo.	Quando parar: continue até notar que a pessoa está engajada, tem mais energia e parece menos estressada.	Avalie o estresse novamente: ("Como está seu estresse agora? Menor?")	Tire conclusões: ("Parece que você se sente menos estressado enquanto estamos fazendo isso. Você notou?" ou "Você tem mais ou menos controle?")

Personalizando o jogo: Existem muitas variações desse jogo; você pode ser criativo! Olhe-aponte-versículo ou olhe-aponte-leia pode ser feito com a Bíblia ou o Corão. Olhe-aponte-bonito pode ser feito em uma caminhada na natureza. Use os interesses da pessoa como inspiração!

FIGURA 9.3 O jogo olhe-aponte-nomeie.

mais ação, mais tempo envolvidos com os outros, e não com a voz. Cada atividade é um ato de redirecionamento do foco, afastando-o das alucinações e direcionando-o para buscas mais valorizadas. Quando confiança e energia estão no nível certo, é hora de desenvolver o modo adaptativo identificando as aspirações.

> Tammy e seu terapeuta começam a fazer caminhadas até a loja de conveniência do outro lado da rua. Eles notam que participar na comunidade tem o resultado agradável de também reduzir as vozes. Na loja, Tammy compra itens para que possa fazer coisas boas para seus netos. Eles concordam que essas saídas seriam ainda mais agradáveis se adicionassem música. Os dois repetem as excursões à comunidade por algumas semanas. Durante uma dessas caminhadas até a loja, o terapeuta lança a ideia de Tammy tentar as saídas entre as sessões em uma loja perto de onde ela mora. Tammy responde entusiasticamente à sugestão e começa a fazer saídas no fim de semana na comunidade, primeiro à loja, depois a uma cafeteria e, então, à igreja.
>
> **Terapeuta:** Você tem feito cada vez mais a cada semana. O que acha disso?
> **Tammy:** Tem sido bom. Eu sempre me sinto melhor nos dias em que saio de casa.
> **Terapeuta:** Isso é fabuloso! Eu me lembro, quando começamos a nos encontrar, que as vozes frequentemente criticavam o quanto você estava fazendo pouco na sua vida. Mas você realmente saiu disso e faz muitas coisas. O que você conclui disso?
> **Tammy:** Que eu não sou mais aquela.
> **Terapeuta:** Eu me pergunto se não seria possível que, quando as vozes dizem coisas cruéis e negativas, talvez elas não sejam assim tão exatas ou totalmente verdadeiras...
> **Tammy:** Com certeza! Se você e eu não diríamos que é verdade, não pode ser verdade.
> **Terapeuta:** Concordo com isso. Então, se estamos concordando que as vozes dizem coisas que não são verdadeiras, vale a pena ouvi-las quando elas surgem?
> **Tammy:** Parece que seria uma perda de tempo.

Energizar o modo adaptativo com aumento de atividades não só ajuda a diminuir as vozes como também pode ajudar a desacreditá-las. Isso pode levar à crença de resiliência de que as vozes não são tão críveis quanto a pessoa imaginava e, portanto, não merecem tempo e atenção.

Aspirações e Significado

Quando as aspirações incorporam os valores da pessoa, elas se tornam a fonte mais poderosa de redirecionamento do foco. Idealmente, o significado da aspiração irá superar a atração da voz. Isso deve ajudar a pessoa a mudar sua atenção para uma atividade que realize o significado.

O uso de uma imagem de recuperação (ver Capítulo 4) também pode ajudar com o imaginário ao transformar a força da pessoa em vantagem. Os indivíduos podem se ver sentados em uma fazenda, acariciando seu cachorro, conversando com alguns amigos. Eles podem se ver andando à beira da praia segurando a mão de um parceiro. Eles podem se ver defendendo pessoas com problemas de saúde mental. Todas essas imagens que projetam o futuro podem atuar como quadros de visualização para inspirar esperança e otimismo e também competir com as alucinações. É mais animador pensar na imagem de recuperação, e a pessoa não consegue ouvir a voz e focar na imagem de recuperação ao mesmo tempo. Esta é outra fonte de controle.

No caso de Tammy, não foi tão surpreendente saber que ela desejava intensamente ser uma avó amorosa e ativa. Ela achava que este era um esforço impossível, mas ainda assim era a coisa que ela mais queria na vida. Ser uma boa avó significaria que ela estava conectada com sua família, sendo útil e capaz.

Praticando o Modo Adaptativo

Depois que você desenvolveu ricamente as aspirações, parte do trabalho da ação positiva muda da construção para a expansão. Com o tempo, à medida que a pessoa inclui o significado da aspiração na sua vida e progride em direção a isso, ela desenvolve uma dinâmica que torna a voz menos penosa e a vida cotidiana mais gratificante. Como uma pessoa já disse: "Agora eu tenho uma família e trabalho como enfermeira. A voz ainda está ali, mas não tenho tempo ou desejo de ouvi-la".

> Junto com seu terapeuta, Tammy anota o que a ajudaria a ser uma boa avó: ensinar as crianças a cozinhar (começando, ela mesma, a praticar antigas receitas de família), mandar cartões para elas (começando por sair até a loja e comprar materiais para fazer os cartões) e criar um álbum de recordações com fotografias da família (começando por levantar-se e organizar as caixas de papéis e fotografias no seu quarto). Quando Tammy ouvir as vozes, ela colocará uma música e então irá novamente direcionar o foco da sua atenção para os passos necessários para ser uma avó.

Fortalecendo o Modo Adaptativo

Quando a pessoa está menos angustiada pelas vozes depois de fazer uma atividade significativa conjunta, você pode chamar sua atenção para os significados que ela pode extrair dessa experiência. As perguntas que você pode fazer incluem: "Houve momentos em que você se sentiu melhor ou pior? Você teve mais ou menos controle? Isso funcionou melhor ou pior do que o esperado? Isso o deixa mais perto ou mais distante do que você quer? Seria útil fazer mais ou menos disso?". Por fim, queremos que a pessoa se veja com controle e como alguém capaz e que pode dar contribuições. A voz está diminuída e é menos importante. Isso é empoderamento.

Terapeuta: O que diz sobre você o fato de as vozes não serem nada mais do que um ruído de fundo ultimamente?

Tammy: Que elas não têm poder sobre mim. Eu posso reassumir o controle!

Terapeuta: E o que isso significa em relação à sua capacidade de ser uma avó incrível?

Tammy: Eu sou uma boa avó. Não tenho tempo para ouvir as vozes, preciso fazer coisas com as crianças.

O Mapa da Recuperação de Tammy completo é encontrado na Figura 9.4.

CONSIDERAÇÕES ADICIONAIS

Não se Preocupe se a Pessoa Chamar as Alucinações de Alguma Coisa Diferente

O empoderamento não requer que a pessoa identifique a experiência como uma voz ou alucinação. As pessoas podem chamar a experiência de todos os tipos de nomes: dores de cabeça, pessoas, sinais de rádio, etc.

O objetivo é ajudar a empoderá-la independentemente de como ela se refere à experiência. Use a linguagem dela. Isso faz parte de ir até a pessoa onde ela está. Para não rotular a experiência como um todo, você pode simplesmente se referir ao estresse da pessoa. Isso pode servir para normalizar a experiência, já que todos nós temos estresse às vezes.

Redirecionar o Foco Não É Distração

Um equívoco comum sobre as técnicas para aquietar as vozes é que tudo o que você precisa fazer é repetidamente distrair a pessoa das vozes (Romme et al., 1992). Distração não captura de forma acurada o processo que funciona melhor e com frequência

MAPA DA RECUPERAÇÃO	
ACESSANDO E ENERGIZANDO O MODO ADAPTATIVO	
Interesses/Formas de se Engajar: • Música. • Culinária. • Álbum de recordações. • Lembranças de família.	**Crenças Ativadas Durante o Modo Adaptativo:** • Energizada. • Conectada com outras pessoas/sua família. • Capaz. • Controle sobre as vozes.
ASPIRAÇÕES	
Objetivos: • Ser uma avó ativa e envolvida. • Recuperar o controle das finanças. • Passar mais tempo fora de casa com pessoas da sua idade/fazer amizades.	**Significado de Atingir o Objetivo Identificado:** • Não sou inútil – eu tenho valor. • Eu posso me conectar com a minha família. • Eu posso ter uma vida como todas as outras pessoas. • Eu posso ensinar e ajudar outras pessoas.
DESAFIOS	
Comportamentos Atuais/Desafios: • Dá atenção às vozes. • Isolamento e dificuldade de afastar o foco das vozes e redirecionar a atenção.	**Crenças Subjacentes aos Desafios:** • Eu sou uma avó ruim. • Eu sou fracassada, má. • Isso não irá ficar melhor. • Eu não tenho controle. • Isso nunca vai parar, não há nada que eu possa fazer. • Eu sou burra. • As coisas ruins são culpa minha. • Tudo que eu ouço é verdade. • De que adianta fazer alguma coisa? Não sou boa de qualquer modo. • Eu tenho que ouvir as vozes, pois elas dizem a verdade. • Minha família já tirou tudo de mim (controle), então de que adianta?

FIGURA 9.4 Mapa da Recuperação de Tammy completo. *(Continua)*

AÇÃO POSITIVA E EMPODERAMENTO	
Estratégias Atuais e Intervenções:	**Crenças/Aspirações/Significados/Desafios Visados:**
1. Aumentar o controle sobre as vozes. • Identificar interesses para ajudar a redirecionar o foco da atenção no imediato (Música? Conversar sobre os netos?). 2. Identificar e enriquecer as aspirações a fim de encontrar um alvo significativo para redirecionar o foco – aumentar a esperança e o propósito. • Ensinar os netos? • Trabalhar?	1. Crenças sobre controle. • Eu posso ter mais controle sobre isso do que imaginava. • Mesmo que pareça que isso nunca vai parar, há coisas que posso fazer para assumir o controle e ter poder sobre isso. 2. Esperança e propósito. • Eu sou capaz de realizar meus sonhos. • Quando as coisas estão estressantes, eu posso redirecionar o foco da minha atenção para as coisas que são importantes e que quero para a minha vida.

FIGURA 9.4 *(Continuação)* Mapa da Recuperação de Tammy completo.

se mostra insuficiente na manutenção do controle a longo prazo – por exemplo, ouvir música para abafar as vozes pode ser temporariamente efetivo, mas, sem o redirecionamento do foco para alguma coisa mais significativa, a música pode se tornar um ruído de fundo, dominado pelas vozes. O redirecionamento do foco requer uma atividade de que a pessoa goste, que seja significativa ou que possibilite a realização de um propósito maior. Ele pode ser a fonte de mudança da energia e atenção. Se a pessoa está tendo dificuldades para redirecionar o foco, é possível que a atividade-alvo não tenha apelo suficiente para ela. Experimente outras ideias. Você encontrará a coisa certa com o tempo.

Quando as Alucinações Não São Vozes

Algumas pessoas são desafiadas com alucinações que não são vozes, tais como visões, sensações ou odores. A mesma estratégia geral funciona: redirecionar o foco. Ajude os indivíduos a fazerem o que querem fazer. Fotografia ou outro interesse artístico pode funcionar bem para visões. Ajude a pessoa a ser menos arrebatada e ficar mais no controle. Relaxamento ou *mindfulness* (Chadwick, 2014), especialmente quando feito com outra pessoa, pode ajudar no caso de alucinações táteis, sobretudo aquelas relacionadas a ser tocado por outros.

RESUMO

- A crença de que uma voz tem a capacidade de controlar, tem poder e credibilidade pode interferir na habilidade da pessoa de viver sua vida plenamente.
- O conteúdo das vozes ajuda a nos informar as crenças do indivíduo sobre si mesmo e sobre os outros.
- O redirecionamento do foco ajuda a romper o ciclo de ouvir uma voz.
- O fator principal para o redirecionamento do foco é tirar conclusões para fortalecer crenças positivas sobre controle pessoal e capacidade, além

PALAVRAS DE SABEDORIA

QUADRO 9.1 Alucinações, estigma e controle

Ouvir vozes pode acarretar considerável estigma (Vilhauer, 2017). Talvez seja muito fácil considerar as alucinações como experiências anormais que indicam um transtorno mental, uma fonte de vergonha ou um sinal de que alguma coisa está errada com você.

Tipicamente, quando você escuta alguma coisa ou vê alguma coisa, pode verificá-la com outra pessoa que está ali. As alucinações são mais privadas do que isso – elas são mais como pensamentos, mas com uma diferença: vozes, visões e similares são experimentados pela percepção. As outras pessoas podem não entender como é isso e o quanto a experiência pode ser convincente. Elas podem não reconhecer experiências próprias semelhantes.

Ocorreu uma revolução no entendimento das alucinações nos últimos 30 anos. A experiência das vozes naquelas pessoas sem um diagnóstico está agora bem documentada (Romme & Escher, 1989). Todos ouvem vozes de vez em quando, e alguns experimentam alucinações diariamente.

Estudos etnográficos mostram que as alucinações têm um papel significativo e positivo em diferentes culturas e em diferentes períodos de tempo (Sacks, 2012). Há pessoas que ganham seu sustento com a experiência das vozes: os místicos (Powers, Kelley, & Corlett, 2017). Aqueles sem um transtorno – sejam eles professores, artistas, atores, administradores, sejam eles encanadores ou místicos – descrevem que são capazes de interromper a experiência quando querem (Honig et al., 1998). O controle é a principal diferença quando as alucinações se colocam no caminho e quando não atrapalham.

Alucinações são experiências humanas comuns, identificáveis, que não têm de ser um problema ou atrapalhar a busca da vida desejada pela pessoa. Desenvolver o controle da experiência e ser capaz de redirecionar o foco para atividades que sejam mais significativas formam a essência do empoderamento.

da falta de credibilidade da voz e de não valer a pena lhe dar ouvidos.
- As aspirações fornecem o alvo para a ação positiva valorizada que realiza o significado do melhor *self* da pessoa todos os dias, que é o oposto do que as vozes dizem. Isso mantém o empoderamento a longo prazo.

10

Empoderamento quando comunicação é o desafio

Christine mora em uma pensão protegida. A equipe observa que ela fala por longos períodos de tempo, mas eles têm dificuldade para acompanhar o curso do seu pensamento – o discurso dela aparentemente abrange todos os tópicos de uma vez. Às vezes, Christine anda em círculos rapidamente, batendo na cabeça com o punho, enquanto fala baixinho. Quando um membro da equipe pergunta o que ela quer para o futuro, os olhos de Christine se arregalam. "O futuro é muito grande e complexo", diz ela. "Pensar sobre o futuro envolve pensar sobre coisas. E houve uma chance muito boa sobre essas coisas que... deixe-me dar um exemplo... uma criança pequena pode ter ideias para descobrir formas de poder ser melhor e precisa de oportunidades para planejar essas coisas..."

A comunicação é a principal forma pela qual nos conectamos com os outros, temos nossas necessidades atendidas e ajudamos as outras pessoas com suas necessidades. Ter dificuldade de comunicação com outras pessoas pode ocasionar isolamento profundo. A dificuldade o afasta de interações potencialmente significativas. Pior que isso, quando as tentativas mais simples de comunicação dão errado, isso pode fazer você sentir como se houvesse alguma coisa profundamente errada com você.

Os desafios da comunicação de indivíduos que receberam o diagnóstico de um problema de saúde mental grave estão entre as mais antigas observações em psiquiatria (Bleuler, 1950; Cohen & Camhi, 1967; Kraeplin, 1971; Le, Najolia, Minor, & Cohen, 2017; Tandon, Nasrallah, & Keshaven, 2009). Esses desafios se enquadram, de modo geral, em dois tipos: discurso reduzido, como respostas monossilábicas (frequentemente listado como um sintoma negativo), e discurso que flui com ritmo normal, mas é muito difícil de entender ou acompanhar (frequentemente listado como um sintoma positivo). Neste capítulo, incluímos as duas assim chamadas perturbações positivas e negativas da comunicação (Andreasen, 1984). Achamos que é clinicamente útil considerá-las juntas como desafios à comunicação e à conexão.

Como vimos para os sintomas negativos (ver Capítulo 7), a terminologia para esses desafios não é particularmente útil. *Alogia* significa ausência de linguagem, o que não é acurado. Mesmo que a pessoa apresente redução na emissão do discurso, este certamente não é o caso o tempo todo. *Transtorno do pensamento formal* (Andreasen & Grove,

1986) sugere que o problema se centraliza no pensamento da pessoa, que a pessoa está confusa. Uma descrição mais correta é que o desafio envolve expressão, transformar os pensamentos em um discurso que pode ser acompanhado (Beck et al., 2009).

De modo similar aos sintomas negativos, esses desafios na comunicação são relacionais e se localizam no extremo de um *continuum* de variação na clareza do discurso que todas as pessoas experimentam às vezes. Você alguma vez já levou uma eternidade para explicar seu ponto de vista? Deu uma resposta irrelevante para a pergunta feita? Quando é mais provável que você fale dessa maneira? A resposta é provavelmente quando você está mais estressado ou cansado. O mesmo é verdadeiro para quem tem desafios mais significativos na comunicação. No entanto, como todos os outros, aqueles que experimentam esse desafio mais frequentemente não o experimentam *sempre*.

Neste capítulo, focamos no empoderamento para os desafios na comunicação. Começamos com a visão interior de como isso é sentido, o que nos leva a uma compreensão útil, que, então, estimula a ação. O modo adaptativo ajuda os esforços de comunicação de formas específicas relacionadas a crenças e energia. As aspirações nos levam mais longe para gerar mais esperança, energia e crenças mais fortes. Desenvolvemos empoderamento e crenças de resiliência durante o percurso para manter o processo. Encerramos o capítulo com algumas considerações adicionais.

COMO PODE SER A SENSAÇÃO

Tudo estava correndo bem. O rapaz parecia estar entendendo. Mas então ele já não estava acompanhando. O quê? Você não pode deixá-lo julgar você. Você é inteligente. Ele vai entender. Isso é importante!

Você tenta novamente. Mas não dá muito certo. Não é isso o que você queria dizer. Por que isso acontece? O que há de errado com você? Os outros estão olhando agora. Isso é muito ruim. Seu coração está acelerado. Você continua pensando: "Eu não sou burro". Isso é importante. Ele tem que entender. Você tenta mais uma vez. Ele recua e começa a se afastar. Os outros recuam. Isso é tão frustrante. O que você tem a dizer é importante. Eles não sabem?

As crenças comuns subjacentes aos desafios na comunicação incluem:

Sobre o self
✓ Eu sou mentalmente inadequado.
✓ Eu devo ter um defeito.
✓ Eu sou burro.
✓ Eu não tenho valor.
✓ Eu sou um fracasso.
✓ Eu não me encaixo.

Sobre os outros
✓ Os outros me julgam.
✓ Os outros me rejeitam.
✓ Os outros não me entendem.

Sobre o futuro/mundo
✓ Ninguém jamais vai me entender.
✓ De que adianta? O futuro é desalentador.

Você desiste. Deixa estar. Se afasta. Mas continua pensando a respeito. É tão incômodo! Você não é inútil! Você cerra os punhos. Anda mais rápido. Burro. Burro. Burro. Você se aproxima de outro rapaz. Agora vai dar certo. Ele deve entender. Você está com tanta raiva. Tudo é um borrão. Você fala com ele. Que reação é essa? Fale mais alto. Mais alto!

COMO PENSAR SOBRE OS DESAFIOS DA COMUNICAÇÃO

Combinar relatos da experiência vivida com estudos de pesquisa (Beck et al., 2009; Grant & Beck, 2009b) ajuda a enriquecer nossa compreensão dos difíceis episódios de comunicação. Grande parte da vulnerabilidade da pessoa reside em sentir-se mentalmente inadequada. Apesar da complexidade dos processos que participam da produção do discurso, ele parece não exigir esforço. Ser incapaz de se comunicar com sucesso com outra pessoa deve significar algo ruim. A pessoa deve ter um defeito e não ser muito inteligente. Ser defeituosa e burra conduz a não ter valor. Por que os outros gostariam de – muito menos amariam – uma *maçã estragada*? A pessoa se sente mal-entendida, julgada, rejeitada.

Essas crenças tornam perigosa a maioria das interações sociais – se não todas. A pessoa não consegue esconder seu problema ao falar, a não ser que permaneça em silêncio, o que também pode chamar a atenção. São muitas as fontes de dor. Não ser entendido é frustrante. Ser julgado magoa. Ser rejeitado pode ser devastador.

Prever esses desfechos com as outras pessoas é estressante. O estresse drena ainda mais recursos que são vitais para as operações mentais que estão a serviço do sucesso da comunicação. A pessoa pode ficar presa a um ciclo angustiante; ela quer se conectar com os outros para compartilhar alguma coisa importante, mas teme o fracasso e o julgamento, o que então a deixa mais nervosa, resultando em um discurso difícil de ser acompanhado. A pessoa reage ao ciclo desistindo ou então tentando se esforçar mais. Nenhum dos dois resulta na conexão tão desejada.

A repetida experiência da dificuldade de comunicação pode levar a um profundo sentimento de isolamento, de alienação, de não pertencer. Tudo isso fortalece as crenças sobre ter deficiências e ser diferente das outras pessoas e, portanto, muito sozinho no mundo.

Se você ouvir atentamente o discurso da pessoa quando ele é difícil de acompanhar, descobrirá que surgem alguns desses temas. Você pode ouvir a pessoa retornando a "burro" ou "esperto" ou "inteligente", o que pode fortalecer o seu sentimento de que incapacidade e deficiência estão presentes. Você também pode ouvir palavras relacionadas a rejeição ou a pessoas não se importarem com ela: "Eu não sou ninguém", "nada", "tola", "Esse não sou eu".

A partir desse entendimento, podemos desenvolver nossa estratégia para empoderamento. Queremos nos conectar com a pessoa, pois isso é o que ela anseia. Queremos ajudá-la a sentir que ela faz parte de algo, que os outros se interessam pelo que ela tem a dizer e que conseguem entender. Queremos que ela experimente sucesso na comunicação repetidamente. À medida que se conecta mais, torna-se mais ativa e desenvolve aspirações, ela tira conclusões sobre fazer a diferença e fazer parte de algo maior na vida. A resiliência está centrada no conhecimento de que o estresse pode dificultar a comunicação, mas isso não significa que a pessoa é burra – todos experimentam estresse, ele faz parte da vida.

> A equipe na residência de Christine começa a pensar em como se conectar melhor com ela e ajudá-la a obter mais da vida que deseja ter. Eles notam que seu discurso frequentemente é difícil de acompanhar, sobretudo quando quer comunicar alguma coisa que é importante para ela. Eles descobrem que ela, muitas

vezes, fala sobre crianças e também sobre não ser ela mesma. Christine provavelmente bate em si mesma porque está tentando acertar as coisas. Ela menciona o céu e as estrelas caindo. A equipe levanta a hipótese de que crianças são um grande interesse para ela. Eles também suspeitam de que Christine se encontra desesperadamente desconectada de todos e deve se sentir insegura. Eles preparam um plano de ação em que um membro da equipe se encontrará com ela para genuína e alegremente explorar seu interesse potencial em crianças. A seção dos desafios do Mapa da Recuperação é retratada na Figura 10.1.

O QUE FAZER – EMPODERAMENTO

Acessando o Modo Adaptativo

Jogue com os pontos fortes da pessoa e lidere pela ação, em vez de usar intervenções focadas verbalmente. Façam juntos coisas que despertem o interesse da pessoa:

- *Assistam a um vídeo:* "Olhe só isso!"
- *Escutem música:* "Este é Michael Jackson!"
- *Façam alguma coisa física:* "Vamos dar uma caminhada!" ou "Aqui, pegue esta bola!"

Atividade mútua *é* conexão. Acessar o modo adaptativo dessa maneira despertará emoção positiva compartilhada e crenças positivas sobre você. O estresse diminuirá. As energias e os recursos cognitivos irão aumentar. Durante a atividade, a comunicação verbal pode ficar mais fácil para a pessoa. Se isso ocorrer, você pode chamar a atenção dela para como você a entende bem. Ela verá que você se interessa pelo que ela tem a dizer e que teve sucesso ao se comunicar com você.

Um membro da equipe vai até o quarto de Christine, e ela começa a falar sobre crianças, o futuro, o céu caindo, sobre o vazio, sobre coisas demais... O membro da equipe procura um vídeo no seu *smartphone* e diz: "Olhe só este vídeo! Duas crianças brincando de casinha". Christine diz: "Elas não estão brincando; elas estão aprendendo. Brincar é o trabalho de uma criança". À medida que o encontro se desenvolve, o membro da equipe fica impressionado com a animação de Christine e seu grande conhecimento sobre crianças. Eles assistem a vídeos juntos, rindo e conversando.

Membro da equipe: Isso foi divertido.
Christine: Sim, foi.
Membro da equipe: Você sabe tanto sobre crianças.
Christine: Obrigada.
Membro da equipe: Eu aprendi muito com você.

DESAFIOS	
Comportamentos Atuais/Desafios:	**Crenças Subjacentes aos Desafios:**
• O discurso é difícil de acompanhar. • Bate em si mesma. • Fala sobre o céu caindo.	• Eu estou desconectada. • Eu estou insegura. • As pessoas não me entendem. • Eu sou burra.

FIGURA 10.1 Mapa da Recuperação inicial de Christine.

Christine: Aprendeu?
Membro da equipe: Sim. Você tem muito conhecimento, não é?
Christine: Acho que sim.
Membro da equipe: Devemos fazer isso de novo?
Christine: Sim.
Membro da equipe: Que tal amanhã?
Christine: Ótimo.
Membro da equipe: Vamos escrever no quadro branco acima da sua escrivaninha: "Conversar sobre crianças, terça-feira, às 2h da tarde".

Como os encerramentos dos encontros podem trazer forte sensação de desconexão e dúvida sobre quando a próxima conexão irá ocorrer, o membro da equipe é claro ao tirar conclusões sobre o sucesso e ao planejar especificamente o próximo momento juntos. O membro da equipe também atualiza o Mapa da Recuperação de Christine depois dessa interação, conforme retratado na Figura 10.2.

Energizando o Modo Adaptativo

À medida que você acessar o modo adaptativo mais frequentemente, irá aprender mais sobre a pessoa, descobrindo cada vez mais o que ela gosta de fazer. Como a comunicação é o desafio, e a desconexão é a vulnerabilidade principal, suas interações serão preenchidas por boas experiências juntos que podem formar a base de um modo diferente de estar com os outros. Cada encontro terá em si capacidade, sucesso e pertencimento. Emoções antecipatórias positivas começarão a aparecer antes dos seus encontros. A expectativa da espera é uma forma de saborear e energizar o modo adaptativo.

Durante as atividades mútuas, falar ficará mais fácil. A pessoa deve ter mais energia e mais acesso aos recursos mentais necessários para a comunicação bem-sucedida. Crenças positivas sobre si mesma e sobre os outros estarão ativas, reduzindo o estresse. Ao tentar a comunicação verbal, você deverá escolher tópicos que entusiasmem a pessoa, abordando sua área de conhecimento ou especialidade. Esses tópicos também podem conduzir a atividades futuras. Algumas perguntas promissoras podem ser sobre:

TV: "Tem visto alguma coisa boa ultimamente?"
Esportes: "O que você acha do treinador do [time local]?"
Feriados: "Então, o que você mais gosta no Dia de Ação de Graças?"
Atividades recreativas: "Eu sou um péssimo cozinheiro. O que devo fazer hoje à noite?" "Você gosta de café?" "Como eu posso ficar mais em forma?"
Família: "Fale-me sobre sua [sobrinha, sobrinho, etc.]."
Ajuda: "Como eu posso ajudar mais as pessoas?"

ACESSANDO E ENERGIZANDO O MODO ADAPTATIVO	
Interesses/Formas de se Engajar:	**Crenças Ativadas Durante o Modo Adaptativo:**
• Crianças.	• Eu estou conectada.
	• Eu tenho conhecimentos.
	• Vale a pena me conectar com outras pessoas.

FIGURA 10.2 Adicionando interesses e crenças ao Mapa da Recuperação de Christine.

Animais: "Qual é seu animal de estimação favorito?"

Religião: "Você quer ir às cerimônias religiosas?"

Você também pode achar útil usar perguntas fechadas que permitam que a pessoa escolha entre alternativas. Essa abordagem faz menos pressão para que a pessoa formule uma resposta elaborada – por exemplo:

"Você gosta de assistir a programas de jogos ou esportes?"
"Olimpíadas de inverno ou de verão?"
"A melhor parte são as refeições ou estar com a família?"
"Devo tentar ioga ou musculação?"
"Cachorros, gatos ou nenhum dos dois?

Nós e outros autores observamos que as pessoas que têm problemas com a comunicação – discurso confuso ou não falam muito – se tornam muito mais claras e falam mais quando a comunicação acontece durante uma atividade mútua. Falar durante a *realização* conjunta de atividades interessantes estimula um senso de confiança e segurança, reduzindo ainda mais o impacto das crenças relacionadas à desconexão, ao mesmo tempo que também reduz a pressão sobre o discurso da pessoa.

Certifique-se de que a pessoa perceba esses benefícios durante a atividade. Várias conclusões são úteis: fazer atividades de que você gosta faz você se sentir melhor e ter mais energia, fazer atividades com outras pessoas é melhor do que fazê-las sozinho, conversar é mais fácil quando você está fazendo atividades com uma pessoa amigável.

> Depois do sucesso inicial com Christine, a equipe começa a se encontrar com ela previsivelmente, realizando várias atividades que a interessam. Fazer caminhadas, assistir a vídeos, tomar café, contar histórias e sempre conversar sobre crianças.
>
> **Membro da equipe:** Foi ótimo fazer uma caminhada. Adorei ouvir tudo sobre as suas ideias para crianças. Você sabe tanto. Como foi para você?
> **Christine:** Bom, bom.
> **Membro da equipe:** É divertido, duas mulheres fazendo uma caminhada e conversando.
> **Christine:** Sim, divertido e fácil.
> **Membro da equipe:** Você gosta disso?
> **Christine:** Oh, sim!
> **Membro da equipe:** Então quando você sai para caminhar e conversar, como se sente?
> **Christine:** Livre!
> **Membro da equipe:** Qual é a melhor parte de se sentir livre?
> **Christine:** Tudo fica claro e fácil de falar.
> **Membro da equipe:** Sim, eu aprendi muito.
> **Christine:** Obrigada.
> **Membro da equipe:** Você gostaria de ter mais momentos livres?
> **Christine:** Sim, muito.
> **Membro da equipe:** Se você se sentisse mais livre, seria mais fácil fazer coisas para ajudar as crianças?
> **Christine:** Sim!
> **Membro da equipe:** Vamos conversar mais sobre ajudar crianças na próxima vez que nos reunirmos. Nesta sexta-feira? [*Elas escrevem isso no quadro branco acima da escrivaninha de Christine.*]

Você deverá repetir as experiências atrativas, tirando as conclusões empoderadoras como uma forma de desenvolver e energizar o modo adaptativo da pessoa. Isso lhe dá amplas oportunidades para compartilhar seu desejo de entender e sua real compreensão, bem como para usar a comunicação e a energia para focar na vida que a pessoa deseja viver.

A equipe se encontra com Christine em horários previsíveis a cada semana. Cada encontro começa com conversas sobre crianças ou assistindo a um vídeo. Todos notam seu entusiasmo, animação e energia. Christine tem muito para compartilhar e recorre ao seu vasto conhecimento do desenvolvimento, como os bebês e as crianças pequenas aprendem, o que o brincar significa, etc. Quando assiste a um vídeo, ela explica suas ideias. Os membros da equipe tomam o cuidado de verificar se estão "aprendendo corretamente" com ela. Cada vez que a equipe entende o que ela está dizendo, Christine sorri e parece mais calma, mais no controle. Seu discurso torna-se correspondentemente mais claro. Se Christine começa a ter dificuldades para falar durante uma visita, a equipe foca a discussão – "Você acha que esta é uma música de que uma criança pequena gostaria?" – procurando e tocando no *smartphone* músicas típicas de pré-escola.

Christine gosta de compartilhar e do sentimento caloroso de conexão com os outros. Ela começa a falar com a equipe sobre como se conectar com mais pessoas. Sua irmã, que acabou de dar à luz, é uma conexão natural.

Aspirações e Significado

Energizar o modo adaptativo conduz a mais recursos disponíveis para atividade e fala. Também ativa crenças positivas referentes a capacidade e conexão bem-sucedida. Você deve negociar isso e seguir as aspirações da pessoa. O discurso mais claro da pessoa pode agora ser usado para identificar o que ela quer na vida. As aspirações irão explorar o desejo íntimo da pessoa de fazer a diferença. Encontrar o significado subjacente à aspiração vai ajudá-la a viver essa vida todos os dias. Desenvolver uma imagem poderosa da aspiração ajudará a pessoa a atravessar os momentos difíceis e a desenvolver sua força e resiliência.

A discussão das aspirações também fortalecerá o seu relacionamento. Há poucas coisas tão animadoras quanto conversar com uma pessoa amigável sobre o que você mais quer na vida. Melhor ainda se você puder falar sobre a melhor parte da aspiração, como é a sensação, com o que ela pode se parecer. A esperança é eterna, pelo menos nessas conversas. Dúvidas e julgamento percebido nas reações dos outros são o oposto de esperança. Isso pode levar a desafios na comunicação que afastam as pessoas da sua vida valorizada. A fim de combater isso, sinta-se à vontade para falar repetidamente sobre a aspiração, saboreando a melhor parte com a pessoa.

> Todos os dias, Christine experimenta seu melhor *self*. Ela está fazendo mais com mais pessoas. Fazendo caminhadas e saindo. Tomando café. Compartilhando seu conhecimento sobre crianças com sua irmã e com a equipe, enquanto eles, por sua vez, compartilham sua apreciação positiva. Christine tira conclusões sobre sua capacidade e sobre como as outras pessoas são colaboradoras incríveis. Durante uma caminhada, Christine parece particularmente energizada, e um membro da equipe decide perguntar sobre suas aspirações:
>
> **Membro da equipe:** Isso é muito bom, você está compartilhando com todos nós, inclusive com sua irmã. Qual é a sensação?
> **Christine:** Calor.
> **Membro da equipe:** Onde você sente isso?
> **Christine:** Eu sinto aqui [*Apontando para o peito*].
> **Membro da equipe:** Há outros momentos em que você é capaz de sentir isso?

Christine: Ensinando.
Membro da equipe: Isso é uma coisa que você deseja fazer?
Christine: Sim! Eu quero ensinar crianças pequenas. Elas são o máximo!
Membro da equipe: Parece ótimo! Qual seria a melhor parte de ensinar crianças pequenas?
Christine: Elas aprendem a partir da exploração.
Membro da equipe: Parece que você pode ajudá-las a se tornarem boas pessoas.
Christine: Sim! Desde o primeiro passo!
Membro da equipe: Com certeza você poderia ajudá-las! Faça um quadro disso para mim. Como seria essa experiência?
Christine: Eu posso me ver sorrindo. Todas elas estão brincando. Eu posso ver seus pequenos sorrisos e roupas coloridas.
Membro da equipe: Isso é lindo.

As aspirações são adicionadas ao Mapa da Recuperação de Christine, na Figura 10.3.

Praticando o Modo Adaptativo

Quando você tiver um modo adaptativo energizado, aspirações bem desenvolvidas e o significado que a pessoa está buscando, estará pronto para colaborar em uma ação combinada. As aspirações oferecem dois caminhos simultâneos a serem seguidos. O primeiro está associado ao significado subjacente. Há uma atividade diária na qual a pessoa pode participar para experimentar de forma bem-sucedida seus valores regularmente. Há inúmeros papéis que podem tornar viável o propósito da pessoa. Os papéis são uma forma incrível de fazer a diferença e de se sentir parte de algo. Cada vez que a pessoa tem sucesso no seu papel, ela pode se sentir capaz – sentir que seus esforços são importantes. Durante essas experiências, é improvável que a pessoa se sinta julgada, estressada ou incapaz. Você pode ajudá-la a notar isso e fortalecer as crenças que facilitam a comunicação e a conexão.

O segundo caminho é ajudar a pessoa a dar os passos que a conduzem na direção da realização da aspiração mais ampla. Envolve um crescimento do seu espaço vital, conhecer pessoas novas, superar novos desafios, experimentar mais sucesso e viver a própria capacidade. As novas pessoas na vida do indivíduo terão interesses compartilhados e proporcionarão oportunidades para o sucesso na comunicação e o sucesso social. Conhecidos podem se tornar amigos. São enormes os passos a serem dados para obter a vida desejada. Você pode ajudar a pessoa a ver esse progresso durante o percurso. E também pode ajudá-la a se recuperar dos retrocessos.

Durante alguns encontros, a equipe e Christine conversam sobre a melhor parte de ensinar crianças pequenas,

ASPIRAÇÕES	
Objetivos:	**Significado de Atingir o Objetivo Identificado:**
• Ensinar crianças pequenas. • Ser voluntária na creche local.	• Eu sou capaz. • Eu estou conectada. • Eu posso confiar nos outros. • Eu tenho conhecimentos.

FIGURA 10.3 Adicionando objetivos e aspirações ao Mapa da Recuperação de Christine.

cada vez desenvolvendo um pouco mais uma imagem e significado. Durante uma das visitas, os membros da equipe perguntam: "O que você precisa fazer para poder ensinar crianças pequenas?". Christine responde: "Escola". Eles começam uma conversa sobre os passos para voltar a estudar e anotam esses passos usando uma ferramenta semelhante à do Apêndice F, juntamente com as melhores partes sobre ser uma professora de crianças pequenas. Eles planejam a ação para os dias seguintes. Ao mesmo tempo, pensam em formas como Christine pode experimentar agora o sentimento de ajudar. Eles descobriram o voluntariado.

As semanas de Christine se concentram no trabalho voluntário em uma creche local e no trabalho sistemático para voltar a estudar – lendo material interessante, procurando escolas e assistindo a vídeos *on-line* sobre ensino. Ela tem sucesso no voluntariado, recebendo *feedback* positivo do professor, dos pais e das crianças. E também faz progresso constante para voltar a estudar. Essa atividade a coloca em contato com muitas pessoas novas. Ela se preocupa cada vez menos com rejeição, pois sucesso combina com sucesso.

Christine começa a sonhar mais com a vida que deseja, pois cada vez mais ela parece possível. Entre suas novas aspirações estão uma casa, um cão de resgate e seus próprios filhos.

Fortalecendo o Modo Adaptativo e Construindo Resiliência

Quando os indivíduos se dão conta da sua vida desejada, existem muitas oportunidades de fortalecer esse modo adaptativo de viver. Esse trabalho pode focar nas crenças positivas sobre capacidade, pertencimento e fazer a diferença. O *self* é capaz e forte, os outros são favoráveis e valiosos, e o futuro é promissor e interessante. Tudo isso reduzirá os desafios na comunicação.

A pessoa ainda experimentará retrocessos e pode até mesmo ter episódios de dificuldade de comunicação de tempos em tempos. No entanto, você pode ajudá-la a não generalizar essas experiências. Faz parte da vida experimentar estresse e ter dificuldades para falar. Isso não significa que ela é inadequada. E ela desenvolveu muitas maneiras de ser empoderada quando a vida fica difícil. Isso significa que ela tem resiliência.

A cada passo de progresso, Christine obtém mais acesso à sua motivação e energia. Ela se sente bem em boa parte do tempo. Ocorrem retrocessos. Seu formulário para voltar a estudar é extraviado; ela tem um dia no voluntariado em que suas palavras são difíceis de controlar. Quando fala com a equipe na residência, Christine vê essas experiências como algo com o que pode aprender, que pode deixá-la mais forte. Juntos, eles concluem que ela é sempre compreendida pelos outros no final. E todos podem ter dificuldade quando falam, de vez em quando. Essas conclusões ajudam a fortalecer a sua motivação para seguir em frente.

Depois que Christine apresenta seu livro favorito às crianças na aula da creche, a professora começa a usar essa apresentação como um exemplo para os outros. Quando se senta com a equipe mais tarde, Christine percebe que ela deve ter sido clara, precisa, efetiva e agradável para as crianças – reforçando sua confiança. Ela percebe que é muito capaz de ensinar crianças pequenas. Ainda mais importante do que ser entendida, Christine se vê capacitando jovens vidas.

O Mapa da Recuperação completo de Christine é ilustrado na Figura 10.4.

MAPA DA RECUPERAÇÃO	
ACESSANDO E ENERGIZANDO O MODO ADAPTATIVO	
Interesses/Formas de se Engajar: • Crianças.	Crenças Ativadas Durante o Modo Adaptativo: • Eu estou conectada. • Eu tenho conhecimentos. • Vale a pena me conectar com outras pessoas.
ASPIRAÇÕES	
Objetivos: • Ensinar crianças pequenas. • Ser voluntária na creche local. • Ter uma casa. • Ter um cachorro. • Ter a sua família.	Significado de Atingir o Objetivo Identificado: • Eu sou capaz. • Eu estou conectada. • Eu posso confiar nos outros. • Eu tenho conhecimentos.
DESAFIOS	
Comportamentos Atuais/Desafios: • O discurso é difícil de acompanhar. • Bate em si mesma. • Fala sobre o céu caindo.	Crenças Subjacentes aos Desafios: • Eu estou desconectada. • Eu estou insegura. • As pessoas não me entendem. • Eu sou burra.
AÇÃO POSITIVA E EMPODERAMENTO	
Estratégias Atuais e Intervenções: • Assistir a vídeos sobre crianças. • Caminhar e conversar sobre maneiras de ajudar crianças. • Tirar conclusões sobre voluntariado.	Crenças/Aspirações/Significados/Desafios Visados: • Eu sou útil. • Eu tenho propósito. • As pessoas se importam comigo e entendem o que é mais importante para mim. • Eu posso me conectar com os outros.

FIGURA 10.4 Mapa da Recuperação completo de Christine.

CONSIDERAÇÕES ADICIONAIS

Seja Regular, Frequente, Breve e Jovial

Aqueles que experimentam um desafio significativo com a comunicação podem não ter muita oportunidade para falar com sucesso, muito menos se conectar com outras pessoas. Em seu isolamento, podem ter concluído que os outros não estão interessados neles e que não estão sendo sinceros quando dizem que querem conversar mais tarde. Dito de outra forma, a pessoa está sem prática para conversar e pode desistir rapidamente. Ela também pode esperar que você não apareça quando diz que virá.

Você pode combater esse desânimo vendo a pessoa previsível e frequentemente. Deixe que ela saiba quando você virá. Os encontros não precisam durar tanto assim, apenas tempo suficiente para fazerem alguma coisa juntos, demonstrar um pouco de interesse e ajudá-la a experimentar um sucesso com você. A previsibilidade mostra que você se importa. Também combate as preocupações sobre quando a pessoa terá uma chance de tentar se conectar com você novamente. Pense na pessoa como sedenta por conexão, esperando para compartilhar, mas se sentindo muito desanimada e se protegendo ao mesmo tempo.

Quanto mais alegre ou amistoso você puder ser, mais leves serão suas visitas e mais ansiosamente a pessoa irá esperar por elas.

Mostre Que Você se Importa e Quer Entender

Muitas pessoas com desafios na comunicação são profundamente sensíveis a julgamentos, a ponto de preverem uma avaliação negativa e rejeição a cada interação. Isso pode levá-las a evitar interações, dar respostas monossilábicas e falar de uma maneira difícil de acompanhar. Você pode ajudar a desarmar essa defensividade seguindo dois caminhos relacionados: mostre um claro desejo de entender e então demonstre que você entende o que a pessoa está dizendo quando a comunicação for bem-sucedida.

Seja persistente ao mostrar seu desejo de entender. Mostrando que você quer entender, suas ações fornecem contraprovas para as expectativas negativas. O que ela tem a dizer é importante para você, e você pode colocar o ônus em si mesmo por precisar de algum tempo para entender direito. Use a reflexão. Reduza o ritmo da interação. Certifique-se de entender. Seja direto ao dizer que é importante que você entenda corretamente o que ela está dizendo. Os estímulos a seguir são úteis:

Dê a sua justificativa: "Realmente é importante para mim o que você tem a dizer" e "Quero ter certeza de que estou entendendo isso direito."
Resuma o que você ouviu: "Então crianças são muito importantes para você, e você se preocupa com elas?"
Teste se o seu resumo está correto: "É mais ou menos isso?"
Empatize com a experiência, se correta: "Isso deve ser perturbador."

Se você estiver tendo dificuldade particular em acompanhar o discurso, preste atenção à emoção. Você pode dizer: "Parece que você está muito frustrado com alguma coisa" ou "Parece que isso é assustador". Quando verifica a sua compreensão ("Estou certo sobre isso?"), você transmite que deseja entender e que vocês estão se comunicando juntos. Vocês dois têm um papel. Isso pode reduzir a sensação de isolamento e de estar sozinho que pode tornar o discurso mais desafiador para a pessoa. Se você estiver certo sobre como ela se sente, então ela se comunicou com sucesso. Se você entender errado, então ela pode corrigi-lo – mais uma vez, sucesso. Quando você empatizar, mostre que entende como isso é para ela ("Parece que isso é perturbador") – isso é conexão e aceitação, que são o oposto da rejeição que a pessoa teme.

Algumas vezes, os indivíduos ficam emotivos e choram quando você expressa o pensamento deles acuradamente. Ser ouvido pode ser uma experiência rara para eles. Isso pode ser especialmente tocante se eles estiverem tentando compartilhar alguma coisa importante, como uma aspiração na vida.

Tente Recursos Visuais

Todos nós nos beneficiamos com recursos visuais, tais como quadros, eletrônicos, figuras ou mesmo um bloco de papel. Eles nos ajudam a lembrar das coisas, sem termos que guardar muita informação em nossas mentes. Usar esses recursos com a pessoa que experimenta desafios na comunicação as ajuda a se sentirem menos estressadas. Os recursos mentais (memória, atenção, planejamento) podem focar em coisas importantes, como o que você quer fazer e de que forma. As figuras podem ser uma inspiração para as aspirações da pessoa – por exemplo, Christine pode colocar fotografias de crianças alegres por todo o quarto para lembrá-la dos seus valores e estimular o modo adaptativo. Crenças e emoções positivas facilitarão a comunicação.

Relaxem Juntos

Também nos beneficiamos de uma atividade que reduza nosso nível de estresse,

PALAVRAS DE SABEDORIA

QUADRO 10.1 Liberando a pressão e estimulando o sucesso

A necessidade de se comunicar está presente em todo o reino animal e é um recurso particularmente valioso entre os humanos. Ter dificuldades com a fala pode abalar o ânimo e a autoconfiança da pessoa e ocasionar um profundo sentimento de estar desconectado e danificado. Os esforços de comunicação podem ser difíceis para outras pessoas acompanharem, seja porque ela salta de uma ideia para outra, emprega termos peculiares, apresenta articulação reduzida ou respostas monossilábicas. Algumas vezes, a parte mais clara é uma explicação para a dificuldade que a pessoa experimenta, como "Eles estão invadindo minha mente", "Meu cérebro está danificado" ou "Meu cérebro está morto".

Muitas teorias foram desenvolvidas para explicar esse desafio na comunicação (McKenna & Oh, 2005), mas a abordagem terapêutica é simples. Tenha em mente que o indivíduo está se esforçando para se comunicar e se sente contrariado e frustrado quando não tem sucesso. Isso coloca pressão extra na necessidade de se comunicar. Queremos diminuir essa pressão, e todos que interagem com a pessoa podem fazer isso: terapeuta, médico, membro da equipe, familiar. Comece engajando-se em uma atividade que requeira pouca fala. Caminhem, olhem figuras, pintem ou desenhem, assistam a um vídeo engraçado, lancem uma bola, cantem e dancem. A sua escolha da atividade pode ser guiada pelos interesses da pessoa e seu nível de conforto. Essas atividades acionam o modo adaptativo, sendo acompanhadas de crenças positivas sobre si mesmo e os outros e por aumento na energia e nos sentimentos positivos.

Quando a pessoa claramente demonstrar emoção e humor mais vivazes, você pode estimular a comunicação não verbal efetiva com conversa. Use sua própria experiência com momentos de diversão para questionar a pessoa a esse respeito e avance para outras atividades prazerosas com outros indivíduos em que a pessoa esteja interessada. Sua curiosidade e compartilhamento explícito de que você compreende estimularão um sentimento de segurança e autoconfiança. Pode ainda ser o caso de que surjam tópicos historicamente mais estressantes e a pessoa tenha mais facilidade para expressá-los. Jogando com os pontos fortes da pessoa e desenvolvendo-os, você irá abrir todo um domínio para um sentimento de realização e pertencimento.

seja respiração diafragmática, seja relaxamento muscular progressivo ou *mindfulness* (Chadwick, 2014; Varvogli & Darviri, 2011). Como a desconexão social está na essência do desafio na comunicação, fazer uma dessas atividades com a pessoa pode ser efetivo. Fazer isso juntos ativa crenças positivas sobre você, o que reduz a preocupação de ser avaliado negativamente. Também preenche a lacuna entre você e a pessoa, porque todos nós podemos precisar de ajuda para nos sentirmos menos estressados. É claro que a própria atividade reduz o estresse. A atividade de relaxamento conjunto pode facilitar uma ótima comunicação, o que pode começar durante a atividade de relaxamento e continuar muito além dela.

RESUMO

- Crenças negativas sobre a habilidade de se comunicar podem impedir os indivíduos de se colocarem em situações sociais ou circunstâncias em que precisariam se comunicar – isso pode dar início a um ciclo de isolamento.
- Para acessar o modo adaptativo com indivíduos que têm dificuldades na comunicação, comece com alguma coisa baseada na ação: assistam a um vídeo, escutem uma música, façam uma caminhada.
- Demonstrar empatia e fazer tentativas frequentes de entender podem reduzir o estresse de um indivíduo e mostrar que os outros se importam, estão interessados e querem se conectar.
- O fundamental para acessar e energizar de forma contínua e regular o modo adaptativo de um indivíduo é tirar conclusões sobre capacidade, pertencimento, sucesso e os benefícios de se conectar com os outros.
- As aspirações fornecem papéis sociais para que uma pessoa possa realizar seu melhor *self* e lutar contra a desconexão e outros fatores que tornam o discurso difícil.
- Crenças positivas sobre conexão, capacidade e pertencimento podem ajudar a construir resiliência para quando surgem desafios – como estresse e coisas que não dão certo.

11

Empoderando quando trauma, autoagressão, comportamento agressivo ou uso de substância é o desafio

Ela não queria falar a respeito. Parecia que todos os outros queriam falar sobre isso. O que aconteceu? Quem? Por quê? Onde? Com que frequência? Quem se importa! Por que isso importava? Por que ela se importava? Algumas vezes ela não sentia nada. Algumas vezes tudo ao mesmo tempo. Raiva, tristeza, indiferença, desapontamento, culpa, vergonha. Algumas vezes os sentimentos se acumularam com o tempo; algumas vezes eles se chocaram como uma onda. Havia todos os tipos de pensamentos: Por que ela? É claro, ela. Nada bom. Ruim. Estúpido. Por que não ela? Outros passaram por coisas piores. As pessoas incomodam os outros da forma como a incomodam? Ela tentou tantas coisas para mostrar sua força: algumas vezes sendo forte contra si mesma, algumas vezes forte contra os outros, algumas vezes com o que ela consumia. Ninguém mais parece ver essas coisas como força. Ela não queria falar sobre isso. Então por que parece que isso está por todo lado? Seu terapeuta sabia que ela não queria falar sobre isso. Mas – o que ela *queria*?

A experiência de trauma – seja ela diagnosticamente significativa ou não – pode impactar a percepção que um indivíduo tem de si mesmo, dos outros, do futuro e do mundo. As reações a essas experiências traumáticas podem incluir: causar dano a si mesmo, reagir contra os outros e voltar-se para substâncias como uma solução (Center for Substance Abuse Treatment, 2014). Embora esses desafios possam se apresentar independentemente de trauma, costumam aparecer juntos (Beck et al., 2014), e há sobreposição considerável na compreensão deles. Neste capítulo, mostramos como pensamos sobre trauma e como cada estágio da terapia cognitiva orientada para a recuperação pode ser usado para abordar crenças subjacentes comuns. Consideramos, então, como usar a CT-R para entender e empoderar os indivíduos que se engajam em comportamento autoagressivo, agressão e uso de substância.

Dadas as complexidades associadas a todos esses tópicos, é importante deixarmos claro que estamos nos referindo à experiência de trauma de forma abrangente. Para alguns, o impacto do trauma deve satisfazer os critérios para transtorno de estresse pós-traumático (TEPT; American Psychiatric

Association, 2013). Nessas circunstâncias, alguns indivíduos podem querer abordar o trauma diretamente por meio de tratamento para TEPT baseado em evidências, como a terapia do processamento cognitivo (Resick, Monson, & Chard, 2017) ou a exposição prolongada (de Bont et al., 2013). Os métodos para estes e outros tratamentos de trauma vão além do escopo deste livro.

Neste capítulo, primeiramente descrevemos uma compreensão cognitiva básica do trauma e como os procedimentos da CT-R podem ser usados para abordar alguns desafios específicos. Depois disso, focamos na aplicação da CT-R ao comportamento autoagressivo, à agressão e ao uso de substância. Nosso foco tem âmbito reduzido, mas reconhecemos as vastas e variadas abordagens usadas para lidar com esses desafios.

COMO PENSAR SOBRE TRAUMA

Muitos indivíduos com problemas de saúde mental graves e aqueles que apresentam desafios complexos já tiveram experiências percebidas como traumáticas. As experiências traumáticas podem variar desde físicas, sexuais e abusos emocionais até acidentes, hospitalização, pobreza, violência na comunidade, etc. Indivíduos que experimentaram um evento traumático provavelmente tiveram múltiplas experiências como esta (van den Berg & van der Gaag, 2012). Algumas vezes você nem sempre sabe exatamente o que aconteceu porque, como a mulher descrita no começo, a pessoa não quer falar sobre isso. Mas você pode imaginar: o comportamento que estou vendo é porque essa pessoa sofreu? Seja em um aspecto ou em muitos aspectos, uma vez ou repetidamente, você pode se perguntar se a abordagem que está usando é informada pelo trauma.

O impacto da experiência da pessoa está sendo considerado? Na CT-R, uma abordagem informada pelo trauma é aquela que considera as formas pelas quais eventos difíceis impactaram o modo como um indivíduo se sente, pensa e interage com o mundo. Essas formas podem dificultar o progresso na direção de uma vida mais significativa.

As crenças comuns resultantes de trauma incluem:

Autoconceito
- ✓ Isso deve ter sido minha culpa.
- ✓ Eu sou inútil.
- ✓ Eu sou fraco.

Segurança
- ✓ Eu estou inseguro.
- ✓ As pessoas são perigosas, e não se pode confiar nelas.
- ✓ Não há nada que eu possa fazer para me manter seguro.

Conexão
- ✓ Os outros não entendem.
- ✓ Os outros vão se aproveitar de mim.

Controle
- ✓ O mundo é imprevisível e inseguro.
- ✓ Não posso fazer as coisas que quero fazer.
- ✓ Não adianta tentar; não consigo obter o que quero.

Alguns dos sentimentos associados a experiências de trauma incluem medo, choque, tristeza, desconfiança, paranoia, vergonha e solidão. Nas tentativas de entenderem suas experiências, os indivíduos podem traduzir essas emoções intensas e desagradáveis para pensamentos sobre si mesmos, sobre os outros e sobre o mundo. Os pensamentos comuns giram em torno de *autoconceito* e *valor* (p. ex., "Isso deve ter sido minha culpa", "Eu sou inútil", "Eu sou fraco"), *segurança* (p. ex., "Eu estou inseguro", "As pessoas são perigosas, e não se pode confiar nelas", "Não há nada que eu possa fazer para me manter seguro"), *conexão* (p. ex., "Os outros não entendem", "Os outros vão se aproveitar de mim") e *controle* (p. ex., "O mundo é imprevisível e inseguro", "Não posso fazer as coisas que quero fazer", "Não adianta tentar, não consigo obter o que eu quero de jeito nenhum"). Se a pessoa acredita que não tem valor, não está segura, está desconectada e sem controle, não é de admirar que ela não veja esperança para o futuro. Em resposta a essa forma de ver o mundo, as pessoas tentam se manter seguras e recuperar o controle sobre suas experiências. Elas podem se isolar e parar de cuidar de si mesmas, fechar-se na presença de conflito, causar dano a si mesmas, machucar outras pessoas ou engajar-se em comportamentos sexualmente expressivos ou na busca frequente de que os outros as tranquilizem (Beck et al., 2014).

Para indivíduos com problemas de saúde mental graves, as crenças enraizadas no trauma podem estar subjacentes a alguns dos seus desafios, como o acesso reduzido a motivação, afastamento social, expectativas reduzidas de prazer, energia reduzida e comunicação reduzida. As vozes podem repetidamente dizer coisas sobre o(s) evento(s) traumático(s) ou as crenças que os indivíduos desenvolveram como consequência (Romme & Escher, 1989). Crenças expansivas podem ser expressas para proteger contra danos futuros. A paranoia pode atingir extremos.

Essa lista não é exaustiva, mas é importante que cada um desses aspectos seja considerado enquanto você desenvolve sua compreensão rica de cada indivíduo que atende. A forma como a pessoa percebe e responde ao trauma informa a sua abordagem para o empoderamento.

O QUE FAZER EM MEIO AOS DESAFIOS

Independentemente de como os desafios se apresentam, cada estágio da CT-R oferece oportunidades de usar a descoberta guiada (ver Capítulo 6) para fortalecer as crenças positivas e mudar aquelas enraizadas no trauma de uma maneira que inspire ação. Em particular, a CT-R aborda crenças baseadas no trauma relacionadas ao autoconceito, à segurança com os outros, ao controle e ao poder.

Acessando e Energizando o Modo Adaptativo

Como o acesso ao modo adaptativo (ver Capítulo 3) evoca pontos fortes, habilidades e crenças positivas sobre capacidade, ele oferece uma oportunidade natural para tirar conclusões em torno do autoconceito e do valor. Para indivíduos que têm sucesso no papel de especialista, você pode fazer perguntas sobre ele: "O que diz sobre você o fato de ter nos ensinado a vencer esse nível do seu jogo de *videogame*?". Você também pode fazer perguntas sobre o impacto do indivíduo nos outros: "O que isso diz sobre a sua capacidade de ensinar os outros? Você acrescentou muito valor ao nosso grupo, o que acha?". Para energizar o modo adaptativo, você pode perguntar: "Você disse que se sente com valor e gosta de estar contribuindo quando está jogando *videogame* e nos ensinando. Imagino que você também se sente orgulhoso, não é mesmo? Valeria a pena fazer isso com mais frequência?". Quanto mais os indivíduos se engajam em atividades que os fazem se sentir orgulhosos e importantes, mais oportunidades você terá de fortalecer essas crenças e combater a desvalorização.

Acessar e energizar o modo adaptativo também pode proporcionar experiências seguras com outras pessoas que ajudam a mudar as crenças sobre a periculosidade dos outros – por exemplo, engajando-se em atividades prazerosas com outras pessoas, os indivíduos estão experimentando segurança em um grupo. Você não deve chegar à conclusão de que todos são seguros; em vez disso, "embora possa haver no mundo pessoas que causem danos, este *nem sempre* é o caso". Portanto, talvez "valha a pena engajar-se com outras pessoas algumas vezes simplesmente porque pode ser divertido".

Igualmente, conexão e confiança são fundamentais ao acessar e energizar o modo adaptativo. Se a mulher que inicialmente não quer falar sobre o que experimentou decidisse abordar o trauma diretamente, como isso seria possível na ausência de conexão e confiança? Em um nível mais global, os procedimentos de acesso e energização podem demonstrar que de fato existem pessoas que estão interessadas em conhecê-la, em conhecer seus interesses e suas habilidades e que os outros na verdade *podem* e *realmente* a valorizam e a entendem. Isso tem grande impacto mesmo que o indivíduo jamais queira falar sobre o trauma.

Os indivíduos podem experimentar maior controle e previsibilidade durante esse estágio. O controle provém de escolher atividades preferidas, decidir quando e com quem realizá-las e estar no papel de especialista para ensinar os outros. A previsibilidade pode vir das intervenções, tais como programação de ação positiva, em que a pessoa planeja a próxima experiência positiva com antecedência. Ao escolherem se engajar em seus interesses ou usar suas habilidades, os indivíduos também podem tirar conclusões de que estão no controle das suas reações emocionais – eles podem superar o estresse, gerar sua própria energia e promover emoção positiva.

Desenvolvendo o Modo Adaptativo – Aspirações

As aspirações (ver Capítulo 4) fornecem esperança, e há grande poder em realizar o significado da aspiração. Quando os indivíduos compartilham suas aspirações altamente valorizadas, você obtém uma perspectiva de como eles querem se ver e como esperam que os outros os vejam. Enquanto vocês colaborativamente criam imagens de recuperação vívidas e detalhadas, você também pode colaborar na narrativa que o indivíduo espera contar para apoiar sua autovalorização – por exemplo, você pode perguntar: "O que significaria sobre você conquistar isso?" ou "O que isso diria sobre o seu valor como pessoa?" ou "Que benefício você pode proporcionar a outras pessoas se perseguir esse sonho?". Isso pode informar como você usa a descoberta guiada quando o indivíduo der os passos na direção da realização no estágio seguinte.

Quando os indivíduos compartilham suas aspirações, isso pode reforçar a conexão mútua e a confiança. É preciso muita confiança para que a pessoa possa revelar seus desejos significativos em primeiro lugar, mas ainda mais quando o trauma impactou suas crenças sobre os outros como desinteressados, nocivos ou perigosos. Enriquecer as aspirações por meio do imaginário e identificar as emoções positivas que estão conectadas com a aspiração convida a pessoa a ficar ainda mais vulnerável. Compartilhar isso exitosamente proporciona maior oportunidade para fortalecer crenças como: "Os outros se importam com o que eu quero", "Os outros podem me entender e também o que é importante para mim" e "Vale a pena compartilhar com os outros".

Associadas a isso estão as crenças em torno da segurança – ter a experiência de estar seguro emocionalmente para compartilhar desejos significativos profundos com alguém e tê-los respeitados. Para chamar a atenção da pessoa para isso, você pode dizer: "Como foi compartilhar isso comigo agora? Parece que o fato de falar sobre isso deixou você animado! Estou animado por trabalhar junto com você para que possa chegar lá! Isso foi melhor do que você esperava?".

Desenvolver aspirações também pode mudar as crenças sobre poder e controle, pois o indivíduo é quem determina quais missões ele gostaria de perseguir. Isso o coloca na posição de líder e especialista na sua própria recuperação, e você na posição de parceiro colaborativo. No papel de líder, a pessoa pode guiar a interação e o seu futuro – por exemplo, você pode chamar a atenção do indivíduo para isso dizendo: "Ninguém sabe o que você quer para o futuro melhor do que você. Eu apenas conheço algumas formas como outras pessoas conseguiram realizar suas aspirações. Assim, acho que juntos poderíamos formar um ótimo time. O que você acha?". Se os indivíduos mudarem de ideia sobre o que gostariam no futuro, você tem outra oportunidade de enfatizar o controle que eles têm. Perguntar sobre aspirações foca a atenção em alguma coisa que a pessoa quer ou espera. Coloca o trauma em perspectiva e inspira a ideia de que o trauma que uma pessoa experimentou não a define nem define a sua vida.

As intervenções específicas para desenvolver e enriquecer as aspirações em meio aos desafios incluem técnicas para recordar a(s) aspiração(ões) e o imaginário associado, tais como o uso de cartões de empoderamento ou quadros de visualização. Quando surgirem dúvidas ou medo, o indivíduo pode usar essas ferramentas com o objetivo de redirecionar o foco da sua atenção para suas aspirações e seus respectivos significados.

Praticando o Modo Adaptativo

Divida as aspirações em passos e adote medidas em direção a elas ou aos seus significados (ver Capítulo 5). Isso proporcionará algumas das melhores oportunidades para fortalecer crenças de empoderamento e combater aquelas desenvolvidas como resultado do trauma. Você pode dizer: "Quando começamos, você não tinha certeza de ser capaz de dar até mesmo pequenos passos em direção aos seus objetivos. Agora você está realizando alguma coisa todos os dias. O que isso diz sobre você?". Para indivíduos que tinham crenças sobre não merecerem coisas boas ou não serem dignos de viver uma vida significativa, você pode dizer: "O que atingir esse passo significa sobre a sua capacidade de realizar seu sonho?" ou "Você disse que se sente bem e forte por ter dado os passos que o deixam mais próximo da sua aspiração. Você tinha o sonho; deu os passos e colheu os frutos. Parece que você merece mais do que imaginava. O que acha disso?".

A busca colaborativa das aspirações oferece oportunidades para os indivíduos verem que nem todas as pessoas são más ou perigosas, neutralizando crenças sobre segurança. As crenças sobre conexão também podem ser fortalecidas, pois vocês estão trabalhando juntos na direção de um objetivo comum. Dar os passos na direção das aspirações pode ser assustador ou intimidador – dar passos ativos com alguém que compreende pode aliviar a tensão e fortalecer as conclusões de que vale a pena fazer coisas com os outros.

Praticar o modo adaptativo também pode combater crenças derrotistas e aumentar o senso de controle do indivíduo sobre o futuro. Os indivíduos podem fortalecer crenças como: "Eu sou aquele que deu esses passos, portanto estou assumindo controle sobre o meu sucesso". O sucesso na busca das aspirações também pode ajudar os indivíduos a se sentirem no controle apesar do trauma: "Eu posso viver bem apesar do que aconteceu comigo. Realizando as coisas que são importantes para mim, eu não sou uma vítima". As experiências positivas parecem mais previsíveis porque elas são planejadas. Sucesso e ação são mais consistentes, o que pode fortalecer as crenças de controle e segurança.

É durante o estágio de prática que você pode ativamente trabalhar junto com os indivíduos para superar os desafios. Isso oferece o contexto para o desenvolvimento de crenças de empoderamento especificamente relacionadas ao que estiver impactando o movimento na direção das aspirações – por exemplo, alguns podem tirar conclusões como: "Eu sou forte e capaz de me manter seguro sendo assertivo, o que, em última análise, me deixa mais próximo dos meus objetivos" ou "A pessoa que tem mais controle da situação é aquela que não reage com hostilidade. Redirecionar o foco para o que é importante para mim me dá poder e me deixa mais próximo de onde eu quero estar".

Como um indivíduo compartilhou conosco: "Uma das minhas coisas favoritas sobre a CT-R é que ela não focou no que aconteceu comigo tanto quanto focou em como o que aconteceu comigo impacta a minha vida agora". O que você poderá descobrir é que percorrer os passos da CT-R é suficiente para ajudar uma pessoa a seguir em frente, seguir sua vida e construir resiliência sem se aprofundar em detalhes. Para outros, o processo da CT-R os faz avançar o suficiente para que então decidam que estão prontos para processar seu trauma em um nível mais profundo. Em ambas as situações, a missão permanece sendo sua busca das aspirações e viver a vida significativa da sua escolha. Eles finalmente estão no controle da sua história.

Em suma, as estratégias e técnicas da CT-R são inerentemente informadas pelo trauma. Portanto, quando desafios como autoagressão, agressão ou uso de substância são o problema, as crenças associadas ao trauma são prontamente inseridas na formulação. As próximas seções abordam as nuances de como entender esses desafios particulares e o que você pode fazer para facilitar o empoderamento.

COMO PENSAR SOBRE COMPORTAMENTO AUTOAGRESSIVO

Comportamentos autoagressivos incluem ações feitas contra si mesmo, tais como se cortar, se queimar, engolir objetos, inserir objetos no corpo, bater a cabeça, etc. Nesta seção, estamos explicitamente nos referindo à autoagressão não suicida (Nock, 2009), isto é, os indivíduos não estão se engajando em autoagressão com a intenção ou esperança de se matar. Isso não significa que os comportamentos sejam superficiais – de fato, muitos atos de autoagressão têm potencial para desfechos graves não intencionais (Hooley & Franklin, 2017), fazendo deles o mais importante a ser entendido. Pode parecer que esses comportamentos ocorrem de modo aleatório ou imprevisível, mas o uso de uma abordagem de CT-R pode ajudá-lo a entender o que uma pessoa pode estar experimentando que a leva à autoagressão. Nossa compreensão do comportamento autoagressivo (ver Figura 11.1) começa pelas vulnerabilidades básicas dos indivíduos: crenças que eles têm sobre si mesmos, sobre os outros e sobre o mundo. As crenças comuns associadas à autoagressão incluem não ter valor, não ter controle, merecer mágoa ou dor e não ser cuidado pelos outros. Pode haver uma expectativa de que os outros irão rejeitá-los e de que o futuro é desalentador (Beck et al., 2014).

Considerando essas expectativas negativas, os indivíduos podem se tornar hipervigilantes – isto é, podem procurar evidências que reforcem suas crenças e expectativas. Exemplos disso podem ser determinar que o fato de um familiar não atender um telefonema é intencional e pessoal ou que um membro da equipe que pede que o indivíduo espere um minuto antes de responder a uma pergunta é uma rejeição. Quando ocorrem essas depreciações percebidas, os indivíduos podem se sentir diminuídos, desvalorizados, vulneráveis e impotentes. Algumas vezes, os indivíduos estão avaliando corretamente a situação, mas algumas vezes esta é uma interpretação equivocada baseada na sua expectativa de como as coisas são.

Em qualquer um dos casos, quando ocorre um evento que desencadeia essas vulnerabilidades, duas coisas acontecem: a pessoa experimenta um impulso de se machucar, e outro conjunto de crenças especificamente relacionadas à autoagressão é ativado (p. ex., "Isso nunca vai melhorar"; "Esta é a única coisa que funciona"; "Não aguento isso [as emoções intensas, a rejeição]"; "Nada mais me conforta"; ou "Se eu agir agora, o impulso vai parar"). O indivíduo, então, age.

> As crenças comuns subjacentes à autoagressão não suicida incluem:
>
> *Crenças sobre si mesmo*
> ✓ Eu não tenho valor.
> ✓ Eu não tenho controle.
> ✓ Eu mereço danos ou dor.
>
> *Crenças sobre os outros*
> ✓ Ninguém se importa comigo.
> ✓ Os outros vão me rejeitar.
>
> *Crença sobre o futuro*
> ✓ O futuro é desalentador.
>
> *Crenças sobre autoagressão*
> ✓ Nada mais me conforta.
> ✓ Se eu agir, o impulso vai parar.

Impulso → Vulnerabilidade básica → Hipervigilância → Evento atual ou má interpretação → Autoagressão

FIGURA 11.1 O modelo da autoagressão.

No momento, a autoagressão proporciona o alívio do impulso e da angústia e pode desviar a atenção da pessoa do evento imediato. Também pode dar ao indivíduo a experiência de controle – controle sobre o impulso e sobre os outros. As pessoas na vida do indivíduo frequentemente respondem a um ato de autoagressão de formas muito previsíveis (p. ex., correm para o lado do indivíduo, e, dependendo da gravidade, a pessoa recebe cuidados em um hospital). No entanto, esses benefícios são de curta duração. O alívio temporário é algumas vezes completamente eclipsado por sentimentos de vergonha, decepção, tristeza, desconexão e outras emoções que podem voltar a desencadear as vulnerabilidades, levando a um ciclo de repetida autoagressão. O impulso pode ressurgir em algum ponto do ciclo, tornando a experiência ainda mais intensa.

O QUE FAZER – EMPODERAMENTO PARA COMPORTAMENTO AUTOAGRESSIVO

As vulnerabilidades básicas são alvos clínicos importantes para intervenção. Experiências que reforçam conexão, controle e esperança podem ser incrivelmente empoderadoras e levam a novas perspectivas.

Acessando e Energizando o Modo Adaptativo

Como a principal origem da autoagressão é a desconexão e a rejeição percebidas, os métodos para acessar o modo adaptativo são muito importantes. Esses métodos unem as pessoas, mostram que você e o indivíduo têm mais em comum do que podem imaginar e podem colocar o indivíduo em um papel de especialista. Ele pode, então, experimentar controle sobre como as interações com os outros irão ocorrer. Estar no modo adaptativo também envolve experimentar energia e emoções positivas que podem ser usadas para reduzir a intensidade dos impulsos de autoagressão ou afastá-los completamente. Energizar o modo adaptativo por meio do planejamento continuado do engajamento em atividades de conexão prazerosas aumenta ainda mais o controle, criando maior previsibilidade sobre o futuro. Para a maioria dos indivíduos, ter experiências positivas esporádicas é insuficiente e pode até mesmo levar a sentir que o futuro é ainda mais imprevisível. Os indivíduos podem não ter certeza de quando irão experimentar alívio positivo novamente e, portanto, continuam a se voltar para a autoagressão. Entretanto, energizar o modo adaptativo transmite a confiança de que o bem voltará a acontecer. Ao planejar se engajar nessas experiências positivas regularmente, é o indivíduo que está no controle. Proporcionar o máximo possível de oportunidades para os indivíduos escolherem o que farão e como isso ocorrerá é um elemento importante. Ter opções é uma forma de ter maior controle.

As técnicas para acessar o modo adaptativo devem ser usadas para iniciar cada interação com um indivíduo. Este deve ser o caso mesmo que um incidente com danos tenha ocorrido recentemente – talvez seja ainda mais importante nessas circunstâncias. Abrir uma sessão ou encontro com um indivíduo perguntando a respeito da fofoca mais recente sobre uma celebridade ou perguntando se ele tem alguma brincadeira para compartilhar demonstra que os interesses do indivíduo e a conexão que vocês compartilham são mais importantes. Isso pode modificar as expectativas sobre rejeição, mudando de crenças como "Se eu ferir a mim mesmo, até meu terapeuta vai me abandonar" para "Mesmo que eu me machuque, as pessoas ainda se preocupam comigo como uma pessoa na sua totalidade". Fazer a abertura com essas estratégias pode ajudar aqueles que estiveram em crise recentemente ou estão se sentindo desesperançados a construir energia e recursos cognitivos suficientes para falar sobre o que aconteceu e que acabou levando à autoagressão.

Em ambientes hospitalares, as pessoas podem ser colocadas em forte vigilância ou ter a equipe por perto o tempo todo depois de um incidente de autoagressão grave. A equipe de cuidados diretos pode manter os indivíduos no modo adaptativo durante essas mudanças por meio do engajamento em atividades (p. ex., jogando cartas, criando arte, ouvindo música) ou criando planos de ação para quando o indivíduo voltar a buscar seus interesses. Juntos, o indivíduo e a equipe não falam sobre o trauma ou sobre o incidente de autoagressão; em vez disso, focam em manter viva a conexão.

Desenvolvendo o Modo Adaptativo – Aspirações

O segredo para a mudança duradoura é ter um senso de propósito e uma razão motivadora poderosa para fazer alguma coisa que não seja a autoagressão. As aspirações fornecem essa força motivadora.

Desenvolver uma imagem vívida dos desejos futuros é uma técnica importante. Os indivíduos podem usar essas imagens quando surgirem situações que de outra forma poderiam levar à autoagressão. A imagem do que o indivíduo quer fazer ou obter no futuro é melhor quando realmente bem desenvolvida. Como seria o futuro? O que ele poderia fazer? Com quem ele estaria?

Ele consegue imaginar como se sentiria? A pessoa pode imaginar se sentindo feliz, amada, valorizada e no controle. Esta deve ser uma imagem que, quando o indivíduo pensar nela, lhe proporcione uma sensação de alívio, alegria e esperança no momento. Por essa razão, as imagens de recuperação podem ajudar os indivíduos a vencerem impulsos e experimentarem maior controle e poder sobre as emoções negativas.

Se uma pessoa é capaz de usar essa abordagem com sucesso, você pode ajudá-la a tirar conclusões sobre sua capacidade e sobre como vale a pena focar no futuro. Com repetidos sucessos, os indivíduos podem tirar ainda mais conclusões sobre sua própria resiliência diante do estresse.

As aspirações também podem fornecer o contexto para usar solução de problemas, relaxamento, *grounding* ou outras habilidades que ajudam os indivíduos a vencerem os impulsos. Algumas vezes, os indivíduos terão aprendido essas diferentes habilidades de mente-corpo na terapia ou por meio de leituras. No entanto, quando o impulso surge, nem sempre está evidente para o indivíduo por que vale a pena usar a habilidade em vez de se ferir. As aspirações são pessoais e significativas, então para muitos elas podem ser o motivo pelo qual vale a pena usar as habilidades que eles têm. Então, depois que os indivíduos usaram uma habilidade para superar ou se desviar do impulso, as aspirações são alvos irrefutáveis para redirecionar a energia. Um indivíduo pode utilizar a energia que estava colocando nos pensamentos e emoções negativos e, em vez disso, usá-la em ações motivadas pelas aspirações.

Praticando o Modo Adaptativo

O redirecionamento da atenção para as aspirações envolve planejar e dar os passos na sua direção. Agir na direção das aspirações proporciona um senso de propósito na vida. Os indivíduos não têm que apenas imaginar como seria ser útil, valoroso, forte ou conectado, pois eles podem experimentar isso a cada passo adiante. As técnicas que são particularmente úteis para indivíduos que apresentam autoagressão são a programação de ação positiva e o estabelecimento de um papel significativo no contexto do tratamento, na comunidade ou com a família.

Ambas as técnicas implicam que a pessoa assuma o controle e encontre maneiras de pertencer sem que a conexão esteja baseada em danos. Quando os indivíduos se deparam com experiências difíceis (p. ex., rejeição de um familiar, o estresse de se candidatar à faculdade), técnicas como dramatização podem ser úteis para encontrar diferentes opções de resposta. Se um indivíduo responde ao estresse usando autoagressão durante esse processo, você pode usar uma análise em cadeia (ver Capítulo 6) para entender melhor o que levou a isso, dessa forma melhorando ou confirmando o seu entendimento.

Fortalecendo o Modo Adaptativo

As conclusões que podem ser tiradas por meio da sua colaboração com os indivíduos incluem:

- "Eu posso ter mais controle do que imaginava."
- "Pode valer a pena fazer coisas com e para os outros."
- "Algumas vezes as pessoas podem rejeitá-lo, mas isso não significa que todos farão isso. E não significa que eu sou um completo fracasso."

A cada passo, você pode perguntar aos indivíduos o que diz sobre eles o fato de terem sido capazes de dar os passos na direção de suas aspirações. Quando surgirem dificuldades ou estresse e os indivíduos usarem métodos de resiliência novos ou diferentes, você pode perguntar: "Como foi fazer alguma coisa de forma diferente? Foi melhor ou pior do que você imaginava?" e "O que diz sobre você o fato de ter sido capaz de fazer isso em vez de se machucar?". Quando as pessoas tiverem períodos mais longos de sucesso, você pode chamar sua atenção para a diferença entre a época em que vocês começaram e onde elas se encontram agora: "O que você está experimentando agora que não experimentava antes?". Você pode, então, fazer uma reflexão sobre o valor que os indivíduos atribuem às suas experiências de controle, propósito, conexão ou o que quer que atribuam às suas realizações. De tais experiências, vimos que o propósito é especialmente efetivo para ajudar os indivíduos a irem além do ciclo de autoagressão e prosseguirem com a vida que sempre desejaram, mas achavam que jamais poderiam ter.

COMO PENSAR SOBRE AGRESSÃO

O comportamento agressivo é outro desafio para os indivíduos, as famílias e os profissionais. Os indivíduos podem ameaçar os outros, causar danos físicos às pessoas, danificar propriedades, etc. Como a autoagressão, os atos de agressão podem ser imprevisíveis, acontecendo sem aviso prévio.

No entanto, existem maneiras de entender por que alguém age com agressão (ver Figura 11.2). A progressão desde as crenças e vulnerabilidade até a agressão segue um caminho semelhante ao da autoagressão –

```
          Vulnerabilidade básica

          Hipervigilância

          Evento atual ou
          má interpretação

          Comportamento agressivo
```

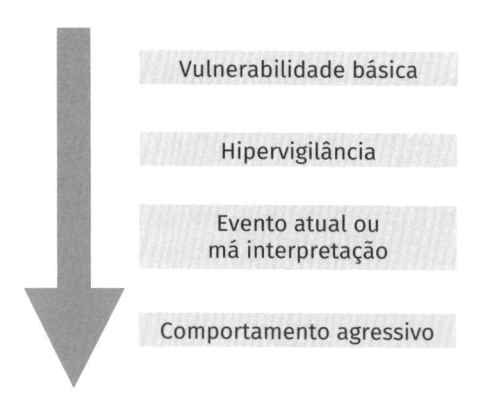

FIGURA 11.2 O modelo da agressão.

contudo, há considerações adicionais para o que podem ser as crenças motivadoras. Os indivíduos podem se tornar agressivos quando se sentem com medo, ameaçados ou suscetíveis ao perigo proveniente dos outros. Isso também pode ocorrer quando os indivíduos estão frustrados ou se sentem bloqueados em um objetivo ou em ter satisfeita uma necessidade. Desrespeito e sentir-se desvalorizado podem ser outros desencadeantes. Crenças em torno de impotência, não ter controle, fraqueza ou estar vulnerável também podem estar envolvidas. Os indivíduos podem experimentar os outros como controladores, depreciativos ou rechaçantes. Isso também pode conduzir a crenças baseadas em segurança e proteção, como: "Você precisa atacar as pessoas antes que elas ataquem você" e "É melhor afastar as pessoas do que ficar vulnerável e ser machucado".

Em resposta a essas crenças, os indivíduos podem se preparar mentalmente para que elas aconteçam – colhendo em suas mentes exemplos de ameaças reais ou percebidas ou repetidamente revendo em sua mente antigas ameaças ou rejeições. Os indivíduos podem, com efeito, tornar-se hipersensíveis a rejeição ou ameaça, vendo a sua presença onde na verdade não existem (Beck, 1999).

Os motivadores e crenças comuns subjacentes à agressão incluem:

Motivadores de agressão
- Ter medo, sentir-se ameaçado ou em perigo com os outros.
- Sentir-se frustrado; impedido de um objetivo.
- Sentir-se impedido de ter uma necessidade satisfeita.
- Sentir-se desrespeitado e desvalorizado.

Crenças sobre si mesmo
- Sou impotente.
- Não tenho controle.
- Sou fraco e vulnerável.

Crenças sobre os outros
- Você precisa atacar as pessoas antes que elas o ataquem.
- É melhor afastar as pessoas do que ser machucado.
- As outras pessoas se aproveitam de você ou o prejudicam.

Crenças sobre o futuro/mundo
- O mundo é perigoso.
- Se eu não lutar, sem dúvida serei prejudicado.

O QUE FAZER – EMPODERAMENTO PARA AGRESSÃO

Intervenções que oferecem uma experiência oposta à que o indivíduo espera podem afastar os desencadeantes de agressão. Isso envolve repetidas experiências de conexão *versus* rejeição e ter controle *versus* ser dominado. O redirecionamento do foco para a vida desejada pelo indivíduo fornece motivação constante para responder de forma diferente.

Acessando e Energizando o Modo Adaptativo

O ponto de partida e espírito motivador da CT-R é a conexão, e o desejo de se conectar não é diferente nos que respondem com agressão daqueles que experimentam outros desafios. Isso apresenta um enigma interessante. Esses indivíduos podem desejar se conectar, mas sua expectativa é a de que serão rejeitados, e comportamentos agressivos frequentemente têm o efeito de afastar as pessoas ou mantê-las a uma distância. Isso cria um ciclo de verificação da expectativa do indivíduo de que será rejeitado ou ficará sozinho, resultando em agressão continuada ou afastamento das outras pessoas.

As técnicas que ativam o modo adaptativo criam a experiência contrária. A conexão genuína por meio de interesses compartilhados ou convidando o indivíduo a ensiná-lo permite que a pessoa experimente inclusão e respeito. Os indivíduos se sentem entendidos por seus pontos fortes e interesses, em vez de apenas pelos desafios que experimentam ou comportamentos que exibem. Isso combate crenças de que ninguém se importa ou de que eles não são suficientemente bons.

Você precisa chamar a atenção do indivíduo para esses momentos a cada vez: "Isso é divertido! Se não fosse por você, eu jamais saberia como fazer isso. O que pensa disso?" e "Obrigado por me ajudar, você realmente é um bom professor, não acha?". Outras crenças que você pode fortalecer incluem:

- "Eu não estou sozinho."
- "Eu tenho alguma coisa em comum com as outras pessoas."
- "As outras pessoas vão me ouvir."
- "As outras pessoas respeitam a minha opinião."
- "Eu posso fazer parte de um time."

Quando o indivíduo experimenta conexão, é especialmente importante fazer dela uma ocorrência mais consistente e previsível. Isso se torna um contraste poderoso com a expectativa de que o mundo é imprevisível – por exemplo:

Indivíduo: Todos adoram a minha torta de batata-doce!

Profissional: Mesmo? Você se importa se eu perguntar qual é a receita, ou é segredo?

Indivíduo: [Ri.] Não, não é segredo, você realmente acha que consegue fazer?

Profissional: Eu não sei, espero que sim!

Indivíduo: OK. [*Indivíduo e profissional examinam a receita; o profissional anota os passos.*]

Profissional: Oh, meu Deus! Quando eu fizer isso, posso tirar uma foto e mostrar para você?

Indivíduo: Claro! Seria divertido.

Profissional: Foi realmente divertido fazermos isso juntos. Você se divertiu também?

Indivíduo: Com certeza.

Profissional: Você acha que devemos fazer isto de novo em outro momento – examinar diferentes receitas que você conhece?

Indivíduo: Eu adoraria.

Profissional: Há outras pessoas que você acha que também gostariam de falar sobre culinária com você? Haveria alguém com quem você possa fazer isso antes do nosso próximo encontro?

Planejar conexão futura aumenta a sua previsibilidade; fazer o indivíduo descobrir o tipo de conexão (p. ex., compartilhar receitas) aumenta o controle. Sugerir que pode haver mais pessoas que desejam se conectar desse modo introduz a possibilidade de ampliar a conexão e as relações.

Você pode ter a preocupação de que usar técnicas de acesso e energização possa reforçar o comportamento agressivo. As atividades que ativam e energizam o modo adaptativo são agradáveis, mas é importante que não sejam vistas como recompensas por "bom" comportamento – ao contrário, elas têm valor terapêutico intencional e fornecem a base para o trabalho futuro juntos. De fato, a conexão previsível e consistente pode evitar que aconteçam comportamentos agressivos.

Desenvolvendo o Modo Adaptativo – Aspirações

Focar a atenção nas esperanças e nos desejos que podem ser perseguidos *junto* com outras pessoas reduz as crenças sobre não ter controle ou ser bloqueado pelos outros. O indivíduo está no assento do motorista, já que é a aspiração *deles*. A sua curiosidade sobre a aspiração e a ajuda para dar os passos da ação resultam em um grande time. Quanto mais vívida a imagem de recuperação, mais poderosa e efetiva ela será para motivar mudança positiva. Você pode usar a imagem da seguinte maneira:

Profissional: Quando você está sentado na sala de convivência, sentindo-se muito zangado com o que seu irmão lhe disse ao telefone, o que você pode fazer em vez de bater na parede ou se envolver em uma briga?

Indivíduo: Eu posso me imaginar no apartamento. Com meu primo me visitando. Ouvindo música. Decorando as paredes com fotos do meu gato.

Profissional: Isso parece ótimo. Qual será a melhor parte de pensar no apartamento decorado com as fotos do gato?

Indivíduo: Me faz lembrar que a outra coisa não vale a pena. O meu irmão não vai fazer com que eu tenha o meu apartamento. Eu vou. Ficar implicando também não vai me deixar mais próximo disso.

O uso bem-sucedido da imagem de recuperação dessa maneira ajuda a mudar as crenças sobre poder e controle. A pessoa mais forte é aquela que não reage e se mantém no controle.

Desenvolver e enriquecer aspirações também possibilita aos indivíduos experiências em que recebem respeito. Você está demonstrando que seus desejos são importantes e que pode ser seguro compartilhar desejos com os outros. Você pode guiar os indivíduos para que eles notem que são valorizados e que os outros não querem prejudicá-los.

Praticando o Modo Adaptativo

Para indivíduos que esperam rejeição e desprezo dos outros, a busca bem-sucedida das aspirações pode ampliar as conexões sociais, fortalecer relações existentes ou construir relações novas. Planejar e entrar em ação também dá continuidade ao tema do indivíduo assumir o controle sobre seu futuro. É nesse contexto que você pode introduzir métodos de redução do estresse (Varvogli & Darviri, 2011), comunicação assertiva (Bellack, Mueser, Gingerich, & Agresta, 2013) ou outras abordagens para lidar melhor com o estresse. Vale a pena usar uma técnica como relaxamento muscular progressivo (Jacobson, 1938) quando, por exemplo, os pais do indivíduo estão discutindo. Outra técnica é fazer anotações e se preparar para uma conversa difícil, como a que a pessoa deseja ter com seu chefe.

Quando as pessoas começam a fazer progresso na direção dos seus objetivos, aumenta a probabilidade de surgirem desafios. É muito importante demonstrar empatia genuína e compreensão, reiterar o valor da conexão e dar ao indivíduo oportunidade de assumir o controle sobre a sua história. Dois métodos para fazer isso são (1) resumir, testar, empatizar, empoderar e redirecionar o foco (STEER; em inglês, *summarize, test, empathize, empower, refocus*) e (2) análise em cadeia.

Resumir, Testar, Empatizar, Empoderar e Redirecionar o Foco

A escuta reflexiva é uma intervenção importante, e o método STEER tem especial utilidade quando um indivíduo está particularmente abalado. Você primeiro *resume* o que a pessoa diz ("Ouvi você dizer que todos querem atacá-lo e que ninguém se importa com você"). A seguir, *testa* para se certificar de que está entendendo a pessoa corretamente ("Eu entendi direito?"). Você então *empatiza*, fazendo uma afirmação que reflete como você imagina que ela se sente, e sugere que você mesmo se sentiria dessa maneira nas mesmas circunstâncias ("Imagino que isso deve ser muito solitário e frustrante. Acho que eu me sentiria da mesma maneira, considerando o que você disse"). Isso comunica ao indivíduo que você está tentando entender as coisas segundo a perspectiva dele. Ele está no controle dessa compreensão ao receber a chance de corrigir o que você disse. Empatizar não é dizer se você acha ou não que a pessoa está correta ou que suas ações estão corretas – significa que você consegue entender por que a pessoa experimenta as coisas como experimenta. Você pode repetir esses passos no processo quantas vezes for necessário para que o indivíduo se sinta ouvido e deixe você saber que entendeu corretamente. Com frequência você pode perceber que isso está acontecendo quando a postura do indivíduo relaxa, o tom de voz é reduzido, há aumento no contato visual, e o ritmo fica mais lento ou é interrompido.

Depois que o indivíduo se sente ouvido, você pode passar para intervenções que *empoderam*, guiando a pessoa para *redirecionar o foco* para a ação motivada pela aspiração – por exemplo: "Podemos experimentar alguma coisa juntos para você começar a se sentir um pouco melhor?". Juntando cada um desses passos, você pode dizer algo como: "Ouvi você dizer que ninguém se importa. Eu entendi direito? Imagino que você deve se sentir muito solitário e abalado. Também sei que ter esse apartamento maravilhoso repleto de fotos de gatos é incrivelmente importante para você. Podemos olhar algumas fotos agora e talvez identificar onde elas poderiam ficar na sua casa?". (Os passos STEER são ilustrados na Figura 11.3; ver Figura 11.4 para um exemplo clínico do processo.)

Propósito: Conectar-se e entender indivíduos que expressam ideias paranoides ou que podem estar especialmente agitados

Descrição: STEER significa <u>resumir</u>, <u>testar</u>, <u>empatizar</u>, <u>empoderar</u> e <u>redirecionar o foco</u>

Resumir	Testar	Empatizar	Empoderar e redirecionar o foco
Reflita sobre o que você ouviu a pessoa dizer.	Confirme se você entendeu ou não.*	Mostre que você consegue ver as coisas segundo a perspectiva dela e que entende como ela pode estar se sentindo.	Redirecione a energia para uma atividade agradável ou focada na aspiração.
	*Isso é muito importante – confirma o seu entendimento e dá o controle à pessoa.	Sentimentos comuns: com medo, sozinho, chateado, frustrado, desapontado e preocupado.	

Siga esses três primeiros passos quantas vezes forem necessárias até que a pessoa esteja visivelmente mais relaxada.

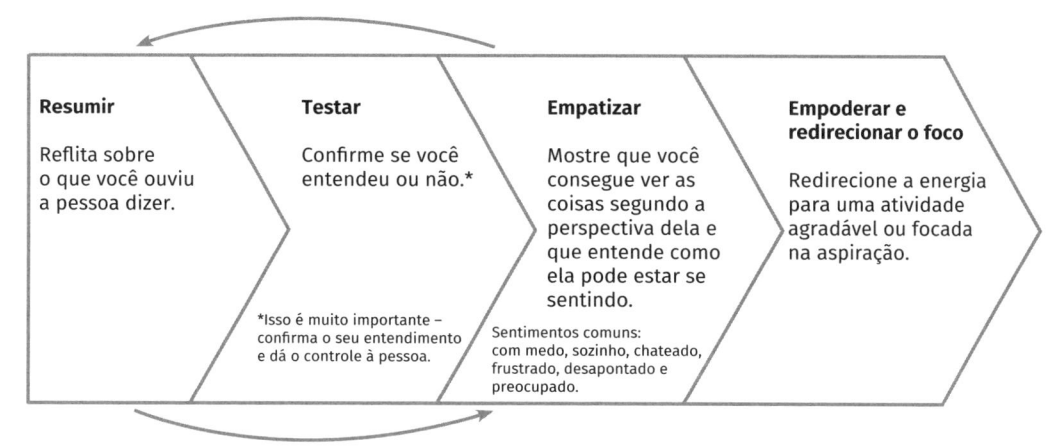

FIGURA 11.3 Os passos para o processo STEER.

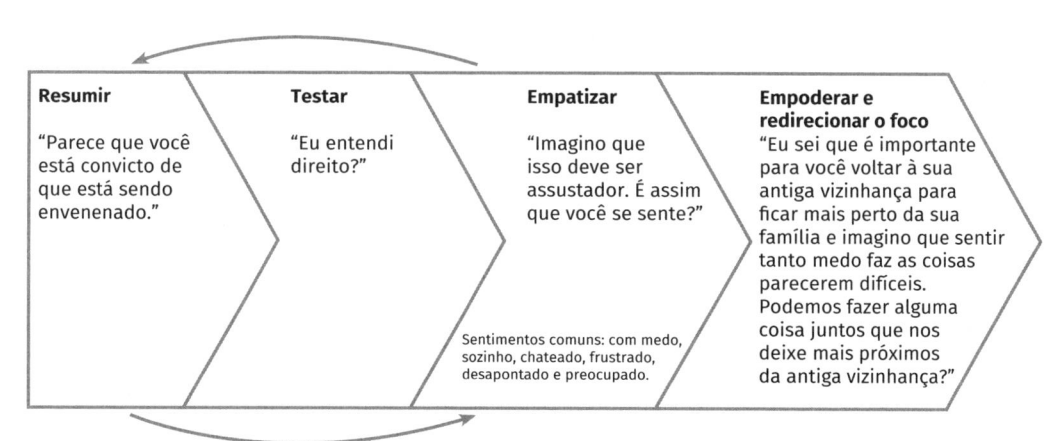

Resumir	Testar	Empatizar	Empoderar e redirecionar o foco
"Parece que você está convicto de que está sendo envenenado."	"Eu entendi direito?"	"Imagino que isso deve ser assustador. É assim que você se sente?"	"Eu sei que é importante para você voltar à sua antiga vizinhança para ficar mais perto da sua família e imagino que sentir tanto medo faz as coisas parecerem difíceis. Podemos fazer alguma coisa juntos que nos deixe mais próximos da antiga vizinhança?"
		Sentimentos comuns: com medo, sozinho, chateado, frustrado, desapontado e preocupado.	

Siga os três primeiros passos quantas vezes forem necessárias até que a pessoa esteja visivelmente mais relaxada.

FIGURA 11.4 Um exemplo clínico do processo STEER.

Análise em Cadeia

Você também pode usar uma análise em cadeia (Beck et al., 2014) para entender melhor as situações que surgem (ver Capítulo 6 para elaboração). Trabalhar com o que conduz a incidentes agressivos pode ajudar a determinar pontos adicionais para intervenção, tais como o momento em que seria bom usar estratégias de relaxamento – por exemplo, se uma pessoa indica que os encontros com a equipe de tratamento são momentos em que ela se sente fraca e precisa mostrar força e poder, sugira a prática de redução do estresse ou ensaie o que dizer antes do próximo encontro. Essas intervenções agora se encaixam em um contexto mais amplo. Ter um encontro com a equipe de tratamento sem se tornar agressivo deixa a pessoa mais próxima das suas aspirações e lhe dá controle e força em uma situação na qual ela previamente se via como vulnerável.

Fortalecendo o Modo Adaptativo

Fortalecer as crenças positivas sobre segurança, conexão, força e controle é fundamental para os indivíduos que respondem às situações com agressão. Crenças de resiliência também podem ser mais plenamente desenvolvidas, tais como: "Os outros podem esperar que eu reaja, mas eu posso mostrar o quanto sou forte vivendo uma ótima vida" ou "Só porque alguma coisa não saiu como eu queria, não significa que não exista muita coisa que quero tentar fazer". Crenças como estas e as outras destacadas durante os diferentes estágios da CT-R podem redirecionar o foco da energia, afastando-o do alvo da frustração e direcionando-o para o futuro.

COMO PENSAR SOBRE USO DE SUBSTÂNCIA

Há pessoas que passaram anos e décadas em um ciclo diário de uso de substância. Sua droga de escolha pode ser o álcool. Podem ser medicamentos que exigem prescrição, como oxicodona. Podem ser drogas de rua, como *crack*, cocaína, heroína ou K2. Algumas pessoas são sem-teto, vivendo na rua ou no mato. Outras vivem em comunidades ou em seu próprio apartamento, mas rejeitam manejo de caso. Elas podem não procurar ajuda de forma alguma. Elas muitas vezes têm outros desafios, alguns de saúde mental, alguns físicos, frequentemente relacionados aos anos de uso.

Apesar do que pode parecer ambivalência cultural (algumas substâncias são legais, algumas não), há estigma considerável em relação ao uso de substância (Birtel, Wood, & Kempa, 2017). A pessoa que usa substâncias pode se ver nestes termos: fraca, incapaz, dependente, inferior e sem esperança. O julgamento de si mesma pode ser duro; o julgamento dos outros – não só vivenciado, mas também previsto – pode ser extremamente severo. Para algumas pessoas, a desconexão pode estar na essência do uso contínuo de substância ou de recaídas frequentes. A pessoa pode se sentir envergonhada. Ela pode não confiar nos outros. Pode se sentir isolada. Pode sentir que os outros são capazes, enquanto ela não é. Suas crenças podem incluir: "Alguma coisa está errada comigo", "Os outros querem me machucar" ou "Não vale a pena estar perto de outras pessoas".

Uma contrapartida para essas crenças é o bem que a pessoa percebe que provém de cada ato de uso. Você precisa saber o que ela está obtendo. Qual é a melhor parte de usar? O uso faz com que ela se sinta bem? Ele lhe proporciona alívio temporário de imagens, ideias ou outros pensamentos e sentimentos relacionados ao trauma? O ato de usar substância é a única chance que ela tem de socializar? De se sentir conectada? De se sentir parte de um grupo? O uso é uma fonte de controle? Uma forma de tornar uma vida incerta previsível por um curto período?

Outra consideração é o impulso de usar; a pessoa se sente compelida. O impulso é experimentado como avassalador, insustentável, terrível. A pessoa pode acreditar que não consegue suportar por mais tempo e cede ao impulso: "Eu não pude evitar, o sentimento era muito forte". A pessoa pode não querer continuar; ela pode estar cansada disso, mas sente-se emperrada e fora do controle. E o uso parece ser bom. Depois disso, ela pode se sentir pior em relação a si mesma, mais sozinha, mais envergonhada e mais inadequada (Beck, Wright, Newman, & Liese, 1993).

> As crenças comuns subjacentes ao uso de substância incluem:
>
> *Crenças sobre si mesmo*
> ✓ Eu sou fraco.
> ✓ Eu sou incapaz.
> ✓ Eu sou viciado.
> ✓ Eu sou dependente.
> ✓ Eu sou inferior.
> ✓ Eu estou desconectado.
>
> *Crenças sobre os outros*
> ✓ Os outros querem me machucar.
> ✓ Não vale a pena estar perto de outras pessoas.
> ✓ Os outros são capazes; eu não sou.
> ✓ Ninguém entende por que eu preciso disso.
>
> *Crença sobre o futuro*
> ✓ O futuro é desalentador.
>
> *Crenças sobre o uso de substância*
> ✓ Eu não pude evitar; o sentimento era muito forte.
> ✓ Esta é a única forma de me sentir parte de algo/de me conectar com os outros.

É um trabalho árduo interromper o ciclo do uso de substância. Os indivíduos já podem ter tentado sem sucesso inúmeras vezes. Eles podem ter descoberto que os outros minimizam o quanto isso é difícil, desanimando-os ainda mais, além de intensificarem a forte sensação de desconexão. Para que eles tenham melhor chance de sucesso, você precisa estar ciente das crenças negativas que eles têm sobre sua própria incapacidade, bem como sobre a falta de confiança em você. Você precisa ajudá-los a colaborar para desenvolver uma visão da vida que realiza seus valores. Realizar os significados das suas aspirações serve como a força compensatória para o impulso. Eles podem redirecionar o foco da sua energia, afastando-o do uso e direcionando-o para atividades que os ajudem a se sentirem de alguma forma conectados e com objetivos. Eles podem deixar de se sentir fracos para se sentirem fortes. Podem experimentar empoderamento para ter uma vida que jamais pensaram que seria possível.

O QUE FAZER – EMPODERAMENTO PARA USO DE SUBSTÂNCIA

Acessando o Modo Adaptativo

Dar início exige cuidado e paciência. Você deve acessar o melhor *self* do indivíduo. No entanto, ele pode não estar muito empolgado em ver você. A experiência pode sugerir que ele não pode confiar em você, que se encontrar com você não vale a pena ou que pode acontecer alguma coisa de ruim que está fora do controle dele. As conversas sobre seu uso de substância provavelmente acionarão todas as crenças negativas.

Você deve ir até ele, injetar energia. Encontrar o gancho pode requerer persistência e visitas repetidas. Persistir nisso como especialista é um bom movimento de liderança. Você está procurando os interesses, atividades e conversas que irão conectá-lo. Você pode se surpreender com o que funciona: quebra-cabeças, animais de estimação, leitura, contato com a natureza, pescaria, música, arte. Considere o seguinte:

Dois membros da equipe de manejo de caso de Joe se aproximam enquanto ele está deitado sobre a grade de um bueiro na rua, parecendo cansado. Joe tem bebido uma garrafa de vodca por dia há 40 dias.

Profissional: Olá, Joe! Meu trabalho é muito legal. Eu converso com as pessoas sobre o que elas desejam.
Joe: OK. Deixe-me em paz.
Profissional: Certo. Mas eu preciso da sua ajuda. Você pode me dizer que música é esta?
Joe: [*Sacudindo um pouco a cabeça enquanto ouve.*] Ike e Tina Turner.
Profissional: Sim!
Joe: Proud Mary.
Profissional: Certo!
Joe: [*Começando a se movimentar mais.*] Uma música boa. Eu gosto da parte rápida.
Profissional: [*Começando a dançar.*] Eu também! Isso é divertido.
Joe: É, nada mal.
Profissional: Quer ouvir outra?
Joe: Não sei.
Profissional: Qual é esta?
Joe: [*Sorrindo.*] *Brick House.* [*Ergue-se.*]
Profissional: [*Depois que os dois dançam a música por algum tempo.*] Você parece saber muito sobre música.
Joe: Eu sei.
Profissional: Eu vou voltar na sexta-feira. Talvez você possa me ajudar a aprender mais sobre boa música. O que eu devo conhecer?
Joe: Não sei nada sobre isso.

Energizando o Modo Adaptativo

É importante não apressar as coisas. Você encontrou um gancho. Você vai procurar muitos outros. Confiança não se desenvolve com facilidade – a pessoa tem toda uma vida com experiências de decepções que o seu trabalho conjunto irá refutar. Você deverá passar um bom tempo no quadro superior do Mapa da Recuperação. Fazer coisas juntos pode conduzir a outras atividades que energizam o modo adaptativo e fortalecem a conexão. Você pode começar a pensar sobre quais crenças podem estar ativas quando vocês estiverem realizando as atividades – é divertido estar com outras pessoas? Sentir-se parte de algo? Ser uma pessoa útil?

Joe: [*Quando o membro da equipe se aproxima.*] Você precisa conhecer Peter Frampton.
Profissional: Quem?
Joe: Caramba! Peter Frampton!
Profissional: Nunca ouvi falar dele. [*Faz uma busca pelo nome no smartphone.*]
Joe: É isso aí. [*Sacudindo a cabeça.*]
Profissional: [*Sacudindo a cabeça também.*] Essa é ótima. Você está me ensinando sobre música.
Joe: Boa música.
Profissional: Certo.
Joe: Eu costumava ir ver música ao vivo – muito tempo atrás.
Profissional: Uau – e você gostaria de fazer isso?
Joe: Sim. [*Sorrindo.*] Você conhece Boz Scaggs?

Quando você tiver uma conexão consistente e segura, as aspirações começarão a emergir.

Aspirações e Significado

De modo semelhante aos outros desafios neste capítulo, o empoderamento é difícil de ser trabalhado com uso de substância. Os impulsos são muito fortes. A pessoa se sente fraca. Para ela, é fácil entregar-se aos impulsos. Encontrar a missão da pessoa é essencial. As aspirações estão no âmago desse processo. Trazer esse significado para a vida torna o trabalho árduo mais palatável e mais possível. O esforço tem de valer a pena. As coisas maiores da vida são o ponto de apoio.

Profissional: [*Depois de ouvirem juntos algumas músicas novas.*] Isso é divertido. Como você está se sentindo?
Joe: Eu gosto dessa música que ouvimos. Mas estou cansado de viver assim. A rua. A bebida. [*Balançando a cabeça.*]
Profissional: Eu entendo você. Se não estivesse vivendo dessa maneira, o que gostaria de estar fazendo?
Joe: [*Encolhe os ombros.*] Não tenho certeza. [*Pausa.*]
Profissional: Alguma coisa que tenha a ver com música? Alguma coisa que você gostava ou queria?
Joe: Pescar... tocar em uma banda... eu fazia as duas coisas. [*Sorrindo.*]
Profissional: Isso parece ótimo.
Joe: Sim. [*Com um sorriso escancarado.*]
Profissional: Qual seria a melhor parte disso?
Joe: Fazer coisas maiores juntos. Fazer alguma coisa bonita. Estar perto da natureza.
Profissional: Parece maravilhoso. Imagine como isso seria...

Falar sobre as aspirações produz esperança, reforça o acesso à energia e reforça a sua relação. A imagem é uma poderosa oposição à fissura que a pessoa experimenta. E a conversa pode conduzir ao desenvolvimento de um plano de ação. Você pode fazer a pessoa focar na emoção que irá sentir quando realizar a aspiração.

A Técnica da Torta

Uma variação que você pode considerar no desenvolvimento das aspirações é a "técnica da torta" (Beck, 2020). Comece falando sobre o que é importante para a pessoa. Quais são as fontes potenciais de satisfação para ela: outras pessoas (família, amigos), recreação (*hobbies*, esportes, arte), usar seus talentos especiais (ensino, voluntariado)? Discuta a importância de cada fonte até perceber que o indivíduo experimenta emoção. Essa parte pode criar energia e acesso à motivação para incluir mais dessas atividades na vida diária. Agora desenhe um círculo e insira cada uma das atividades, uma por uma, perguntando o quanto de satisfação a pessoa tem em cada área e quanto tempo e energia está empregando nelas atualmente. A Figura 11.5 traz um exemplo de como isso pode acontecer.

Você, então, compara quanto tempo e energia a pessoa está gastando em seus comportamentos de uso de substância, como uma maneira de desenvolver a determinação de enfrentar os sentimentos difíceis. Desenhe um círculo e pergunte sobre a proporção dessa torta que é dedicada a atividades relacionadas à adição. Você pode comparar isso com a torta da satisfação. O indivíduo pode ver que os itens mais desejados estão sendo suplantados pelo uso de substância. Esse reconhecimento pode ajudar a mobilizar a pessoa na direção do empoderamento:

Profissional: Todas essas coisas parecem realmente importantes para você, e eu sei que você está muito incomodado com a assistência que recebeu até agora. Não posso prometer que você se sentirá melhor ou encontrará um atendimento melhor amanhã, mas usar mais substância o deixará mais próximo dessas coisas importantes ou o deixará mais distante?

Praticando – Ação Positiva

A força da pessoa se tornará óbvia para ela e para os outros quando ela for capaz de promover sua vida mais desejada, experimentando um significado mais profundo e satis-

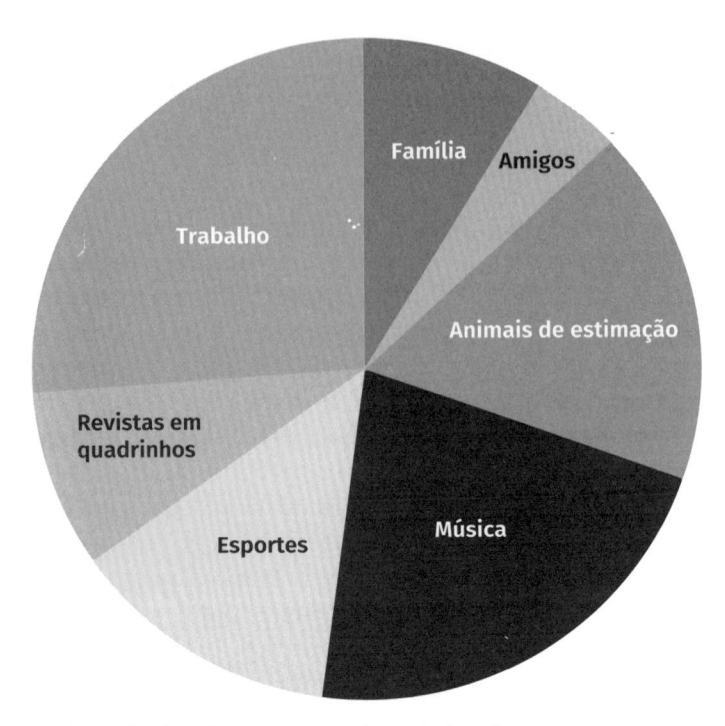

FIGURA 11.5 Usando a técnica da torta para descobrir valores.

fação diariamente. Você pode ajudá-la a ver essa força. Ela é capaz, não incompetente. Ela tem valor, não é inútil. Ela tem controle, não é impotente. Ela é forte, não fraca.

À medida que a pessoa começa a se desafiar, aparece o estresse da vida diária, e a fissura pelo uso de substância provavelmente ficará mais forte. Você pode tirar proveito do seu bom relacionamento. Determinar o papel que o uso de substância desempenha para a pessoa pode ser especialmente útil. Juntos, vocês podem pensar em outras maneiras de satisfazer a mesma necessidade:

> **Profissional:** Então, quando você bebe, consegue ter um pouco de paz?
> **Joe:** Sim.
> **Profissional:** E se trabalhássemos juntos para que tenha paz sem que seja preciso beber, você gostaria disso? Então você teria opções.
> **Joe:** O que você quer dizer?
> **Profissional:** Você tem muitas maneiras de obter paz. Beber pode ser uma, mas você também teria outras. Valeria a pena tentar encontrar algumas delas?
> **Joe:** Podemos tentar.
> **Profissional:** Então, se você tiver mais paz, isso facilitaria ou dificultaria encontrar os membros para formar a sua banda?

Seu objetivo é ajudar a pessoa a realizar suas aspirações. Essas buscas significativas têm uma atração gravitacional. O empoderamento ocorre quando ela afasta o foco da fissura e o direciona para os valores positivos que estão representados na busca ativa das aspirações.

Fortalecendo

Durante esse processo de empoderamento, você está atraindo a atenção da pessoa para experiências importantes que fortalecem seu melhor *self*. A resiliência reside na percepção de que a fissura de usar vai passar. Por mais penoso e desagradável que seja, por mais fácil que seja ceder, a pessoa pode superar o impulso. Pode-se chegar a essa conclusão repetidamente.

Além disso, há coisas que a pessoa pode fazer para não focar na fissura. Elas incluem realizar atividades que são importantes, frequentemente com outras pessoas. Esse redirecionamento do foco envolve o senso de agência da pessoa. Você pode gentilmente chamar a atenção dela para isso. Quem escolheu tocar o piano? Quem decidiu ser voluntário? Quem foi pescar? O que isso diz sobre você?

Resiliência é importante quando os indivíduos experimentam retrocesso. O principal movimento é colaborar com eles para lançar luz sobre o uso no contexto. Isso não é uma catástrofe. Todos os ganhos não são simplesmente perdidos. Nós aprendemos com cada experiência. Todos nós somos falíveis e fortes ao mesmo tempo. Um deslize é apenas isso. Todos nós passamos por isso. Isso faz parte de ser humano. Com o que a pessoa realmente se importa? Ela ainda consegue fazer isso? É claro que consegue. Enquanto a ajuda a trabalhar para fazer isso, você também pode investigar o que levou ao deslize. Como ela poderá lidar melhor com isso da próxima vez?

CONSIDERAÇÕES ADICIONAIS

Mudança de Comportamento Pode Levar Tempo

Dar início e avançar pelos estágios da CT-R não significa alívio imediato do desafio. As pessoas provavelmente continuarão a se machucar, a responder com agressão e a usar substâncias enquanto você começa o trabalho por meio dos passos. A abstinência de danos ou de uso de substância nunca deve ser usada como pré-requisito para terapia. Parte da sua missão será encontrar maneiras de se conectar apesar do desafio, desvendar o significado do comportamento e focar a intervenção em torno dos desejos para o futuro. É provável que esses comportamentos continuem até que a pessoa comece a experimentar e notar seus sucessos.

Recaídas Acontecem

Mesmo que alguém tenha tido um período extenso se abstendo de comportamentos de risco, recaídas acontecem. Quando isso ocorre, você pode trabalhar colaborativamente com a pessoa para entender o que aconteceu. Uma vulnerabilidade foi desencadeada? Ela estava com medo de acabar falhando e contribuiu para que isso acontecesse? Seja qual for o caso, a conexão e as aspirações continuarão a ser o centro em torno do qual essas conversas mais difíceis acontecem.

Continuar a focar a energia nas aspirações proporciona a oportunidade de descatastrofizar a recaída. Você pode dar à pessoa uma oportunidade para refletir sobre o que aconteceu, mas este não é automaticamente o foco – por exemplo, você pode dizer: "Qual seria o melhor uso do nosso tempo hoje? Devemos examinar o dia que levou ao incidente e entendê-lo ou devemos fazer alguma coisa relacionada à sua aspiração e retornar mais tarde para descobrir isso?". A pessoa tem controle por meio da escolha na situação, e você demonstra mais uma vez que a coisa mais importante é a vida para a qual ela está trabalhando.

Você também deverá se certificar de que está usando perguntas de descoberta guiada que se alinham com o fortalecimento das crenças positivas mais significativas e combatem aquelas que estão subjacentes à recaída. A Figura 11.6 mostra como cada um dos passos da CT-R ajuda uma pessoa a enfrentar esses retrocessos.

Segurança do Clínico e Risco de Agressão

Você pode ter a preocupação de que a tentativa de se conectar com os indivíduos com história de agressão o coloque em risco. É aí que um entendimento proporcionado pela CT-R pode ser incrivelmente útil. Como você entende o que alimenta a agressão? Para muitas pessoas, a rejeição está no centro da agressão. Evitação e desconexão devem aumentar a probabilidade de um incidente agressivo. Acessar o modo adaptativo, que incorpora conexão e confiança, deve, portanto, colocá-lo em uma posição de maior segurança.

No Calor de uma Crise

Algumas vezes, você pode se encontrar ativamente em uma situação de crise. Alguém está arrancando coisas da parede, correndo atrás de outra pessoa ou tentando se machucar. Nesses momentos, você deve ter protocolos muito específicos a seguir no seu local de trabalho, e a CT-R de forma alguma substitui isso.

Entretanto, na CT-R, o objetivo é a conexão durante esses momentos turbulentos, o que pode ser efetivo para desescalar uma situação intensa e para ajudar as pessoas a se recuperarem depois da ocorrência de um evento.

Com a desescalada, é especialmente importante usar o seu entendimento do indivíduo para refletir empatia e compreensão genuínas: "Posso ver o quanto você está zangado – me ajude a entender o que aconteceu" ou "Sei que já falamos sobre como algumas vezes tudo parece tão desesperador; também sei que dissemos que algumas ve-

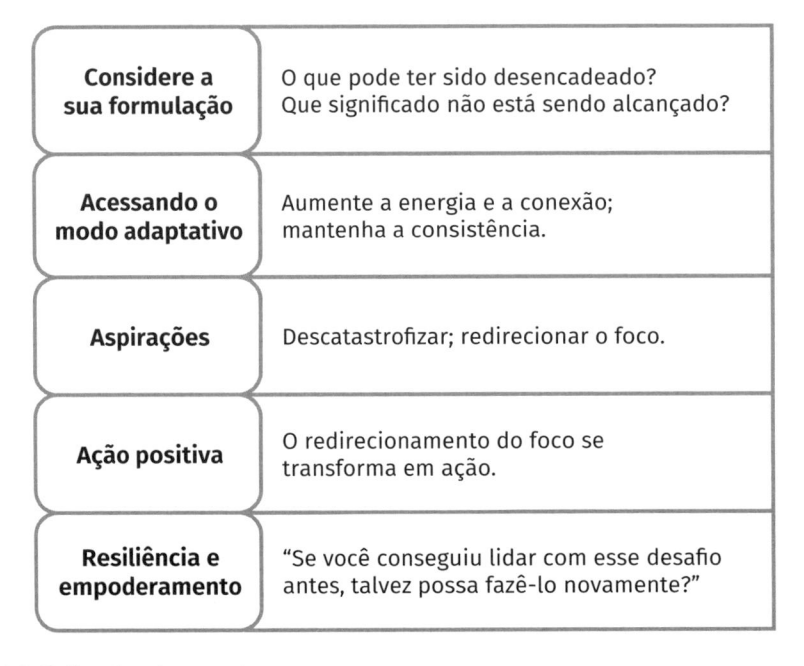

Considere a sua formulação	O que pode ter sido desencadeado? Que significado não está sendo alcançado?
Acessando o modo adaptativo	Aumente a energia e a conexão; mantenha a consistência.
Aspirações	Descatastrofizar; redirecionar o foco.
Ação positiva	O redirecionamento do foco se transforma em ação.
Resiliência e empoderamento	"Se você conseguiu lidar com esse desafio antes, talvez possa fazê-lo novamente?"

FIGURA 11.6 Enfrentando os retrocessos.

zes não é assim. Podemos fazer alguma coisa juntos para chegarmos a tal ideia agora?". Você também pode fazer referência às aspirações: "Eu entendo você; está desapontada e frustrada, e parece que todos estão contra você. É isso mesmo? Também sei que você está fazendo tudo o que pode para ser a melhor tia do mundo para seu sobrinho. E se pudéssemos canalizar essa energia para fazer alguma coisa para ele? Pelo menos para ver se conseguimos relaxar um pouco. O que você acha? Vale a pena tentar?". Você também pode usar a técnica STEER.

Depois que ocorreu um ato de agressão, autoagressão ou uso de substância, você pode usar a mesma abordagem para demonstrar à pessoa que, mesmo que isso tenha acontecido, você ainda se importa, está interessado nela e que isso não significa que a pessoa perdeu o progresso feito – por exemplo, você ainda inicia a sessão com uma brincadeira, com música ou perguntando sobre o jogo de futebol mais recente. Conexão e entrada no modo adaptativo fortalecem a sua relação, tornando mais fácil a tentativa de falar sobre o incidente.

Consideração para Diferentes Papéis do Profissional

Todos os que trabalham com um indivíduo podem ter um papel significativo para aju-

PALAVRAS DE SABEDORIA

QUADRO 11.1 Como redirecionar o foco para a ação positiva

> Quando se trata de sentir-se melhor, nada tem mais sucesso do que a ação. Comportamento agressivo, autoagressão e uso de substância são difíceis. Parte do que torna essas questões difíceis é que cada uma envolve uma ação bem-sucedida a curto prazo. Bater, gritar, engolir objetos, beber, usar substância – tudo isso faz a pessoa se sentir melhor temporariamente. Entretanto, cada uma dessas ações não consegue manter o sentimento desejado e, por mais estranho que pareça, produz o sentimento oposto: sentimento de estar fora do controle, angústia, inadequação e desconexão. Os indivíduos ficam presos a um ciclo que pode ser muito destrutivo para seus planos de longo prazo.
>
> Nosso objetivo na CT-R é transformar essa orientação para a ação em vantagem para a pessoa. As aspirações motivam ação positiva sustentada. Elas conferem um valor importante à vida cotidiana e ajudam a desviar o foco da fissura, dos impulsos e das crenças que podem levar a autoagressão, comportamento agressivo e uso de substância. Ao evocarem a imagem de suas aspirações sendo realizadas, os indivíduos experimentam mudança da atenção em direção ao futuro, ativando esperança, crenças positivas e emoções do modo adaptativo. Eles retiram o investimento do alívio da disforia e o direcionam para a satisfação de suas necessidades básicas, como conexão, controle, competência e propósito.
>
> Para criar e manter um caminho na direção da realização da aspiração ou do seu significado, você precisará proporcionar oportunidades para o atendimento dessas necessidades básicas, além de colaborativamente resolver os problemas que surgem ao se esforçar para atingir o objetivo. A ação produzirá sucesso e satisfação e irá melhorar a autoimagem para pertencimento, competência, ter controle, fazer a diferença. Você pode chamar a atenção da pessoa para sua força interna quando ela afastar o foco da angústia e se direcionar para o valor e o propósito. Os retrocessos são estruturados como experiências de aprendizagem que aumentam a força do indivíduo.

dá-lo a vencer os desafios relacionados ao trauma, incluindo autoagressão, agressão e uso de substância. Há algumas situações a serem abordadas que podem ir além do papel específico ou do treinamento do clínico. No caso de um terapeuta individual, você provavelmente achará útil ter uma rede de colegas para consultar ou para quem encaminhar o indivíduo caso ele desenvolva o desejo de se engajar em outras abordagens baseadas em evidências – por exemplo, para abordar seu trauma. Em equipes multidisciplinares, cada membro desempenha um papel valioso na colaboração com os indivíduos para realizar suas aspirações e pode reforçar essas buscas para assegurar que a contribuição de cada membro seja adequada ao seu papel.

RESUMO

- A CT-R pressupõe uma abordagem informada pelo trauma para entender como experiências traumáticas podem influenciar os pensamentos de um indivíduo sobre si mesmo, sobre os outros e sobre o futuro.
- As crenças sobre si mesmo, sobre os outros e sobre o futuro podem estar enraizadas no trauma e podem estar subjacentes a desafios como acesso reduzido à motivação, afastamento social, expectativas reduzidas de prazer, energia reduzida e comunicação reduzida.
- Em resposta a essas crenças negativas, os indivíduos podem se engajar em comportamentos que acreditam que os manterão seguros e lhes darão controle. Eles podem se isolar, parar de cuidar de si mesmos, fechar-se em situações de conflito, machucar a si mesmos ou a outros ou se engajar em uso de substância.
- Tirar conclusões juntos sobre crenças positivas referentes a autovalorização do indivíduo, segurança, controle e valor da conexão com os outros é a chave para combater crenças negativas que podem estar subjacentes aos desafios associados ao trauma.
- As intervenções usadas nos desafios podem ser as mesmas, mas serão efetivas somente se abordarem as crenças-alvo (p. ex., fortalecendo as crenças positivas que refutam a crença negativa subjacente aos desafios).
- As aspirações proporcionam a ação que a pessoa pode adotar em vez da ação de autoagressão, agressão ou uso de substância. Redirecionar o foco e notar o significado inerente nessas ações mantém o empoderamento a longo prazo.
- Profissionais de todas as funções podem ajudar os indivíduos a abordar os desafios quando eles surgirem.

PARTE III
Contextos da CT-R

Você provavelmente usará a CT-R em uma variedade de contextos e estará colaborando com uma variedade de pessoas. Esta seção descreve a abordagem da CT-R nestes contextos:

CAPÍTULO 12
CT-R individual para um único profissional 189
*Como você transforma vidas individualmente como clínico individual,
usando o exemplo de um veterano com experiência vivida*

CAPÍTULO 13
Atendimento hospitalar com CT-R 205
Como você pode energizar ambientes de tratamento para energizar a recuperação

CAPÍTULO 14
Terapia de grupo com CT-R 225
Como você pode aplicar os princípios da CT-R à terapia de grupo

CAPÍTULO 15
As famílias como facilitadoras do empoderamento 237
Como as famílias e os profissionais podem se conectar e colaborar

12

CT-R individual para um único profissional

David foi diagnosticado com esquizofrenia durante o serviço militar, tendo recebido dispensa médica e honrosa. Depois de um ano entrando e saindo do hospital, David começou a melhorar, conheceu uma mulher e teve um filho com ela. Eles conversavam sobre se casarem. A mãe de David morava na mesma cidade, a aproximadamente 20 minutos do seu apartamento, onde ele a visitava de vez em quando.

David continuou a ter flutuações ao vivenciar os desafios que impactaram seu serviço militar. Durante um episódio especialmente estressante, ele ficou com tanto medo que fez uma barricada no porão por vários dias. A mulher, então, obteve a guarda do filho e se mudou para um local a várias horas de distância. David viveu na rua por algum tempo, mas por fim teve contato com o Departamento dos Assuntos de Veteranos dos Estados Unidos (VA), onde obteve abrigo e começou a ver um psiquiatra e tomar medicação.

Segundo os registros médicos, David acreditava que alguns homens lhe lançavam olhares agressivos e tentavam lhe transmitir a mensagem de que ele era fraco e que eram superiores a ele. Ele ouvia uma voz masculina que lhe dirigia insultos, como "inútil".

David foi encaminhado por seu psiquiatra para a clínica ambulatorial no VA depois de uma hospitalização recente por paranoia e alucinações auditivas que estavam interferindo significativamente na sua vida. A hospitalização ocorreu quando David teve um atrito com outro homem dentro de uma loja de conveniência, levando o atendente a chamar a polícia. David parecia confuso e estava tendo dificuldades para se comunicar quando a polícia chegou. O psiquiatra sugeriu que David fosse à clínica para fazer terapia para sua paranoia e as vozes depois da alta.

Muitos indivíduos que recebem um diagnóstico de doença mental grave, especialmente aqueles que se encontram paralisados ante a crise dos desafios, recebem apoio de agências como hospitais civis e forenses, equipes de tratamento assertivo na comunidade ou assistência alinhadas com o paciente, residências terapêuticas, clínicas ambulatoriais multidisciplinares ou alguma combinação desses serviços. No entanto, algumas pessoas também são atendidas em contextos ambulatoriais, como centros de saúde mental comunitários, centros médicos universitários, clínicas ambulatoriais do hospital do VA e clínica privada. Nesses contextos, elas são tratadas com terapia individual, geralmente por um único profissional, que pode não fazer parte de uma equipe interdisciplinar.

QUADRO 12.1 Seja flexível com os recursos

> Você precisa ser flexível e aproveitar o máximo do que está disponível em seus contextos de trabalho quando praticar CT-R. Fazer uso integral do tempo limitado da sessão se torna especialmente importante. Você pode envolver as famílias e outras conexões sociais (p. ex., amigos, igreja) como parceiros para promover o empoderamento dos indivíduos. Você também pode considerar terapias e serviços complementares, tais como grupos ou clubes, aulas de bem-estar, emprego e educação assistida e apoio dos pares.

Assim como ocorre com os atendimentos em equipe, algumas vezes os ambientes de terapia individual encontram desafios administrativos e logísticos: alto volume de clientes, sessões com tempo limitado, etc. Como o engajamento em atividades com os indivíduos é um importante veículo de mudança na terapia cognitiva orientada para a recuperação, este capítulo ilustra como ter sucesso nessa terapia individual como único profissional.

ACESSANDO E ENERGIZANDO O MODO ADAPTATIVO

O primeiro passo na CT-R é acessar e ativar o modo adaptativo de cada indivíduo, descobrindo o que o interessa por meio da ação (ver Capítulo 3). Ir a um consultório clínico (especialmente se estiver localizado em um ambiente institucional, como um hospital) para ter uma conversa individual com um terapeuta pode ser um desencadeante poderoso do modo "paciente", portanto o primeiro passo é essencial para o seu sucesso. Realizar as sessões fora do consultório, por exemplo, fazendo uma caminhada ao ar livre ou visitando o ginásio da clínica ou a sala de artes, pode ser extremamente benéfico, sobretudo se o indivíduo parecer ansioso, desconfiado ou estiver paralisado no modo "paciente". Pode ser útil revisar os registros médicos antes de encontrar o indivíduo e fazer observações atentas durante a sessão.

> Importância do modo adaptativo:
> Acessar e ativar o modo adaptativo rapidamente é fundamental. Use o tempo na sessão para energizar o modo adaptativo sempre que possível e encoraje o indivíduo a continuar esse trabalho entre as sessões.

O principal objetivo nas primeiras sessões é que o indivíduo veja o benefício da terapia e retorne. Você energiza o modo adaptativo sempre que possível em cada sessão e visa inspirar o indivíduo a continuar esse trabalho entre as sessões. Isso é feito ao fortalecer as crenças de que as atividades da sessão valem a pena e tirando conclusões sobre os benefícios concedidos no momento (ver Capítulo 6).

> Quando David chegou à sua primeira sessão na clínica, ele parecia tenso. Seus olhos analisaram rapidamente toda a sala. Ele deu respostas curtas e vagas às perguntas do terapeuta. Depois de fazer uma breve apresentação da clínica, o terapeuta direcionou a conversa para um tópico de interesse mútuo a fim de começar a ativar o modo adaptativo de David:
>
> TERAPEUTA: Olá, David, prazer em conhecê-lo! O que você sabe sobre a nossa clínica?

DAVID: Eu vim aqui porque meu médico mandou. Disse que isso talvez possa me ajudar a conseguir um emprego.
TERAPEUTA: Bem, fico feliz que você tenha vindo. Deixe-me falar um pouco sobre o que nós fazemos. Somos parceiros dos veteranos para descobrir o que eles querem fazer ou obter na vida, como trabalhar, para que eles possam se sentir melhor e mais felizes. Muitas vezes nossos veteranos têm dificuldades com determinados desafios que tornam mais complicado obter a vida que desejam, então nós também trabalhamos juntos para encontrar formas de lidar com essas coisas.
DAVID: Bem, eu acabei de sair do hospital porque pessoas estavam me seguindo, tentando me causar problemas. Ninguém estava acreditando em mim; eu fiquei tão estressado! Você também deve achar que sou louco.
TERAPEUTA: Lamento que você tenha passado por isso; parece ser muito assustador. E não, eu não acho isso. Muitos veteranos que vemos aqui tiveram uma experiência semelhante. Mais tarde eu gostaria de saber mais sobre como é isso para você. Mas hoje gostaria que apenas nos conhecêssemos melhor; tudo bem para você?
DAVID: Acho que sim.
TERAPEUTA: Ótimo. Eu adoro música. Você gosta de música?
DAVID: Sim.
TERAPEUTA: Qual é o seu tipo favorito?
DAVID: Eu gosto de música eletrônica.
TERAPEUTA: Nossa! É o meu tipo favorito também!
DAVID: Sério? Eu gosto de *house* e progressiva principalmente.
TERAPEUTA: Ah, sim, isso é material de primeira. Eu também gosto muito de *trance*. Diga uma das suas músicas favoritas. Vamos dar uma olhada no YouTube. [*Escolhe uma música; eles ouvem e assistem ao vídeo.*] Isso foi divertido! É bom ver você sorrindo. Como você está?
DAVID: Sim, essa música faz com que eu me sinta bem.
TERAPEUTA: É muito legal compartilhar isso, eu acho, e está evidente que nós dois nos sentimos bem agora. Valeria a pena assistirmos juntos a outros vídeos de música novamente?
DAVID: É, talvez.

O terapeuta notou que David parecia mais à vontade enquanto falavam sobre música e assistiam ao vídeo juntos. Ele falou mais e com mais facilidade e parecia menos nervoso. Um dos vídeos era de uma apresentação ao vivo na Cidade do México. O terapeuta diz que sempre quis ir ao México. David, que é mexicano-americano, lhe conta como é, e o terapeuta pede sugestões sobre lugares a visitar. David diz que gosta de viajar e que esta foi uma das suas principais motivações para o serviço militar, mas expressa culpa por ter servido por apenas dois anos, dizendo: "Eu estraguei tudo".

Em uma sessão posterior, David comentou sobre os livros na estante do terapeuta e perguntou como é estudar para ser psicólogo. Essa conversa levou à descoberta de outra crença importante e relacionada:

DAVID: Uau, isso é muito estudo!
TERAPEUTA: Sim, parecia que ia durar para sempre!
DAVID: Algumas vezes eu gosto de ouvir *podcasts* sobre o cérebro. É impressionante o que ele é capaz de fazer. É uma pena que eu tenha estragado o meu bebendo tanto no exército. Eu fiquei mentalmente prejudicado com toda aquela bebida.
TERAPEUTA: O que o faz dizer isso?
DAVID: Bem, o álcool arruína o seu cérebro. Essas vozes que eu ouço agora, eu as causei.

Apesar da energização do modo adaptativo de David, ele parecia tenso em algumas sessões e falava bastante sobre pessoas do passado que acreditava que o haviam perseguido. O terapeuta notou que David anteriormente havia trazido café para uma sessão, então lhe perguntou: "Sabe, eu estou precisando de um café neste momento; que tal se fizéssemos uma caminhada até a máquina de café lá embaixo?". David concordou e pareceu mais relaxado ao sair, então eles andaram até uma área sossegada fora do hospital, sentaram-se em um banco e fizeram o restante da sessão ali, ao mesmo tempo que desfrutavam do café juntos.

David comentou sobre o paisagismo que precisava de cuidados. Ele gosta de trabalhar com plantas. O terapeuta disse: "Ah, então você tem o dedo verde! Você poderia me ajudar. Eu tenho uma planta no meu consultório que parece estar morrendo, e não sei o que estou fazendo de errado". Eles vão até o consultório, e David lhe diz que ele está colocando água em excesso e sugere um adubo especial.

Quando eles encerram, o terapeuta diz: "Isso foi ótimo – eu precisava sair do prédio. Obrigado. E talvez eu não mate essa planta, afinal, graças às suas habilidades! Você também pareceu mais relaxado, você notou isso?". David sorriu: "Sim, foi legal fazer alguma coisa normal. Obrigado, doutor". David concordou com a sugestão do terapeuta de sair uma vez para tomar café sozinho e escolher uma planta bonita para a sua casa antes da próxima sessão. A Figura 12.1 mostra o Mapa da Recuperação de David para o modo adaptativo e os desafios.

ACESSANDO E ENERGIZANDO O MODO ADAPTATIVO	
Interesses/Formas de se Engajar:	**Crenças Ativadas Durante o Modo Adaptativo:**
• Música. • Viagens. • O cérebro. • Plantas.	• Eu sou um cara normal. • Eu sou inteligente. • Eu sou capaz. • Eu tenho alguma coisa a oferecer.
DESAFIOS	
Comportamentos Atuais/Desafios:	**Crenças Subjacentes aos Desafios:**
• Acredita que homens estão lhe lançando olhares agressivos, atrapalhando-o, achando que são melhores do que ele. • Algumas vezes age agressivamente com pessoas que acha que o estão julgando. • Vozes dizendo "inútil". • Acredita que ele causou suas vozes devido à bebida. • Culpa por receber dispensa médica do serviço militar. • Isolamento.	• Eu sou inferior a outros homens. • Eu sou fraco. • Eu estou em perigo. • Não posso confiar nas outras pessoas. • Eu sou inútil. • Eu não sou normal. • Eu sou defeituoso. • É culpa minha que eu tenha esquizofrenia. • Eu sou um fracasso.

FIGURA 12.1 Mapa da Recuperação inicial de David.

DESENVOLVENDO O MODO ADAPTATIVO

O processo de desenvolvimento do modo adaptativo consiste em identificar as aspirações do indivíduo e enriquecê-las por meio do imaginário, focando nas emoções positivas que aconteceriam ao realizar a aspiração e descobrindo os significados mais profundos ou as crenças que estão associadas à aspiração (ver Capítulo 4). Você não deve passar para as aspirações até que tenha estabelecido uma relação sólida de conexão e confiança com o indivíduo. Você também deve se assegurar de que ele está atualmente no modo adaptativo.

Você pode achar isso um desafio caso a sua instituição limite a duração da terapia individual, deixando-lhe muito pouco tempo para formar essa relação importante. Seu contexto também pode exigir que o tratamento *comece* com uma lista documentada dos objetivos de recuperação do indivíduo. Aqui, é melhor começar com uma lista preliminar das aspirações e repetidamente retomá-la e mostrá-la quando a relação se fortalecer e o indivíduo passar mais tempo no modo adaptativo.

> O terapeuta teve que seguir a política do hospital, iniciando o tratamento com um plano de recuperação documentado que inclui os objetivos do veterano e objetivos específicos em suas próprias palavras. O terapeuta documentou o objetivo de David de encontrar um emprego no seu Mapa da Recuperação preliminar.
>
> Quando a relação se fortaleceu, e David parecia mais à vontade, o terapeuta lhe fez perguntas para desenvolver suas aspirações, tais como: "Qual seria a melhor coisa em relação a trabalhar?". Ele respondeu: "Significaria que eu sou um bom pai, um provedor para meu filho, como eu deveria ser, não como meu pai foi comigo". Ele explicou o quanto a família era importante na cultura mexicana. Ele queria obter a guarda conjunta do seu filho, mas estava pessimista. "Como eu posso manter um emprego do jeito que estou? Meu cérebro está frito."
>
> David notou um gatinho de pelúcia sobre a estante do terapeuta e disse: "Luís adora gatos". O terapeuta deu o bichinho para que ele pudesse segurar e pediu que lhe contasse mais sobre o filho, Luis. "O que ele acharia desse animal de pelúcia?"; "Como ele é?"; "Em que aspectos ele se parece com você?"; "Que tipo de coisas você gostaria de fazer com Luís?". David sorria enquanto descrevia uma recordação agradável de terem ido ao parque juntos uma vez e se imaginou levando-o à loja de brinquedos. David se iluminou, pegou seu celular e, com entusiasmo, mostrou fotografias do filho.
>
> O terapeuta chamou sua atenção para como o simples fato de se imaginar fazendo coisas com o filho mudou completamente o humor de David. O terapeuta questionou se ajudaria colocar a fotografia do filho como tela de fundo no seu celular, para lembrar David do objetivo para o qual está trabalhando. David gostou da ideia, mas não sabia como fazer isso, então o terapeuta lhe mostrou.
>
> "O que você pode fazer na próxima semana para se sentir um bom pai?", perguntou o terapeuta. "Eu posso tentar contato com ele pelo FaceTime; já não falo com ele há duas semanas", respondeu David. Então eles programaram um lembrete no celular para ligar para o filho. A parte das aspirações no Mapa da Recuperação de David é apresentada na Figura 12.2.

As aspirações são essenciais para o progresso. O objetivo da sua colaboração com

ASPIRAÇÕES	
Objetivos:	**Significado de Atingir o Objetivo Identificado:**
• Conseguir um emprego. • Conseguir a guarda conjunta do filho.	• Capacidade e responsabilidade. • Bom pai.

FIGURA 12.2 Adicionando objetivos e aspirações ao Mapa da Recuperação de David.

o indivíduo é determinar os alvos mais efetivos e aproveitar ao máximo cada um em termos de ação e conclusões. Uma forma de descrever isso para os indivíduos é pensar sobre isso como a missão em que vocês estão juntos. O conceito de ter uma missão e trabalhar como um time pode ser especialmente útil para veteranos que expressam valores de camaradagem e trabalho conjunto na busca de um propósito maior.

ATUALIZANDO E FORTALECENDO O MODO ADAPTATIVO

Como o número de contatos pode ser limitado, aproveite ao máximo seu tempo com o indivíduo na sessão para alavancar a ação positiva. Você também pode envolver pessoas amadas, outros terapeutas ou serviços, bem como lembretes eletrônicos para estimular a ação positiva entre as sessões de terapia. A ação tanto na sessão quanto entre as sessões é ideal para você chamar a atenção para os significados e crenças positivas, além de desenvolver suas crenças de resiliência. Dessa forma, você fortalece o modo adaptativo.

> As aspirações de David eram trabalhar e ser um bom pai para seu filho. Ele e o terapeuta dividiram essas metas em passos menores:
>
> • David disse que nem mesmo sabia por onde começar em relação ao trabalho. Ele tinha algumas ideias, mas não tinha certeza de qual seria o melhor trabalho para ele. Tinha muitas dúvidas quanto à sua capacidade para trabalhar, pois as pessoas estavam contra ele, e ele tinha certeza de que isso aconteceria no trabalho também. Em suma, ele não se sentia seguro. Passava boa parte do tempo sozinho em casa. Seus horários de sono eram erráticos, ele não tinha rotina e não estava feliz com seu peso.
>
> • Para a aspiração sobre seu filho, David disse que precisaria ter "estabilidade", uma boa renda e um lugar mais seguro para morar. Também precisaria "parar o caos", o que significava sentir-se emocionalmente estável e menos incomodado pelas pessoas e as vozes.
>
> O terapeuta sugeriu que fazer coisas que trouxessem a David consistência e rotina seria um bom ponto por onde começar, já que isso o ajudaria a se preparar para trabalhar e ter seu filho de volta na sua vida. Eles conversaram sobre maneiras simples de experimentar isso e combinaram que ele iria para a cama e acordaria na mesma hora todos os dias e realizaria pelo menos uma atividade que o fizesse se sentir bem todos os dias.
>
> A mãe de David veio à sessão e falou sobre como estava preocupada por ele ficar tão sozinho. Ela tinha algumas plantas que precisavam do seu toque especial, e ele concordou em visitá-la semanalmente e ajudá-la com as plantas.

Você pode gradualmente incorporar ação motivada pelas aspirações e significados entre as sessões. Isso proporciona oportunidades de sucesso gradual – por exemplo, a pessoa pode ver que é mais capaz do que imagina. No entanto, enquanto dá esses passos, também é provável que o indivíduo seja confrontado com estressores ou situações que trazem consigo desafios. Quando isso acontece, você pode desenvolver uma compreensão de por que isso ocorre e incluir ações adicionais ou estratégias de solução de problemas para empoderá-lo.

> Um desafio que repetidamente surgiu foi a percepção de David de que os outros o julgavam e o provocavam. O terapeuta usou análises em cadeia (ver Capítulo 6) para examinar alguns desses incidentes recentes. Eles descobriram juntos um tema comum: David ficava desconfiado de outros homens quando se sentia inseguro em relação a si mesmo (p. ex., se o homem parecesse mais musculoso, mais saudável ou mais bem-sucedido do que ele ou se tivesse forte atitude arrogante para com ele). Nessas situações, David se sentia fraco e inferior. Ele falou sobre o quanto isso lhe era ofensivo devido ao seu senso de machismo, sendo ele um homem mexicano.
>
> O terapeuta perguntou a David se houve vezes em que ele se sentiu forte e capaz. O único exemplo em que conseguiu pensar foi quando costumava se exercitar, mas já não fazia isso havia algum tempo. O terapeuta perguntou se David poderia lhe ensinar um exercício de que gostasse. David o ensinou a fazer um agachamento da forma apropriada. Notando essa demonstração bem-sucedida de capacidade, o terapeuta perguntou se ele queria se exercitar com mais frequência. David concordou, dizendo que gostaria.
>
> O terapeuta, então, aventou a ideia de que, se David voltasse a se exercitar, a sensação física de força também poderia fazê-lo sentir-se mentalmente forte, o que o deixaria mais confortável, menos intimidado e mais confiante para trabalhar na direção de suas aspirações. David concordou em tentar ir à academia por duas vezes na semana seguinte e observar o quanto se sentia forte antes e depois.
>
> David foi à academia duas vezes, mas lamentavelmente ficou com raiva de alguns homens, pois parecia que eles lhe lançavam "olhares agressivos" enquanto estavam se exercitando, o que ele interpretou como imposição e afirmação de superioridade em relação a ele. David gritou com um deles para que parasse, o que causou uma cena. O terapeuta tentou encorajá-lo a reconsiderar essas interpretações (p. ex., "Poderia haver alguma outra explicação para esses olhares?"), mas David estava totalmente convencido e parecia irritado com o fato de o terapeuta questioná-lo.
>
> O terapeuta, então, sugeriu que David, em vez disso, considerasse desenvolver sua força por meio de uma aula gratuita de Tai Chi para veteranos na comunidade que ele havia encontrado, especulando que ele teria menos probabilidade de ver olhares com aparência agressiva nesse contexto e que o Tai Chi também poderia lhe proporcionar algum alívio do "caos". Com a ajuda do terapeuta, David colocou lembretes para as aulas em seu celular e acrescentou mensagens que associavam a atividade à sua aspiração valorizada: "para minha estabilidade e Luís".
>
> David e o terapeuta continuaram fazendo sessões ao ar livre periodicamente. O terapeuta recomendava isso sempre que notava que David parecia inquieto, distraído ou escorregava para o modo "paciente". David ficava um pouco nervoso ao ar livre, especialmente quando homens passavam por eles. O terapeuta lhe ensinou al-

gumas técnicas para redirecionar o foco, incluindo *mindfulness* simples e o jogo olhe-aponte-nomeie (ver Capítulo 9), para reduzir o estresse sobre ser vitimizado e para enfraquecer as suas vozes.

Certo dia, quando David estava particularmente lutando contra suas vozes, eles fizeram uma caminhada e se alternaram no jogo olhe-aponte-nomeie. Em outra ocasião, fizeram uma caminhada ao ar livre e praticaram *mindfulness* andando silenciosamente por 10 minutos enquanto tentavam, com atenção, observar o máximo possível à sua volta, compartilhando o que viram – eles riram de algumas das suas descobertas engraçadas, como uma meia suja na beira da calçada.

À medida que certos desafios começam a se resolver, outros podem passar para o primeiro plano. A sua abordagem permanece a mesma: energizar o modo adaptativo e associar ação positiva às aspirações. Ampliar as conexões sociais, especialmente na comunidade, é uma extensão natural desse trabalho. Parte da missão é o relacionamento com os outros, fazer coisas juntos que são divertidas e têm um propósito e promover os significados valorizados da pessoa cada vez com mais frequência.

> David lentamente foi começando a se sentir mais confiante sobre si mesmo. Falava menos sobre ser perseguido pelos outros e estava um pouco menos incomodado pelas vozes, mas ainda tinha dificuldades com isolamento e solidão. O terapeuta sugeriu que ele tentasse se associar a um novo clube na clínica. O propósito dessa reunião semanal era criar cartões com mensagens de esperança e inspiradoras. O grupo enviava pelo correio esses materiais coloridos para estimular outros veteranos que tinham pensamentos suicidas e haviam recebido alta recente da unidade de internação. David ficou curioso com o clube, pois já havia sido suicida, e gostou da ideia de ajudar outros veteranos. Ele compareceu e pareceu gostar do grupo. Alguns dos veteranos lhe disseram que eles costumavam se encontrar em uma lanchonete no fim da rua depois da reunião para comer alguma coisa e convidaram-no para se juntar a eles, e foi o que David fez. Outra clínica do VA tinha ouvido falar sobre o clube e também queria implantá-lo ali, mas precisava de ajuda. O facilitador do clube e os veteranos estavam planejando ir até a clínica para ensiná-los como colocá-lo em funcionamento. David se ofereceu para ser responsável por contar sobre o melhor tipo de música a ser tocada durante o encontro para ajudar as pessoas a se concentrarem e serem criativas:
>
> TERAPEUTA: Eu dei uma olhada no Clube dos Cartões Solidários outro dia. Parecia que vocês estavam se divertindo!
> DAVID: Sim, é um momento muito legal. Nós apenas desenhamos e escrevemos, ouvimos música e falamos sobre coisas aleatórias.
> TERAPEUTA: E você está com um monte de outros veteranos, a maioria rapazes. Você se sentiu intimidado por eles?
> DAVID: Na verdade não, esses rapazes são legais. Eles me entendem. Eles já passaram por algumas coisas, como eu. Todos nós estamos lá para ajudar outros veteranos.
> TERAPEUTA: É muito bom ouvir isso. O que significa você ser capaz de desfrutar do seu tempo com esses rapazes e se sentir seguro perto deles?
> DAVID: Acho que nem todo mundo têm problemas comigo. Ainda há boas pessoas por aí.
>
> David disse que estava começando a sentir um pouco da estabilidade

que queria, mas ainda era perturbado pelas suas vozes. O jogo olhe-aponte-nomeie e outras técnicas de redirecionamento do foco ajudaram um pouco, mas ele ainda ouvia as injúrias, especialmente quando estava sozinho, e elas o incomodavam muito.

Quando você desenvolve confiança, certas experiências que os indivíduos evitavam abordar anteriormente, como o trauma, podem parecer mais seguras de discutir e resolver. Isso mostra a importância da conexão e do desenvolvimento de confiança na CT-R. Você não tem que focar em tais tópicos ou resolvê-los primeiro para o indivíduo buscar as aspirações ou construir uma vida significativa. É a sede por ainda mais dessa vida desejada que faz valer a pena trabalhar os desafios mais difíceis.

> Embora David tivesse se submetido a uma avaliação de ingresso antes de ter começado na clínica, agora ele parecia mais confortável em compartilhar suas experiências traumáticas, então o terapeuta o reavaliou para TEPT. David relatou alguns sintomas, como pesadelos ocasionais com o abuso de seu pai e evitação dessas lembranças, e teve escore elevado em uma medida de TEPT, mas não satisfez os critérios completos para tal transtorno. No entanto, ele estava claramente sofrendo com sintomas pós-traumáticos que pareciam estar diretamente relacionados às suas vozes e provavelmente também aos seus sentimentos de perseguição. David cresceu ouvindo do seu pai que era inadequado e agora acredita que outros homens também o veem dessa maneira.
>
> O terapeuta perguntou a David se ele achava que o trauma estava se colocando no caminho das suas aspirações de trabalhar e ter um relacionamento melhor com seu filho. David concordou que estava. O terapeuta perguntou se ele estaria disposto a falar com um colega especialista sobre a experiência da terapia do trauma. David concordou. Posteriormente, ele disse que isso foi útil e que por fim decidiu participar do tratamento do trauma. O terapeuta, então, integrou às suas sessões um curso de terapia de processamento cognitivo para TEPT (Resick et al., 2017). Os escores de David para TEPT diminuíram.

Um significativo avanço foi dar-se conta de que seu pai, também um veterano que havia estado em combate, abusava fortemente de álcool e provavelmente tinha TEPT não diagnosticado. Isso ajudou David a ignorar as mensagens ofensivas do seu pai:

TERAPEUTA: David, você não tem falado muito sobre as vozes ultimamente. Como as coisas estão indo em relação a isso?
DAVID: Eu ainda ouço de vez em quando, mas elas não me incomodam tanto. Eu as vejo agora como parte do meu passado.
TERAPEUTA: Essa é uma grande mudança.
DAVID: Sim, agora eu vejo que meu pai tinha os seus próprios problemas. Quando ele dizia aquelas coisas, não era realmente sobre mim. Ele estava passando por muita coisa.
TERAPEUTA: Realmente estava. Foi preciso muita coragem para falar sobre aquela parte dolorosa da sua vida. O que diz sobre você o fato de ter passado por isso?
DAVID: Acho que sou um sobrevivente.
TERAPEUTA: Com certeza. Também me pergunto se você é mais forte e mais capaz do que algumas vezes imagina.
DAVID: Isso é verdade.

Eles criaram cartões de empoderamento que continham essas novas conclusões. A seção de ação positiva e empoderamento do Mapa da Recuperação de David é apresentada na Figura 12.3.

AÇÃO POSITIVA E EMPODERAMENTO	

Estratégias Atuais e Intervenções:
• Identificar formas de ativar o modo adaptativo.
  • Assistir a vídeos de música.
  • Falar sobre lugares para onde viajou.
  • Pedir conselhos sobre plantas.
  • Fazer sessões ao ar livre.
• Criar imagem de recuperação de ser um bom pai.
• Fazer chamadas no FaceTime com o filho semanalmente.
• Aderir a uma rotina diária consistente.
• Ajudar a mãe com as plantas.
• Ir à aula de Tai Chi para veteranos.
• Usar técnicas de redirecionamento do foco (jogo olhe-aponte-nomeie, *mindfulness*).
• Frequentar grupo de cartões, sair com grupo de veteranos, ensinar outros veteranos a administrar um grupo.
• Terapia do trauma.
• Emprego assistido.
	Crenças/Aspirações/Significados/Desafio Visados:
	• Crenças sobre ser capaz de se conectar com os outros.
	• Eu sou responsável.
	• Eu sou um bom pai.
	• Eu sou forte e capaz.
	• Estabilidade.
	• Eu sou útil.
	• Preparar-me para ter meu filho na minha vida.
	• Acreditar que o que as vozes dizem é verdade.
	• As pessoas me aceitam e gostam de mim.
	• Ajudar outros veteranos.
	• Reduzir sintomas pós-traumáticos (pesadelos, evitação) e a crença sobre ser "inútil" que alimenta as vozes e a paranoia.

FIGURA 12.3 Adicionando estratégias e alvos ao Mapa da Recuperação de David.

ENCERRANDO A TERAPIA INDIVIDUAL

O processo de encerramento da terapia com indivíduos que têm problemas de saúde mental graves, particularmente uma terapia orientada para a recuperação, como a CT-R, pode parecer difícil. O espírito da CT-R é empoderar os indivíduos para viverem por conta própria a vida que desejam com seus amigos e pessoas amadas. Então, quando a terapia acaba? Em alguns contextos de assistência à saúde, a duração da terapia é limitada por políticas elaboradas para controlar os custos ou facilitar o acesso a novas pessoas que procuram o atendimento. Quando esses limites não existem, idealmente o terapeuta e o indivíduo decidem em conjunto quando é a hora de encerrar a sua relação.

Como a CT-R é uma terapia em que frequentemente é criada uma forte ligação com o terapeuta, o encerramento pode provocar sentimentos difíceis para o indivíduo. Os elementos essenciais do término bem-sucedido da terapia incluem (1) celebrar os sucessos e estimular a confiança por meio do fortalecimento de crenças positivas e de resiliência, (2) planejar-se para o futuro, (3) recrutar amigos e pessoas amadas e (4) fazer encaminhamentos apropriados.

David estava se sentindo cada vez mais no controle da sua vida e mais movido por um senso de propósito, à medida que seu autoconceito positivo se desenvolvia. Ele ainda acreditava que os homens algumas vezes o intimidavam, mas isso estava acontecendo com menos frequência e já não o incomodava tanto. As vozes eram menos incômodas, também. David via que tinha mais controle sobre as experiências previamente incapacitantes. O que ele ouvia não era crível ou não valia a pena escutar.

Ele sistematicamente fazia chamadas no FaceTime com o filho. David praticava habilidades de comunicação na terapia e entre as sessões para melhorar o relacionamento com a mãe do seu filho. Ele esperava que ela se sentisse mais confortável para lhe permitir mais tempo com Luís. David planejou uma viagem para visitá-lo em breve, pela primeira vez em um ano.

No passado, David havia repetidamente rejeitado a sugestão do seu terapeuta de ver o conselheiro vocacional da clínica. Agora ele se sentia pronto para o trabalho. Encontrou-se com o conselheiro e se inscreveu no programa para trabalho assistido. Com o tempo, encontrou um emprego como segurança.

Ainda assim, David estava nervoso quanto ao encerramento da terapia; ele se preocupava em acabar voltando para o hospital ou voltar a viver na rua. Juntos, David e seu terapeuta revisaram todos os sucessos que ele havia alcançado ao longo do caminho e anotaram tudo para que ele pudesse ler sempre que começasse a se preocupar. Eles planejaram especificamente formas como David poderia ser seu próprio *coach* de vida caso surgissem dificuldades (p. ex., praticar Tai Chi quando se sentisse estressado, assistir a um vídeo de música ou praticar olhe-aponte-nomeie quando fosse incomodado pelas vozes, ligar e sair com os amigos que fez no Clube de Cartões Solidários, participar de um grupo de apoio na comunidade).

Eles criaram uma lista de tudo o que ele estaria levando consigo da terapia (p. ex., crenças de resiliência). David intitulou esse compêndio como "Seguindo em frente". Ele incluía "Eu sou um sobrevivente", "Eu sou forte", "Eu sou capaz", "Nem todos querem acabar comigo", "Ainda há boas pessoas por aí" e "Eu estou a caminho de ser um bom pai para Luís".

A mãe de David veio a uma sessão para ajudar no planejamento. As plantas estavam bonitas graças a David, e ela esperava ansiosamente ter o neto de volta na sua vida. O terapeuta e David reduziram gradualmente as sessões de terapia de semanais para quinzenais e, depois, mensais antes do encerramento. Ele se colocou à disposição de David para lhe telefonar caso precisasse de sessões de reforço no futuro.

Em sua sessão final, o terapeuta deu a David uma pedra polida como símbolo da força e estabilidade que ele havia desenvolvido e como algo para se lembrar do terapeuta e do bom trabalho que fizeram juntos durante os momentos de desafios. A Figura 12.4 mostra o Mapa da Recuperação completo de David.

MAPA DA RECUPERAÇÃO	
ACESSANDO E ENERGIZANDO O MODO ADAPTATIVO	
Interesses/Formas de se Engajar:	**Crenças Ativadas Durante o Modo Adaptativo:**
• Música. • Viagens. • O cérebro. • Plantas.	• Eu sou um cara normal. • Eu sou inteligente. • Eu sou capaz. • Eu tenho alguma coisa a oferecer.

FIGURA 12.4 Mapa da Recuperação completo de David. *(Continua)*

ASPIRAÇÕES	
Objetivos:	**Significado de Atingir o Objetivo Identificado:**
• Conseguir um emprego. • Conseguir a guarda conjunta do filho.	• Capacidade e responsabilidade. • Bom pai.
DESAFIOS	
Comportamentos Atuais/ Desafios:	**Crenças Subjacentes aos Desafios:**
• Acredita que homens estão lhe lançando olhares agressivos, atrapalhando-o, achando que são melhores do que ele. • Algumas vezes age agressivamente com pessoas que acha que o estão julgando. • Vozes dizendo "inútil". • Acredita que ele causou suas vozes devido à bebida. • Culpa por receber dispensa médica do serviço militar. • Isolamento.	• Eu sou inferior a outros homens. • Eu sou fraco. • Eu estou em perigo. • Não posso confiar nas outras pessoas. • Eu sou inútil. • Eu não sou normal. • Eu sou defeituoso. • É culpa minha que eu tenha esquizofrenia. • Eu sou um fracasso.
AÇÃO POSITIVA E EMPODERAMENTO	
Estratégias Atuais e Intervenções:	**Crenças/Aspirações/Significados/Desafio Visados:**

• Identificar formas de ativar o modo adaptativo.
  • Assistir a vídeos de música.
  • Falar sobre lugares para onde viajou.
  • Pedir conselhos sobre plantas.
  • Fazer sessões ao ar livre.
• Criar imagem de recuperação de ser um bom pai.
• Fazer chamadas no FaceTime com o filho semanalmente.
• Aderir a uma rotina diária consistente.
• Ajudar a mãe com as plantas.
• Ir à aula de Tai Chi para veteranos.
• Usar técnicas de redirecionamento do foco (jogo olhe-aponte-nomeie, *mindfulness*).
• Frequentar grupo de cartões, sair com grupo de veteranos, ensinar outros veteranos a administrar um grupo.
• Terapia do trauma.
• Emprego assistido.
	• Crenças sobre ser capaz de se conectar com os outros.
	• Eu sou responsável.
	• Eu sou um bom pai.
	• Eu sou forte e capaz.
	• Estabilidade.
	• Eu sou útil.
	• Preparar-me para ter meu filho na minha vida.
	• Acreditar que o que as vozes dizem é verdade.
	• As pessoas me aceitam e gostam de mim.
	• Ajudar outros veteranos.
	• Reduzir sintomas pós-traumáticos (pesadelos, evitação) e a crença sobre ser "inútil" que alimenta as vozes e a paranoia.

FIGURA 12.4 (*Continuação*) Mapa da Recuperação completo de David.

CONSIDERAÇÕES ADICIONAIS

A Estrutura de Cada Sessão de Terapia Individual

A estrutura de cada sessão de terapia se assemelha à estrutura de qualquer interação de CT-R (ver Capítulo 1), incluindo a terapia de grupo (ver Capítulo 14). As partes principais são acessar e energizar o modo adaptativo, fazer uma conexão entre as sessões, identificar e desenvolver as aspirações, resolver problemas no contexto das aspirações e desenvolver um plano de ação.

Acessando e Energizando o Modo Adaptativo

Cada sessão deve começar com tentativas de *acessar o modo adaptativo*. Isso gera energia, coloca a conexão em primeiro plano, enfatiza o valor da atividade prazerosa e reflete que esta é uma coisa tão boa de fazer quanto o trabalho com os desafios – é humanizante.

Missão – Fazer uma Ponte entre as Sessões

Quando o indivíduo está no modo adaptativo, você fará uma *ponte* entre sua sessão anterior e a atual, assim como faz na terapia cognitiva tradicional (Beck, 2020). Nessa ponte, você perguntará sobre os passos da ação que ele realizou entre as sessões. Você também pode fazer uma verificação do nível de energia, do humor ou dos sintomas se esta for uma área que está sendo alvo (p. ex., "De modo geral, como esteve a sua energia nesta semana?"). O mais importante em uma ponte na CT-R é estabelecer um tipo de missão para as sessões, o que tende a girar em torno das aspirações, depois de conhecidas. Referida como *verificação da recuperação*, você usa o tempo inicial da sessão para se assegurar de que você e o indivíduo estão trabalhando na direção dos mesmos alvos – por exemplo, você pode dizer: "Nós temos trabalhado juntos a fim de que você volte a trabalhar para que possa ser um provedor na sua família; esta ainda é a nossa missão?" ou "Isso ainda é o mais importante para você?". A verificação da recuperação reforça o propósito para o envolvimento na terapia e também dá ao indivíduo a oportunidade de priorizar as aspirações ou outros alvos. Com base na missão da sessão, você pode estabelecer objetivos para a sessão: "Com base nisso, qual seria o melhor uso do nosso tempo hoje – devemos continuar encontrando maneiras de aumentar a sua energia ou trabalhar no nosso projeto?". Se os indivíduos forem menos verbais, você pode partir direto para a ação do dia, como pedir ajuda ou tocar música.

Identificando e Desenvolvendo as Aspirações

Se as *aspirações* não são conhecidas, o próximo passo na sessão é identificá-los e enriquecê-los. No entanto, depois que você os tem, este passo é incorporado à ponte – verificando regularmente se eles ainda são importantes e enfatizando o significado. Com uma rotina estabelecida, os três primeiros passos (acessar o modo adaptativo, ponte e aspirações) podem ser dados nos primeiros 5 a 10 minutos de uma sessão.

Desafios – Solução de Problemas no Contexto das Aspirações

Os *desafios* são abordados na terapia individual de um indivíduo se eles estiverem impactando a busca, por parte da pessoa, das suas aspirações. As sessões podem ser usadas para resolver problemas como os desafios por meio de quaisquer intervenções que possam ser efetivas. A solução de problemas também pode se parecer com atividades experienciais que provocam emoção positiva e acesso a crenças positivas. Em qualquer um dos casos, você está usando esse tempo para tirar conclusões sobre como essas ferramentas empoderam uma pessoa e a deixam mais próxima das suas aspirações.

Desenvolvendo um Plano de Ação

O final de cada sessão deve ter um *plano de ação*. Os planos de ação trazem os sucessos das sessões para a vida diária. Você pode perguntar à pessoa: "Com base no que fizemos hoje, o que você gostaria de fazer entre as sessões?". Pode ser realizar uma atividade preferida, praticar uma estratégia de controle das vozes ou partir para a ação na direção da aspiração. O plano deve ser desenvolvido colaborativamente, mas você pode ficar à vontade para fazer sugestões claras se as ideias desenvolvidas não estiverem associadas aos eventos da sessão ou à missão mais ampla. Você também deverá ter um recurso para o indivíduo se recordar do plano de ação – por exemplo, pergunte se ele gostaria de anotar, colocar um lembrete no seu celular ou usar um organizador.

No começo da terapia, as sessões podem focar unicamente no acesso ao modo adaptativo, concluindo com planos de ação para realizar essas atividades entre as sessões. As sessões podem estar orientadas em torno da identificação e do enriquecimento das aspirações por vários encontros. Encontre com o indivíduo onde ele está e seja flexível. A Figura 12.5 ilustra a estrutura geral de uma sessão de CT-R.

Colaborando com Outros Profissionais

Algumas vezes é apropriado convidar outros prestadores de serviços. Isso pode ocorrer quando uma modalidade específica parece ser justificada, como o caso com David e um profissional especialista em serviço vocacional. Se você não tem conhecimento específico em certas áreas de prática, colaborar com colegas pode ser de grande ajuda. Você ainda pode usar a estrutura da CT-R nessas colaborações. O Mapa da Recuperação é um docu-

Abertura: Acessar o modo adaptativo

Ponte: Missão compartilhada

Aspirações: Identificadas, desenvolvidas

Desafios: Solução de problemas no contexto das aspirações

Plano de ação

FIGURA 12.5 Estrutura de uma sessão de CT-R.

mento útil a ser compartilhado. Ele também pode ser usado para ganhar *feedback* ou informações obtidas pelo outro profissional. Sendo uma sinopse de uma página, o Mapa da Recuperação também pode ajudar a alavancar a conexão com um profissional adicional ao colocar em primeiro plano os interesses e as formas de se engajar. O compartilhamento das aspirações e alvos da ação positiva mantém todos unidos ao longo da vida desejada do indivíduo, reduzindo o risco de um atendimento desarticulado.

Limitações de Tempo e Localização

Se você se sente limitado pelos tempos de sessão reduzidos ou se a sua localização dificulta a realização de sessões fora do consultório, ainda existem muitas maneiras de criar uma sessão envolvente e ativa. Se você só consegue ver uma pessoa por um breve momento, pode ativar o modo adaptativo mais rapidamente convidando o indivíduo a lhe dar uma dica rápida sobre sua atividade favorita, como ensinar um movimento por semana no xadrez ou uma nova palavra que ele aprendeu em uma aula de língua estrangeira. Considere formas dentro do consultório para o indivíduo ajudá-lo: ele pode dar sugestões sobre como melhorar a decoração do seu escritório? Você consegue se alongar ou fazer exercícios em um espaço pequeno? Você ainda pode ouvir música ou aprender um jogo de cartas? As atividades também podem ser feitas durante programas de telessaúde baseados na *web* (ver conteúdo complementar em inglês

PALAVRAS DE SABEDORIA

QUADRO 12.2 Aspire a ser demitido

Nós temos grandes esperanças para o tratamento. Nosso objetivo é colaborar na construção de uma vida desejada. Fazemos isso por meio do vínculo que estabelecemos. Realizando atividades conjuntas. Ganhando confiança. Sonhando grande. Realizando o sonho. Vivendo-o todos os dias. Tirando conclusões. Fortalecendo um *self* melhor.

No começo, o indivíduo pode estar profundamente isolado. Nossas ações revertem isso, e nos tornarmos importantes para eles, possivelmente a única relação positiva em que conseguem pensar. Com o tempo, à medida que fazemos mais coisas juntos, eles também começam a fazer mais nos intervalos dos encontros com você. Onde quer que seus interesses e aspirações os levem, haverá outras pessoas.

A relação de vocês aguçou seu apetite por mais vida, mais propósito, mais conexão. Você os ajuda a ver esse progresso, a reconhecer sua força interna para lidar com situações difíceis, como perda ou coisas que não dão certo.

Haverá uma primeira vez em que eles lhe dirão que estão muito ocupados para vê-lo. Cada vez que isso acontecer, você pode sorrir. Esse é o plano. A vida está acontecendo – da maneira certa.

A vida não gira em torno da terapia. A terapia deve se encaixar na vida.

Deve haver uma obsolescência incluída. A pessoa diminui a distância entre ela e todos os outros – seu espaço vital é cada vez mais preenchido.

Em algum momento, ela não tem mais tempo para você. Este é o melhor resultado. A pessoa também tem muito a fazer. Ela demite você.

Na CT-R, tenha como aspiração ser demitido. Vocês nunca perderão a conexão nem o ótimo trabalho que fizeram juntos.

em https://beckinstitute.org/CTR-resources/). Seja criativo!

RESUMO

- A CT-R pode ser realizada com sucesso em ambientes de terapia individual ambulatorial, usando o mesmo mapa da recuperação e seguindo a mesma estrutura utilizada em outros contextos.
- Considerando o contato limitado com o indivíduo, acessar o modo adaptativo rapidamente é essencial. Isso pode ser facilitado pela realização de sessões fora do consultório clínico (especialmente se o indivíduo estiver ansioso, desconfiado ou paralisado no modo "paciente") e realizando juntos atividades agradáveis.
- O terapeuta deve usar o tempo da sessão para alavancar ação positiva e aproveitar as conexões ou recursos que estiverem disponíveis para o indivíduo (p. ex., pessoas amadas, outros profissionais ou serviços, lembretes eletrônicos) para encorajar ação positiva entre as sessões.
- O benefício da terapia pode ser melhorado conectando o indivíduo a terapias e serviços complementares, incluindo terapias de grupo ou clubes, aulas de bem-estar, emprego assistido, educação e serviços de apoio dos pares.
- A terapia tem um encerramento bem-sucedido com a celebração das conquistas e o aumento da confiança, o planejamento para o futuro, o recrutamento de amigos e pessoas amadas e a realização de encaminhamentos adequados. Pode ser útil reduzir gradualmente as sessões de terapia e oferecer sessões de reforço quando necessário.

13

Atendimento hospitalar com CT-R

Um novo membro da equipe chega a uma unidade de internação e observa a cena: enquanto uns poucos indivíduos estão em grupos de terapia, mais da metade permanece na unidade. Vários outros estão em seus quartos. Outros estão dormindo em cadeiras plásticas duras ao longo do perímetro da sala de convivência, que está silenciosa, exceto pelo ruído branco dos infomerciais da televisão e roncos suaves. Quando os outros retornam depois do grupo, dois deles vão para as cadeiras e colocam os casacos sobre suas cabeças. Logo alguma coisa muda. Um profissional de saúde mental convida um indivíduo para jogar cartas. Enquanto jogam cartas, o indivíduo começa a cantarolar uma canção popular da década de 60. A equipe a reconhece e começa a cantar, buscando a música no *tablet* da unidade. Ao ouvirem, dois outros indivíduos vão até a mesa. Eles são questionados sobre suas músicas preferidas. O que você vê a seguir são os quatro cantando juntos *hip-hop* da década de 90. Os outros, de suas cadeiras, conferem com um olhar. Do outro lado da sala, alguém grita pedindo uma música. O membro da equipe anota o que seria o começo de uma *playlist* da unidade, e a energia se torna evidente. É um contraste absoluto com a unidade sonolenta de antes.

Este exemplo é uma imagem instantânea de uma dicotomia comum em unidades hospitalares: mudanças entre inatividade e interação. Alavancar a energia em uma unidade sonolenta pode algumas vezes ser um desafio, pois ambientes com pouca estimulação podem inadvertidamente manter desafios, como o acesso reduzido à energia e à iniciativa e o aumento da atenção que é dada às vozes (Curson, Pantelis, Ward, & Barnes, 1992; Oshima, Minio, & Inomata, 2003, 2005; Wing & Brown, 1970; Zarlock, 1966). Quando há mais ação e conexão no ambiente, existem mais oportunidades para as pessoas acessarem seu modo adaptativo e imaginarem possibilidades do que gostariam e querem para o futuro. Os desafios também se tornam menos proeminentes. Este capítulo aborda como aplicar a terapia cognitiva orientada para a recuperação em um ambiente hospitalar. Você irá aprender como criar um ambiente que estimule os indivíduos na direção da recuperação, como aumentar a energia e oportunidades para mudar crenças, como ajudá-los a agir em direção aos seus desejos e como implementar estratégias para continuidade dentro das equipes de tratamento. Você também conhecerá uma ferramenta de autoavaliação para avaliar e manter as práticas de CT-R dentro das organizações: Parâmetros da CT-R (ver Apêndice H). Vale salientar que este capítulo se refere a ambientes e unidades hospitalares. No entanto, as mesmas estratégias são aplicáveis a qualquer contexto de tratamento em equipe (p. ex., residências terapêuticas baseadas na comunidade).

NECESSIDADES BÁSICAS

Os indivíduos que recebem diagnóstico de um problema de saúde mental grave têm as mesmas necessidades básicas que qualquer outra pessoa: sentir-se parte de algo; participar e estar envolvido em buscas significativas; ter relações próximas, íntimas; e se sentir produtivo, competente e capaz (Baumeister & Leary, 1995; Fuligni, 2019). Uma experiência comum compartilhada pelos indivíduos em unidades de internação é a solidão. Nesse contexto, os indivíduos estão em grande proximidade física, mas as oportunidades de formar laços sociais podem ser raras. Embora estejam juntos, eles ainda podem se sentir verdadeiramente sozinhos. A incapacidade de satisfazer essas necessidades básicas impacta as crenças pessoais (Beck et al., 2019): sobre si mesmo (*sozinho, vulnerável, defeituoso*), sobre os outros (*rejeitando, controlando, humilhando*) e sobre o futuro (*sem esperança, sem chances de as coisas melhorarem*). Para se protegerem contra mais mágoas e decepções, os indivíduos constroem conjuntos de crenças derrotistas ("Não vou conseguir o que quero, então por que tentar?"; "Se eu não tentar, não vou ficar decepcionado") e crenças associais ("Se eu ficar afastado das pessoas, elas não vão poder me machucar"; "Estou melhor sem os outros"). Essas crenças são, então, refletidas no comportamento que interfere na recuperação: os indivíduos se afastam das outras pessoas para que não sejam machucados ou decepcionados, ou usam a passividade para evitar frustração e fracasso, incluindo não falar a respeito ou não entrar em ação na direção de suas aspirações. Esses comportamentos destacam um dos paradoxos dos desafios de saúde mental graves: o indivíduo precisa se conectar, mas se isola; a pessoa deseja propósito, mas não age. De início, não fica imediatamente claro por que os indivíduos se engajam em isolamento, afastamento e outros comportamentos que deixam suas necessidades insatisfeitas. No entanto, quando consideramos suas crenças básicas sobre si mesmos, sobre os outros e sobre seu futuro, o quadro se torna mais claro.

Essa mesma formulação nos ajuda a entender outros desafios comuns nas unidades – por exemplo, os indivíduos podem usar a agressão para combater intrusões de outras pessoas e se protegerem contra sua vulnerabilidade extrema. Embora essas aparentes intrusões de outras pessoas frequentemente tenham a intenção de ser úteis (p. ex., a equipe de enfermagem que convida para participar dos grupos ou pede que tomem as medicações), os indivíduos podem interpretar mal as ações como tentativas de rebaixá-los ainda mais. Por quê? Eles podem procurar rejeição para fundamentar suas crenças. Surge, então, um paradoxo adicional: embora eles desejem fazer parte de algo, seus atos agressivos afastam as pessoas, provocando ainda mais separação e isolamento, além de maior dificuldade para ir em busca de suas aspirações.

Com esse entendimento, uma abordagem no ambiente da CT-R procura ajudar os indivíduos a satisfazerem a necessidade de conexão. Isso é facilitado pelas frequentes oportunidades de ativar e energizar o modo adaptativo. O ambiente da CT-R também fornece oportunidades em vários contextos para descobrir e discutir as aspirações, o que pode ajudar os indivíduos a se conectarem uns com os outros, além de instilar maior esperança para o futuro. O ambiente da CT-R também pode ser um catalisador para a ação, a qual pode, então, continuar na comunidade.

A EQUIPE DE TRATAMENTO

Todos os membros da equipe de tratamento da unidade desempenham um papel na criação de um ambiente mais colaborativo, energizado e ativo. Suas contribuições incluem o trabalho conjunto para desenvolver um entendimento de cada indivíduo, desenvolver planos de ação para atingir as aspirações com os indivíduos, criar papéis significativos para os indivíduos, conectar o programa da unidade aos alvos do tratamento e guiar os indivíduos na direção de crenças mais úteis e acuradas. Dependendo da estrutura do hospital ou organização específica, a composição da equipe e o papel que cada membro desempenha podem variar. A forma como você implementa e dá seguimento às intervenções também pode variar. No entanto, os princípios fundamentais da CT-R permanecem os mesmos.

Uma função básica da equipe de tratamento é desenvolver e compartilhar um entendimento de cada pessoa da unidade. Você faz isso com um Mapa da Recuperação (ver Capítulo 2), que está associado ao plano de tratamento. O Mapa da Recuperação organiza as crenças ativadas durante as experiências positivas e bem-sucedidas do indivíduo, além daquelas ativadas durante momentos mais desafiadores. Para desenvolvê-lo, você reúne informações de todos os membros da equipe, com base nas suas interações com a pessoa. Todos têm a oportunidade de ver os indivíduos nas suas melhores condições e quando os desafios estão presentes. Quando os planos de ação são desenvolvidos, os membros da equipe podem decidir juntos quem irá liderar com base em como isso se encaixa dentro do seu respectivo papel – por exemplo, planos relacionados à identificação e ao engajamento dos indivíduos em seus interesses podem ser acionados tanto por um atendente direto quanto por um especialista, como o arteterapeuta. Intervenções específicas para reduzir as vozes ou revelar o significado de crenças mais expansivas podem ser acionadas colaborativamente por um terapeuta ou psiquiatra. Seja qual for a divisão dos papéis, os membros da equipe podem usar o Mapa da Recuperação para organizar as ideias e se comunicarem uns com os outros. Essas formulações individuais podem, então, ser traduzidas em uma programação abrangendo toda a unidade que atenda às necessidades de muitos (p. ex., programas que enfatizam a conexão ou oferecem oportunidades para capacidade). Isso torna a unidade, como um todo, fundamentalmente centrada na pessoa.

Com base nas formulações individuais, os membros da equipe de tratamento também desempenham um papel crucial para ajudar os indivíduos a mudar as crenças quando estiverem no modo adaptativo usando a descoberta guiada (ver Capítulo 6). A descoberta guiada pode ocorrer durante alguma atividade da unidade, desde reuniões com a equipe até grupos de terapia ou mesmo situações recreativas menos estruturadas. Quando uma equipe de tratamento desenvolve formulações de caso individuais, as perguntas específicas feitas para guiar ou fortalecer as crenças são adaptadas àquelas que são mais relevantes.

As equipes de tratamento também podem ajudar a moldar a atmosfera geral da unidade por meio da tomada de decisão colaborativa intencional sobre como a unidade é administrada e que tipo de programação é criado.

O MODO ADAPTATIVO E A ATMOSFERA DA UNIDADE

Um momento verdadeiramente animador em uma unidade de internação psiquiátrica ocorre quando você vê os indivíduos entrarem no modo adaptativo. Como você sabe de que isso está acontecendo? Eles estão engajados e energizados, participando de coisas de que gostam (p. ex., noites de caraoquê, conversando sobre seu time esportivo favorito); discutindo seus interesses e conectados com os outros enquanto trabalham para um objetivo mútuo (p. ex., confeccionado cartões para os feriados); ajudando os outros na unidade.

Uma missão fundamental na CT-R é prestar atenção aos momentos em que os indivíduos estão no modo adaptativo ("Como eles são na sua melhor condição?"), descobrir o que o ativa o modo adaptativo e criar oportunidades para os indivíduos o experimentarem com mais frequência por meio da programação ou de outras atividades. Quanto mais vezes o modo adaptativo for ativado, mais fácil será identificar e focar nas aspirações, e mais frequentemente a equipe poderá ajudar os indivíduos a fortalecerem crenças positivas e tirarem novas conclusões sobre si mesmos. Desse modo, um ambiente que foque no modo adaptativo ativamente afasta a influência das crenças negativas que perpetuam os desafios.

Para acessar regularmente e ativar o modo adaptativo, você deverá estabelecer um ambiente estimulante que possibilite que os indivíduos participem de atividades que promovam seu melhor *self*, reavaliem as crenças negativas, desenvolvam novas aspirações e muito mais. Isso inclui oportunidades de se engajar em atividades prazerosas e interativas que envolvam parceria entre os indivíduos e a equipe.

Idealmente, decidir sobre atividades específicas será um processo colaborativo no qual os indivíduos e a equipe se encontram e planejam juntos. O planejamento envolve conversas sobre os interesses dos indivíduos e a equipe, compartilhando ideias a partir dos seus próprios interesses. A conversa pode, então, se estender para os interesses compartilhados. Exemplos de atividades podem ser culinária, grupos de orações, competições de *videogame*, etc. Falar sobre o que é bom ou sobre a melhor parte dessas buscas coletivas cria entusiasmo para realizá-las juntos, facilitando o trabalho logístico. Planejar juntos pode envolver decidir quais atividades são realizadas, quando e que papéis os indivíduos e a equipe gostariam de ter nessas atividades (p. ex., organização, liderança).

A colaboração nessa medida nem sempre é viável, especialmente se a expectativa de duração da internação for curta (p. ex., hospitais para situações agudas, centros de crise). Nesse caso, o planejamento da equipe multidisciplinar pode ser efetivo. Nessas conversas, a equipe pode ser solicitada a observar, a partir da sua experiência, o que tem sido mais efetivo na geração de energia, interação e – francamente – dias realmente agradáveis no trabalho. Inclua aqueles que passam a maior parte do tempo com os indivíduos nessas conversas, como os funcionários de cuidados diretos, enfermeiros, pares especialistas e outros. Você pode fazer perguntas como: "Quando os indivíduos estão na sua melhor condição?". Essa pergunta leva a respostas centradas na pessoa e baseadas na força. Quando ela é feita, os membros da equipe frequentemente encontram as exceções à regra (p. ex., "Ele está *sempre* na cama, *exceto* durante as festas com caraoquê, quando ele canta músicas românticas da década de 40"). Igualmente, você pode perguntar: "Como é a unidade ou o ambiente na sua melhor condição?". Isso conduz à discussão de mais desenvolvimentos programáticos (p. ex., quando temos festas de aniversário de toda a unidade, quando colocamos música para começar o dia, quando fazemos exercícios de meditação *mindfulness* antes de dormir). Isso frequentemente conduz a mais discussão sobre por que essas atividades são úteis: oferece a John um papel na unidade e ele tem controle; Terri se vê como bem informada. Tudo isso inspira conversas sobre como a equipe pode trabalhar em conjunto para promover esses melhores momentos com mais frequência.

Buscar a colaboração de todos na equipe tem o benefício adicional de reforçar a conectividade de seus membros, além de implementar ativamente o programa de recuperação. Essa conectividade provém da discussão de elementos agradáveis do trabalho, reconhecendo os membros da equipe como especialistas em suas respectivas áreas e por seu conhecimento sobre os indivíduos ou a unidade, e identificando interesses, *hobbies* ou objetivos que os membros da equipe podem compartilhar entre si.

As seções a seguir destacam como os diferentes estágios de abordagem da CT-R podem ser colocados em prática na unidade.

Acessando o Modo Adaptativo

Os métodos para acessar e ativar o modo adaptativo podem ocorrer ao nível individual ou coletivo. As intervenções individuais incluem tentativas breves e frequentes de conexão e a busca de informações ou conselhos. As intervenções no ambiente podem incluir jogos interativos para ajudar a identificar os interesses. As intervenções aqui destacadas representam apenas algumas formas como você pode ajudar a identificar os interesses e acessar a energia. Permita-se ser criativo!

Tentativas de Conexão Breves, Frequentes e Previsíveis

Se você acha que você e a equipe ainda não sabem bem o que faz certos indivíduos entrarem no modo adaptativo – como aqueles que passam a maior parte do tempo em seus quartos ou que não se engajam em conversas com a equipe –, seu primeiro ponto de intervenção será identificar interesses e ganchos para aumentar a conexão e combater o isolamento. Você pode fazer isso inicialmente por meio de interações frequentes de baixa pressão. Considere o exemplo a seguir:

> Em uma reunião de *brainstorm* da equipe, uma enfermeira menciona que não sabe muito sobre Roger. Ela diz: "Roger raramente fala com alguém. Ele não quer sair do quarto para fazer a programação nem as atividades na unidade. Só o vi sair quando eles precisaram fazer um conserto no quarto dele, e mesmo assim ele se sentou em uma cadeira do lado de fora do cômodo". O psiquiatra pergunta se alguém já teve sucesso com Roger ou notou alguma interação dele com outro indivíduo na unidade. O arteterapeuta se recorda de uma vez em que Roger observou por alguns minutos dois outros indivíduos fazerem decorações de festa, mas não se lembrava de nenhuma outra interação.

Nesse cenário, a equipe foi capaz de ver a confecção de decoração como uma abertura para Roger dar a sua colaboração em alguma coisa criativa. A equipe de cuidados diretos pode abordar Roger e buscar conselhos sobre que cores ele recomenda para as toalhas de mesa para um próximo evento ou para escolher entre dois desenhos para o pôster. Essas tentativas breves e muito específicas de conexão podem identificar interesses.

Em outras situações, você pode ter alguma noção de que um indivíduo gosta de música ou esportes, por exemplo, mas ainda se mantém isolado. Nesse caso, você pode fazer tentativas breves de oferecer a atividade preferida – indo até o indivíduo onde ele está, mesmo que isso seja no seu quarto, embaixo das cobertas. Você pode, por exemplo, tocar uma música ou pedir a sua colaboração sobre quem você poderia escolher como jogador para o seu time esportivo em uma brincadeira.

Usando essa abordagem, você pode interagir com o indivíduo por apenas alguns minutos de cada vez, mas o ambiente hospitalar permite que esses momentos aconteçam com mais frequência ao longo do dia. Quanto mais frequentemente ocorrerem essas interações breves, mais oportunidades haverá para conexão positiva e menos tempo o indivíduo terá para focar internamente nas vozes, preocupações ou outros desafios. É importante distribuir o contato entre vários membros diferentes da equipe para que ele aconteça com frequência, mas com pessoas diferentes. Algumas unidades encontraram diferentes métodos conjuntos, como programar e alternar horários específicos para tentar conexão com o indivíduo. A Figura 13.1 é um exemplo de como pode ser a programação de atividades de uma equipe.

Essa intervenção também permite que você explore mais rapidamente uma gama de possíveis interesses e veja se consegue encontrar uma que funcione. Tópicos como música, esportes, alimentos ou culinária, arte, televisão e cultura *pop* são áreas comuns de possível interesse de alguém (ver Capítulo 3 para mais ideias). Ao observar mudanças no afeto (p. ex., mais sorrisos), aumento no contato visual ou resposta verbal, aumento no ritmo da fala ou conversa mais fácil de acompanhar, você pode identificar a área que é mais impactante.

Busque Conselhos ou Conhecimento

Buscar conselhos pode fazer parte de interações breves, frequentes e gradativamente previsíveis. Você pode fazer perguntas concretas curtas, tais como "Devemos tocar *rock* ou música *country*?" ou "Devo pintar as minhas unhas de vermelho ou lilás?", ou pode pedir conselhos com perguntas abertas para ajudá-lo a identificar ou descobrir interesses, tais como: "Quais são as melhores receitas para a ceia de Natal?" ou "Minha filha está resfriada – você conhece algum remédio caseiro testado e aprovado que possa ajudar?".

Além de não demandar muita energia para um indivíduo responder, pedir conselhos sobre uma variedade de tópicos pode lhe dar uma pista sobre áreas especiais de conhecimento ou experiência da pessoa. Quando descobrir o tópico ao qual a pessoa responde melhor, você poderá trazê-lo à tona consistente e previsivelmente, criando mais oportunidades para ajudar a reforçar a energia e a conexão do indivíduo e ativar o modo adaptativo. As crenças que você ativa usando essa intervenção incluem: "Eu sou capaz, prestativo, instruído e útil" e "Os outros estão interessados e se importam comigo".

Em uma unidade hospitalar, dar conselhos ou ajuda aos terapeutas, enfermeiros ou técnicos de assistência direta também pode melhorar a colaboração e a parceria entre os indivíduos e a equipe inteira para que todos estejam operando mais como iguais.

Domingo	Segunda	Terça	Quarta	Quinta	Sexta	Sábado
Data: ___	Data: ___	Data: ___	Data: ___	Data: ___	Data: ___	Data: ___
Hora do cabelo	Unhas	Vídeos de música	Mudança de visual	Cantar	Hora do cabelo	Unhas
Com: ___ Hora: ___	Com: ___ Hora: ___	Com: ___ Hora: ___	Com: ___ Hora: ___	Com: ___ Hora: ___	Com: ___ Hora: ___	Com: ___ Hora: ___
Vídeos de música	Ouvir música	Revistas	Ouvir música	Vídeos de música	Ouvir música	Ouvir música
Com: ___ Hora: ___	Com: ___ Hora: ___	Com: ___ Hora: ___	Com: ___ Hora: ___	Com: ___ Hora: ___	Com: ___ Hora: ___	Com: ___ Hora: ___
Exercício/dança	Exercício/dança	Aulas de tricô	Exercício/dança	Exercício/dança	Cantar	Exercício/dança
Com: ___ Hora: ___	Com: ___ Hora: ___	Com: ___ Hora: ___	Com: ___ Hora: ___	Com: ___ Hora: ___	Com: ___ Hora: ___	Com: ___ Hora: ___
Conversa de garotas	Conversa de garotas	Conversa de garotas	Conversa de garotas	Conversa de garotas	Conversa de garotas	Conversa de garotas
Com: ___ Hora: ___	Com: ___ Hora: ___	Com: ___ Hora: ___	Com: ___ Hora: ___	Com: ___ Hora: ___	Com: ___ Hora: ___	Com: ___ Hora: ___
Outro	Outro	Outro	Outro	Outro	Outro	Outro
Com: ___ Hora: ___	Com: ___ Hora: ___	Com: ___ Hora: ___	Com: ___ Hora: ___	Com: ___ Hora: ___	Com: ___ Hora: ___	Com: ___ Hora: ___
Com: ___ Hora: ___	Com: ___ Hora: ___	Com: ___ Hora: ___	Com: ___ Hora: ___	Com: ___ Hora: ___	Com: ___ Hora: ___	Com: ___ Hora: ___

Opções de atividades

Unhas
Ouvir música
Revistas
Mudança de visual
Exercício/dança
Assistir a vídeos de música
Cantar
Preparar-se para o papel de representante de artes criativas
Hora do cabelo
Conversa de garotas
Aulas de tricô (ministradas por ela)

Membros da equipe

Horários sugeridos para atividades diárias

9:00   14:00
11:00 15:00
13:00 18:00
18:30 19:00

FIGURA 13.1 Uma programação de atividades da equipe mostrando oportunidades breves, frequentes e previsíveis para conexão.

> Notas sobre a ativação do modo adaptativo:
> ✓ Pode ser mais fácil para as pessoas pensarem em coisas que os outros podem gostar do que pensarem no que elas mesmas gostam. Essa ainda é uma contribuição útil.
> ✓ Os recursos em unidades hospitalares variam. Seja criativo. Um jogo de basquete, por exemplo, pode envolver uma bola de papel e uma lata de lixo vazia.

Identificando Interesses ou Habilidades com Jogos Interativos

Para ajudar os indivíduos a identificarem interesses como um grupo, você e outro membro da equipe podem criar jogos interativos que encorajam a participação em uma ampla variedade de interesses e atividades. Um exemplo é o bingo de atividades. Nesse jogo, a equipe coloca em um cartão de bingo atividades das quais as pessoas às vezes gostam. Eles pedem que os indivíduos na unidade pensem em coisas que poderiam fazer e também as colocam no cartão (ver Figura 13.2 para uma amostra do cartão do bingo de atividades). As atividades podem incluir coisas que poderão ser feitas no futuro (p. ex., arrumar o cabelo, ir à igreja, caminhar ao ar livre) ou no momento (p. ex., arremessar uma bola de basquete, fazer exercícios, compartilhar a receita predileta, ouvir a música favorita). Cada cartão deve incluir as mesmas atividades, mas localizadas em quadros diferentes.

No grupo, você pede que um indivíduo diga uma letra e um número (p. ex., "B 4"). Todos olham para a atividade em seu cartão naquele espaço específico. Aquele que gostar da atividade ergue sua mão ou começa a realizar a atividade, se possível. A equipe escreve em um quadro ou uma folha de papel quantas pessoas gostam de cada atividade. Quando a energia é alta ou os indivíduos parecem estar gostando de uma atividade, a equipe faz perguntas orientadoras, tais como: "Como é enquanto você está fazendo isso? Bom, ruim ou apenas mais ou menos?"

	B	I	N	G	O
1	Descreva as férias dos sonhos.	Jogue o jogo da velha.	Arremesse uma bola de basquete.	Jogue seu jogo de cartas favorito.	Ajude alguma pessoa necessitada.
2	Elogie alguém.	Conte uma história inspiradora.	Compartilhe sua receita predileta.	Faça exercícios de flexão ou polichinelos.	Pinte as unhas.
3	Pule corda.	Compartilhe o que você gostaria de fazer no futuro.	Beba café.	Jogue *frisbee* com alguém.	Escreva uma carta a um familiar.
4	Dance sua música favorita.	Jogue *videogame*.	Fale sobre seu filme favorito com alguém.	Dê uma volta pela sala.	Converse com alguém.
5	Cante.	Arrume seu cabelo.	Crie música/arte.	Ria com alguém.	Faça a dança Macarena.

FIGURA 13.2 Uma amostra do cartão do bingo de atividades.

e "Se isso faz você se sentir melhor ou mais energizado, gostaria de fazer com mais frequência?". Isso ajuda as pessoas a notarem o benefício da atividade no momento.

O bingo de atividades e jogos semelhantes são benéficos porque essas atividades:

- proporcionam oportunidades para os indivíduos experimentarem energia, prazer, socialização e capacidade no momento (aprender fazendo);
- ajudam a identificar interesses ou áreas de conhecimento em que eles podem não ter pensado sozinhos;
- conectam os indivíduos entre si enquanto eles aprendem o que têm em comum;
- oferecem uma justificativa para realizar mais a atividade diariamente.

É provável que haja algumas pessoas na unidade com áreas de interesse semelhantes. Talvez elas tenham crescido na mesma vizinhança, ouviram a mesma música ou compartilham um *hobby* parecido. É aí que a força do ambiente pode levar a intervenção inicial até o próximo nível: conectar os indivíduos com outros que compartilham suas paixões. Percebendo que o desejo de fazer parte de algo e se conectar está na essência de todas as pessoas, acessar o modo adaptativo não só energiza um indivíduo como também pode facilitar oportunidades para obter uma rede social mais abrangente. Isso ajuda os indivíduos a ver que eles podem de fato ter relações com os outros e que vale a pena buscar tais relações. Isso neutraliza crenças derrotistas e associais.

Energizando o Modo Adaptativo: O Desafio de Atividades

Quando os interesses são identificados, queremos expandir isso para oportunidades de engajamento neles com a maior frequência possível. Este é o estágio da CT-R de energização do modo adaptativo (ver Capítulo 3). Você pode fazer isso com um desafio de atividades no ambiente e com a criação de clubes baseados nos interesses.

Um método divertido e motivador de energização é lançar um desafio para os indivíduos: "O que você pode fazer enquanto está no hospital e com que frequência pode realizar suas atividades preferidas durante a semana?". Esse desafio estimula a energia e a interação e aumenta a frequência com que os indivíduos provavelmente estarão no modo adaptativo. A seguir, apresentamos um exemplo de como uma unidade pode se reunir para executar um desafio de atividades.

Monitore a Atividade

Os indivíduos e a equipe carregam cartões de desafios personalizados (p. ex., escritos em cartões de fichário), listando duas ou três atividades específicas que eles gostariam de se desafiar a fazer durante a semana com uma ou mais pessoas. Depois de se engajarem em suas atividades preferidas, os participantes colocam suas iniciais ou assinam os cartões uns dos outros. O número de assinaturas não representa o número de atividades feitas, mas o número de pessoas com quem alguém está interagindo e realizando atividades diariamente/semanalmente.

Designe Campeões de Desafios na Equipe

O campeão de desafios é um membro (ou mais) da equipe que dará início ao desafio e o apresentará à unidade. Essa pessoa também é uma espécie de líder de torcida – encorajando os indivíduos e a equipe a usarem seus cartões. Para unidades com muitos turnos de trabalho, pode ser útil ter pelo menos um campeão de desafios por turno para manter a atividade durante todo o dia.

Dê o Pontapé Inicial

Seja em grupo ou durante reuniões da comunidade, os indivíduos e a equipe podem se reunir para falar sobre o desafio e decidir como querem que ele ocorra. Quanto mais colaborativo, melhor!

Comece a Colher Assinaturas Imediatamente

Os indivíduos podem desfrutar de sucesso imediato obtendo assinaturas durante a fase inicial! Ter uma música tocando na sala durante a fase inicial é uma forma simples de ter os cartões assinados e pode ser usado como um exemplo concreto de como o desafio funciona (p. ex., "Algum de vocês tem "ouvir música" no seu cartão? Estamos fazendo isso neste momento! Vamos assinar alguns cartões!"). Outra maneira bem-sucedida de dar início ao desafio é estabelecer estações para as atividades (p. ex., com materiais de arte, jogos) e encorajar as pessoas a experimentar fazer alguma coisa com os outros.

Proporcione Oportunidades para Assinaturas Durante a Semana

Qualquer interação positiva pode ser uma experiência valiosa e significativa. Encoraje os indivíduos a carregarem os cartões consigo durante a semana e a buscarem assinaturas de outros quando se engajarem em alguma coisa de que gostam. Toda a equipe, seja participando com seus próprios cartões ou não, deve ter conhecimento do desafio (ele pode ser anunciado nas reuniões da equipe de tratamento e na comunidade). A equipe pode lembrar os participantes de levarem os cartões a eventos como festas ou grupos. Se muitos participantes se engajarem em uma atividade juntos, eles podem buscar assinaturas de todos (p. ex., um evento, cinco assinaturas).

Some o Número de Assinaturas

A cada semana, as iniciais ou assinaturas são somadas como grupo e anunciadas no ambiente. As assinaturas da semana anterior são incluídas na contagem de cada novo desafio para que o número cresça a cada vez.

Use Descoberta Guiada e Feedback para Tirar Novas Conclusões

Embora o desafio de atividades possa ser usado para engajar e energizar um ambiente, muitas outras crenças valiosas também podem ser fortalecidas – por exemplo, a de que vale a pena desenvolver relações, de que eles têm mais em comum com os outros do que imaginavam anteriormente e de que são mais capazes do que pensavam. Fazer perguntas sobre o que o envolvimento no desafio diz sobre os participantes pode ajudar a mudar as crenças. Igualmente, buscar *feedback* sobre a experiência pode ressaltar o que o indivíduo depreende do desafio.

Exemplos de perguntas orientadoras incluem:

- "Participar do desafio foi melhor ou pior do que você esperava?"
- "Quanto mais ativo você está, como se sente? Você tem mais energia ou menos energia?"

- "O que diz sobre nós o fato de termos mais assinaturas do que esperávamos?"
- "Se isso correu melhor do que pensávamos e temos mais energia, vale a pena fazer essas coisas com mais frequência? E que tal fora do hospital/residência?"

É importante ter em mente que desafios como estes não devem ser usados como um método para ganhar privilégios ou recompensas, e a escolha de não participar não deve ser punida. A participação deve ser voluntária e divertida. Com frequência constatamos que a participação cresce quando mais atividades estão acontecendo na unidade e quando as pessoas veem o sucesso das outras.

Há muitas maneiras bem-sucedidas de administrar um desafio de atividades no ambiente. Alguns locais preferem criar pôsteres na unidade, e não cartões individuais, fazer uma contagem mensal em vez de semanal, e dividir os participantes em dois times e acrescentar uma competição leve em vez de fazer tudo ao mesmo coletivamente. Mais uma vez, seja criativo e flexível.

Crie Clubes Baseados nos Interesses

Outro método de energização do modo adaptativo e de ligação das formulações individuais com a programação da unidade é formar clubes sociais – como aqueles na comunidade externa – como parte da programação regularmente agendada da unidade. Os clubes em um ambiente são melhores quando a equipe e os indivíduos se unem para desenvolvê-los e colocá-los em funcionamento. Alguns exemplos incluem clubes de jardinagem, teatro ou clubes de corais, de moda e beleza, clubes "para fazer a diferença" e clubes de exercícios. Indivíduos com esses interesses ou que querem ajudar outros a buscar seus interesses se reúnem para se engajar no que gostam – por exemplo, em um clube de atividades matinais, os indivíduos podem tocar música com uma pessoa controlando o rádio, outro indivíduo liderando um círculo de alongamento e exercícios e outros desfrutando de uma xícara de café. Todas estas são formas previsíveis de se conectar com outras pessoas, construir energia e iniciar o dia com desafios menos intrusivos.

> Recuperação com restrições: Algumas unidades têm restrições específicas nas atividades. Os clubes ainda assim podem proporcionar oportunidades animadoras dentro desses limites. Use técnicas como Imaginário ou planejamento de atividades futuras ou peça que os indivíduos ensinem ou expliquem à equipe como ajudar outras pessoas a ter experiências agradáveis.

Clubes de atividades mais gerais, como aqueles em que os indivíduos têm acesso livre a arte, jogos ou música, podem proporcionar alternativas à tradição da "hora de silêncio" nas unidades. Os clubes de atividades promovem interação e reduzem o isolamento, o que de outra forma seria uma fonte importante de sintomas negativos e positivos angustiantes (ver Capítulos 8 e 9). Eles também oferecem oportunidades para escolhas, as quais frequentemente são limitadas em ambientes de internação hospitalar.

Os clubes também empoderam a equipe, pois oferecem oportunidades para se conectar com os indivíduos como pessoas com interesses comuns, e não apenas no contexto dos desafios de saúde mental ou do tratamento. Como os clubes frequentemente promovem "o melhor" (modo adaptativo) nos indivíduos, os membros da equipe experimentam uma sensação real de sucesso por fazerem parte de atividades que ajudam outras pessoas.

Desenvolvendo o Modo Adaptativo: Conectando a Atividade no Hospital com Aspirações Significativas

Quando os indivíduos são ativados no modo adaptativo, este é um bom momento para identificar e enriquecer as aspirações para o futuro. Identificar e desenvolver aspirações em um ambiente de internação são formas importantes de aumentar a motivação e o envolvimento. As aspirações ajudam a relacionar o trabalho do programa com o que o indivíduo quer em última análise. Embora alguns indivíduos possam compartilhar objetivos com a equipe de tratamento, o âmbito dessas metas futuras é frequentemente limitado (p. ex., receber alta, participar de grupos baseados no hospital).

É comum que os indivíduos tenham muita dificuldade para expressar o que desejam para seu futuro, seja dentro do hospital, seja quando retornarem à comunidade. A perda do interesse em objetivos previamente acalentados contribui para isso. Como um indivíduo disse: "É como um filme que está passando e você escuta o som, mas a tela está preta – você não sabe como vai chegar a algum lugar porque não consegue ver um futuro".

Para ampliar a visão de um indivíduo do que é possível para o futuro, as aspirações podem ser incorporadas a todos os elementos de um programa de internação. Isso inclui a equipe de tratamento, terapia individual e terapia de grupo. Na próxima seção, focamos na integração das aspirações nos encontros com a equipe de tratamento e os grupos.

Traga à Tona as Aspirações na Equipe de Tratamento

Quando as aspirações estão em primeiro plano, os encontros com a equipe de tratamento podem ser muito empoderadores e significativos para os indivíduos. Você pode fazer perguntas que identifiquem e enfatizem as aspirações, tais como:

- "Quando tudo isso tiver terminado e você estiver fora do hospital, o que gostaria de fazer?"
- "Quando nos encontramos pela primeira vez, você compartilhou que era muito importante para você se reconectar com sua filha e voltar a estudar. Estas ainda são coisas para as quais nós estamos trabalhando juntos?"
- "Eu sei que você disse que fazer uma turnê como artista de música *country* é algo que deseja muito. Qual seria a melhor parte disso? O que significaria para você poder fazer isso?"
- "Quando você ajudou o Sr. Smith a andar pelo corredor em segurança, ele sorriu e parecia realmente agradecido. Se trabalharmos juntos para encontrar mais maneiras de ajudar outras pessoas na unidade, você acha que isso seria um bom passo na direção de se tornar uma enfermeira?"

Estratégias e intervenções adicionais para identificar e desenvolver aspirações individuais podem ser encontradas no Capítulo 4.

Em cada caso, focamos no que é importante para o indivíduo, e o tom é colaborativo. Isso indica que todos têm o mesmo objetivo: usar a permanência no hospital ou casa de apoio para aproximar os indivíduos do que eles desejam. Mesmo que as aspirações pareçam muito distantes ou estejam baseadas em crenças expansivas, você ainda pode discuti-las em termos do que elas significariam para o indivíduo. Os significados das aspirações se tornam os alvos do tratamento.

Quando surgirem os desafios – seja aqueles que levaram à hospitalização da pessoa, seja de um evento que ocorreu na unidade –, você ainda pode colocá-los no contexto das aspirações. Por exemplo, quando estiverem trabalhando juntos na direção dos objetivos do indivíduo e surgir um desafio (p. ex., isolamento), você pode propor a participação em um clube de artesanato como uma forma de ajudar a pessoa a ficar mais próxima do objetivo. Se o desafio não for angustiante para ela ou não estiver se colocando no caminho do que ela deseja, nem mesmo o apresente como um problema.

Desenvolvendo as Aspirações em Grupos

As aspirações são razões energizantes e significativas para os indivíduos participarem em clubes de atividades e grupos de terapia na unidade. Os clubes podem ser desenvolvidos como formas de dar passos na direção das aspirações, como os grupos de estudo para o diploma de Educação de Jovens e Adultos (EJA), clubes de preparação para o trabalho ou clubes nos quais as pessoas discutem como cuidar de animais de estimação. A clara conexão entre a atividade e as aspirações frequentemente melhora o acesso à motivação e à energia.

Você pode descobrir que alguns indivíduos expressam frustração diante de convites para se juntar a grupos de terapia, talvez pensando: "De que adianta? Eu estou encalhado aqui" ou "Eu já estive lá e já fiz isso!". Para combater crenças derrotistas e aumentar a motivação, é importante que os facilitadores dos grupos incorporem aspirações individuais à missão do grupo, proporcionando um senso de propósito desde o começo e de forma consistente. Você pode dizer: "Então qual é mesmo o propósito deste grupo? Do que nosso trabalho aqui nos deixará mais próximos?". Você pode pedir que os participantes expressem aspirações pessoais – coisas que serão divertidas, sociais, os deixarão orgulhosos, farão com que se sintam realizados ou menos estressados. Você também pode perguntar sobre os significados de cada aspiração. Pode listar todos eles em um quadro ou em uma folha de papel e fazer referência a eles durante o grupo (p. ex., "Hoje conversamos muito sobre maneiras de desestressar. Estava pensando se isso nos deixará mais próximos dos nossos sonhos, como ter um relacionamento ou ser um trabalhador dedicado. O que vocês acham?"). Esta não é apenas uma forma útil de associar o programa aos objetivos, mas também acaba conectando os indivíduos entre si, já que muitos deles têm aspirações semelhantes ou significados subjacentes parecidos.

Quando as pessoas se preparam para a alta de unidades de internação, uma experiência poderosa para os indivíduos pode ser eles se reunirem, imaginarem o futuro e resolverem problemas juntos. Os clubes orientados para a alta – que se concentram inteiramente nas aspirações, dividindo-as em passos, identificando e encontrando formas de ser resiliente contra o estresse – são uma forma de atingir isso. Esses clubes ajudam a traduzir as atividades que acontecem na unidade em planos de ação continuada para quando retornarem à comunidade. Também proporcionam um espaço seguro para os indivíduos se conectarem em função dos receios ou estressores compartilhados que ocorrem naturalmente quando avançam na direção de uma vida desejada. A abordagem da CT-R para terapia de grupo é detalhada no Capítulo 14.

Atualizando o Modo Adaptativo: Ação Positiva

Oportunidades para ação positiva (ver Capítulo 5) são uma parte importante de um ambiente de CT-R. Por meio da ação, você pode ajudar os indivíduos a reativar crenças positivas e gerar novas crenças para planejar um retorno à comunidade. Algumas maneiras de proporcionar ação positiva em uma unidade de internação hospitalar incluem ajudar outras pessoas por meio de papéis significativos, programação de ação positiva e, quando possível, engajamento em atividades fora da unidade.

Ajudar Outros e Identificar Papéis Significativos

É energizante e empoderador ajudar outras pessoas. Essas ações podem modificar significativamente ideias sobre pertencimento, valor, capacidade, ter controle e fazer a diferença. Os exemplos destacados aqui incluem ajudar por meio de papéis no ambiente da unidade, papéis de ajuda no hospital e papéis que contribuem para a comunidade mais ampla.

PAPÉIS NA UNIDADE

Oportunidades para os indivíduos se voluntariarem para papéis na unidade proporcionam um sentimento de pertencimento ou controle em um ambiente que de outra forma seria incontrolável. Assumir um papel dá aos indivíduos e à equipe um objetivo comum de fazer parte de uma comunidade segura e útil na unidade. Você pode inserir papéis nos eventos atuais do dia, tais como uma reunião na comunidade, ou pode criá-los com base nos interesses específicos de um indivíduo – por exemplo, presidente e secretário da reunião na comunidade, representantes de eventos atuais, repórter do tempo e das notícias, líder de clube, crítico de filmes e *videogames*, membro do comitê informativo da unidade e recepcionista dos pares para dar as boas-vindas a novas admissões. Quando os indivíduos assumem papéis na unidade, a equipe pode usar a descoberta guiada para consistentemente tirar conclusões significativas sobre o impacto desses papéis. As crenças comuns que você pode ter como alvo para ocupar papéis na unidade incluem:

- A própria pessoa: "Eu sou útil e capaz, eu consigo focar, eu tenho mais controle do que imaginava."
- Os outros: "As pessoas me apreciam, outras pessoas me respeitam."
- O futuro: "Há coisas em que eu sou bom e que posso fazer outras vezes, também."

PAPÉIS NO HOSPITAL

Além da unidade específica, pode haver papéis que os indivíduos assumam no sistema hospitalar mais amplo – por exemplo, eles podem servir em um compartilhamento de informações, em uma função de defensoria ou em um conselho consultivo que comunica as preocupações dos indivíduos à administração do hospital. Papéis como esses podem fortalecer crenças sobre a capacidade dos indivíduos para ajudar outras pessoas e sobre seu poder para melhorar situações difíceis dos outros – por exemplo, enquanto se preparava para a alta, uma mulher em uma unidade de internação de longa permanência foi designada como representante de uma unidade. Como tal, ela pediu ao chefe da psiquiatria para estender o tempo em ambiente externo para outros residentes, o que acabou sendo aprovado. Mais tarde, ela compartilhou com a equipe de tratamento: "Mesmo que eu não vá me beneficiar com isso, sinto orgulho de saber que ajudei outras pessoas a terem uma experiência melhor e acho que o que eu fiz irá ajudá-las a se sentirem melhor, mesmo que estejam no hospital". Também disse que achava que, sendo voluntária ou trabalhando na área de assistência, ela poderia ajudar outras pessoas depois que ela deixasse o hospital.

Outros papéis no hospital podem envolver compartilhar talentos com outras pessoas, como participar de corais ou grupos artísticos da unidade. Esses indivíduos podem compartilhar seus talentos ou ajudar em papéis de apoio, como fazer cartazes para eventos e distribuí-los pelo *campus*. As crenças fortalecidas por esses papéis incluem a habilidade de adquirir ou manter energia durante a atividade, crenças sobre criatividade e capacidade relacionadas às suas habilidades e crenças sobre sua habilidade para trabalhar colaborativamente com outras pessoas e perceber que estar com elas vale a pena.

PAPÉIS QUE CONTRIBUEM PARA A COMUNIDADE MAIS AMPLA

A programação da unidade que envolve formas de longo alcance ou contínuas de ajudar a comunidade fora do hospital pode acessar e energizar o modo adaptativo, ligar-se às aspirações e ser um passo de ação positiva ao mesmo tempo (p. ex., participar de clubes da unidade que fazem cartões para veteranos ou crianças doentes ou coordenar campanhas para doação de roupas e alimentos para pessoas afetadas por desastres naturais ou campanhas de doação para abrigos de animais).

Obviamente, há muitas outras formas de os indivíduos se envolverem, mesmo que uma causa particular não combine com seu interesse específico. Uma pessoa pode não se interessar por animais ou não ter um animal de estimação, mas pode usar sua criatividade para desenvolver cartazes anunciando a campanha de doação de ração para o abrigo de animais local. Projetos como esses unem as pessoas, facilitam um sentimento de pertencimento e podem fortalecer crenças de capacidade, utilidade, ser valorizado pelos outros e estar seguro em interações com os outros. Como levam muito tempo ou podem ser contínuas, atividades como estas também proporcionam motivação de longo prazo e algo pelo qual esperar regularmente.

Programação de Ação Positiva

Quando atividades significativas foram identificadas, e o indivíduo concorda que vale a pena se engajar nelas com mais frequência, este é um bom momento para desenvolver programações de ação positiva (ver Capítulo 3). Junto com a equipe, o indivíduo desenvolve um plano para realizar atividades preferidas e direcionadas para o objetivo mais frequentemente durante a semana. Você pode examinar essa intervenção na reunião com a equipe de tratamento para ver como todos podem apoiar a busca de ação do indivíduo. Esse planejamento também pode ajudar a aumentar atividades realizadas por iniciativa própria.

É importante ajudar os indivíduos a chegar à conclusão de que as coisas positivas de que eles gostam no hospital não estão restritas à vida na unidade. Planos e programações podem fazer parte das suas vidas fora do hospital. Você pode perguntar como eles irão monitorar tudo o que querem realizar lá fora. Alguns escolhem mudar de um programa de ação positiva de uma página para um planificador semanal ou mensal. Algumas instituições apoiam o uso de celulares ou *tablets* para ajudar com o planejamento de atividades futuras. Esta pode ser uma boa prática de como os indivíduos irão continuar seu progresso na comunidade.

Ingressando na Comunidade

Uma maneira excelente de ter experiências de sucesso e fortalecer crenças sobre a própria habilidade de transferir os papéis da unidade para a comunidade é fazer excursões na comunidade – por exemplo, se um indivíduo começar uma campanha de doação de roupas e tiver a chance de entregar as doações em abrigos locais, ele pode se sentir mais capaz, mais produtivo, mais útil e pode ter uma conexão mais forte com a comunidade que tem ajudado. Existem outros benefícios também – por exemplo, indivíduos que frequentam a igreja no final da rua todas as semanas como um passo de ação positiva para serem mais espiritualizados também podem ampliar sua rede social, pois eles veem que vale a pena passar um tempo com outras pessoas.

Uma ótima maneira de maximizar o sucesso de atividades fora da unidade é usar o seu entendimento dos desejos e das habilidades dos indivíduos para criar um plano – por exemplo, a equipe deve considerar:

- Que crenças temos como alvo (p. ex., controle, capacidade, fazer a diferença)?
- Aonde podemos ir para ter uma experiência bem-sucedida que fortaleça as crenças positivas e enfraqueça as crenças negativas?
- Que papel o indivíduo pode desempenhar na saída que apoie sua crença positiva (p. ex., receber os pedidos para uma arrecadação de alimentos, dar informações para chegar até o mercado)?
- Que sucessos queremos que os indivíduos notem durante e após a saída (p. ex., "Eu posso fazer melhor do que imagino", "Eu sou útil e uma boa pessoa")? Isso nos ajuda a escolher a(s) melhor(es) pergunta(s) para a descoberta guiada.

MECANISMOS PARA MANTER UMA UNIDADE COM CT-R

Manter uma unidade com CT-R envolve diversos componentes para garantir a fidelidade ao modelo, permitir que a equipe de tratamento seja coordenada e integrar a nova equipe ao sistema orientado para a recuperação. Desenvolvemos uma ferramenta que pode ajudá-lo a avaliar como você está incorporando a CT-R a estas e a outras áreas do seu programa. Ela é chamada de Parâmetros da CT-R. Os Parâmetros consistem em sete domínios que refletem fatores relacionados à programação, à formação da equipe e à documentação. Cada domínio é subdividido em itens, os quais são classificados ao longo de uma escala de 4 pontos (0-3), com "3" representando o ideal da CT-R. O ideal da CT-R é aspiracional e pode fornecer uma noção de para onde o programa pode se direcionar. Uma versão completa dessa ferramenta de autoavaliação é encontrada no Apêndice H. Para destacar apenas algumas das formas como os ambientes hospitalares podem satisfazer os Parâmetros da CT-R e apoiar a sustentabilidade das práticas da CT-R, descrevemos a seguir o benefício das reuniões regulares de *brainstorm* da equipe, o uso da documentação guiada pela CT-R nas reuniões da equipe e clínicas e a identificação de campeões da CT-R.

Reuniões de *Brainstorm* da Equipe

Fora do contexto das reuniões formais da equipe de tratamento com os indivíduos, a equipe de tratamento pode se encontrar regularmente para revisar o Mapa da Recuperação do indivíduo e discutir como cada membro cumpriu seus planos de ação para executar intervenções específicas. Essa reunião pode ser chamada de muitas formas – por exemplo, mesa-redonda clínica ou reunião da equipe. Uma forma eficiente de fazer isso é focar nos indivíduos que se espera ver em uma reunião da equipe de tratamento naquela semana. Revisar o Mapa da Recuperação dessa maneira lembra os membros da equipe sobre as lacunas na compreensão (p. ex., não conhecer as aspirações de alguém) e fornece uma área específica de foco para a próxima reunião.

Além de se concentrarem em indivíduos específicos, as mesas-redondas clínicas fornecem uma oportunidade para discutir a CT-R e as intervenções de uma forma mais ampla – por exemplo, vários indivíduos que estavam em uma unidade tinham interesse em moda e começaram um clube. Mas agora existem indivíduos na unidade que estão mais interessados em culinária. A equipe pode discutir como a unidade pode se adaptar para satisfazer os novos interesses e aspirações quando o censo mudar. Revisar as técnicas de descoberta guiada durante as mesas-redondas clínicas pode ajudar a assegurar que a equipe está prestando atenção à modificação das crenças. Em suma, as reuniões de *brainstorm* da equipe podem oferecer uma oportunidade para consulta interna, desenvolvendo ou atualizando as formulações e revisando a programação.

Documentação Guiada pela CT-R

A CT-R pode ser mantida se for integrada à documentação da unidade. Os Mapas da Recuperação podem ser usados como forma de documentação. Eles fornecem um guia conciso para entender os indivíduos, além de intervenções relevantes. Os planos de tratamento e notas sobre o progresso também podem ligar os desafios aos alvos da recuperação e crenças e às respectivas estratégias para mudança. Outros documentos que podem ser incorporados à CT-R são as folhas de turno da enfermagem, que normalmente contêm comportamentos individuais que ocorrem durante o plantão – a cada 15, 30 ou 60 minutos – e costumam incluir seções para tomar nota dos desafios. As folhas de turno existentes podem ser modificadas para também reunir comportamentos e interações positivas e ver se o indivíduo está engajado nas oportunidades oferecidas pela unidade (p. ex., desempenhando um papel na unidade). Esses documentos focam a atenção da equipe em comportamentos que promovem a recuperação e podem estimular a equipe a encorajar os indivíduos a participarem dessas coisas mais frequentemente.

Campeões da CT-R

Quando uma unidade é bem-sucedida na adoção da CT-R, os membros da equipe se tornam especialistas na compreensão dos indivíduos, conectando-se com eles, identificando interesses e aspirações e criando oportunidades para ação. É importante identificar campeões para a unidade, cujo papel é entender profundamente a abordagem da CT-R e como ela se apresenta na unidade. Os campeões podem ser de qualquer disciplina ou de várias disciplinas. Eles também podem servir como treinadores internos para a nova equipe ou para a reorientação da equipe experiente sobre a abordagem, renovando seu entusiasmo e mantendo as habilidades aguçadas. Os campeões podem estar envolvidos no desenvolvimento de materiais de CT-R para orientação da equipe ou na apresentação de estudos de caso ou de intervenções bem-sucedidas para os administradores. Os campeões são líderes na unidade que apresentam sugestões quando surgem desafios e ajudam a guiar os indivíduos a chegarem a conclusões impactantes.

CONSIDERAÇÕES ADICIONAIS

Quando Surgirem Desafios, Volte-se para a Formulação e as Aspirações

Um ambiente orientado para a CT-R pode neutralizar crenças negativas que contribuem para muitos desafios – no entanto, desafios como isolamento, dar atenção às vozes, agressão e outros provavelmente estarão presentes. Quando isso acontecer, a equipe de tratamento deverá examinar sua compreensão do indivíduo (olhando o Mapa da Recuperação) e considerar as crenças que podem ter sido ativadas quando o desafio estava ocorrendo. A equipe também pode fazer uma análise em cadeia com o indivíduo para entender melhor o que acontece nesses momentos (ver Capítulo 6). Houve uma rejeição? Perda do controle? A equipe pode posteriormente planejar mais intervenções, como aumentar a conexão e a interação para indivíduos cujos sintomas negativos são mais desafiadores ou que acreditam que não são capazes de fazer nada para controlar suas vozes. Buscar conselhos e ajuda dos indivíduos que se sentem impotentes – e estão, assim, destruindo a propriedade – pode ser outra intervenção. Intervenções específicas para os desafios são detalhadas nos Capítulos 7 a 11. A motivação para enfrentar os desafios é maior quando ela impacta o progresso na direção do que o indivíduo quer para o futuro.

Quando os desafios precisam ser abordados nas reuniões da equipe de tratamento, a perspectiva é a de que eles estão impedindo o indivíduo de atingir suas aspirações. O desafio os deixa mais próximos ou mais distantes de realizar suas aspirações significativas? Além disso, você pode perguntar: "Valeria a pena trabalharmos juntos para encontrarmos formas de não deixar que isso atrapalhe tanto o seu caminho?". Isso ajuda a fazer valer a pena tentar intervenções e habilidades potencialmente úteis (p. ex., relaxamento muscular progressivo, exercícios de redirecionamento do foco).

Você Não Precisa de Intervenções Adaptadas a Cada Pessoa

Embora as formulações individuais possam guiar a programação, elas também fazem isso em um nível mais abrangente que reúne pessoas com desejos similares ou proporciona oportunidades para que muitos indivíduos tenham papéis, mesmo que seus objetivos sejam específicos. Tendo isso em mente, você não precisa ter 20 clubes ou grupos específicos para 20 indivíduos diferentes – em vez disso, você deverá encontrar muitas oportunidades para as pessoas se reunirem, trabalharem juntas e ajudarem umas às outras.

Programas do Ambiente Podem Evoluir Quando Chegam Novas Pessoas

Quando muda a composição de uma unidade – novas pessoas entrando, outras saindo –, é provável que os interesses e os desejos também mudem. Seja flexível. Se um clube de exercícios ou de teatro foi um grande sucesso em determinado momento, mas agora ninguém realmente tem interesse, pode estar na hora de mudar as coisas. Uma maneira de fazer isso é promover conversas constantes com os indivíduos e a equipe buscando *feedback* sobre a programação atual e pedindo assistência para mantê-la atualizada. Esta é outra oportunidade para colaboração e papéis.

Adaptando-se para Diferentes Períodos de Internação

Quando um contexto hospitalar tem um período de internação curto (alguns dias até duas semanas), você pode não ter tempo suficiente para desenvolver e renovar plenamente Mapas da Recuperação ou formulações. Igualmente, pode não ser viável desenvolver uma programação focada na ação positiva para atingir as aspirações. Nessas circunstâncias, a área de foco mais impor-

PALAVRAS DE SABEDORIA

QUADRO 13.1 Um ambiente que seja mais do que a soma das suas partes

Os ambientes estão cheios de possibilidades, sejam eles meios hospitalares ou residenciais, sejam eles uma agência ou um programa na comunidade. Esses espaços de congregação podem ser dominados por crenças que isolam e criam um grupo que está *junto, mas sozinho*. Entretanto, a ação da equipe pode transformar o ambiente desse estado de repouso no seu potencial ativo pleno. Uma atmosfera terapêutica dinâmica que não se pareça nem um pouco com terapia cria atitudes positivas mútuas, afeto positivo e ação positiva.

Esta é uma rede de pertencimento, propósito, respeito e igualdade. As atividades exploram os interesses e os valores dos indivíduos. Os papéis lhes permitem participar e experimentar o que cada um têm de melhor. Atitudes positivas, entusiasmo e ação positiva interagem entre si, simultaneamente fortalecendo o modo adaptativo da equipe e também dos indivíduos.

O objetivo final é o estabelecimento de uma atmosfera comunitária benéfica em que o todo seja mais do que a soma das partes. Os membros da equipe se transformam em parceiros poderosos, indo até os indivíduos onde eles estão, acessando modos adaptativos, impregnando a vida diária com propósito e colaborativamente desenvolvendo resiliência ante os estresses inevitáveis da vida.

Os indivíduos são transformados, deixando de se sentirem derrotados e florescendo, saindo da institucionalização crônica para a vida na comunidade. Ocorre uma integração bem-sucedida das crenças adaptativas e da confiança que possibilita que os indivíduos prosperem.

tante é identificar os interesses e aspirações. O que faz alguém entrar no modo adaptativo? Você pode ajudá-los a notar isso e planejar a realização de mais dessas atividades depois da alta na comunidade ou no próximo local de tratamento? Do mesmo modo, se você conseguir identificar uma aspiração significativa e desenvolver uma imagem de recuperação rica, isso será incrivelmente útil para melhorar o acesso à motivação após a alta.

Em ambientes de curta permanência, trabalhe com os indivíduos em planos para facilmente recordarem seus pontos fortes e desejos; eles podem, então, consultar qual será o próximo passo – por exemplo, você pode dizer: "Agora que temos uma ideia clara do que você espera na sua vida, como podemos nos lembrar disso quando surgirem coisas estressantes? Devemos anotar isso? Qual a melhor forma de nos lembrarmos dos passos?". Se o indivíduo em um ambiente de curta permanência for capaz de abordar um desafio frente a frente, você pode associar o uso de uma intervenção clínica às aspirações. Por exemplo, pode usar a curta permanência para identificar uma aspiração, ensinar uma técnica para controle das vozes e então dizer: "Quando as coisas ficarem estressantes ou as vozes ficarem desconfortáveis, como você pode lembrar que usar essa habilidade o ajuda a ficar no controle e o deixa mais próximo do seu sonho de ser empreendedor?".

RESUMO

- A aplicação da CT-R a uma unidade hospitalar envolve a integração dos elementos básicos da CT-R a todos os aspectos da atenção clínica, incluindo a equipe de tratamento, os grupos e o meio.
- A ênfase está na criação de *conexão* entre a equipe e os indivíduos e entre os próprios indivíduos, um sentimento de *controle* sobre seu ambiente e desejos e *consistência* nas oportunidades para ação positiva e progressão na direção das aspirações.

Uma unidade com CT-R:

- Entende como são os indivíduos e a unidade quando o funcionamento está na sua melhor condição.
- Encara os interesses e as aspirações dos indivíduos como semelhantes aos da equipe, o que constitui um convite à interação e à conexão.
- É ativa e atrativa. Ela ativa o modo adaptativo identificando e energizando os interesses, as habilidades e as áreas de conhecimento.
- Enfatiza a importância das aspirações, colocando-as em primeiro plano para as equipes de tratamento, os clubes e os grupos.
- Proporciona oportunidades para colaboração com a equipe e os outros, incluindo formas de estar em um papel de ajuda, contribuindo para a comunidade da unidade e a comunidade fora do hospital.
- Encoraja passos de ação positiva na direção das aspirações e o planejamento antecipado para o futuro fora do hospital.
- Fortalece crenças sobre energia, capacidade, autovalorização, utilidade, sobre o quanto vale a pena interagir com os outros e como existe esperança para o futuro.
- Sustenta a abordagem por meio de equipes coordenadas, documentação orientada para a recuperação e seleção de campeões para encorajar a consistência e a fidelidade ao modelo.

14

Terapia de grupo com CT-R

O grupo na clínica está se reunindo há dois meses. Neste dia em particular, Daniel entra especialmente cansado e menciona à facilitadora que nem mesmo sabe como conseguiu vir. Quando as outras pessoas chegam, todas elas parecem notar que Daniel realmente não está em um bom dia. Ele não responde quando lhe perguntam o que está errado, embora ele pareça estar cochichando bem baixinho.

A facilitadora pergunta aos outros sobre seu nível de energia, e vários concordam que não está muito alto. Então, ela convida Érica, outro membro do grupo, para ajudar a liderar um exercício leve de alongamento, que eles já fizeram algumas semanas antes, para ver se conseguem aumentar a energia do grupo. A facilitadora pergunta a Daniel: "Devemos ouvir uma música lenta ou mais animada durante o alongamento?". Daniel diz: "Animada". Outro indivíduo liga o rádio em uma estação que toca música *pop*, e Érica coordena o alongamento. Algumas pessoas, incluindo Daniel, iniciam os movimentos em suas cadeiras, enquanto outras ficam em pé. A facilitadora começa a perguntar a diferentes pessoas se elas têm algum alongamento que gostariam de mostrar ao grupo. Quando ela pergunta a Daniel, ele se ergue e ensina um alongamento de pernas. O grupo continua assim por cerca de 5 minutos.

Quando está fazendo o encerramento, a facilitadora nota que todos parecem ter mais energia – e que Daniel está sorrindo enquanto agradece a Érica por fazê-los entrarem em ação. A facilitadora volta a perguntar a todos sobre a sua energia, e eles concordam – está melhor! Eles concordam que valeu a pena ter feito o exercício. E todos concordam que agora se sentem mais prontos para continuar com a sessão em grupo.

A terapia de grupo e o processo do grupo são veículos poderosos para mudança. Os grupos apresentam oportunidades para conexão, pertencimento, solução de problemas, tomada de ação na direção dos objetivos e novas experiências que empoderam e inspiram movimento na direção das aspirações (Yalom, 1963). Você pode usar a abordagem da terapia cognitiva orientada para a recuperação para criar grupos. Você também pode incluí-la em grupos já existentes em que você é facilitador. Este capítulo apresenta as fases do processo de grupo com CT-R, incluindo a estrutura geral de uma sessão de grupo de CT-R (ou informada pela CT-R), e conclui com considerações específicas para o sucesso da realização de terapia de grupo com CT-R.

FASES DO GRUPO COM CT-R

Há uma progressão natural que você pode esperar ver no curso da terapia de grupo com CT-R. Esse conjunto de fases mapeia os elementos básicos da abordagem da CT-R. Não existe um número determinado de sessões para cada fase, de modo que você pode ser flexível quando as necessidades dos membros do grupo se tornarem evidentes. Algumas vezes, você irá avançar gradualmente ao longo de cada fase, mas em outras precisará reenergizar, reavaliar as aspirações ou abordar novos desafios.

Fase de Acesso e Energização

Para começar, você deverá acolher os indivíduos no grupo, construir conexão entre os membros, encontrar um ponto comum e desenvolver uma identidade do grupo. Essa construção de coesão também envolve estabelecer a expectativa de que as sessões do grupo serão ativas e construirão energia. Na sua essência, a CT-R de grupo é uma oportunidade para os participantes adquirirem um sentimento de pertencimento e ação intencional juntos.

Você será mais efetivo tendo conversas que ativem o modo adaptativo (ver Capítulo 3). Uma discussão energizada sobre os interesses, tais como a melhor *pizza* e sabores favoritos, ouvir música juntos ou fazer exercícios, são experiências de conexão que os membros do grupo podem não experimentar rotineiramente na sua vida cotidiana. Você também pode propor jogos, como tentar manter um balão no ar, jogar o bingo de atividades (ver Capítulo 13) ou "qual é a música?", entre outros, para criar energia e trabalho em equipe.

Você também deverá desenvolver colaborativamente uma missão para o grupo. Uma missão é unificadora e pode servir como um breve lembrete de por que todos estão ali. Se você estiver criando um grupo, poderá dizer: "Espero que nosso novo grupo possa ser realmente divertido, mas que também nos ajude a avançarmos na direção das coisas que realmente são importantes para nós. O que vocês acham?". Para grupos já existentes, você pode dizer: "Já estamos trabalhando juntos o manejo da raiva há algum tempo. Vamos ver como isso se encaixa no que queremos para a vida. Qual é a nossa missão no tempo que passamos juntos?".

A fim de adotar abordagem mais interativa para desenvolver uma missão, o facilitador pode colocar em um quadro ou em uma folha de papel palavras e figuras empoderadoras e orientadas para a resiliência e convidar os indivíduos a indicarem ou escreverem aquelas que têm muito significado para eles. Em conjunto, o grupo pode então usar as diferentes palavras ou figuras para criar uma declaração da missão.

Exemplos de missões de grupos de CT-R incluem: "Sair e permanecer fora: suavizando a trajetória para a recuperação" (um grupo de internação) e "Grupo de empoderamento: levando para as ruas e partindo para a ação na direção dos nossos desejos!" (um grupo baseado na comunidade).

Fase de Desenvolvimento

Agora você deverá identificar, evocar e desenvolver as aspirações dos membros do grupo. Compartilhe e discuta as aspirações e seus significados (p. ex., O que seria bom em relação a eles?) e, então, chame a atenção para os significados compartilhados subjacentes às aspirações de todos. Descobrimos repetidas vezes que os indivíduos podem ter sonhos diferentes para o futuro, mas que existem temas que podem ser semelhantes – por exemplo, uma pessoa pode querer trabalhar, e outra pode querer ser voluntária, mas o significado para ambas pode ser ter um senso de propósito ou um desejo de ser útil aos outros.

Um membro do grupo pode querer voltar a estudar, enquanto outro quer se juntar a um clube do livro na comunidade ou trabalhar com o irmão para aprender a ser encanador. Embora essas aspirações pareçam distintos, o fio condutor pode ser um desejo de expandir suas mentes, sentir-se realizado ou ter uma forma de se conectar com os outros.

Igualmente, os indivíduos podem desejar um parceiro romântico, passar mais tempo com um dos pais ou se juntar a um grupo de estudos da Bíblia; conexão e relacionamentos significativos podem ser o fio condutor. Por fim, os indivíduos podem compartilhar o desejo de administrar seu próprio dinheiro, ter sua própria casa ou ter seu próprio negócio; independência e capacidade podem ser o significado comum.

Você pode passar várias sessões identificando e elaborando o maior número possível de objetivos de longo prazo dos membros.

Você identifica e enriquece as aspirações da mesma maneira descrita no Capítulo 4. No entanto, para o grupo, você deverá trazer os indivíduos para a conversa, mesmo que aquele não seja a sua própria aspiração – por exemplo, quando alguém identifica uma aspiração, você primeiro lhe pergunta qual seria a melhor parte. Depois, você pode perguntar ao grupo: "O que vocês acham? Mais alguém quer isso? Quais são outras coisas boas a respeito disso?". Os membros do grupo também podem ajudar a enriquecer: "Que outros detalhes vocês querem saber sobre a aspiração dele?".

Convidar as pessoas a refletir sobre as aspirações dos outros pode ser inspirador. As pessoas que de outra forma tiveram dificuldades para identificar uma aspiração para si mesmas podem descobrir uma paixão ou lembrar-se de um desejo. Você pode descobrir que, quando alguns indivíduos são questionados sobre a melhor parte ou o significado da sua aspiração, eles compartilham os desafios (p. ex., "Bem, eu não sei se posso manter um emprego... e se a minha renda cair?"). Você pode usar o grupo para ajudar a reacender o entusiasmo. Pode dizer: "Isso é interessante. Ao pensar sobre a melhor parte do trabalho, vocês encontraram algumas razões pelas quais isso pode ser difícil. Mais alguém consegue pensar em qual seria para Sofia a melhor parte de trabalhar? O que seria bom em relação a isso?". Para esse tipo de perguntas, os outros indivíduos frequentemente dão respostas apoiadoras e encorajadoras, como: "Ela é tão sociável que provavelmente ajudaria muitas pessoas" e "Você pode ganhar mais dinheiro para ajudar seu filho". Os membros do grupo começam a desempenhar um papel para ajudar uns aos outros a construir confiança para o futuro.

Retome as aspirações e os significados dos membros em cada sessão – por exemplo, você pode dizer: "Então, ainda estamos trabalhando juntos para que vocês dois voltem a trabalhar; para que vocês três entrem em novos relacionamentos e para que vocês dois avancem na abertura do seu negócio de roupas e sorvete. Certo?". É assim que as aspirações apoiam a continuidade e fornecem a base para seguir em frente.

> **Atualizando o modo adaptativo em grupos:**
> - ✓ Divida as aspirações em passos de ação intermediários e imediatos.
> - ✓ Crie um projeto para o grupo que esteja associado aos significados compartilhados subjacentes às aspirações.
> - ✓ Planeje ação entre as sessões do grupo.
> - ✓ Colabore com os membros do grupo para resolver os problemas dos desafios.
> - ✓ Encene estratégias para a solução de problemas.

Fase de Atualização

Depois que a missão do grupo é estabelecida e as aspirações significativas são evocadas, você deverá desenvolver formas de entrar em ação na direção das aspirações ou de seus significados. Você divide as aspirações em passos, experimenta alguns passos em conjunto e planeja a ação entre os grupos.

Dividindo os Desejos em Pequenos Passos

Os membros do grupo precisam ver os objetivos da recuperação como alcançáveis. Portanto, você precisa dividir as aspirações em passos de ação intermediários e imediatos (ver Capítulo 5). A vantagem de fazer isso em um contexto de grupo é que muitas pessoas são melhores em encontrar soluções para as outras do que para si mesmas. Os membros do grupo frequentemente apresentam boas sugestões de como dividir os objetivos dos outros em passos menores. Esta também é uma oportunidade para ajudar os outros, o que por si só já é benéfico.

As conclusões que podem ser tiradas quando os membros do grupo ajudam uns aos outros incluem: "O que significa o fato de todos terem se reunido para ajudá-lo a fazer planos para voltar a trabalhar? Outras pessoas algumas vezes se importam muito conosco, não é?" e "O que diz sobre você o fato de ter ajudado Thomas a pensar nos passos que ele não havia considerado antes? Você diria que é um bom solucionador de problemas?".

Atualizando os Passos como um Projeto do Grupo

Você também pode atualizar criando um projeto coletivo que se una a alguns dos significados compartilhados subjacentes às aspirações dos membros. Exemplos podem ser desenvolver um livro de receitas do grupo (ligado a uma aspiração de ser um pai melhor e associado a alguns interesses dos membros do grupo e a habilidades relacionadas à culinária), fazer desenhos ou confeccionar cartões para organizações que atendem veteranos sem-teto ou crianças doentes (ligado a uma aspiração de ajudar outras pessoas e usar interesses criativos dos membros do grupo) ou organizar uma campanha de doação de roupas para o abrigo comunitário (ligado a uma aspiração de retribuir à comunidade).

Trabalhar juntos nesses projetos oferece oportunidades de experimentar energia e conexão regularmente (acessando e energizando o modo adaptativo), serve como conexões diretas as aspirações (desenvolvendo o modo adaptativo) e é uma forma de alcançar um significado relacionado às aspirações naquele exato momento (praticando o modo adaptativo). Os projetos são excelentes oportunidades para fortalecer crenças sobre propósito, autovalorização e a habilidade de trabalhar bem com os outros (fortalecendo o modo adaptativo). O trabalho é eficiente porque todos estão simultaneamente se beneficiando da ação coletiva.

Solução de Problemas

Você achará simples identificar possíveis desafios quando os indivíduos consideram os passos em direção às aspirações ou começam a entrar em ação – por exemplo, um membro do grupo fez um plano para ouvir música com sua irmã, mas estava muito preocupado com o que ela iria pensar (ansiedade); ou uma pessoa queria se juntar ao clube de leitura, mas, em vez disso, passou o dia na cama ouvindo vozes; ou talvez alguém não conseguiu uma entrevista de emprego e foi para casa usar drogas. Você deve colaborar com os membros do grupo para identificar e resolver o problema de alguns desses desafios da vida cotidiana.

Não comece pelo problema. Em vez disso, você primeiro deve examinar e gerar energia em torno das aspirações. Isso coloca a esperança e o propósito em destaque – razão pela qual, em última análise, vale a pena vencer os desafios. Depois de examinar as aspirações, você pode pedir que o grupo escolha uma aspiração específica e a divida em passos. Então, pode dizer: "Citem algumas coisas que poderiam atrapalhar". Será melhor se os desafios específicos forem escolhidos pelos indivíduos.

Em alguns grupos, você pode ter membros que estejam dispostos a falar sobre os momentos em que as coisas não funcionaram bem para eles. Se esse for o caso, você pode passar diretamente para a solução de problemas juntos. Você pode descobrir, às vezes, que perguntar sobre os desafios pode ter o efeito oposto. Pode promover crenças negativas e contribuir para desligamento, crenças expansivas ou agitação entre os membros do grupo. Para obter um equilíbrio, você pode pedir conselhos para um problema que você ou outra pessoa tem ou tentar dramatizar e encenar.

Resolver um problema para outros alivia um pouco da pressão dos membros do grupo que podem se sentir especialmente vulneráveis. Você pode fazer perguntas como: "O que aconteceria se eu realmente quisesse dar esse passo de ação, mas me sentisse muito cansado?" ou "Minha irmã fica muito nervosa quando pensa em conhecer alguém. Vocês têm alguma ideia do que ela poderia fazer quando se sente ansiosa?". Você também pode perguntar: "Há alguma coisa que você já fez que ajudaria se voltasse a se sentir assim?".

Quando os membros do grupo geram ideias, você expressa gratidão pela sua ajuda e pergunta se pode anotá-las. Idealmente, você pode anotá-las em um quadro ou em uma folha de papel que todos possam ver. Então, pode deixar a posição de quem resolve os desafios de outra pessoa e ela mesma passa a resolver os próprios desafios. Você pode perguntar ao grupo: "Alguém aqui já passou por isso?". Então, pode tentar uma das sugestões do grupo durante a sessão, como, por exemplo, respiração profunda.

Por fim, sugira o uso dessas estratégias no futuro: "Valeria a pena tentarmos também fora do grupo algumas dessas estratégias que encontramos? Talvez como nosso plano de ação?". Na conclusão da conversa, você pode usar descoberta guiada para fortalecer as crenças sobre a habilidade dos indivíduos de serem úteis, inteligentes e de colherem os benefícios do trabalho conjunto.

A dramatização ou encenação de diferentes estratégias para a solução de problemas (Beck, 2020) é outra forma de ajudar os membros do grupo a participar plenamente e se beneficiar coletivamente. Esta pode ser uma forma divertida de considerar as muitas opções. Uma das abordagens é a seguinte:

1. Identifique um desafio no qual focar e convide todos a darem sugestões sobre como ajudar.
2. Encoraje todas as respostas possíveis: "Não há respostas erradas – todos nós temos muitas opções que podemos escolher. Algumas podem nos aproximar mais de nossas aspirações do que outras, mas isso é o que vamos descobrir quando as encenarmos!".
3. Liste as sugestões em um local onde todos possam vê-las.
4. Convide os indivíduos a decidirem quem gostaria de fazer o papel de diretor – o diretor diz "Ação!" e "Corta!" quando os outros dramatizam a cena.
5. Convide os indivíduos a fazerem o papel de alguém com um desafio ou que queira dar um passo de ação em direção à sua aspiração. (Não é preciso que seja um que eles mesmos vivenciem ou desejem.) Outro pode desempenhar o papel da pessoa com quem ele irá interagir (p. ex., um familiar, um possível parceiro, um potencial chefe).
6. Teste todas as sugestões e obtenha as reações de todo o grupo sobre o que eles notaram, o que funcionou bem e o que foi menos útil.
7. Como grupo, todos podem então identificar algumas das melhores estratégias, e pode ser desenvolvido um plano de ação.

Atividades como estas encorajam a criatividade e ajudam as pessoas a avaliarem as decisões sem se sentirem envergonhadas.

Imagine um indivíduo que traz o desafio de temer que, se conseguir um emprego, outra pessoa pode usá-lo para pegar seu dinheiro, e ele pode ceder. As sugestões podem incluir dar o dinheiro, brigar, dizer por que você não pode ajudá-lo no momento e sugerir outras maneiras de ajudá-lo sem dar dinheiro. Encenar cada opção (ou imaginando-a, como no caso de brigar) pode ajudar a pessoa a avaliar os prós e os contras de cada opção. Então, as opções podem ser pesadas em relação às aspirações: "Que opção ou opções podem ajudá-lo a atingir sua aspiração de sentir-se independente e capaz de cuidar de si mesmo? Qual opção atrapalharia?".

Já vimos esse tipo de grupo de "encenação" produzir muita animação e coesão nos seus membros, além de boas ideias para lidar com alguns dos desafios mais difíceis na vida (Tang et al., 2020). Também já vimos grupos facilitados efetivamente pelos próprios indivíduos.

Planejando a Ação entre as Sessões

Uma abordagem final da atualização é planejar a ação entre as sessões do grupo e verificar o progresso. Em um contexto ambulatorial, isso pode envolver a participação em um desafio de atividades (ver Capítulo 13) ou juntar-se a outro programa no ambiente hospitalar ou clube. Na comunidade, pode envolver programação de ação positiva (ver Capítulos 3 e 5). Os membros do grupo podem se ajudar para desenvolver planos de ação, celebrar os sucessos quando as pessoas fizerem progressos e ajudar uns aos outros a resolverem problemas, caso se defrontem com desafios.

Fase de Fortalecimento

O fortalecimento do modo adaptativo pode acontecer em qualquer fase do grupo com CT-R. As técnicas de descoberta guiada discutidas no Capítulo 6 são tão efetivas em grupos quanto individualmente ou em um ambiente de internação. Você deverá promover ação futura e fortalecer as crenças adaptativas e as crenças sobre as habilidades dos membros do grupo para eles se sentirem resilientes ante os desafios ou retrocessos. O uso de descoberta guiada em um grupo pode ser especialmente efetivo, pois os outros indivíduos podem oferecer comentários de empoderamento sobre o quanto a pessoa é resiliente – por exemplo, durante uma atividade do grupo, você pode apontar: "Você notou a reação de Paula ao seu pôster? O que diz sobre você o fato de ela ter sorrido assim?" e "Paula, como foi ter a ajuda de Chris dessa forma? Parece que vocês dois são muito prestativos e formam um bom time. Algum de vocês esperava isso?".

Igualmente, quando as pessoas têm sucesso nos passos da ação em direção às suas aspirações ou elaboram no grupo estratégias para a solução de problemas, você pode perguntar ao grupo: "O que vocês acham que significa o fato de David ter começado a elaborar seu currículo?". Perguntas que podem ser úteis em outras fases incluem: "Valeu a pena realizar essa atividade para fazer seu sangue circular e ganhar energia?" e "Vale a pena examinarmos a nossa missão repetidamente para que sempre possamos ficar de olho no prêmio?".

ESTRUTURA DA SESSÃO DE GRUPO COM CT-R

A estrutura de um grupo com CT-R ou informado por CT-R, conforme mostra a Figura 14.1, fornece um guia para o que planejar, sendo você um facilitador. Use a mes-

Fases do grupo	Estrutura do grupo
Fase 1: Acessar e energizar Construir conexão, identidade do grupo e coesão	**Abertura: Acessar o modo adaptativo** Focar na energia, conexão, colocar as pessoas no modo adaptativo
Fase 2: Desenvolver Identificar, evocar e desenvolver aspirações	**Ponte: Missão compartilhada** Por que estamos aqui e por que continuamos voltando?
Fase 3: Atualizar Identificar e participar em ação significativa relacionada às aspirações	**Aspirações:** Podem guiar a missão e ser a razão pela qual os desafios são abordados
Fase 4: Solucionar problemas Abordar os desafios quando surgirem	**Desafios: Solucionar problemas** no contexto das aspirações Pode ser um tema do grupo ou pode surgir apenas quando se aplica à realização das aspirações
Fase 5: Fortalecer Construir resiliência	**Plano de ação** Com base no que fizemos no grupo, o que poderíamos fazer durante a semana ou antes do próximo grupo?

FIGURA 14.1 Estrutura da terapia de grupo com CT-R e as fases para grupos novos ou grupos já existentes.

ma fórmula enquanto avança nas fases da abordagem. A estrutura inclui os seguintes componentes: acessar o modo adaptativo, fazer uma ponte entre as reuniões do grupo, revisar as aspirações, solucionar problemas e desenvolver planos de ação para o período entre as sessões.

Abertura: Acessar o Modo Adaptativo

Para abrir uma sessão de grupo, você pode verificar o nível de energia ou o humor dos membros do grupo e depois se engajar em conversas ou ações que facilitem a conexão entre eles e os tragam para o modo adaptativo – por exemplo, você pode pedir que os membros classifiquem seu nível de energia como baixo, médio ou alto, ou em uma escala de 1 a 10, em que 1 = *Sem energia*, 5 = *Alguma energia, mas não muita* e 10 = *Extraordinariamente energizado*. Então, pode perguntar sobre tópicos como idas a serviços externos, eventos especiais para os feriados ou eventos locais (p. ex., feiras, desfiles), eventos esportivos, etc. Por exemplo:

Facilitador:	As pessoas estão se preparando para as festividades?
Edward:	Sim.
Facilitador:	Quantas outras pessoas estão se preparando? [*As pessoas erguem as mãos.*] Qual é a sua parte favorita dessa época do ano?
Pat:	Eu gosto de ver as crianças curtindo as decorações. Ver as pessoas entusiasmadas.
Kevin:	Eu gosto da comida.
Grupo:	Eu também!

Exemplos de atividades incluem ouvir música, arremessar uma bola pela sala ou alongar-se, como na vinheta de abertura deste capítulo. Passe o tempo que for preciso nessa parte da reunião do grupo para aumentar suficientemente a energia dele a fim de prosseguir para o próximo passo. Você também pode ajudar as pessoas a notarem que conversar com os outros sobre tópicos agradáveis ou fazer uma atividade divertida faz com que se sintam melhor e lhes dá algum poder. Você pode usar intervenções de fortalecimento e descoberta guiada para ajudá-los a notar os efeitos desses exercícios de abertura. Essa parte do grupo frequentemente leva apenas alguns minutos. Entretanto, se a energia permanecer baixa, você pode modificar a sua abordagem (p. ex., da conversa para a ação) ou sugerir que a missão do grupo para essa sessão foque na construção de dinamismo para atravessarem o resto do dia.

Ponte: Missão Compartilhada

O passo seguinte no grupo é uma conversa que serve como uma ponte que conecta a última sessão com a atual. A primeira parte da ponte pede que os indivíduos compartilhem por que o grupo está se reunindo – a missão do grupo. Você também pode revisar os planos de ação da sessão anterior e ver como todos se saíram. Quando um novo indivíduo se junta ao grupo, a ponte é uma oportunidade para os membros mais experientes fazerem o papel de especialistas e explicarem a missão para que os novos membros entrem no ritmo.

Aspirações: Identificar e Desenvolver

No começo do processo grupal, é muito importante identificar e enriquecer as aspirações. Depois que tiver uma noção das aspirações dos membros do grupo e de seus significados valorizados, você deverá revisá-los brevemente e referir-se a eles em cada sessão. No começo do andamento do grupo, você deverá dar esse passo antes de introduzir a ponte, pois as aspirações podem guiar o desenvolvimento de uma missão. Ao relembrar as aspirações a cada sessão, você continua a construir o entusiasmo e a criar razões para o trabalho potencialmente árduo de abordar os desafios.

Desafios: Solucionar Problemas no Contexto das Aspirações

Depois que existe energia suficiente, que a missão é enfatizada e as aspirações são confirmadas, você pode começar a planejar a ação e abordar desafios que podem impedir o progresso na direção das aspirações. Os desafios podem ser o tema do grupo (p. ex., manejo da raiva) ou podem surgir em um grupo específico de CT-R depois que as aspirações foram divididas em passos. Em qualquer um dos casos, é nessa parte da sessão que você introduzirá as habilidades ou convidará os indivíduos a ajudarem uns aos outros a resolver os problemas. Isso toma a maior parte da sessão, particularmente depois que você saiu da fase das aspirações.

Plano de Ação

No final de cada grupo, você deverá colaborar com os membros para desenvolverem um plano de ação. Com base no que foi discutido no grupo, o que os indivíduos poderiam fazer durante a semana antes da próxima sessão? Você deve obter resumos dos indivíduos sobre o que eles discutiram no grupo. Também pode compartilhar suas próprias conclusões (p. ex., "O que estou ouvindo vocês dizerem é que aprendemos hoje que vocês ganham mais fazendo coisas com outras pessoas do que sozinhos. Está correto?" e "Já que ouvir música com o grupo lhes trouxe tanta alegria e conexão, será que cada um de nós poderia tentar isso nesta semana? Vocês conseguem pensar em pelo menos uma pessoa com quem ouvir música? Que música vocês gostariam de tentar?").

No final da sessão, você também pode obter *feedback* sobre essas atividades, avaliando o que foi mais útil, menos útil e o que os membros do grupo gostariam de fazer de forma igual ou diferente em grupos futuros.

Os clubes baseados nos interesses (ver Capítulo 12) podem seguir uma estrutura similar – por exemplo, clubes de serviço na comunidade podem ter uma missão compartilhada e ainda podem estar associados a aspirações individuais. Igualmente, os indivíduos podem desenvolver planos de ação em torno de engajamento futuro em atividades preferidas, e crenças positivas sobre o modo adaptativo podem ser fortalecidas. Grupos já existentes, como aqueles focados em tratamento para drogas e álcool, questões legais ou manejo do estresse, podem aplicar essa estrutura para manter a motivação a fim de abordar esses desafios específicos. A Figura 14.1 ilustra as fases e a estrutura do grupo.

CONSIDERAÇÕES ADICIONAIS

Quando os Indivíduos Têm Baixa Energia ou Pouca Participação

Desenvolva uma formulação para entender o que pode estar limitando a participação no grupo. Quando os indivíduos têm baixa energia ou frequentam, mas não participam no grupo, as possíveis crenças ativas incluem: "Eu simplesmente não tenho energia", "De que adianta?", "Eu não tenho valor", "Não consigo me relacionar com outras pessoas" ou "As outras pessoas não importam; elas não conseguem me entender".

As estratégias que ativam o modo adaptativo (ver Capítulo 3) são úteis aqui. Passe algum tempo encontrando ganchos energizadores para os indivíduos, de preferência que sejam do gosto da maioria. Ao fazer perguntas, apresente-as de forma fechada (p. ex., perguntas do tipo sim/não, com opções).

Em contexto hospitalar, você pode começar com técnicas de acesso no próprio quarto da pessoa. Também pode executar programas do grupo no ambiente se a baixa energia for um desafio mais global. Outra abordagem efetiva é proporcionar oportunidades para que os indivíduos tenham papéis no grupo: peça conselhos sobre a atividade de abertura, convide alguém para ser o cronometrador para que o grupo comece e termine na hora, peça ajuda para organizar a sala antes de começar. Os papéis podem aumentar a energia, aumentar a igualdade com você e podem ser de baixa pressão, mas ainda assim capazes de gerar contribuições.

O foco nas aspirações também é útil aqui. Se os indivíduos ficam animados com suas aspirações, e os outros compartilham ou apoiam seus interesses, isso se contrapõe às crenças de estar sozinho ou de ser mal-entendido. Fortalece as crenças de que eles podem ter mais em comum com as pessoas do que imaginavam.

Quando os Desafios São Trazidos de Fora do Grupo

Algumas vezes as pessoas têm um dia difícil – ou muitos. Irritação e frustração podem ser trazidas dos acontecimentos do dia para dentro do grupo, dificultando o prosseguimento conforme planejado. Podemos entender isso como a tentativa de um indivíduo de comunicar suas experiências e fazer suas vozes serem ouvidas. Também pode estar relacionado a crenças de que a sua situação irá piorar e de que nada irá melhorar.

Nessas situações, você deverá usar abordagens que ofereçam o máximo possível de conexão, opção e controle. Você obtém conexão sendo empático e não crítico: "Eu ouvi você dizer o quanto as coisas estão difíceis. Imagino que eu também ficaria zangado, se fosse você!" ou "Imagino que quando coisas difíceis acontecem pode ser difícil se sentir seguro. O que você acha?". Opção e controle podem ser obtidos na forma de papéis significativos e úteis. Isso também pode ajudar a redirecionar o foco da atenção.

Mantendo a Atenção

Manter a atenção em um grupo às vezes pode ser um desafio para os membros. As pessoas podem lutar contra sintomas negativos, vozes que as distraem ou contra os efeitos sedativos de certas medicações. Os componentes energizadores, focados na aspiração e orientados para a ação de cada sessão do grupo podem combater alguns desses desafios. Sugestões adicionais incluem circular pela sala para evocar ideias e buscar participação em vez de abordar um por um ao redor da sala. Você também pode incorporar estratégias de atenção não verbais, tais como arremessar uma bola de um para outro, mesmo durante a conversa. Se o grupo como um todo parecer ter energia e atenção reduzidas, pode ser útil se manter no – ou retornar ao – passo de *acesso ao modo adaptativo* do grupo durante toda a sessão. Isso pode proporcionar experiências valiosas em que os indivíduos podem gerar sua própria energia e o sentimento de que, como grupo, vocês estão todos juntos para ajudar uns aos outros a superar esse desafio.

Transições e Mudanças na Composição do Grupo

Mudanças na afiliação ao grupo podem apresentar desafios e oportunidades interessantes. Em um grupo de participação aberta, os novos membros podem ser recepcionados enquanto membros mais experientes ocupam papéis úteis, como explicar a missão ou descrever a estrutura da sessão. Muitos membros do grupo podem compartilhar esse papel. Os membros também podem descontinuar sua participação. Isso pode acontecer devido à alta ou ao abandono dos serviços. Nesse caso, celebre os membros que estão partindo e suas conquistas. As celebrações podem ser ótimos momentos para reiterar crenças fortalecidas e lições aprendidas. Também podem ser uma oportunidade para o membro que está partindo compartilhar mensagens de inspiração ou esperança com os outros. Uma conclusão importante a ser tirada é que, mesmo que os membros que estão saindo não participem mais do grupo, eles permanecem conectados graças a tudo o que fizeram juntos – isso é algo que não se perde.

Os indivíduos também podem deixar o grupo abruptamente por experimentarem desafios consideráveis ou por outras razões. Você pode reconhecer a ausência da pessoa e compartilhar com os membros que você espera que ele possa voltar a se juntar ao grupo no futuro ou trabalhar duro para realizar suas aspirações. Isso reflete seus desejos esperançosos para todos os membros do

PALAVRAS DE SABEDORIA

QUADRO 14.1 Afiliação e difusão de ativação do propósito

> Fazer coisas juntos traz à tona o melhor de todos ao mesmo tempo. Participar com outros e se identificar com o grupo ativa conexões interpessoais e o desejo de afiliação. Os objetivos do grupo podem transcender os valores e objetivos pessoais do próprio indivíduo, permitindo que os membros façam algo maior do que qualquer um deles consegue fazer individualmente. Generosidade, empatia e compaixão são processos sociais particularmente poderosos que emergem no espírito da colaboração, seja ao decorar a unidade ou casa de apoio, preparar uma refeição juntos, apresentar uma peça, realizar uma campanha para doação de roupas ou fazer um mutirão de limpeza no bairro.
>
> Pense no grupo como uma rede. Os indivíduos se unem, formando um time com uma identidade grupal. Os membros têm diferentes papéis para atingir a missão geral do grupo, criando um fluxo dinâmico do grupo para o indivíduo, e vice-versa. Todos podem alcançar juntos um significado específico das suas aspirações, precisamente porque o grupo permite papéis individualizados na realização da missão do grupo.
>
> Motivação e otimismo são contagiosos, espalhando-se pelos membros do grupo eletricamente. O projeto do grupo pode ser alguma coisa que traga um motivo para levantar-se todas as manhãs, uma atividade que torne cada dia especial e um lugar seguro para experimentar afiliação, colaboração, gratidão e propósito. Essas qualidades estão conectadas umas com as outras, dentro de cada pessoa e entre as pessoas. O entusiasmo cresce e se reflete entre os membros de forma dinâmica. Esse reforço mútuo da emoção positiva e do sucesso pode impactar o sentimento de cada indivíduo de ser valioso, capaz, ser parte de algo e ter importância. Também pode ajudar os membros a terem sonhos maiores e a viverem vidas maiores. Uma vez que eles superaram as expectativas no grupo ou clube, quem pode saber do que eles são capazes?

grupo e ainda demonstra como a conexão pode continuar mesmo que a pessoa não esteja fisicamente presente.

RESUMO

- A estratégia para mudança em um contexto de grupo é a mesma que na terapia individual. O facilitador colabora com os indivíduos para conectar e construir confiança com os outros, aumentar a energia, identificar e enriquecer aspirações, planejar ação na direção das aspirações e fortalecer as crenças relacionadas a sucesso e capacidade.
- Os grupos com CT-R ajudam os indivíduos a se conectarem entre si em torno dos significados compartilhados das suas aspirações.
- Tendo em mente as aspirações uns dos outros, um grupo de CT-R apoia a solução de problemas e o desenvolvimento conjunto dos passos da ação. As pessoas se sentem menos sozinhas quando descrevem os desafios, proporcionando mais oportunidades para fortalecer crenças de resiliência.
- Os melhores grupos são experienciais – dando oportunidades para os indivíduos experimentarem energia, darem os passos da ação na direção das aspirações ou praticarem estratégias de solução de problemas. O sucesso no momento proporciona oportunidades para fortalecer crenças positivas e combater aquelas que geram os desafios.

15

As famílias como facilitadoras do empoderamento

Boa parte da abordagem descrita neste livro se baseia nos pontos fortes das famílias. Elas frequentemente têm muitas informações sobre seu familiar. Elas podem informar sobre suas paixões, pontos fortes ocultos, possíveis aspirações e crenças positivas a serem fortalecidas, além de desafios e crenças negativas a serem enfraquecidas. As famílias estão na sua melhor condição quando fazem atividades significativas em conjunto, compartilhando uma refeição, jogando um jogo, contando histórias ou fazendo uma viagem. Fazer parte de uma família satisfaz um sentimento básico de pertencer a um grupo. Também são muitas as oportunidades para papéis dentro da família que a tornam mais forte e mais bem-sucedida, promovendo a felicidade de todos os membros.

Em suma, a família é um parceiro ideal para ajudar a promover o empoderamento dos indivíduos com problemas de saúde mental graves (Klapheck, Lincoln, & Bock, 2014). Neste capítulo, focamos em como você pode colaborar com a família para produzir melhoras para todos. Reconhecemos a dificuldade que pode estar envolvida, mas também acreditamos nos benefícios das parcerias de sucesso.

FOQUE A FAMÍLIA NAS CRENÇAS

Você pode ser útil para a família oferecendo uma nova maneira de entender seu familiar em termos de crenças subjacentes. Começamos com e enfatizamos as crenças e os momentos *na sua melhor condição*. As famílias podem ser úteis fornecendo histórias que podem informar ou confirmar as paixões da pessoa e as crenças que ela tem. A pessoa que a família sempre conheceu ainda está ali. Com a abordagem certa, a família pode ver mais dessa sua faceta. Ela pode encorajar a ação que amplifica as crenças positivas que são o oposto das negativas que governam os desafios. O familiar quer ser uma boa pessoa, uma pessoa útil, pertencer, fazer do mundo um lugar melhor, amar e ser amado.

As famílias podem ser envolvidas na contribuição ao Mapa da Recuperação do familiar e também podem obter informações importantes a partir da sua formulação. Compartilhe o seu entendimento a partir do Mapa da Recuperação que capta a pessoa como um todo. Isso ajuda os familiares a serem melhores parceiros do indivíduo na busca de uma vida desejada mais plena. Trabalhe com a família sobre como realçar os pontos fortes e os interesses do indivíduo e o que estes podem significar sobre ele. Você também pode ajudar a família a dar os passos da ação com menos chance de evocar vulnerabilidades.

> Passos da CT-R para as famílias:
> - Pedir a ajuda da família para entender os momentos em que o indivíduo está na *sua melhor condição*.
> - Conhecer os momentos em que a família está ou estava na sua melhor condição.
> - Encorajar a família a apoiar as grandes aspirações e seus significados.
> - Ajudar a família a entender as situações e as crenças que podem provocar desafios.
> - Tirar conclusões sobre os sucessos do indivíduo e da sua família.
> - Fortalecer crenças positivas por meio da ação e solução de problemas como uma equipe.

FACILITE O EMPODERAMENTO DA FAMÍLIA

Modo Adaptativo e o Melhor *Self*

O primeiro passo no trabalho com as famílias é apresentá-las ao conceito de modo adaptativo e ajudá-las a pensar nos momentos em que os indivíduos estão nas suas melhores condições. Você pode perguntar: "Como ele é na sua melhor condição?", "O que ele estava fazendo antes de todos os desafios surgirem?" ou "Você consegue pensar em momentos que são exceções à regra – ele está gritando muito com suas vozes, mas há momentos em que *não está*, então o que está acontecendo nesses momentos?". A seguir, pergunte o que o familiar pensa durante esses momentos na sua melhor condição. Ele se vê como conectado? Capaz? Uma boa pessoa? Pergunte como seu familiar deve se sentir. Feliz? Satisfeito? Orgulhoso? Todas estas são conjeturas para o Mapa da Recuperação.

Você pode conversar com a família sobre estratégias para acessar o modo adaptativo do indivíduo. Ajude a família a escolher atividades que serão mutuamente benéficas e tenham um apelo forte para a pessoa. Considere interesses, habilidades e paixões. A família pode buscar conselhos da pessoa? A família pode retomar atividades que gostavam de fazer? Fazer juntos é melhor. Ser criativo é algo a mais.

Energizando o Modo Adaptativo – A Família na Sua Melhor Condição

Uma boa maneira de ajudar a família a começar a auxiliar no desenvolvimento do modo adaptativo do seu familiar é formular a pergunta: "Quando a família está na *sua* melhor condição? Que tipos de atividades vocês estão fazendo juntos?". Nesses momentos, provavelmente existe uma sensação de interconectividade. Todos estão colaborando, como se fossem um time. É esse espírito que cultiva a atividade certa para energizar o modo adaptativo do familiar. Faça o que é bom para todos, e as atividades certas estarão ali.

Parte do trabalho de avançar com a família na direção da sua melhor condição é dar a todos um papel, o que significa dar ao familiar um propósito produtivo e de ajuda dentro da família. Com frequência os indivíduos que recebem um diagnóstico de saúde mental recebem muitas ofertas de ajuda. Eles podem ficar cansados de receber ajuda.

Isso pode até fortalecer suas crenças sobre serem inadequados. Em vez disso, ofereça ao familiar um papel que apoie a família. Faça a família procurar interesses compartilhados: fazer refeições juntos, ouvir música, dançar, fazer caminhadas, ir a cerimônias religiosas, assistir a eventos esportivos, ir a eventos de arte, apoiar os filhos e netos. Isso conduzirá naturalmente a mais atividades juntos; a pessoa pode começar a acalentar aspirações futuras. As possibilidades são infinitas. O principal é ajudar a família a fazer essas coisas previsivelmente e com frequência.

Ajude a família a notar como são boas essas atividades na sua melhor condição. Sugira que eles comentem sobre como se sentem bem e pergunte a todos, incluindo o familiar, como eles se sentem. Tire conclusões com as famílias da mesma maneira como fazemos com o familiar. O que diz sobre a família o fato de estarem fazendo coisas boas uns para os outros? Ajudando uns aos outros? Conectando-se melhor uns com os outros? Que outras coisas como esta eles poderiam estar fazendo?

Aspirações – Sonhando Grande Juntos

Considerando sua história juntos, os familiares podem ter ideias sobre as aspirações que o indivíduo pode querer perseguir ou sabem o que ele queria antes do início dos desafios. Os familiares podem ser apoiadores entusiásticos das aspirações. Certifique-se de encorajar o apoio da família aos grandes sonhos e chame sua atenção para o papel das aspirações como uma compensação para as crenças poderosas que amplificam os desafios.

A família pode ser particularmente útil para o familiar ao fazê-lo apreciar a ideia contida na aspiração quando pergunta: "Qual seria a melhor parte?" e "Como você se sentiria?". Eles podem estar preparados para que o familiar fale sobre ajudar a fazer do mundo um lugar melhor, sentir que eles importam e contribuem. A família pode fazer mais perguntas para chegar até o sonho: "Descreva em detalhes para mim como seria isso"; "Como será o seu dia?"; "Com quem você fará essas coisas?"; "Como você estará se sentindo ao fazer esse tipo de coisas?"; e "O que isso vai dizer sobre você?".

Guiar as famílias para ter essas conversas com o indivíduo enfatiza conexão e parceria e as ajuda a evitar lutas de poder sobre as aspirações serem ou não atingíveis, pois os significados são reais e alcançáveis.

Este é um exemplo de como poderia ser um diálogo de um indivíduo com seu irmão:

Profissional: Obrigado por vir hoje. Acho que tivemos um ótimo começo! Alguns desses planos que você fez parecem muito interessantes! Em quais deles você acha que seu irmão estaria mais interessado?

Indivíduo: Ah, no violão. Nós costumávamos tocar música juntos quando crianças.

Irmão: E quanto ao violão?

Indivíduo: Ah, eu quero voltar a tocar. Também quero tocar na igreja aos domingos eventualmente e talvez ensinar...

Irmão: Você está brincando? Eu na bateria de novo e você no violão? Isso seria fantástico. Não acho que o pastor vá aceitar de novo.

Indivíduo: Acho que ele não aguentaria as nossas palhaçadas.

Irmão: Talvez sim... talvez não [*Rindo*]. Além disso, ensinar? Você vai mostrar à minha filha um pouco dessa coisa, certo?

Indivíduo: [*Hesitantemente*] Acho que sim... mesmo?

Irmão: Quem mais eu iria querer que ensinasse a minha garotinha?

Por fim, sonhar juntos é poderoso. Fortalece os laços dos membros da família. Eles se sentem mais próximos. E o familiar vê o sonho como mais atingível. A família na sua melhor condição pode promover todos em suas missões altamente valorizadas.

Ação Positiva na Direção das Aspirações – A Família Ficando Ainda Melhor

Depois que a aspiração do indivíduo foi desenvolvida, a família pode ser um ótimo lugar para planejar atividades que tenham o mesmo significado subjacente. Ela também pode colaborar em atividades que deixam o indivíduo mais próximo de realizar sua aspiração. Esta é uma continuidade da família na sua melhor condição. Funcionará melhor se for mútuo, se todos se sentirem como parte do time e se a ajuda ocorrer em todas as direções.

Os sucessos podem ser celebrados à medida que se acumulam. Os problemas podem ser resolvidos juntos conforme forem surgindo. Será importante que a família fomente um espírito de colaboração, planejando atividades juntos e assegurando que o indivíduo mantenha uma sensação de controle completo ao lhe serem dadas opções. A família pode colaborar para ajudá-lo a ir além de uma zona de conforto particular (p. ex., procurar um emprego, ir à faculdade, namorar, ter um apartamento). Por exemplo, quando um indivíduo começa em um emprego, sua irmã pode se solidarizar com as frustrações de ter que acordar e se preparar para sair: levantar, embalar o almoço, descobrir qual transporte pegar, lembrar de fazer os intervalos. Ela pode compartilhar algumas de suas dicas e ver o que ele acha delas, com os dois mais tarde compartilhando as anotações sobre como as dicas funcionaram.

A frequência e a previsibilidade das atividades familiares funcionam bem, mas as surpresas adicionam outro tempero. O trabalho na missão não deve excluir a diversão. Fazer exercícios, cozinhar, ir a cerimônias religiosas, assistir a programas juntos – juntamente com a busca semanal das aspirações –, tudo isso exemplifica a família na sua melhor condição. Já presenciamos muito sucesso de familiares que usam uma programação combinada de ação positiva (ver Capítulos 3 e 5) para planejar atividades que irão executar juntos. (Você pode modificar a Figura 13.1 para esse propósito.)

Como tendem a surgir desafios no curso de toda essa ação, algumas vezes pode ser útil as famílias terem uma compreensão em termos das crenças. As perguntas que eles podem ter são:

- Por que ela não tem mais amigos?
- Por que ele dorme o dia inteiro?
- Por que ele não sabe que o que ouve não é real?
- Por que ele acredita que é dono do estado inteiro?
- Por que ela machuca a si mesma?

Embora ninguém queira que seu ente querido tenha tais crenças derrotistas, pode ser útil saber que a pessoa se vê como um fracasso, as outras pessoas como traiçoeiras e o futuro como inexistente, ou que se vê como vulnerável e incompetente, e os outros como rechaçantes (Beck et al., 2019).

O entendimento desses desafios em termos das crenças pode ser empoderador para a família, ajudando a empatizar melhor com a forma como seu familiar deve estar se sentindo e dando a ele uma chance de encontrar maneiras de ter mais experiências para combater essas expectativas e visões de mundo negativas.

Para ajudá-los a considerar quais crenças podem ser mais relevantes para os desafios, pergunte à família sobre o que a pessoa pode estar pensando na maior parte do tempo quando não está nesse modo adaptativo. Você pode perguntar: "Por que será que alguém se afastaria dos outros?". Você pode aventar possíveis crenças, tais como "De que adianta tentar? Eu vou falhar de qualquer modo", "Algo está errado comigo" e "Vou fazer isso quando tiver energia". Pode ser útil para a família ver como o indivíduo experimenta forte atração na direção da inatividade. Acessar o modo adaptativo combate esse estado de desânimo.

Construindo Resiliência

A família pode ter o papel maior na ajuda para o indivíduo perseverar – até mesmo prosperar – quando as coisas não dão certo. Fazer mais e ir atrás das aspirações envolve riscos. Com os riscos vêm os retrocessos, assim como as vitórias. O estresse é mais intenso em alguns dias do que em outros. Viver o próprio propósito envolve tudo isso. O familiar pode mudar o curso. Ele pode experienciar impasses, rejeições e decepções. Quando a vida é dura e mais desafiadora, a família pode ajudá-lo. Resiliência é a habilidade de lidar com os desafios da vida, expressa na frase: "Eu consegui."

O familiar muito provavelmente já passou por um período em que não se sentiu forte ou capaz. Ele pode ter pensado: "Não consigo lidar com isso; simplesmente vou fracassar". Ele pode ter desistido toda vez que as coisas ficaram um pouco difíceis: "Por que tentar? Não consigo ter sucesso". Agora que ele está no modo adaptativo construindo sua vida desejada, aquelas velhas ideias ainda podem ressurgir.

A família pode ajudar o indivíduo a ver as coisas de forma mais acurada e flexível. O que parecem ser grandes retrocessos pode ser reduzido ao tamanho certo. As coisas que não dão certo são apenas parte da vida, e não uma catástrofe. Os tipos de conclusões a que o familiar pode chegar incluem: "As coisas não acabaram como achei que seria, mas ainda assim valeu a pena" e "Eu posso não ter conseguido na primeira vez, mas vou continuar tentando".

Fazer o indivíduo ajudar outros familiares a resolver problemas cotidianos pode ser especialmente efetivo. Essa atividade tem muito significado, e as soluções que são obtidas podem ser transferidas para o próprio familiar: "Por que nós dois não tentamos essa solução?". Isso pode organizar toda a família como um grupo de solucionadores de problemas que conseguem prever formas de manejar futuros desafios para todos.

CONSIDERAÇÕES ADICIONAIS

Como Ajudar as Famílias a Promover Empoderamento Quando Surgem os Desafios

Sejam quais forem os desafios que o familiar esteja propenso a experimentar, o sentimento de desconexão provavelmente estará no cerne. Na sua essência, a família encarna conexões poderosas; talvez as mais fortes que conhecemos são ser mãe, pai, irmão, irmã, filho ou filha. Essas conexões podem ser mobilizadas, frequentemente com alguma criatividade, quando o familiar experimenta agudização dos desafios. Com o conjunto de ações corretas, a família pode voltar a acessar o modo adaptativo do indivíduo. Você pode ajudá-la a fazer isso.

Sintomas Negativos

Como os sintomas negativos algumas vezes são mal interpretados como preguiça ou falha de caráter, você pode assegurar que a família tenha noção do que procurar na inação do indivíduo e como ela pode entender o que eles veem em termos das crenças. Quando a família vê redução ou eliminação da atividade, da socialização e do prazer, o familiar está se sentindo desanimado e desconectado. As crenças que ele pode ter incluem: "Falhar em parte é o mesmo que falhar completamente" (acesso limitado à motivação), "Ninguém gosta de mim" (socialização limitada) e "Não consigo desfrutar de nada" (prazer limitado).

A família pode proporcionar oportunidades de combater a inatividade com ação positiva que seja atraente para o indivíduo e possa promover seu melhor *self*. Ela pode ajudar a inverter a tendência e redirecionar o familiar para o seu propósito. O familiar pode tirar conclusões sobre si mesmo, sobre os outros e sobre o futuro – por exemplo:

- Realizar juntos uma atividade atraente ou prazerosa (sair para uma caminhada, jogar um jogo, cozinhar) aumenta a energia e pode dar vez a crenças úteis, tais como: "Quanto mais faço o que gosto, melhor me sinto" e "Depois que eu começo, sempre me sinto melhor".
- Contribuir com a família de algum modo (consertando um telefone celular ou um assistente virtual, como Alexa) leva ao sucesso e a ter um papel; possíveis crenças positivas incluem: "Eu me saí melhor do que pensava", "Foi difícil a princípio, mas estou feliz por ter feito" e "Eu posso dar contribuições significativas".

Delírios

Essas crenças podem ser divergentes para a família. O indivíduo pode se manter em modos que são expansivos ou de busca de segurança, ambos os quais podem ser muito preocupantes para a família. Como essas crenças podem ser difíceis de compreender e causam muita preocupação, você pode ajudar a família a entender melhor o que eles estão vendo. As crenças se desenvolvem a partir da desconexão. Seu familiar valoriza imensamente essas crenças difíceis de entender. É por isso que desafiar a veracidade delas pode ser contraproducente, causando ainda mais desconexão e isolamento. Em alguns casos, desafiar o delírio fortalece as crenças.

Você pode ajudar a família a ver que as crenças representam as necessidades básicas de valor, controle, autonomia e segurança. Se o familiar tem crenças grandiosas, elas compensam a falta de importância, de sucesso, de respeito. Se tem crenças paranoides, elas refletem uma sensação de vulnerabilidade e incapacidade e a alta valorização de segurança e controle.

O sucesso da abordagem é atender à necessidade de um delírio em vez de abordar a crença diretamente. As famílias são boas em proporcionar interações que representam conexão. Ajudar seu familiar a ter um papel importante dentro da família e na comunidade pode ser um longo caminho, ajudando a pessoa a se sentir importante e capaz. Também pode dar à pessoa um senso de controle e lhe mostrar que os outros são úteis e a valorizam.

Alucinações

Vozes e outras alucinações também podem ser difíceis para os familiares entenderem. Eles podem ficar tentados a dizer à pessoa que as vozes não são reais, que tudo está na cabeça dela. Você pode ajudar a família a ver que essa abordagem também pode ser invalidante. A experiência da pessoa é muito real, bem parecida com qualquer experiência perceptiva que temos. É importante denominar a experiência como o familiar a denomina (p. ex., dores de cabeça, estresse, pressão, espíritos).

Ajude a família a entender melhor a experiência. Como alucinações comumente ocorrem para muitas pessoas, você pode mostrar à família que o problema ocorre quando o foco na alucinação impede a habilidade do seu familiar de se conectar com os outros e dar contribuições pessoalmente úteis. Se forem vozes, ajude a família a ver se o que é dito provém de crenças que o indivíduo tem sobre si mesmo ("Eu sou uma má pessoa") e sobre os outros ("Eles me detestam"). Se eles derem muito ouvidos às vozes é porque acreditam que elas são críveis e que têm controle e são mais poderosas do que o próprio indivíduo. A família também pode reconhecer momentos em que as vozes e outras alucinações pioram: o familiar parecerá estressado, isolado ou solitário.

A estratégia com as alucinações é ajudar a pessoa a direcionar o foco de volta para as coisas na vida que importam para ela. As atividades em família podem ser ótimas oportunidades para ajudar a pessoa a se sentir conectada, no controle e fazendo coisas importantes. Se o indivíduo conhecer técnicas específicas de redirecionamento do foco, como olhe-aponte-nomeie (ver Capítulo 9), os familiares podem colocá-las em prática com ele, fortalecendo a conexão e o sucesso. Se a pessoa gosta de redirecionar o foco cantando uma música, cante com a família. Em cada uma dessas situações, você pode habilitar a família a ajudar o indivíduo a ver o impacto da atividade de redirecionamento do foco:

Familiar: Nós acabamos de cantar juntos. O que aconteceu com as coisas que dificultam focar?

Indivíduo: Elas foram embora.

Familiar: É o que parece! Podemos fazer isso de novo em algum momento?

Indivíduo: Certamente!

Familiar: Estamos juntos nisso para controlar essa coisa da melhor maneira que pudermos!

A família pode, em última análise, ser um lugar onde o indivíduo participa em muitas atividades e tem diversos papéis que o ajudam a se sentir confiante e forte. A pessoa pode ter esses papéis na comunidade, também. Em conjunto, estas são grandes oportunidades para desviar o foco das alucinações e por fim elaborar crenças diferentes sobre sua própria capacidade e mérito; ao mesmo tempo, o indivíduo passa a ver que as alucinações não são assim tão interessantes e que ele não tem tempo para elas.

Quando a Pessoa Não Tem Família

A vida pode ser injusta. E pode ser cruel. Alguns indivíduos não têm nenhum familiar. Isso com frequência envolve considerável sofrimento e perda, independentemente de por que a família já não está mais disponível para eles. Muitos ainda anseiam ardentemente pela sua família. O que você faz quando a pessoa não tem uma?

Primeiramente, você pode empatizar, reconhecendo o quanto a pessoa deve se sentir menos conectada e se percebendo sozinha no mundo. Você pode, então, transformar essas emoções penosas em algo precioso. Pergunte à pessoa: "Qual é a melhor parte sobre a ideia de família?". Explore aquilo de que a pessoa sente mais falta ou do que mais gostaria de uma família. É possível ter esses sentimentos e experiências com novas pessoas? Talvez ela possa criar uma nova família – seja amigos, uma família por conta própria ou alguma outra maneira. Esta é uma abordagem empoderadora da perda. A pessoa pode não ser capaz de estar com aqueles a quem quer amar e que têm amor por ela, mas ela pode amar e desenvolver relações semelhantes às relações familiares com aqueles com quem convive. A mesma abordagem pode ser feita quando a família não é apoiadora ou está envolvida apenas minimamente.

PALAVRAS DE SABEDORIA

QUADRO 15.1 Focando na família

Durante os últimos 70 anos, a explicação para a esquizofrenia oscilou entre fatores externos, tais como uma mãe esquizofrenizante (Fromm-Reichmann, 1948) e emoção expressada, por um lado, e fatores internos, como alta hereditariedade e disfunção cerebral (Henriksen, Nordgaard, & Jansson, 2017), por outro. Ambos incorrem em responsabilizar as famílias – culpa em relação a ações passadas que não podem ser desfeitas comparada à falta de esperança diante da incapacidade de corrigir o infortúnio biológico.

As famílias podem ser empoderadas com o conhecimento de que o indivíduo tem crenças sobre si mesmo, sobre os outros e sobre o futuro que são expressas em uma variedade de desafios: dificuldades para acessar a motivação, focar a atenção e manter o esforço; completo afastamento dos outros; profunda inatividade; e foco interno em vozes ou crenças que são difíceis de entender. Com essas crenças em mente, a família pode voltar a fazer o que faz de melhor – atividades significativas e divertidas em conjunto, incentivando os sonhos uns dos outros e se ajudando em momentos difíceis e nos retrocessos.

Tudo pode começar com diversão e com a busca de interesses mútuos. Pode ser uma boa refeição, um passeio, desfrutar da natureza, assistir ou praticar esportes ou trabalhar com carros. A família pode definir os objetivos desejados para todos. Trabalhando como um grupo, é possível gerar ideias positivas para que todos avancem na direção de suas aspirações. Todos podem ter papéis nos sucessos dos outros, formando coesão e a identidade familiar positiva. O que pode parecer insolúvel pode ser abordado recorrendo-se a experiências coletivas para resolver o problema e superar a adversidade.

A identidade familiar pode estar baseada na resiliência e na força. Eles podem dizer: "Nós somos os Smiths; somos resistentes e ajudamos uns aos outros".

A combinação de sucesso mútuo e força do grupo produz atitudes positivas sobre si mesmo, sobre os outros e sobre o futuro – pertencimento, capacidade, resiliência, etc. –, o que é contrário às crenças negativas que alimentam os desafios. Estar conectado a uma identidade significativa – ser um Smith – dissipa a desconexão que tão frequentemente é a origem de tanta infelicidade.

A Família é Cética Quanto aos Profissionais de Saúde Mental

Há inúmeras razões que podem levar as famílias a não confiarem em você inicialmente – por exemplo, pode ter a ver com fatores culturais ou com a história pessoal (Kuipers, Leff, & Lam, 2002). Você não precisa levar para o lado pessoal. Muitas coisas estão acontecendo com eles. Eles podem se sentir responsáveis pelo que está acontecendo. O sistema de saúde mental pode ser difícil de acessar. Eles podem ter tido grandes esperanças que acabaram sendo frustradas. Podem ter-se decepcionado no passado com pessoas no papel em que você se encontra. Eles também podem ter seu próprio jeito de entender por que seu familiar tem dificuldades, o que foi motivo de discordância no passado com profissionais de saúde mental.

Uma vantagem que você tem é a abordagem ativa que está tendo com o familiar. Você pode negociar isso. Ceticismo é saudável. Você pode respeitá-lo. E certamente ele foi merecido. O que você espera fazer com a família é que eles se relacionem bem com o processo por algum tempo e vejam o que acontece. Eles podem julgar por si mesmos. Tente iniciar assim: "Podemos começar avaliando como seu familiar é na sua melhor condição?". Colaborar em relação às aspirações e aos objetivos com toda a família pode ser um canal para a compreensão mútua, a conexão, a confiança e a esperança para todos.

RESUMO

- As famílias podem ser os parceiros ideais para a facilitação da recuperação graças à sua perspectiva única sobre os melhores momentos de um indivíduo e os melhores momentos da família.
- Os papéis na família que se estendem além de "cuidador" e "paciente" e que apoiam uma unidade mais natural e dinâmica podem ser uma fonte significativa de empoderamento para todos – levando as famílias além das lutas de poder que podem surgir em torno do tratamento, do diagnóstico e dos desafios.
- Como crenças negativas sobre conexão frequentemente estão subjacentes aos desafios, a família pode ser uma grande fonte de conexão e busca de aspirações mútuas e tem um importante papel na construção de resiliência e no fornecimento de encorajamento quando surgem os desafios.
- Uma ação frequente e planejada que realize os significados coletivos realiza a família na sua melhor condição.
- As famílias, os profissionais e os próprios indivíduos podem formar uma parceria para empregar e testar intervenções a fim de superar os desafios quando eles surgirem.

Apêndices

APÊNDICE A
Terminologia da CT-R 248

APÊNDICE B
Mapa da Recuperação em branco 249

APÊNDICE C
Guia de instruções para o Mapa da Recuperação 250

APÊNDICE D
Sugestões de atividades para acessar o modo adaptativo 252

APÊNDICE E
Formulário em branco para programação de atividades 253

APÊNDICE F
Gráfico em branco para dividir as aspirações em passos 254

APÊNDICE G
Intervenções para indivíduos que experimentam sintomas negativos 255

APÊNDICE H
Parâmetros da CT-R 256

Apêndice A
Terminologia da CT-R

É assim que definimos alguns dos termos comumente usados neste livro:

Aspirações: Desejos pessoais de um indivíduo para o futuro; o significado que os indivíduos buscam para si mesmos no futuro.

Atividade: Programas individuais ou orientados para o grupo; oportunidades para interação e busca de interesses e/ou aspirações.

Crenças de resiliência: Crenças sobre a habilidade de superar desafios ou continuar na busca das aspirações apesar dos desafios ou estressores; crenças sobre a habilidade de se recuperar depois dos desafios.

Crenças expansivas e grandes: Substitui o termo "grandioso"; reflete ideias grandiosas sobre si mesmo ou sobre o mundo que podem ser difíceis para os outros entenderem e que refletem um significado mais profundo do que o que aparece na superfície.

Crenças negativas: Crenças que estão subjacentes a muitos desafios e que podem impedir o movimento na direção das aspirações.

Crenças positivas: Crenças adaptativas sobre si mesmo, sobre os outros, o futuro e o mundo que refletem pontos fortes, habilidades, capacidades e pertencimento.

Desafios: Um termo abrangente para problemas, sintomas ou obstáculos; desafios são tudo o que impede o progresso na direção das aspirações.

Empoderamento: Força ante o estresse ou os desafios; desenvolvimento de crenças de resiliência; intervenções que ajudam os indivíduos a atingirem essa força e resiliência.

Indivíduo: Uma pessoa que recebeu um diagnóstico de um problema de saúde mental grave ou que participa de serviços de saúde mental; não nos referimos aos indivíduos como "pacientes" neste livro.

Meio: Qualquer ambiente onde muitas pessoas estão reunidas em um espaço compartilhado; pode ser uma sala de convivência, sala de jantar, sala de espera, espaço de artes criativas ou qualquer outro espaço comunitário.

Modo adaptativo: Quando os indivíduos estão na sua melhor condição ou se sentem mais como eles mesmos; quando energia, foco e conexão estão evidentes; é quando há maior potencial para acessar crenças positivas. O acesso ao modo adaptativo é uma abordagem baseada em formulações do que é frequentemente referido como engajamento.

Modo "paciente": Usado para descrever o oposto do modo adaptativo. É quando os desafios são mais proeminentes; quando a conexão e a interação estão baseadas na psicopatologia percebida; o modo adaptativo está latente. "Paciente" é usado entre aspas para não endossar o conceito da condição de paciente como uma identidade.

Plano de ação: Um passo na direção da aspiração de um indivíduo ou um passo na direção do manejo de um desafio específico no contexto de uma aspiração; substitui a expressão "tarefa de casa".

Problemas de saúde mental graves: Uma expressão que se refere a qualquer diagnóstico que um indivíduo pode receber (independentemente de ele concordar com o diagnóstico ou aceitá-lo), incluindo esquizofrenia e transtorno esquizoafetivo; a expressão também reconhece a importância de alguns desafios impactados por problemas de saúde mental, tais como comportamento agressivo e autoagressão não suicida.

Recuperação: Viver a vida significativa da própria escolha.

De *CT-R - Terapia cognitiva orientada para a recuperação de transtornos mentais desafiadores.* Aaron T. Beck, Paul Grant, Ellen Inverso, Aaron P. Brinen e Dimitri Perivoliotis. Copyright © 2021. The Guilford Press. É permitida a reprodução deste material pelos compradores deste livro exclusivamente para uso pessoal ou com seus clientes. Os compradores podem fazer cópias adicionais deste material acessando o Material Complementar disponível na página do livro em loja.grupoa.com.br.

Apêndice B

Mapa da Recuperação em branco

MAPA DA RECUPERAÇÃO	
ACESSANDO E ENERGIZANDO O MODO ADAPTATIVO	
Interesses/Formas de se Engajar:	Crenças Ativadas Durante o Modo Adaptativo:
ASPIRAÇÕES	
Objetivos:	Significado de Atingir o Objetivo Identificado:
DESAFIOS	
Comportamentos Atuais/Desafios:	Crenças Subjacentes aos Desafios:
AÇÃO POSITIVA E EMPODERAMENTO	
Estratégias Atuais e Intervenções:	Crenças/Aspirações/Significados/Desafios Visados:

De *CT-R - Terapia cognitiva orientada para a recuperação de transtornos mentais desafiadores*. Aaron T. Beck, Paul Grant, Ellen Inverso, Aaron P. Brinen e Dimitri Perivoliotis. Copyright © 2021. The Guilford Press. É permitida a reprodução deste material pelos compradores deste livro exclusivamente para uso pessoal ou com seus clientes. Os compradores podem fazer cópias adicionais deste material acessando o Material Complementar disponível na página do livro em loja.grupoa.com.br.

Apêndice C

Guia de instruções para o Mapa da Recuperação

MAPA DA RECUPERAÇÃO	
ACESSANDO E ENERGIZANDO O MODO ADAPTATIVO Componente da Recuperação – Conexão	
Interesses/Formas de se Engajar: Como a pessoa é na sua melhor condição? • Interesses compartilhados • O que ela pode lhe ensinar ou como ela pode ajudá-lo? Desenvolva a compreensão de quando as coisas estão indo bem ou o que ela estava fazendo quando estava na sua melhor condição. Permita que o indivíduo guie você. Procure melhora no afeto, no contato visual, no foco, etc.	**Crenças Ativadas Durante o Modo Adaptativo:** Que crenças positivas são ativadas durante o modo adaptativo? Como a pessoa se vê? Os outros? O futuro? Como a pessoa se sente enquanto está no modo adaptativo? Inicialmente, você pode ter de levantar hipóteses, mas, à medida que for conhecendo o indivíduo, não deixe de testar e confirmar suas hipóteses (p. ex., "O que diz sobre você o fato de ter me ensinado isso?").
ASPIRAÇÕES – DESENVOLVENDO O MODO ADAPTATIVO Componente da Recuperação – Esperança	
Objetivos: Se tudo fosse como ele gostaria, o que ele estaria fazendo? Obtendo? Todas as respostas aceitas sem julgamento. Use perguntas para distinguir entre os passos (p. ex., alta) e as aspirações (p. ex., mais longo alcance, maior significado).	**Significado de Atingir o Objetivo Identificado:** Qual seria a melhor parte dessa [aspiração]? Como ele veria a si mesmo ou os outros se realizasse sua aspiração? Como ele se sentiria? Os significados são o aspecto mais importante de aspirações distantes, expansivas ou de alto risco. Os significados podem ser acionados todos os dias, mesmo que as aspirações mudem com o tempo.

(Continua)

De CT-R - *Terapia cognitiva orientada para a recuperação de transtornos mentais desafiadores*. Aaron T. Beck, Paul Grant, Ellen Inverso, Aaron P. Brinen e Dimitri Perivoliotis. Copyright © 2021. The Guilford Press. É permitida a reprodução deste material pelos compradores deste livro exclusivamente para uso pessoal ou com seus clientes. Os compradores podem fazer cópias adicionais deste material acessando o Material Complementar disponível na página do livro em loja.grupoa.com.br.

(Continuação)

DESAFIOS	
Comportamentos Atuais/Desafios: Desafios que estão se colocando no caminho do trabalho na direção das aspirações. Por que ele ainda está aqui no nível atual de assistência (sintomas, comportamentos, experiências)?	**Crenças Subjacentes aos Desafios:** Que crenças uma pessoa pode ter sobre si mesma, sobre os outros e sobre o futuro que contribuem para a ocorrência do desafio? Que sentimento(s) ela pode estar experimentando?
AÇÃO POSITIVA E EMPODERAMENTO – ATUALIZANDO E FORTALECENDO O MODO ADAPTATIVO **Componente da Recuperação – Propósito e Resiliência**	

Estratégias Atuais e Intervenções:
Estratégia: Transformar a crença inicial em crença mais acurada e útil; obter informações sobre o modo adaptativo ou as aspirações.
Intervenções: Métodos usados para realizar a estratégia.
Como podemos aumentar as crenças positivas, trabalhar na direção de uma aspiração e seu significado ou focar em um desafio e na crença negativa?
Exemplos:
1. **Acessar modo adaptativo/reduzir isolamento.**
   a. Identificar gancho pedindo conselhos.
   b. Tempo de interação breve, frequente e previsível.
2. **Aumentar o controle.**
   a. Oferecer papel de liderança.
   b. Desenvolver habilidades ou estratégias para manejar alucinações (p. ex., música).
3. **Aumentar a conexão.**
   a. Convidar o indivíduo a ensinar os outros.
   b. Desenvolver/envolver em um clube ou atividade/projeto em grupo.
4. **Aumentar a consistência.**
   a. Planejamento de atividades diárias.
5. **Desenvolver/enriquecer as aspirações existentes.**
   a. Discussão/pensamentos focados no futuro.
   b. Identificar objetivos valorizados.
   c. Desenvolver imagem de recuperação (p. ex., Como seria sua futura casa?).
6. **Descobrir o significado dos objetivos/aspirações.**
   a. Qual seria a melhor parte disso?
   b. Como você se sentiria fazendo isso?
	Crenças/Aspirações/Significados/Desafios Visados:
	Transportados das seções acima desta coluna.
	Fornece a justificativa clínica e alvo para as estratégias e intervenções usadas.
	Exemplos:
	1. "Eu estou seguro" (crenças)/**aumenta conexão e segurança** (significado)/**reduz isolamento** (desafio).
	2. "Eu tenho controle sobre a minha vida"/deixar hospital/independência/alucinações.
	3. "Os outros me querem por perto e se importam com meus interesses"/ter relacionamentos íntimos/conexão/comportamentos agressivos.
	4. "Meus dias têm propósito e significado"/voluntariado/sentir-se útil/delírios.
	5. "Há esperança para o meu futuro", "Estou trabalhando na direção de alguma coisa significativa" ou "Os outros acreditam em mim"/propósito.

Apêndice D

Sugestões de atividades para acessar o modo adaptativo

Conectado

- Ouvir uma música juntos, conversar sobre música ou cantar.
- Jogar cartas ou um jogo.
- Criar arte juntos.
- Fazer uma caminhada.
- Assistir a vídeos de interesse (esportes, dança, filmes, animais).
- Cozinhar ou conversar sobre comida.
- Falar sobre ou praticar esportes (jogo de pegar; usar os braços como um arco de basquete para uma bola de papel).
- Ler juntos (passagem de texto religioso, poema, literatura).

Durante ou depois, dizer: "Eu realmente gostei de passarmos um tempo juntos, e você?".

Útil

- Assumir um papel de ajuda na instituição (ajudar um grupo/reunião na comunidade/clube, tomar notas na reunião, limpar/organizar para alguma coisa, atualizar as pessoas sobre as notícias).
- Decorar a unidade.
- Escrever cartões para organizações (p. ex., Departamento de Veteranos, hospitais infantis).
- Organizar um projeto de caridade na unidade (doação de roupas, itens para um abrigo de animais).

Durante ou depois, dizer: "Você é uma pessoa muito prestativa, não é?".

Capaz

- Pedir conselhos sobre alguma coisa (moda, comida).
- Pedir que ele ensine você a fazer alguma coisa em que é qualificado.
- Fazer uma atividade ou falar sobre o conhecimento específico de um indivíduo (comércio ou trabalho anterior, tocar música ou cantar, cozinhar).
- *Show* de talentos na unidade/noite do microfone aberto/ show artístico.

Durante ou depois, dizer: "O que diz sobre você o fato de saber tanto acerca disso?".

Energizado

Interações breves, mas previsíveis, sobre alguma coisa simples que não exija muita participação verbal:

- Ouvir uma música.
- Jogar cartas ou um jogo.
- Assistir a um videoclipe.
- Fazer alguma coisa artística.
- Fazer exercícios ou alongamento.
- Ler juntos.

Durante ou depois, dizer: "Eu tenho muito mais energia depois de fazer isso, e você?".

**Os itens em negrito podem ser feitos sem acesso a tecnologia.

De *CT-R - Terapia cognitiva orientada para a recuperação de transtornos mentais desafiadores*. Aaron T. Beck, Paul Grant, Ellen Inverso, Aaron P. Brinen e Dimitri Perivoliotis. Copyright © 2021. The Guilford Press. É permitida a reprodução deste material pelos compradores deste livro exclusivamente para uso pessoal ou com seus clientes. Os compradores podem fazer cópias adicionais deste material acessando o Material Complementar disponível na página do livro em loja.grupoa.com.br.

Apêndice E

Formulário em branco para programação de atividades

Instruções. Se as aspirações do indivíduo não são conhecidas, programe atividades para aumentar a energia e a conexão. Escreva cada atividade abaixo de um dia que o indivíduo escolha. As aspirações (quando claras) são inseridas no espaço indicado pelas linhas em branco abaixo do quadro, e então os significados são colocados no espaço abaixo deste. A seguir, acrescente atividades abaixo do dia escolhido pela pessoa que estejam relacionadas a chegar mais perto dessas aspirações e significados, aumentando o propósito vivido diariamente. Lembre-se: *Desenvolva a programação de forma gradual e colaborativa.* Os Capítulos 3 e 5 trazem instruções elaboradas.

PROGRAMAÇÃO DE ATIVIDADES SEMANAIS DA CT-R

Domingo	Segunda	Terça	Quarta	Quinta	Sexta	Sábado

Aspirações:
_____
_____

Significados:
_____
_____

De *CT-R - Terapia cognitiva orientada para a recuperação de transtornos mentais desafiadores*. Aaron T. Beck, Paul Grant, Ellen Inverso, Aaron P. Brinen e Dimitri Perivoliotis. Copyright © 2021. The Guilford Press. É permitida a reprodução deste material pelos compradores deste livro exclusivamente para uso pessoal ou com seus clientes. Os compradores podem fazer cópias adicionais deste material acessando o Material Complementar disponível na página do livro em loja.grupoa.com.br.

Apêndice F

Gráfico em branco para dividir as aspirações em passos

Significados da aspiração

ASPIRAÇÃO

PASSOS PARA A ASPIRAÇÃO

Instruções: Antes de usar este gráfico, confirme a aspiração do indivíduo e reflita sobre os significados de que você se recorda ou identifique novos. Este gráfico deve ser trabalhado somente quando o indivíduo estiver no modo adaptativo.

Escreva, desenhe ou acrescente uma imagem representando a aspiração da pessoa no topo dos "passos" no lado direito da figura. Insira o que o indivíduo diz que são as melhores partes da sua aspiração – incluindo significados, crenças positivas ou valores – no quadro intitulado "Significados da aspiração" no lado esquerdo. A seguir, pergunte ao indivíduo o que ele ou outra pessoa precisaria fazer para chegar lá. As respostas não precisam ser dadas em uma ordem particular – em vez disso, organize cada resposta perguntando ao indivíduo onde ela deve ser colocada no gráfico progressivo, com os primeiros passos sendo colocados na base, os passos intermediários no meio, e assim por diante. Você sempre pode revisar a ordem à medida que o indivíduo elabora mais ideias. Sinta-se à vontade para sugerir ideias de passos. O Capítulo 5 traz mais informações e exemplos; a Figura 5.1 contém um gráfico de aspirações e passos preenchido.

De *CT-R – Terapia cognitiva orientada para a recuperação de transtornos mentais desafiadores*. Aaron T. Beck, Paul Grant, Ellen Inverso, Aaron P. Brinen e Dimitri Perivoliotis. Copyright © 2021. The Guilford Press. É permitida a reprodução deste material pelos compradores deste livro exclusivamente para uso pessoal ou com seus clientes. Os compradores podem fazer cópias adicionais deste material acessando o Material Complementar disponível na página do livro em loja.grupoa.com.br.

Apêndice G

Intervenções para indivíduos que experimentam sintomas negativos

Propósito: Conectar-se por meio de interesses/atividades que aumentem a sensação de prazer e a capacidade de acessar energia.

Introdução: "Vamos ouvir uma música juntos! Devemos escolher este artista ou aquele?"

Interações breves e previsíveis.
Vá até o indivíduo onde ele está.
Comece com perguntas de escolha forçada (p. ex., "Devemos ouvir *rock* ou *pop*?").

Priorize atividades em detrimento da conversa.
(p. ex., ouvir uma música, assistir a um vídeo, jogar cartas, fazer uma caminhada)

Chame a atenção para as crenças positivas durante e depois.

Energia
"Eu me sinto mais energizado depois disso, e você?"

Prazer
"Eu realmente gostei de fazer isso, e você?"

Sucesso
"Isso foi melhor ou pior do que o esperado? Vale a pena fazer de novo?"

Se as tentativas de conversa ou conexão forem rejeitadas:
- Manter baixa pressão.
- Pedir conselhos.
- Tentar interesses e atividades diferentes.

Exemplo: "Não tem problema, mais tarde eu volto, e talvez possamos olhar algumas receitas."

De *CT-R – Terapia cognitiva orientada para a recuperação de transtornos mentais desafiadores*. Aaron T. Beck, Paul Grant, Ellen Inverso, Aaron P. Brinen e Dimitri Perivoliotis. Copyright © 2021. The Guilford Press. É permitida a reprodução deste material pelos compradores deste livro exclusivamente para uso pessoal ou com seus clientes. Os compradores podem fazer cópias adicionais deste material acessando o Material Complementar disponível na página do livro em loja.grupoa.com.br.

Apêndice H

Parâmetros da CT-R

ESCALA DE FIDELIDADE DOS PARÂMETROS DA TERAPIA COGNITIVA ORIENTADA PARA A RECUPERAÇÃO (CT-R)

1. O que é isso?
   - Uma ferramenta de autoavaliação para avaliar em que medida seu programa/local realiza a abordagem da CT-R.
2. Qual é o propósito?
   - Demonstra como os princípios da CT-R podem se traduzir em trabalho cotidiano, descrevendo componentes de um programa consistentes com o modelo da CT-R.
   - Ajuda os locais a refletirem sobre as formas como a CT-R informa sua prática, avalia os pontos fortes do local e identifica áreas que precisam melhorar em relação ao modelo da CT-R.
   - Guia os planos de ação para fortalecer o programa.
   - O uso regular desta ferramenta auxiliará na sustentabilidade do modelo da CT-R no seu local de trabalho.
3. Quem deve preenchê-la?
   - Recomendamos que esta autoavaliação seja preenchida em conjunto pelos membros da equipe multidisciplinar que estão familiarizados com os acontecimentos diários em um local. Isso pode incluir psicólogos, a equipe de enfermagem, assistentes sociais, especialistas de apoio, terapeutas recreativos, psiquiatras e outros.
4. Quando deve ser concluída?
   - Recomendamos que esta autoavaliação volte a ser administrada pelo menos uma vez por ano. Entretanto, no primeiro ano de implementação da CT-R, sugerimos que a equipe revise a seção do plano de ação da ferramenta com mais frequência para monitorar o progresso e fazer adaptações nos planos de ação, se necessário (isto é, a cada 3 a 4 meses).

De *CT-R - Terapia cognitiva orientada para a recuperação de transtornos mentais desafiadores*. Aaron T. Beck, Paul Grant, Ellen Inverso, Aaron P. Brinen e Dimitri Perivoliotis. Copyright © 2021. The Guilford Press. É permitida a reprodução deste material pelos compradores deste livro exclusivamente para uso pessoal ou com seus clientes. Os compradores podem fazer cópias adicionais deste material acessando o Material Complementar disponível na página do livro em loja.grupoa.com.br.

Instruções

- Esta escala é dividida em sete domínios diferentes, e cada domínio tem de 3 a 6 itens.
- Leia a descrição do domínio e a definição dos termos relevantes para cada domínio.
- Determine o escore para cada item que descreva mais acuradamente os acontecimentos habituais no seu local.
  Vale destacar, "3" é considerado aspiracional, e muitos locais não atingirão esse escore nos primeiros estágios de implementação.
- No final de cada domínio, registre seus escores para cada item e some-os para obter o escore do domínio.
- Identifique as áreas de força e oportunidades para crescimento dentro desse domínio com base nos escores nos itens.
- Conclua esse processo para todos os sete domínios.
- Recorra à página do resumo:
  - Copie os escores do domínio na página do resumo.
  - Com base nesses escores, identifique duas ou três áreas que se beneficiariam da melhora relativa à CT-R.
  - Desenvolva um plano de ação e uma linha do tempo para essas áreas. Vale destacar que pode fazer sentido focar primeiro em uma área antes de abordar outras.

I. Fatores do meio

Um meio ideal para a CT-R é uma atmosfera animada repleta de atividades e conexão. Existem amplas oportunidades para os indivíduos se engajarem com os outros em atividades que estão conectadas com seus interesses e com as coisas que eles valorizam nas suas vidas (p. ex., música, leitura, esportes, espiritualidade, exercícios, família). Um meio ativo proporciona múltiplas oportunidades para os indivíduos tirarem conclusões sobre sua capacidade, força e conexão com os outros.

> **Termos**
> *Aspirações*: Desejos pessoais de um indivíduo para o futuro; o significado que os indivíduos procuram para si mesmos no futuro.
> *Atividade*: Programas orientados para o indivíduo ou o grupo; oportunidades para interação e a busca de interesses e/ou aspirações.
> *Meio*: Qualquer ambiente onde muitas pessoas estão juntas em um espaço compartilhado.

1. **Frequência de programação no meio com CT-R**
   0: Há pouca atividade no local (isto é, menos de 10% das horas em vigília no turno).
   1: Há atividades ocasionais disponíveis no local (isto é, mais de 10%, porém menos de 30% das horas em vigília).

2: Há atividades frequentes no local (isto é, mais de 30%, porém menos de 50% das horas em vigília).
3: O meio é muito ativo durante o dia (isto é, mais de 50% das horas em vigília).

2. **Nível de interação entre os indivíduos e a equipe**
   0: Não há interação entre a equipe e os indivíduos durante as atividades.
   1: Há conexão/interação mínima entre a equipe e os indivíduos durante as atividades.
   2: Há alguma interação entre a equipe e os indivíduos, conforme evidenciado por algumas oportunidades para conversa e atividade compartilhada.
   3: Há engajamento significativo entre a equipe e os indivíduos durante as atividades.

3. **Conexão com os interesses e as aspirações**
   0: As atividades não estão conectadas com os interesses e as aspirações dos indivíduos. Não há sistema em vigor para conhecer os interesses/aspirações dos indivíduos e modificar a programação de acordo.
   1: As atividades ocasionalmente estão conectadas com os interesses e as aspirações dos indivíduos (isto é, menos de 30% do tempo). Existe um sistema de *feedback* para modificar a programação de acordo, porém é usado de forma inconsistente.
   2: As atividades frequentemente estão conectadas aos interesses e às aspirações dos indivíduos (isto é, cerca de 50% do tempo). Existe um sistema de *feedback* para modificar a programação quando necessário, mas nem sempre é usado.
   3: As atividades frequentemente estão conectadas com os interesses e as aspirações dos indivíduos (isto é, pelo menos 70% do tempo). Existe um sistema de *feedback* consistente para modificar a programação quando necessário.

4. **Oportunidades para papéis**
   0: Não há oportunidades para os indivíduos terem papéis ou posições de liderança nos programas do meio.
   1: Há oportunidades mínimas para os indivíduos terem papéis ou posições de liderança nos programas do meio.
   2: Há algumas oportunidades para os indivíduos terem papéis ou posições de liderança nos programas do meio.
   3: Há oportunidades para papéis e posições de liderança nos programas do meio para quase todos os indivíduos.

5. **Tirando conclusões**
   0: Não há tentativas de tirar conclusões durante as atividades no meio sobre sucessos ou habilidades e pontos fortes dos indivíduos.
   1: Há tentativas mínimas de tirar conclusões durante as atividades no meio sobre sucessos ou habilidades e pontos fortes dos indivíduos.
   2: Há algumas tentativas de tirar conclusões durante as atividades no meio sobre sucessos ou habilidades e pontos fortes dos indivíduos.
   3: Há tentativas frequentes de tirar conclusões durante as atividades no meio sobre sucessos ou habilidades e pontos fortes dos indivíduos.

Pontuação
1. Frequência de programação no meio com CT-R: _____
2. Nível de interação entre os indivíduos e a equipe: _____
3. Conexão com os interesses e as aspirações: _____
4. Oportunidades para papéis: _____
5. Tirando conclusões: _____
Escore total para os fatores do meio [1 + 2 + 3 + 4 + 5]: _____
Áreas de força:
Oportunidades para crescimento:

II. Envolvimento na comunidade

Idealmente, um programa de CT-R oferece aos indivíduos muitas chances de se conectarem com as coisas que são importantes para eles na comunidade, independentemente do nível de assistência – por exemplo, os indivíduos podem ter a oportunidade de participar de atividades na comunidade (p. ex., assistir a aulas de atividades físicas, ser voluntário, fazer cursos). Em instituições em que os indivíduos não são capazes de ingressar na comunidade, eles podem se engajar em atividades na unidade que estão diretamente relacionadas às suas aspirações na comunidade (p. ex., grupo de culinária, clube do livro, grupo de espiritualidade). Engajar-se em atividades significativas ou dar passos na direção das próprias aspirações fomenta esperança e propósito e constrói confiança.

> **Termos**
> *Aspirações*: Desejos pessoais de um indivíduo para o futuro; o significado que os indivíduos procuram para si mesmos no futuro.

1. **Frequência do envolvimento na comunidade**
   0: Não há envolvimento na comunidade:
   – Em um local onde as saídas na comunidade são possíveis, não ocorrem saídas na comunidade.
   – Em um local onde as saídas na comunidade *não* são possíveis (p. ex., contexto forense carcerário), as atividades que ocorrem no meio não estão associadas de nenhuma forma significativa a futuro envolvimento na comunidade.
   1: Há envolvimento mínimo na comunidade, seja por meio de saídas, seja por meio de atividades locais associadas à comunidade mais ampla (isto é, menos de 15% das atividades).

2: Há algum envolvimento na comunidade, seja por meio de saídas, seja por meio de atividades locais associadas à comunidade mais ampla (isto é, menos de 50% das atividades).

3: Há envolvimento frequente e previsível na comunidade, seja por meio de saídas, seja por meio de atividades locais associadas à comunidade mais ampla (isto é, mais de 50% das atividades).

2. **Conexão com os interesses e as aspirações**

0: As atividades com envolvimento na comunidade não estão conectadas aos interesses e às aspirações dos indivíduos. Não há um sistema em vigor para conhecer os interesses/aspirações dos indivíduos e modificar o programa de acordo.

1: As atividades com envolvimento na comunidade estão ocasionalmente conectadas aos interesses e às aspirações dos indivíduos (isto é, menos de 30% do tempo). Existe um sistema de *feedback* para modificar o programa de acordo, mas é usado de forma inconsistente.

2: As atividades com envolvimento na comunidade estão frequentemente conectadas aos interesses e às aspirações dos indivíduos (isto é, cerca de 50% do tempo). Existe um sistema de *feedback* para modificar o programa quando necessário, mas pode nem sempre ser usado.

3: As atividades com envolvimento na comunidade estão frequentemente conectadas aos interesses e às aspirações dos indivíduos (isto é, pelo menos 75% do tempo). Existe um sistema de *feedback* consistente para modificar o programa quando necessário.

3. **Oportunidades para papéis**

0: Não há oportunidades para os indivíduos terem papéis ou posições de liderança nas atividades com envolvimento na comunidade.

1: Há oportunidades mínimas para os indivíduos terem papéis ou posições de liderança nas atividades com envolvimento na comunidade.

2: Há algumas oportunidades para os indivíduos terem papéis ou posições de liderança nas atividades com envolvimento na comunidade.

3: Há múltiplas oportunidades para os indivíduos terem papéis ou posições de liderança nas atividades com envolvimento na comunidade.

4. **Tirando conclusões**

0: Não há tentativas de tirar conclusões durante as atividades com envolvimento na comunidade sobre os sucessos ou habilidades e forças dos indivíduos.

1: Há tentativas mínimas de tirar conclusões durante as atividades com envolvimento na comunidade sobre os sucessos ou habilidades e forças dos indivíduos.

2: Há algumas tentativas de tirar conclusões durante as atividades com envolvimento na comunidade sobre os sucessos ou habilidades e forças dos indivíduos.

3: Há tentativas frequentes de tirar conclusões durante as atividades com envolvimento na comunidade sobre os sucessos ou habilidades e forças dos indivíduos.

Pontuação
1. Frequência do envolvimento na comunidade: _____
2. Conexão com os interesses e as aspirações: _____
3. Oportunidades para papéis: _____
4. Tirando conclusões: _____
Escore total para o envolvimento na comunidade [1 + 2 + 3 + 4]: _____
Áreas de força:
Oportunidades para crescimento:

III. Planejamento do tratamento

O planejamento do tratamento ocorre como uma colaboração entre os prestadores de tratamento e os indivíduos. O plano para tratamento é ancorado pelas aspirações de um indivíduo. No contexto das aspirações, os prestadores do tratamento e os indivíduos trabalham juntos para identificar passos significativos na direção dessas aspirações e administram os desafios que podem impactar a habilidade de um indivíduo de avançar na direção de suas aspirações. As reuniões da equipe de tratamento ou revisões do plano de tratamento oferecem a oportunidade de celebrar os sucessos (grandes ou pequenos), tirar conclusões significativas e promover crenças relacionadas à resiliência.

> **Termos**
>
> *Aspirações*: Desejos pessoais de um indivíduo para o futuro; o significado que os indivíduos procuram para si mesmos no futuro.
>
> *Ativação do modo adaptativo*: Uso de métodos que aumentam a energia, o foco e a conexão.
>
> *Equipe de tratamento*: Um grupo composto de um indivíduo e todos os profissionais envolvidos no seu tratamento.
>
> *Plano de ação*: Um passo na direção da aspiração de um indivíduo ou um passo para lidar com um desafio específico no contexto de uma aspiração.
>
> *Reunião da equipe de tratamento*: Uma reunião na qual a equipe de tratamento desenvolve e revisa os planos de tratamento.

1. Incluindo os indivíduos na reunião da equipe de tratamento
    0: A equipe de tratamento ou o profissional não envolve os indivíduos no planejamento do tratamento.

1: A equipe de tratamento ou o profissional convida os indivíduos para participarem no planejamento do tratamento em alguns momentos (isto é, mais de 30% do tempo).
2: São feitas tentativas significativas de convidar os indivíduos a participarem no planejamento do tratamento (isto é, mais de 50% do tempo).
3: Os indivíduos são quase sempre convidados a participarem no planejamento do tratamento.

2. **Ativando o modo adaptativo durante a reunião da equipe de tratamento**
    0: Não são feitas tentativas de ativar o modo adaptativo no começo das reuniões de planejamento do tratamento.
    1: São feitas tentativas ocasionais, mas inconsistentes, de ativar o modo adaptativo no começo das reuniões de planejamento do tratamento.
    2: São feitas algumas tentativas consistentes de ativar o modo adaptativo no começo das reuniões de planejamento do tratamento.
    3: As reuniões para discutir/desenvolver o plano de tratamento quase sempre começam com oportunidades de ativar o modo adaptativo.

3. **Uso das aspirações para estruturar o plano de tratamento**
    0: As aspirações dos indivíduos não são consideradas nos planos de tratamento, e os prestadores do tratamento não fazem tentativas de identificar as aspirações.
    1: As aspirações dos indivíduos são ocasionalmente incorporadas ao processo de planejamento do tratamento, quando conhecidas. Se não são conhecidas, os prestadores do tratamento ocasionalmente tentam colaborar com os indivíduos para identificar as aspirações (isto é, menos de 30% do tempo).
    2: As aspirações dos indivíduos são frequentemente incorporadas ao processo de planejamento do tratamento, quando conhecidas. Se não são conhecidas, os prestadores do tratamento frequentemente tentam colaborar com os indivíduos para identificar as aspirações (isto é, menos de 50% do tempo).
    3: Se as aspirações são conhecidas, a equipe irá revisitá-las e explorá-las durante a reunião (isto é, mais de 75% do tempo). A equipe frequentemente apoia os indivíduos na identificação das aspirações, se desconhecidas.

4. **Colaboração no planejamento do tratamento**
    0: Os indivíduos não fazem parte do desenvolvimento do seu plano de tratamento.
    1: O plano de tratamento (isto é, a pauta da reunião, os objetivos do tratamento, os planos de ação) é ditado pela equipe, e não pelos indivíduos.
    2: Os indivíduos fornecem *feedback* sobre o tratamento atual, mas os objetivos do tratamento e os planos de ação ainda são gerados e ditados pela equipe de tratamento.
    3: Os indivíduos estão ativamente engajados no desenvolvimento do plano de tratamento (colaborando nos objetivos e nos planos de ação).

5. **Tirando conclusões**
    0: Não há tentativas de tirar conclusões sobre os sucessos conectados ao plano de tratamento e/ou às habilidades e aos pontos fortes dos indivíduos.

1: Há tentativas mínimas de tirar conclusões sobre os sucessos conectados ao plano de tratamento e/ou às habilidades e aos pontos fortes dos indivíduos.
2: Há algumas tentativas de tirar conclusões sobre os sucessos conectados ao plano de tratamento e/ou às habilidades e aos pontos fortes dos indivíduos.
3: Há tentativas frequentes de tirar conclusões sobre os sucessos conectados ao plano de tratamento e/ou às habilidades e aos pontos fortes dos indivíduos.

Pontuação

1. Incluindo os indivíduos na reunião da equipe de tratamento: _____
2. Ativando o modo adaptativo durante a reunião da equipe de tratamento: _____
3. Uso das aspirações para estruturar o plano de tratamento: _____
4. Colaboração no planejamento do tratamento: _____
5. Tirando conclusões: _____
    Escore total no planejamento do tratamento [1 + 2 + 3 + 4 + 5]: _____

Áreas de força:

Oportunidades para crescimento:

IV. Planejamento da transição

Idealmente, os indivíduos e os prestadores do tratamento começam a discutir transições para diferentes níveis de assistência assim que possível. Os indivíduos são ativamente envolvidos nessas discussões e decisões. Os indivíduos e os prestadores de assistência colaboram juntos para assegurar que as transições estejam alinhadas com as aspirações do indivíduo – por exemplo, se um indivíduo está interessado em buscar maior escolaridade, seus objetivos educacionais devem ser uma parte relevante do planejamento da transição. Existem oportunidades para identificar planos significativos para ação e conexão depois que ocorre a transição. A equipe e o indivíduo trabalham juntos para promover resiliência no contexto de desafios potenciais relacionados às transições.

Termos

Aspirações: Desejos pessoais de um indivíduo para seu futuro; o significado que os indivíduos buscam para si mesmos no futuro.

Passos da transição: Ações em que a equipe e os indivíduos podem se engajar no seu nível atual de assistência que estão relacionadas com o processo de transição (p. ex., clube de jardinagem na residência atual, visitar o próximo nível de assistência, encontrar um jardim comunitário perto do próximo nível de assistência).

1. **Participação dos indivíduos no planejamento da transição**
   0: Os indivíduos nunca estão envolvidos no planejamento da transição.
   1: Os indivíduos são mantidos informados dos planos de transição, mas não são convidados a participar das decisões.
   2: Os indivíduos são mantidos informados dos planos de transição e ocasionalmente são convidados a participar das decisões.
   3: Os indivíduos são envolvidos de forma ativa e colaborativa no planejamento da transição.

2. **Conexão das transições/altas com as aspirações**
   0: As aspirações não são incorporadas aos planos de transição.
   1: As aspirações dos indivíduos são ocasionalmente incorporadas ao plano de transição (isto é, menos de 30% do tempo).
   2: As aspirações dos indivíduos são frequentemente incorporadas ao plano de transição (isto é, cerca de 50% do tempo).
   3: As aspirações dos indivíduos são frequentemente discutidas e conectadas com o plano de transição (isto é, pelos menos 75% do tempo).

3. **Planejamento dos próximos passos**
   0: A equipe não colabora com os indivíduos para planejar os próximos passos no processo de transição.
   1: A equipe ocasionalmente colabora com os indivíduos para identificar os próximos passos no processo de transição (isto é, menos de 30% do tempo).
   2: A equipe frequentemente colabora com os indivíduos para identificar os próximos passos no processo de transição (isto é, cerca de 50% do tempo).
   3: A equipe colabora de forma consistente e frequente com os indivíduos para identificar os próximos passos no processo de transição (isto é, pelo menos 75% do tempo).

4. **Construção de resiliência em relação às transições**
   0: Não há tentativas de tirar conclusões sobre ser capaz de lidar com potenciais oportunidades e desafios relacionados a transições usando sucessos anteriores e/ou habilidades e forças dos indivíduos.
   1: Há tentativas mínimas de tirar conclusões sobre ser capaz de lidar com potenciais oportunidades e desafios relacionados a transições usando sucessos anteriores e/ou habilidades e forças dos indivíduos.
   2: Há algumas tentativas de tirar conclusões sobre ser capaz de lidar com potenciais oportunidades e desafios relacionados a transições usando sucessos anteriores e/ou habilidades e forças dos indivíduos.
   3: Há tentativas frequentes de tirar conclusões sobre ser capaz de lidar com potenciais oportunidades e desafios relacionados a transições usando sucessos anteriores e/ou habilidades e forças dos indivíduos.

Pontuação
1. Participação dos indivíduos no planejamento da transição: _____
2. Conexão das transições/altas com as aspirações: _____
3. Planejamento dos próximos passos: _____
4. Construção de resiliência em relação às transições: _____
Escore total no planejamento da transição [1 + 2 + 3 + 4]: _____
Áreas de força:
Oportunidades para crescimento:

V. Formulação da CT-R

Uma formulação da CT-R é o ponto de ancoragem para compreensões ricas e o desenvolvimento de planos de ação significativos e efetivos. De forma ideal, os locais irão regularmente desenvolver, examinar e revisar as formulações à medida que evoluem e conforme os indivíduos vão ficando empoderados e perseguem suas aspirações. Os locais também desenvolvem e implementam intervenções baseadas na formulação de cada indivíduo e contam com um método para comunicar as formulações e as estratégias de intervenção aos membros da equipe.

> **Termos**
> *Aspirações*: Desejos pessoais de um indivíduo para o futuro; o significado que os indivíduos procuram para si mesmos no futuro.
> *Formulação*: Como usamos o modelo cognitivo para entender as crenças positivas, as aspirações e os desafios de um indivíduo.
> *Modo adaptativo*: Quando os indivíduos estão na sua melhor condição ou se sentem mais como eles mesmos.

1. **Formulações da CT-R documentadas**
    0: As formulações da CT-R não foram criadas.
    1: As formulações da CT-R estão concluídas para alguns indivíduos (isto é, menos de 30% dos indivíduos).
    2: As formulações da CT-R foram criadas para muitos indivíduos (isto é, aproximadamente 50% dos indivíduos).
    3: As formulações da CT-R estão concluídas para todos os indivíduos, e há um plano em vigor para concluí-las à medida que novos indivíduos começam a participar nos serviços.

2. **Conclusão das formulações da CT-R**
    0: As formulações da CT-R não foram concluídas.
    1: As formulações que foram desenvolvidas podem não ter componentes significativos (isto é, apenas os desafios são identificados).
    2: As formulações estão todas concluídas, mas podem não ter detalhes suficientes (p. ex., significados das aspirações, crenças adaptativas).
    3: As formulações são claramente individualizadas e detalhadas.

3. **Estratégias e intervenções**
    0: As estratégias e intervenções não se conectam com o fortalecimento de crenças adaptativas e a ação na direção de aspirações significativas.
    1: As estratégias e intervenções ocasionalmente se conectam com o fortalecimento de crenças adaptativas e a ação na direção de aspirações significativas (isto é, menos de 30% do tempo).
    2: As estratégias e intervenções algumas vezes se conectam com o fortalecimento de crenças adaptativas e a ação na direção de aspirações significativas (isto é, aproximadamente 50% do tempo).
    3: As estratégias e intervenções são clara e consistentemente conectadas com o fortalecimento de crenças adaptativas e a ação na direção de aspirações significativas (isto é, pelo menos 75% do tempo).

4. **Desenvolvimento das formulações da CT-R baseado na equipe**
    0: As formulações da CT-R não foram desenvolvidas.
    1: As formulações da CT-R podem ser criadas apenas com a contribuição limitada dos membros da equipe.
    2: As formulações da CT-R podem ser criadas com a contribuição de alguns membros da equipe, mas não em todas as disciplinas.
    3: As formulações da CT-R foram criadas com *feedback* e contribuição dos membros da equipe de múltiplas disciplinas.

5. **Comunicação das formulações da CT-R**
    0: Não há um plano em andamento para compartilhar/comunicar as formulações da CT-R e os planos de ação aos membros da equipe.
    1: As formulações da CT-R e os planos de ação são inconsistentemente compartilhados/comunicados aos membros da equipe (isto é, menos de 30% do tempo).
    2: As formulações da CT-R e os planos de ação são algumas vezes compartilhados/comunicados aos membros da equipe (aproximadamente 50% do tempo).
    3: As formulações da CT-R e os planos de ação são frequentemente compartilhados/comunicados aos membros da equipe (isto é, pelo menos 75% do tempo).

6. **Conhecimento da equipe sobre a formulação/planos de ação da CT-R**
    0: Os membros da equipe não têm conhecimento das formulações e/ou planos de ação da CT-R para os indivíduos com quem trabalham.
    1: Os membros da equipe raramente têm conhecimento das formulações e/ou planos de ação da CT-R para os indivíduos com quem trabalham (isto é, menos de 30% dos indivíduos).

2: Os membros da equipe têm algum conhecimento das formulações e/ou planos de ação da CT-R para os indivíduos com quem trabalham (isto é, aproximadamente 50% dos indivíduos).

3: Os membros da equipe estão familiarizados com os componentes da formulação e/ou planos de ação da CT-R para todos os indivíduos com quem trabalham diretamente.

Pontuação
1. Formulações da CT-R documentadas: _____
2. Conclusão das formulações da CT-R: _____
3. Estratégias e intervenções: _____
4. Desenvolvimento das formulações da CT-R baseado na equipe: _____
5. Comunicação das formulações da CT-R: _____
6. Conhecimento da equipe sobre a formulação/planos de ação da CT-R: _____
Escore total na formulação da CT-R [1 + 2 + 3 + 4 + 5 + 6]: _____
Áreas de força:
Oportunidades para crescimento:

VI. Resultados

Os locais que adotam a CT-R têm um plano em andamento para avaliar os resultados para os indivíduos que estão recebendo os serviços. Essas avaliações incluem um foco na realização da aspiração, participação em atividades individualmente significativas e satisfação com o programa. Os programas têm planos em andamento para fazer mudanças programáticas ou individualizadas com base nos resultados.

Termos
Aspirações: Desejos de um indivíduo para o futuro; o significado que os indivíduos buscam para si mesmos no futuro.

1. **Avaliação dos resultados**
    0: Nenhum resultado é coletado.
    1: Os resultados são avaliados inconsistentemente (isto é, menos de 30% do tempo).
    2: Os resultados são algumas vezes avaliados (isto é, aproximadamente 50% do tempo).
    3: Os resultados são frequentemente avaliados (isto é, pelo menos 75% do tempo).

2. **Tipos de resultados avaliados**
   0: Nenhum resultado é avaliado.
   1: As avaliações dos resultados focam na gravidade do sintoma, e não na participação em atividades individualmente significativas, na realização da aspiração e na satisfação com o programa.
   2: As avaliações dos resultados algumas vezes focam na participação em atividades individualmente significativas, na realização da aspiração e na satisfação com o programa.
   3: As avaliações dos resultados quase sempre abordam a participação em atividades individualmente significativas, a realização da aspiração e a satisfação com o programa.

3. **Uso dos resultados**
   0: Não há um plano em andamento para fazer mudanças programáticas ou individualizadas com base nos resultados.
   1: Os resultados são inconsistentemente usados para fazer mudanças programáticas ou individualizadas (isto é, menos de 30% do tempo).
   2: Os resultados são algumas vezes usados para fazer mudanças programáticas ou individualizadas (isto é, aproximadamente 50% do tempo).
   3: Os resultados são consistentemente usados para fazer mudanças programáticas ou individualizadas.

Pontuação

1. **Avaliação dos resultados:** _____
2. **Tipos de resultados avaliados:** _____
3. **Uso dos resultados:** _____

Escore total dos resultados [1 + 2 + 3]: _____

Áreas de força:

Oportunidades para crescimento:

VII. Fatores da equipe

Idealmente, um programa forte de CT-R tem um programa de treinamento robusto em andamento para apoiar a nova equipe enquanto seus membros aprendem a CT-R. Convém destacar que isso proporciona aos membros da equipe que são versados em CT-R oportunidades para liderança e papéis de mentoria. Além disso, os programas apoiam a melhora constante das habilidades da equipe na CT-R ao avaliarem suas habilidades, conduzirem treinamentos avançados ou atualizações e realizarem consultas regulares.

> **Termos**
> *Consulta*: Reuniões nas quais a equipe ou os membros do grupo se reúnem para discutir a teoria da CT-R, intervenções, desafios e possivelmente formulações individuais.

1. **Avaliação das habilidades da equipe na CT-R**
   0: As habilidades da equipe na CT-R não são avaliadas.
   1: As habilidades da equipe na CT-R são inconsistentemente avaliadas. O *feedback* é inconsistente, e não há planos claros para melhorar as habilidades.
   2: As habilidades na CT-R são avaliadas regularmente. É dado *feedback*, mas há planos inconsistentes para melhorar as habilidades.
   3: As habilidades na CT-R são avaliadas regularmente. É dado *feedback* consistentemente, e planos claros/colaborativos são consistentemente desenvolvidos para melhorar as habilidades na CT-R dentro de determinado período de tempo.

2. **Treinamento e integração da nova equipe**
   0: Os novos membros da equipe não são apresentados ao modelo da CT-R, e não há plano de treinamento em vigor.
   1: Treinamento inicial em CT-R é inconsistentemente fornecido aos novos membros da equipe (isto é, menos de 30% da equipe).
   2: Treinamento inicial em CT-R é algumas vezes fornecido aos novos membros da equipe (isto é, aproximadamente 50% da equipe).
   3: Treinamento inicial em CT-R é fornecido à maioria dos novos membros da equipe de todas as disciplinas (isto é, pelo menos 75% da equipe).

3. **Treinamento contínuo em CT-R para a equipe**
   0: Não há programa de treinamento contínuo em vigor para apoiar a equipe na melhoria das habilidades em CT-R.
   1: Treinamentos avançados ou atualizações em CT-R infrequentes são oferecidos.
   2: Treinamentos avançados ou atualizações em CT-R são oferecidos, mas podem não fazer parte de um plano de treinamento contínuo consistente.
   3: A instituição tem um programa de treinamento contínuo consistente para apoiar a equipe na melhoria das habilidades em CT-R.

4. **Consulta interna em CT-R**
   0: A equipe não tem consultas em CT-R regularmente agendadas.
   1: A equipe ocasionalmente se reúne para consulta em CT-R (isto é, menos de uma reunião por mês).
   2: A equipe tem consultas em CT-R regularmente agendadas (isto é, pelo menos duas vezes por mês).
   3: A equipe tem consultas em CT-R regularmente agendadas (isto é, pelo menos duas vezes por mês) com membros da equipe de múltiplas disciplinas.

5. **Plano de ação/sistema de *feedback* de treinamentos ou consultas**
   0: Não há sistema implantado para acompanhar os planos de treinamentos ou consultas.
   1: Os planos feitos em treinamentos ou consultas recebem acompanhamento de forma inconsistente (isto é, menos de 30% do tempo), e não há estratégia de *feedback* consistente relacionada ao sucesso desses planos.
   2: Os planos feitos em treinamentos ou consultas algumas vezes recebem acompanhamento (isto é, aproximadamente 50% do tempo). O *feedback* referente ao sucesso desses planos é comunicado de forma inconsistente.
   3: A equipe tem um plano implantado para assegurar acompanhamento consistente às intervenções, compartilhar *feedback* sobre as intervenções identificadas durante a consulta e identificar novas estratégias, quando necessário.

Pontuação

1. Avaliação das habilidades da equipe na CT-R: _____
2. Treinamento e integração da nova equipe: _____
3. Treinamento contínuo em CT-R para a equipe: _____
4. Consulta interna em CT-R: _____
5. Plano de ação/sistema de *feedback* de treinamentos ou consultas: _____
            Escore total dos fatores da equipe [1 + 2 + 3 + 4 + 5]: _____

Áreas de força:

Oportunidades para crescimento:

FOLHA DE RESUMO DA ESCALA DE FIDELIDADE À CT-R

Domínio	Pontuação no domínio	Itens	Pontuação no item
I. Fatores do meio		1. Frequência de programação no meio com CT-R	
		2. Nível de interação entre os indivíduos e a equipe	
		3. Conexão com os interesses e as aspirações	
		4. Oportunidades para papéis	
		5. Tirando conclusões	

(Continua)

(Continuação)

Domínio	Pontuação no domínio	Itens	Pontuação no item
II. Envolvimento na comunidade		1. Frequência do envolvimento na comunidade 2. Conexão com os interesses e as aspirações 3. Oportunidades para papéis 4. Tirando conclusões	
III. Planejamento do tratamento		1. Incluindo os indivíduos na reunião da equipe de tratamento 2. Ativando o modo adaptativo durante a reunião da equipe de tratamento 3. Uso das aspirações para estruturar o plano de tratamento 4. Colaboração no planejamento do tratamento 5. Tirando conclusões	
IV. Planejamento da transição		1. Participação dos indivíduos no planejamento da transição 2. Conexão das transições/altas com as aspirações 3. Planejamento dos próximos passos 4. Construção de resiliência em relação às transições	
V. Formulação da CT-R		1. Formulações da CT-R documentadas 2. Conclusão das formulações da CT-R 3. Estratégias e intervenções 4. Desenvolvimento das formulações da CT-R baseado na equipe 5. Comunicação das formulações da CT-R 6. Conhecimento da equipe sobre a formulação/planos de ação da CT-R	
VI. Resultados		1. Avaliação dos resultados 2. Tipos de resultados avaliados 3. Uso dos resultados	
VII. Fatores da equipe		1. Avaliação das habilidades da equipe na CT-R 2. Treinamento e integração da nova equipe 3. Treinamento contínuo em CT-R para a equipe 4. Consulta interna em CT-R 5. Plano de ação/sistema de *feedback* de treinamentos ou consultas	

PLANOS PARA MELHORIA DA ESCALA DE FIDELIDADE À CT-R

Plano de ação 1:
Domínio/item abordado:
Cronograma:
Plano para melhoria:

Plano de ação 2:
Domínio/item abordado:
Cronograma:
Plano para melhoria:

Plano de ação 3:
Domínio/item abordado:
Cronograma:
Plano para melhoria:

Preenchida por: _____

Recursos (em inglês)

TERAPIA COGNITIVA ORIENTADA PARA A RECUPERAÇÃO

Livro

Visite *beckinstitute.org/CTR-resources* para:

- Manuais para este livro
- Vídeos que mostram como são as estratégias e intervenções
- Novos materiais multimídia
- Materiais de telessaúde em CT-R

Contato

Visite *https://beckinstitute.org* para:

- Informações sobre oportunidades de treinamento
- Juntar-se à comunidade da CT-R

TERAPIA COGNITIVO-COMPORTAMENTAL (TCC) GERAL

Programas de treinamento

O Beck Institute for Cognitive Behavior Therapy é uma organização sem fins lucrativos localizada na Filadélfia. Oferece uma variedade de programas de treinamento presencial, a distância e *on-line* para indivíduos e organizações no mundo todo, juntamente com programas de supervisão e consulta: *https://beckinstitute.org*.

Recursos adicionais

- Pacote com folhas de exercícios
- Folhetos para os clientes
- Livros, CDs e DVDs de Aaron T. Beck, MD, e Judith S. Beck, PhD
- Vídeos com Aaron T. Beck
- Banco de pesquisa sobre a covid-19: *https://beckinstitute.org/resources-for-professionals/covid-19-resources/*

Certificação BECK em TCC

- Informações sobre o programa de Certificação Beck em TCC e diretório de clínicos certificados: *https://beckinstitute.org/certification*

Contato com o Beck Institute

- Boletim informativo mensal com dicas, notícias e anúncios sobre TCC
- *Blog* com artigos da diretoria e do corpo docente do Beck Institute
- *Links* para as contas do Beck Institute nas redes sociais

Referências

American Psychiatric Association. (2013). *Diagnostic and statistical manual of mental disorders* (5th ed.). Arlington, VA: Author.

Andreasen, N. C. (1984). *The broken brain: The biological revolution in psychiatry.* New York: Harper & Row.

Andreasen, N. C., & Grove, W. M. (1986). Thought, language and communication in schizophrenia: Diagnosis and prognosis. *Schizophrenia Bulletin, 12*, 348–358.

Anthony, W. A. (1980). *Principles of psychiatric rehabilitation.* Baltimore: University Park Press.

Arieti, S. (1974). *The interpretation of schizophrenia.* New York: Basic Books.

Baumeister, R. F., & Leary, M. R. (1995). The need to belong: Desire for interpersonal attachments as a fundamental human motivation. *Psychological Bulletin, 117*(3), 497–529.

Beavan, V., Read, J., & Cartwright, C. (2011). The prevalence of voice-hearers in the general population: A literature review. *Journal of Mental Health, 20*(3), 281–292.

Beck, A. T. (1963). Thinking and depression: I. Idiosyncratic content and cognitive distortions. *Archives of General Psychiatry, 9*(4), 324–333.

Beck, A. T. (1996). Beyond belief: A theory of modes, personality, and psychopathology. In P. M. Salkovskis (Ed.), *Frontiers of cognitive therapy* (pp. 1–25). New York: Guilford Press.

Beck, A. T. (1999). *Prisoners of hate: The cognitive basis of anger, hostility, and violence.* New York: HarperCollins.

Beck, A. T. (2019a). My journey through psychopathology, beginning and ending with schizophrenia. *Psychiatric Services, 70*(11), 1061–1063.

Beck, A. T. (2019b). A 60-year evolution of cognitive theory and therapy. *Perspectives on Psychological Science, 14*(1), 16–20.

Beck, A. T., Davis, D. D., & Freeman, A. (2014). *Cognitive therapy of personality disorders* (3rd ed.). New York: Guilford Press.

Beck, A. T., Finkel, M., & Beck, J. S. (2020). The theory of modes: Applications to schizophrenia and other psychological conditions. *Cognitive Therapy and Research.*

Beck, A. T., Himelstein, R., Bredemeier, K., Silverstein, S. M., & Grant, P. (2018). What accounts for poor functioning in people with schizophrenia: A re-evaluation of the contributions of neurocognitive v. attitudinal and motivational factors. *Psychological Medicine, 48*(16), 2776–2785.

Beck, A. T., Himelstein, R., & Grant, P. M. (2019). In and out of schizophrenia: Activation and deactivation of the negative and positive schemas. *Schizophrenia Research, 203*, 55–61.

Beck, A. T., Rector, N. R., Stolar, N. M., & Grant, P. M. (2009). *Schizophrenia: Cognitive theory, research and therapy.* New York: Guilford Press.

Beck, A. T., Rush, A. J., Shaw, B. F., & Emery, G. (1979). *Cognitive therapy of depression.* New York: Guilford Press.

Beck, A. T., Wright, F. D., Newman, C. F., & Liese, B. S. (1993). *Cognitive therapy of substance abuse.* New York: Guilford Press.

Beck, J. S. (2020). *Cognitive behavior therapy: Basics and beyond* (3rd ed.). New York: Guilford Press.

Bellack, A. S., Mueser, K. T., Gingerich, S., & Agresta, J. (2013). *Social skills training for schizophrenia: A step-by-step guide* (2nd ed.). New York: Guilford Press.

Bentall, R. P., Corcoran, R., Howard, R., Blackwood, N., & Kinderman, P. (2001). Persecutory delusions: A review and theoretical integration. *Clinical Psychology Review, 21*(8), 1143–1192.

Birtel, M. D., Wood, L., & Kempa, N. J. (2017). Stigma and social support in substance abuse: Implications for mental health and well-being. *Psychiatry Research, 252*, 1–8.

Blanchard, J. J., & Cohen, A. S. (2006). The structure of negative symptoms within schizophrenia: Implications for assessment. *Schizophrenia Bulletin, 32*(2), 238–245.

Bleuler, E. (1950). *Dementia praecox or the group of schizophrenias.* New York: International Universities Press.

Broadway, E. D., & Covington, D. W. (2018). *A comprehensive crisis system: Ending unnecessary emergency room admissions and jail bookings associated with mental illness.* Alexandria, VA: National Association of State Mental Health Program Directors.

Callard, A. (2018). *Aspiration: The agency of becoming.* New York: Oxford University Press.

Campellone, T. R., Sanchez, A. H., & Kring, A. M. (2016). Defeatist performance beliefs, negative symptoms, and functional outcome in schizophrenia: A meta-analytic review. *Schizophrenia Bulletin, 42*(6), 1343–1352.

Center for Substance Abuse Treatment. (2014). Understanding the impact of trauma. In *Trauma-informed care in behavioral health services*. Rockville, MD: Substance Abuse and Mental Health Services Administration.

Chadwick, P. (2014). Mindfulness for psychosis. *British Journal of Psychiatry, 204*, 333–334.

Chadwick, P., Birchwood, M., & Trower, P. (1996). *Cognitive therapy for delusions, voices and paranoia*. Chichester, UK: Wiley.

Chamberlin, J. (1990). The ex-patients' movement: Where we've been and where we're going. *Journal of Mind and Behavior, 11*, 323–336.

Chang, N. A., Grant, P. M., Luther, L., & Beck, A. T. (2014). Effects of a recovery-oriented cognitive therapy training program on inpatient staff attitudes and incidents of seclusion and restraint. *Community Mental Health Journal, 50*(4), 415–421.

Clay, K., Raugh, I., Chapman, H., Bartolomeo, L., Visser, K., Grant, P. M., . . . Strauss, G. P. (2019). *Defeatist performance beliefs are associated with negative symptoms, cognition, and global functioning in individuals at clinical high-risk for psychosis*. Paper presented at the annual meeting of the Society for Research in Psychopathology, Buffalo, NY.

Cohen, A. N., Hamilton, A. B., Saks, E. R., Glover, D. L., Glynn, S. M., Brekke, J. S., & Marder, S. R. (2017). How occupationally high-achieving individuals with a diagnosis of schizophrenia manage their symptoms. *Psychiatric Services, 68*(4), 324–329.

Cohen, B. D., & Camhi, J. (1967). Schizophrenic performance in a word-communication task. *Journal of Abnormal Psychology, 72*(3), 240–246.

Crow T. J. (1980). Molecular pathology of schizophrenia: More than one disease process? *British Medical Journal, 280*, 66–68.

Curson, D. A., Pantelis, C., Ward, J., & Barnes, T. R. (1992). Institutionalism and schizophrenia 30 years on: Clinical poverty and the social environment in three British mental hospitals in 1960 compared with a fourth in 1990. *British Journal of Psychiatry, 160*, 230–241.

Davidson, L., Harding, C., Spaniol, L., Rowe, M., Tondora, J., O'Connell, M. J., & Lawless, M. S. (2008). *A practical guide to recovery-oriented practice: Tools for transforming mental health care*. Oxford, UK: Oxford University Press.

Davidson, L., Rakfeldt, J., & Strauss, J. (2011). *The roots of the recovery movement in psychiatry: Lessons learned*. Hoboken, NJ: Wiley.

de Bont, P. A., van den Berg, D. P., van der Vleugel, B. M., de Roos, C., Mulder, C. L., Becker, E. S., . . . van Minnen, A. (2013). A multi-site single blind clinical study to compare the effects of prolonged exposure, eye movement desensitization and reprocessing and waiting list on patients with a current diagnosis of psychosis and comorbid post traumatic stress disorder: Study protocol for the randomized controlled trial treating trauma in psychosis. *Trials, 14*, 151.

De Hert, M., Correll, C. U., Bobes, J., Cetkovich-Bakmas, M., Cohen, D., Asai, I., . . . Leucht, S. (2011). Physical illness in patients with severe mental disorders: I. Prevalence, impact of medications and disparities in health care. *World Psychiatry, 10*(1), 52–77.

Delespaul, P., deVries, M., & van Os, J. (2002). Determinants of occurrence and recovery from hallucinations in daily life. *Social Psychiatry and Psychiatric Epidemiology, 37*(3), 97–104.

Dixon, L. B., Holoshitz, Y., & Nossel, I. (2016). Treatment engagement of individuals experiencing mental illness: Review and update. *World Psychiatry, 15*(1), 13–20.

Frankl, V. (1946). *Man's search for meaning*. Boston: Beacon Press.

Freeman, D. (2007). Suspicious minds: The psychology of persecutory delusions. *Clinical Psychology Review, 27*(4), 425–457.

Freeman, D., & Garety, P. (2014). Advances in understanding and treating persecutory delusions: A review. *Social Psychiatry and Psychiatric Epidemiology, 49*(8), 1179–1189.

Fromm-Reichmann, F. (1948). Notes on the development of treatment of schizophrenics by psychoanalytic psychotherapy. *Psychiatry, 11*(3), 263–273.

Fuligni, A. J. (2019). The need to contribute during adolescence. *Perspectives in Psychological Science, 14*(3), 331–343.

Galderisi, S., Mucci, A., Buchanan, R. W., & Arango, C. (2018). Negative symptoms of schizophrenia: New developments and unanswered research questions. *Lancet Psychiatry, 5*(8), 664–677.

Grant, P. M. (2019a, September). *Recovery-oriented cognitive therapy (CT-R) approaches for individuals with serious mental health conditions*. Paper presented at the International Initiative for Mental Health Leadership and International Initiative for Disability Leadership, Washington, DC.

Grant, P. M. (2019b). *Recovery-oriented cognitive therapy: A theory-driven, evidence-based, transformative practice to promote flourishing for individuals with serious mental health conditions that is applicable across mental health systems*. Alexandria, VA: National Association of State Mental Health Program Directors.

Grant, P. M., & Beck, A. T. (2009a). Defeatist beliefs as a mediator of cognitive impairment, negative symptoms, and functioning in schizophrenia. *Schizophrenia Bulletin, 35*(4), 798–806.

Grant, P. M., & Beck, A. T. (2009b). Evaluation sensitivity as a moderator of communication disorder in schizophrenia. *Psychological Medicine, 39*(7), 1211–1219.

Grant, P. M., & Beck, A. T. (2010). Asocial beliefs as predictors of asocial behavior in schizophrenia. *Psychiatry Research, 177*(1-2), 65-70.

Grant, P. M., & Best, M. W. (2019, July). *It is always sunny in Philadelphia: The adaptive mode and positive beliefs as a new paradigm for understanding recovery and empowerment for individuals with serious mental health challenges.* Paper presented at the annual meeting of the International CBT for Psychosis, Philadelphia, PA.

Grant, P. M., Best, M. W., & Beck, A. T. (2019). The meaning of group differences in cognitive performance. *World Psychiatry, 18*(2), 163-164.

Grant, P. M., Bredemeier, K., & Beck, A. T. (2017). Six-month follow-up of recovery-oriented cognitive therapy for low-functioning individuals with schizophrenia. *Psychiatric Services, 68*(10), 997-1002.

Grant, P. M., Huh, G. A., Perivoliotis, D., Stolar, N. M., & Beck, A. T. (2012). Randomized trial to evaluate the efficacy of cognitive therapy for low-functioning patients with schizophrenia. *Archives of General Psychiatry, 69*(2), 121-127.

Grant, P. M., & Inverso, E. (in press). Recovery-oriented cognitive therapy: Using the cognitive triad to map and achieve best selves in the face of tough challenges. *Cognitive Therapy and Research.*

Grant, P. M., Perivoliotis, D., Luther, L., Bredemeier, K., & Beck, A. T. (2018). Rapid improvement in beliefs, mood, and performance following an experimental success experience in an analogue test of recovery-oriented cognitive therapy. *Psychological Medicine, 48*(2), 261-268.

Hackmann, A., Bennett-Levy, J., & Holmes, E. A. (2011). *Oxford guide to imagery in cognitive therapy.* Oxford, UK: Oxford University Press.

Harding, K. (2019). *The rabbit effect: Live longer, happier, and healthier with the groundbreaking science of kindness.* New York: Atria Books.

Henriksen, M. G., Nordgaard, J., & Jansson, L. B. (2017). Genetics of schizophrenia: Overview of methods, findings and limitations. *Frontiers in Human Neuroscience, 11,* 1-9.

Honig, A., Romme, M. A., Ensink, B. J., Escher, S. D., Pennings, M. H., & deVries, M. W. (1998). Auditory hallucinations: A comparison between patients and nonpatients. *Journal of Nervous and Mental Disease, 186*(10), 646-651.

Hooley, J. M., & Franklin, J. C. (2017). Why do people hurt themselves?: A new conceptual model of non-suicidal self-injury. *Clinical Psychological Science, 6*(3), 428-451.

Jacobson, E. (1938). *Progressive relaxation.* Chicago: University of Chicago Press. Jay, M. (2016). *This way madness lies.* London: Thames & Hudson.

Kiran, C., & Chaudhury, S. (2009). Understanding delusions. *Industrial Psychiatry Journal, 18*(1), 3-18.

Klapheck, K., Lincoln, T. M., & Bock, T. (2014). Meaning of psychoses as perceived by patients, their relatives and clinicians. *Psychiatry Research, 215*(3), 760-765.

Knowles, R., McCarthy-Jones, S., & Rowse, G. (2011). Grandiose delusions: A review and theoretical integration of cognitive and affective perspectives. *Clinical Psychology Review, 31*(4), 684-696.

Koh, A. W. L., Lee, S. C., & Lim, S. W. H. (2018) The learning benefits of teaching: A retrieval practice hypothesis. *Applied Cognitive Psychology, 32,* 401-410.

Kraepelin, E. (1971). *Dementia praecox and paraphrenia.* Huntington, NY: Krieger.

Kreyenbuhl, J., Nossel, I. R., & Dixon, L. B. (2009). Disengagement from mental health treatment among individuals with schizophrenia and strategies for facilitating connections to care: A review of the literature. *Schizophrenia Bulletin, 35*(4), 696-703.

Kuipers, E., Leff, J., & Lam, D. (2002). *Family work for schizophrenia.* London: RCPsych.

Le, T. P., Najolia, G. M., Minor, K. S., & Cohen, A. S. (2017). The effect of limited cognitive resources on communication disturbances in serious mental illness. *Psychiatry Research, 248,* 98-104.

Lee, E. E., Liu, J., Tu, X., Palmer, B. W., Eyler, L. T., & Jeste, D. V. (2018). A widening longevity gap between people with schizophrenia and general population: A literature review and call for action. *Schizophrenia Research, 196,* 9-13.

Liberman, R. P. (2008). *Recovery from disability: Manual of psychiatric rehabilitation.* Washington, DC: American Psychiatric Publishing.

Lieberman, J. A., Stroup, T. S., Perkins, D. O., & Dixon, L. B. (Eds.). (2020). *The American Psychiatric Association Publishing textbook of schizophrenia* (2nd ed.). Washington, DC: American Psychiatric Publishing.

Lutterman, T., Shaw, R., Fisher, W., & Manderscheid, R. (2017). *Trend in psychiatric inpatient capacity, United States and each state, 1970 to 2014.* Alexandria, VA: National Association of State Mental Health Program Directors.

Maslow, A. H. (1954). *Motivation and personality.* New York: Harper & Row.

McKenna, P. J., & Oh, T. M. (2005). *Schizophrenic speech: Making sense of bathroots and ponds that fall in doorways.* New York: Cambridge University Press.

Mervis, J. E., Lysaker, P. H., Fiszdon, J. M., Bell, M. D., Chue, A. E., Pauls, C., ... Choi, J. (2016). Addressing defeatist beliefs in work rehabilitation. *Journal of Mental Health, 25*(4), 366-371.

Mote, J., Grant, P. M., & Silverstein, S. M. (2018). Treatment implications of situational variability in cognitive and negative symptoms of schizophrenia. *Psychiatric Services, 69*(10), 1095-1097.

Murthy, V. H. (2020). *Together: The healing power of human connection in a sometimes lonely world.* New York: HarperCollins.

Nock, M. K. (2009). *Understanding nonsuicidal self-injury: Origins, assessment, and treatment.* Washington, DC: American Psychological Association.

Olmstead v. LC, 527 581 (Supreme Court 1999).

Oshima, I., Mino, Y., & Inomata, Y. (2003). Institutionalisation and schizophrenia in Japan: Social environments and negative symptoms: Nationwide survey of in-patients. *British Journal of Psychiatry, 183,* 50–56.

Oshima, I., Mino, Y., & Inomata, Y. (2005). Effects of environmental deprivation on negative symptoms of schizophrenia: A nationwide survey in Japan's psychiatric hospitals. *Psychiatry Research, 136*(2–3), 163–171.

Patel, R., Jayatilleke, N., Broadbent, M., Chang, C.-K., Foskett, N., Gorrell, G., . . . Stewart, R. (2015). Negative symptoms in schizophrenia: A study in a large clinical sample of patients using a novel automated method. *BMJ Open, 5*(9), e007619.

Perivoliotis, D., Morrison, A. P., Grant, P. M., French, P., & Beck, A. T. (2009). Negative performance beliefs and negative symptoms in individuals at ultra-high risk of psychosis: A preliminary study. *Psychopathology, 42*(6), 375–379.

Pinals, D. A., & Fuller, D. A. (2017). *Beyond beds: The vital role of a full continuum of psychiatric care.* Alexandria, VA: National Association of State Mental Health Program Directors.

Posey, T. B., & Losch, M. E. (1984). Auditory hallucinations of hearing voices in 375 normal subjects' imagination. *Cognition and Personality, 3*(2), 99–113.

Powers, A. R., III, Kelley, M. S., & Corlett, P. R. (2017). Varieties of voice-hearing: Psychics and the psychosis continuum. *Schizophrenia Bulletin, 43*(1), 84–98.

President's New Freedom Commission on Mental Health. (2003). Achieving the promise: Transforming mental health care in America (Final Report: Pub SMA-03-3832). Rockville, MD: U.S. Department of Health and Human Services. Retrieved from www.sprc.org/sites/default/files/migrate/library/freedomcomm.pdf.

Reddy, F., Reavis, E., Polon, N., Morales, J., & Green, M. (2017). The cognitive costs of social exclusion in schizophrenia. *Schizophrenia Bulletin, 43*(Suppl. 1), S54.

Resick, P. A., Monson, C. M., & Chard, K. M. (2017). *Cognitive processing therapy for PTSD: A comprehensive manual.* New York: Guilford Press.

Rogers, C. (1951). *Client-centered therapy: Its current practice, implications and theory.* London: Constable.

Romme, M. A., & Escher, A. D. (1989). Hearing voices. *Schizophrenia Bulletin, 15*(2), 209–216.

Romme, M. A., Honig, A., Noorthoorn, E. O., & Escher, A. D. (1992). Coping with hearing voices: An emancipatory approach. *British Journal of Psychiatry, 161,* 99–103.

Ruiz, I., Raugh, I., Chapman, H., Gonzalez, C., Grant, P. M., Beck, A. T., & Strauss, G. P. (2019). *Defeatist performance beliefs predict negative symptoms in daily life for people with schizophrenia: Evidence from ecological momentary assessment and geolocation.* Paper presented at the Society for Research in Psychopathology, Buffalo, NY.

Sacks, O. (2012). *Hallucinations.* Hampshire, UK: Pan Macmillan.

Saha, S., Chant, D., & McGrath, J. (2007). A systematic review of mortality in schizophrenia: Is the differential mortality gap worsening over time? *Archives of General Psychiatry, 64*(10), 1123–1131.

Satcher, D. (2000). Mental health: A report of the surgeon general—executive summary. *Professional Psychology: Research and Practice, 31*(1), 5–13.

Savill, M., Banks, C., Khanom, H., & Priebe, S. (2015). Do negative symptoms of schizophrenia change over time?: A meta-analysis of longitudinal data. *Psychological Medicine, 45*(8), 1613–1627.

Tandon, R., Nasrallah, H. A., & Keshavan, M. S. (2009). Schizophrenia, "just the facts" 4: Clinical features and conceptualization. *Schizophrenia Research, 110*(1–3), 1–23.

Tang, S. X., Seelaus, K. H., Moore, T. M., Taylor, J., Moog, C., O'Connor, D., . . . Gur, R. C. (2020). Theatre improvisation training to promote social cognition: A novel recovery-oriented intervention for youths at clinical risk for psychosis. *Early Intervention in Psychiatry, 14*(2), 163–171.

Thomas, E. C., Luther, L., Zullo, L., Beck, A. T., & Grant, P. M. (2017). From neurocognition to community participation in serious mental illness: The intermediary role of dysfunctional attitudes and motivation. *Psychological Medicine, 47*(5), 822–836.

van den Berg, D. P., & van der Gaag, M. (2012). Treating trauma in psychosis with EMDR: A pilot study. *Journal of Behavior Therapy and Experimental Psychiatry, 43*(1), 664–671.

Varvogli, L., & Darviri, C. (2011). Stress management techniques: Evidence-based procedures that reduce stress and promote health. *Health Science Journal, 5*(2), 74–89.

Vilhauer, R. P. (2017). Stigma and need for care in individuals who hear voices. *International Journal of Social Psychiatry, 63*(1), 5–13.

Wing, J. K., & Brown, G. W. (1970). *Institutionalism and schizophrenia: A comparative study of three mental hospitals 1960–1968.* Cambridge, UK: Cambridge University Press.

Wolpe, J. (1990). *The practice of behavior therapy.* New York: Pergamon Press. Yalom, I. D. (1963). *Inpatient group psychotherapy.* New York: Basic Books.

Zarlock, S. P. (1966). Social expectation, language, and schizophrenia. *Journal of Humanistic Psychology, 6*(1), 68–74.

Índice

Nota: Os números de páginas seguidos por *f* ou *t* indicam figura ou tabela.

A

Abordagem da CT-R. *Ver* Visão geral da terapia cognitiva orientada para a recuperação (CT-R)
Abordagem verbal direta, 35-36, 36*f*
Ação positiva
    acessando e energizando o modo adaptativo e, 59-60
    agressão e, 185-186
    alucinações e, 138*f*, 141-142, 148-149
    aumentando a ação positiva na direção das aspirações, 83-86, 85*f*
    autoagressão e, 185-186
    avaliando o progresso e tirando conclusões a partir da, 86-87
    CT-R em ambiente hospitalar e, 223-224
    CT-R individual e, 193-197, 198*f*
    delírios e, 123*f*, 125*f*, 126-127
    empoderamento da família e, 240-242
    energizando o modo adaptativo e, 50-51
    exemplo de, 87
    fortalecendo crenças positivas e, 47*f*
    guiando para crenças positivas e de resiliência e, 98-100
    Mapa da Recuperação e, 20, 24-26, 25*f*, 30
    uso de substância e, 181-183, 185-186
    Ver também Atualizando o modo adaptativo; Empoderamento; Mapa da Recuperação; Plano de ação; Programação de ação positiva
    visão geral, 10-11
Acessando e energizando o modo adaptativo
    agressão e, 173-175
    alucinações e, 140*f*, 142-146,
    árvore de decisão para seguir navegando, 35-46, 36*f*, 38*f*, 40*f*, 42*f*, 44*f*
    autoagressão e, 170
    considerações, 54-55, 57-60
    CT-R de grupo e, 226, 231*f*
    CT-R em ambiente hospitalar e, 208-215, 211*f*, 212*f*, 223-224
    CT-R individual e, 190-193, 192*f*, 198-201, 202*f*
    delírios e, 123-125, 125*f*, 130-133, 130*f*, 131*f*
    desafios na comunicação, 153-157, 154*f*, 161-162
    desenvolvendo ideias e suposições sobre crenças e atividades que podem entusiasmar, 32-35, 34*t*
    empoderamento da família e, 238-240
    fortalecendo crenças positivas e, 45-50, 46*t*, 47*f*, 47*f*
    guiando para crenças positivas e resiliência e, 97-98
    interações na CT-R e, 12-13, 13*f*
    Mapa da Recuperação e, 19-22, 21*f*, 54-55, 59*f*
    momentos na sua melhor condição e, 33-34
    objetivo, 32
    sintomas negativos e, 109-112, 111*f*, 112*f*, 118-119
    trauma e, 165-167
    uso de substância e, 179-181
    Ver também Características centrais da CT-R; Conexão; Energizando o modo adaptativo; Mapa da Recuperação; Modo adaptativo; visão geral, 1*f*, 8-10, 9*f*, 17, 31-32, 32*f*, 59-60
Álcool, uso de. *Ver* Uso de substância
Alogia, 150. *Ver também* Desafios na comunicação
Alucinações
    acessando e energizando o modo adaptativo e, 140*f*, 142-146,
    aspirações e significado e, 145-146
    atualizando o modo adaptativo e, 145-146
    considerações em, 146-149
    empoderamento da família e, 242-244
    fortalecendo o modo adaptativo e, 141*f*, 145-147,
    Ver também Desafios
    visão geral, 138*f*, 139-142, 142*f*, 148-149
Alucinações auditivas. *Ver* Alucinações
Alucinações olfativas. *Ver* Alucinações
Alucinações visuais, 160-161.
    Ver Alucinações
Alvos
    distinguindo aspirações de, 64, 65*f*, 66-70, 71*t*
    Mapa da Recuperação e, 20, 30
    transformando alvos do objetivo em aspirações e, 71*t*
Ambientes altamente restritivos, 57-59, 78-79
Ambientes com poucos recursos, 57-59, 78-79
Análise em cadeia, 94-96, 169*f*, 176-178, 177*f*,
Ansiedade, 129
Aspirações
    agressão e, 174-176
    alucinações e, 145-146, 148-149
    árvores de decisão e, 64, 65*f*, 72-73, 73*f*, 74, 75*f*
    aumentando a ação positiva na direção, 83-86, 85*f*
    autoagressão e, 171-172
    considerações, 78-80
    CT-R de grupo e, 217-218, 226-228, 231-232, 231*f*, 235-236
    CT-R em ambiente hospitalar e, 205, 207-209, 216-224
    CT-R individual e, 192-194, 194*f*, 195, 201-202, 202*f*
    definição, 62-63, 63*f*, 76*f*
    delírios e, 124-126, 125*f*, 126*f*, 129*f*, 132-134
    desafios e, 87, 89
    desafios na comunicação e, 156-158, 161-162
    descobrindo o significado de, 74-75, 75*f*, 76*f*
    distinguindo de outros alvos, 64, 65*f*, 66-70, 71*t*
    empoderamento da família e, 239-242, 245
    gráfico para dividir em passos, 254
    guiando para crenças positivas e de resiliência e, 98
    identificando e enriquecendo, 9-11, 64, 65*f*, 69*f*, 71-74, 73*f*, 76-77, 76*f*, 77*f*
    interações na CT-R e, 12-13, 13*f*
    Mapa da Recuperação e, 19-20, 22-24, 23*f*, 30
    modo adaptativo como a porta de entrada, 59-60
    mudando durante o curso do tratamento, 79

Índice   **279**

múltiplas aspirações, 79
programação de ação positiva para, 85-86
sintomas negativos e, 111-113, 112f, 118-119
transformando os alvos dos objetivos em aspirações e, 71t
trauma e, 166-167, 185-186
uso de substância e, 180-182
Ver também Atualizando o modo adaptativo; Desenvolvendo o modo adaptativo; Mapa da Recuperação; Objetivos
visão geral, 80-81, 90, 248
Assistência orientada para a recuperação, 5-6, 5f, 6f
Atividades
atividades comuns a considerar, 34t
autoagressão e, 170
comparadas a recompensas, 57-58
CT-R em ambiente hospitalar e, 213-215
CT-R individual e, 190
delírios e, 123-125, 137-138
desafios na comunicação e, 153-157
desenvolvendo ideias e suposições sobre, 33-35, 34t
empoderamento da família e, 243-245
energizando o modo adaptativo e, 49f, 50-51, 59-60
interesses ou resposta de alto risco e, 41-46, 44f
lembrando crenças positivas e de resiliência e, 100-101
Mapa da Recuperação e, 20-22, 21f
sintomas negativos e, 111-113, 112f
sugestões para, 252
Ver também Acessando e energizando o modo adaptativo; Programação de atividades
visão geral, 248
Atividades mútuas. *Ver* Atividades
Atividades prazerosas. *Ver* Atividades
Atualizando o modo adaptativo
agressão e, 169f, 175-178, 177f
alucinações e, 145-146
autoagressão e, 171-172
avaliando o progresso e tirando conclusões de ação positiva, 86-87
considerações em, 87, 89
CT-R de grupo e, 227-231, 231f
CT-R em ambiente hospitalar e, 217-221
CT-R individual e, 193-197, 198f
delírios e, 125-127, 129f, 133-134
desafios na comunicação e, 157f, 158
exemplo de, 82, 87
interações na CT-R e, 12-13, 13f
sintomas negativos e, 112-113
trauma e, 166-168
uso de substância e, 175f, 180-183,
Ver também Ação positiva; Aspirações; Características centrais da CT-R;

Empoderamento; Modo adaptativo
visão geral, 1f, 8-10, 9f, 10-11, 17, 82, 82f, 90
Autenticidade, 58-59
Autoagressão
acessando e energizando o modo adaptativo e, 170
atualizando o modo adaptativo e, 171-172
considerações, 182-186, 184f
desenvolvendo o modo adaptativo e, 171-172
fortalecendo o modo adaptativo e, 171-173
Mapa da Recuperação e, 23-24
Ver também Desafios; Trauma
visão geral, 163f, 168-170, 185-186
Autoavaliação, programa, 16-17, 205-206, 220-222, 256-272
Autoconceito, 164
Avaliação do progresso, 86-87
Avaliações, 15, 205-206

B
Bingo de atividades, 210-213, 212f

C
Capacidade
CT-R em ambiente hospitalar e, 206
desafios na comunicação e, 161-162
empoderamento da família e, 243-244
ensinando outros e, 99-100
guiando para crenças positivas e de resiliência e, 96t
lembrando das crenças positivas e de resiliência e, 99-102, 102f
sugestões para atividade, 252
Características centrais da CT-R, 1f, 17.
Ver também Acessando e energizando o modo adaptativo; Atualizando o modo adaptativo; Desenvolvendo o modo adaptativo; Fortalecendo o modo adaptativo
Cheiros como alucinações. *Ver* Alucinações
Clubes, 214-215, 217-218, 222-224. *Ver também* Interesses
Colaboração
aspirações e, 78-79
atualizando o modo adaptativo e, 168
aumentando a ação positiva na direção das aspirações e, 85
CT-R de grupo e, 226, 235-236
CT-R em ambiente hospitalar e, 206-209, 223-224
CT-R individual e, 202-203
delírios e, 137-138
desafios na comunicação e, 158
desafios relacionados ao trauma e, 184-185
empoderamento da família e, 245
fortalecendo o modelo adaptativo e, 10-12
identificando crenças e, 94

interações na CT-R e, 12-13, 13f
Mapa da Recuperação e, 28-30
visão geral, 8-9
Comportamento agressivo
acessando e energizando o modo adaptativo e, 173-175
atualizando o modo adaptativo e, 169f, 175-178, 177f
considerações, 182-186, 184f
desenvolvendo o modo adaptativo e, 174-176
fortalecendo o modo adaptativo e, 177-178
Mapa da Recuperação e, 23-24
Ver também Desafios; Trauma
visão geral, 172-174, 173f, 185-186
Comportamentos de risco. *Ver* Autoagressão; Comportamento agressivo; Trauma; Uso de substância
Comunidade
assistência orientada para a recuperação e, 5-6, 5f, 6f
CT-R em ambiente hospitalar e, 218-220
Parâmetros da CT-R, 259-261, 270-271
Ver também Rede social; Relacionamentos; Vida, priorizando
Conclusões
ação positiva e, 54-55, 55f, 59-60, 86-87
alucinações e, 148-149
CT-R de grupo e, 228-229
CT-R em ambiente hospitalar e, 213-215
CT-R individual e, 190
delírios e, 137-138
desafios na comunicação e, 161-162
desafios relacionados ao trauma e, 185-186
fortalecendo crenças positivas e, 47-50
Ver também Fortalecendo o modo adaptativo
visão geral, 10-12
Conexão
abordagem da CT-R e, 4
acessando e energizando o modo adaptativo e, 59-60
agressão e, 173-175
assistência orientada para a recuperação e, 6
autoagressão e, 170-172
buscando conselhos, 34-35
CT-R de grupo e, 233-236
CT-R em ambiente hospitalar e, 206-210, 211f, 213-215
CT-R individual e, 190
definindo aspirações e, 63
delírios e, 124-125
desafios na comunicação e, 152-153, 158-162
empoderamento da família e, 245
ensinando outros e, 99-100
guiando para crenças positivas e de resiliência e, 96t

interesses compartilhados e, 34-35
sintomas negativos e, 108-109, 118-119
sugestões para atividades, 252
trauma e, 164-166
uso de substância e, 179-181
Ver também Acessando e energizando o modo adaptativo; Desconexão; Relação terapêutica; Relacionamentos
visão geral, 8-10, 9*f*
Confiança
abordagem da CT-R e, 4
aspirações e, 63-64
CT-R individual e, 196-197, 202-203
delírios e, 124-125
famílias e, 244-245
sintomas negativos e, 108-109
trauma e, 165-166
Ver também Relação terapêutica
Conselhos, 34-35, 41-43, 209-212
Consistência, 118-119
Conspiração, 136-137
Contexto para tratamento, 57-59, 78-79, 189. *Ver também* CT-R de grupo; CT-R em ambiente hospitalar; CT-R individual; Famílias
Contextos ambulatoriais de terapia individual. *Ver* CT-R individual
Controle
acessando e energizando o modo adaptativo e, 41-43
alucinações e, 148-149
atividades e, 57-58
autoagressão e, 169-170
guiando para crenças positivas e de resiliência e, 96*t*
trauma e, 164-167
Crenças
agressão e, 173-174
alucinações e, 140-142, 142*f*, 148-149
autoagressão e, 169
com características grandiosas e paranoides, 136-137
crenças grandiosas, 119*f*, 120-127, 125*f*, 126*f*, 123*f*, 125*f*
crenças paranoides e o modo de segurança, 128-135, 129*f*, 130*f*, 131*f*, 132*f*
CT-R em ambiente hospitalar e, 205, 219-221
CT-R individual e, 190
desafios e, 23-25, 25*f*
desafios na comunicação e, 161-162
descobrindo o significado das aspirações e, 74-75, 75*f*, 76*f*
empoderamento da família e, 237-238, 240-245
fortalecendo, 54-55, 55*f*, 57-60, 103-104
identificando, 92-96
Mapa da Recuperação e, 19-22, 21*f*, 23-25, 25*f*
sintomas negativos e, 108-109, 112-116, 113*f*, 118-119

trauma e, 166-167, 185-186
uso de substância e, 178-179
Ver também Crenças negativas; Crenças positivas; Delírios
Crenças Ativadas Durante o Modo Adaptativo, seção do Mapa da Recuperação, 20-22, 21*f*. *Ver também* Mapa da Recuperação
Crenças derrotistas, 13-14, 83. *Ver também* Crenças negativas
Crenças grandiosas
atualizando o modo adaptativo e, 125-127
considerações, 134-137
Ver também Crenças; Delírios
visão geral, 119*f*, 120-127, 125*f*, 126*f*, 123*f*, 125*f*, 137-138, 248
Crenças negativas
aumentando a ação positiva na direção das aspirações e, 83
CT-R em ambiente hospitalar e, 219-221
desafios na comunicação e, 161-162
desafios negativos relacionados ao trauma e, 185-186
empoderamento da família e, 245
pesquisas e evidências para apoiar o uso da CT-R e, 13-15
sintomas negativos e, 115-116, 118-119
Ver também Crenças
visão geral, 248
Crenças paranoides
agressão e, 176-178, 169*f*, 177*f*
considerações, 134-137
Ver também Crenças; Delírios
visão geral, 128-135, 129*f*, 130*f*, 131*f*, 132*f*, 137-138
Crenças positivas
agressão e, 177-178
considerações, 101-104
CT-R em ambiente hospitalar e, 219-221
CT-R individual e, 190
desafios na comunicação e, 161-162
fortalecendo, 45-50, 46*t*, 47*f*, 47*f*, 54-55, 55*f*, 57-60, 91-92, 103-104
guiando para, 96-100, 96*t*, 101-104
identificando, 92-96
lembrando, 99-102, 102*f*
Mapa da Recuperação e, 20, 30
pesquisas e evidências para apoiar o uso da CT-R e, 13-14
sintomas negativos e, 114
Ver também Crenças; Fortalecendo o modo adaptativo
visão geral, 17, 248
Crenças sobre rejeição, 169, 173-174. *Ver também* Crenças
CT-R de grupo
acessando e energizando o modo adaptativo e, 226, 231-232, 231*f*
aspirações e, 217-218, 231-232, 231*f*
atualizando o modo adaptativo e, 227-231, 231*f*
considerações, 233-236

CT-R em ambiente hospitalar e, 223-224
desafios e, 231-232, 231*f*
desenvolvendo o modo adaptativo e, 226-228, 231*f*
estrutura da sessão e, 230-234, 231*f*
fases da terapia em CT-R de grupo, 226-231
fortalecendo o modo adaptativo e, 230-231, 231*f*
Ver também Contexto para tratamento
visão geral, 225, 235-236
CT-R em ambiente hospitalar
acessando e energizando o modo adaptativo e, 208-215, 211*f*, 212*f*
atualizando o modo adaptativo e, 217-221
considerações em, 221-224
CT-R de grupo e, 233-234
desenvolvendo o modo adaptativo e, 216-218
mantendo uma unidade com CT-R, 220-222
necessidades básicas e, 206
Parâmetros da CT-R, 256-272
Ver também Contexto para tratamento
visão geral, 205-206, 223-224
CT-R individual
acessando e energizando o modo adaptativo e, 190-193, 192*f*, 198-201
atualizando o modo adaptativo e, 193-197, 198*f*
considerações, 198-204, 202*f*
desenvolvendo o modo adaptativo e, 192-194, 194*f*
encerrando a terapia, 197-201, 199*f*-200*f*, 202-203
Ver também Contexto para tratamento
visão geral, 199*f*-200*f*, 203-204
Curiosidade, terapeuta, 58-59, 161-162, 174-176

D
Delírios
acessando e energizando o modo adaptativo e, 123-125, 125*f*, 130-133, 130*f*, 131*f*
aspirações e significado e, 124-126, 126*f*
atualizando o modo adaptativo e, 125-127, 129*f*, 133-134, com características grandiosas e paranoides, 136-137
considerações, 134-137
crenças grandiosas, 119*f*, 120-127, 123*f*, 125*f*, 126*f*
crenças paranoides e o modo de segurança, 128-135, 129*f*, 130*f*, 131*f*, 132*f*
empoderamento da família e, 242-243
fortalecendo o modo adaptativo e, 123*f*, 125*f*, 126-127, 134-135, 132*f*

Ver também Crenças; Desafios
visão geral, 137-138
Desafio de atividades, 213-215
Desafios
  cartões de empoderamento e,
    101-102
  CT-R de grupo e, 231-232, 231*f*
  CT-R em ambiente hospitalar e,
    216-218, 221-223
  CT-R individual e, 201-202, 202*f*
  empoderamento da família e,
    240-224, 245
  interações na CT-R e, 12-13, 13*f*
  Mapa da Recuperação e, 19-20,
    23-25, 25*f*
  programação de atividades e, 52
  realizando as aspirações e, 87, 89
  remoção, na identificação das
    aspirações, 65*f*, 66-68, 71*t*
  trauma e, 165-168
  Ver também Alucinações;
    Autoagressão; Comportamento
    agressivo; Delírios; Desafios na
    comunicação; Empoderamento;
    Mapa da Recuperação; Sintomas
    negativos; Sintomas positivos;
    Uso de substância
  visão geral, 11-12, 105, 248
Desafios na comunicação
  acessando e energizando o modo
    adaptativo e, 39-43, 40*f*,
    153-157, 154*f*
  aspirações e significado e, 156-158
  atualizando o modo adaptativo e,
    157*f*, 158
  considerações, 158-162
  fortalecendo o modo adaptativo e,
    158-159, 155*f*
  Mapa da Recuperação e, 23-24
  Ver também Desafios
  visão geral, 147*f*, 150-153, 161-162
Desconexão, 108-109, 116, 170.
  Ver também Conexão
Desejos ou sonhos grandes, 79-80.
  Ver também Aspirações
Desenvolvendo o modo adaptativo
  agressão e, 174-176
  autoagressão e, 171-172
  considerações, 78-80
  CT-R de grupo e, 226-228, 231*f*
  CT-R em ambiente hospitalar e,
    216-218
  CT-R individual e, 192-194, 194*f*
  definindo as aspirações e, 62-63,
    62*f*, 63*f*
  descobrindo o significado das
    aspirações e, 74-75, 75*f*, 76*f*
  distinguindo aspirações de outros
    alvos e, 64, 65*f*, 66-70, 71*t*
  enriquecendo as aspirações e,
    72-74, 73*f*
  exemplo de, 61, 69*f*, 71
  identificando aspirações e, 64, 65*f*
  interações na CT-R e, 12-13, 13*f*
  trauma e, 166-167
  Ver também Aspirações;
    Características centrais da CT-R;
    Modo adaptativo

visão geral, 1*f*, 8-11, 9*f*, 17, 62, 80-81
Desescalada das situações de crise,
  184-185
Diagnóstico, 5-6, 5*f*, 6*f*
Dificuldades de atenção, 15, 160-161,
  233-235
Dificuldades de memória, 15, 52, 99-102,
  160-161
Discurso que é difícil de acompanhar. *Ver*
  Desafios na comunicação
Distração, 148-149
Documentação, 25-26, 220-222
Doença mental, 5-6, 5*f*, 164-166, 248
Drogas, uso de. *Ver* Uso de substância

E
Educação, 5-6, 5*f*, 6*f*. *Ver também* Vida,
  priorizando
Elogios, 101-103
Emoção positiva, 74, 140-142, 142*f*,
  160-162
Emoções, 74, 140-142, 142*f*, 160-162
Empatia, 161-162, 233-234, 243-244
Empoderamento
  alucinações e, 138*f*, 140*f*, 141-147,
    148-149
  aspirações e, 78-79
  cartões de empoderamento,
    100-102, 102*f*
  CT-R individual e, 193-197, 198*f*
  delírios e, 123*f*, 126-127
  desafios da comunicação e,
    152-153
  desafios e, 68, 105, 152-153
  famílias e, 238-242
  fortalecendo crenças positivas
    e, 47*f*
  Mapa da Recuperação e, 20, 24-26,
    25*f*
  motivação e, 15
  remoção de um desafio e, 68
  respondendo aos estressores e,
    101-102
  sintomas negativos e, 109-114,
    111*f*, 112*f*, 118-119
  Ver também Ação positiva;
    Acessando e energizando o
    modo adaptativo; Atualizando
    o modo adaptativo; Desafios;
    Mapa da Recuperação
  visão geral, 11-12, 248
Encerramento, 197-201, 199*f*-200*f*,
  202-204
Energia
  aumentando a ação positiva na
    direção das aspirações e, 83
  avaliando o progresso e tirando
    conclusões da ação positiva e, 87
  CT-R de grupo e, 228-229, 233-236
  CT-R em ambiente hospitalar e,
    205, 213
  desafios na comunicação e,
    154-155
  guiando para crenças positivas e de
    resiliência e, 96*t*
  identificando aspirações e, 64
  sintomas negativos e, 108-109
  sugestões para atividades, 252

Ver também Energizando o modo
  adaptativo
Energizando o modo adaptativo
  autoagressão e, 170
  CT-R de grupo e, 226, 228-229
  CT-R em ambiente hospitalar e,
    213-215
  delírios e, 123-125, 125*f*
  desafios na comunicação e,
    154-157, 154*f*
  empoderamento da família e,
    238-240
  exemplo de, 54-55
  trauma e, 165-167
  uso de substância e, 179-181
  Ver também Acessando e
    energizando o modo adaptativo;
    Energia; Mapa da Recuperação
  visão geral, 9-10, 49-55, 49*f*, 51*f*,
    55*f*, 59*f*
Ensinando outros, 99-100
Equipe. *Ver* Equipe de tratamento
Equipe de tratamento
  CT-R em ambiente hospitalar e,
    206-208, 213-214, 216-218,
    221-224
  equipes multidisciplinares, 72-73
  mantendo uma unidade com CT-R,
    220-222
  Parâmetros da CT-R, 268-272
  Ver também Colaboração
Equipe multidisciplinar, 78-79. *Ver
  também* Colaboração; Equipe de
  tratamento
Esperança
  aumentando ação positiva na
    direção das aspirações e, 83
  definindo aspirações e, 62-63,
    62*f*, 63*f*
  grandes sonhos ou desejos e, 79-80
  trauma e, 166-167
  visão geral, 8-10, 9*f*
Espiritualidade, 5-6, 5*f*, 6*f*. *Ver também*
  Vida, priorizando
Estigma, 148-149, 177-179
Estratégia, 20, 30
Estressores, 102-103, 152-153, 161-162
Expectativa de vida, 11-12
Experiências repetidas, 49-50
Experiências sensoriais, 72-73, 73*f*

F
Famílias
  ausência da família, 243-244
  cartões de empoderamento e,
    238-242
  considerações, 241-245
  crenças e, 237-238
  empoderamento da família e,
    238-242
  Ver também Contexto para
    tratamento
  visão geral, 237, 245
Fatores do terapeuta, 58-59
Flexibilidade, 92
Flexibilidade mental, 64
Força, 166-167
Formulação

CT-R em ambiente hospitalar e, 207-208, 221-224
Mapa da Recuperação de, 30
Parâmetros da CT-R, 264-267, 270-272
Ver também Mapa da Recuperação
Formulação de caso. *Ver* Formulação
Fortalecendo o modo adaptativo
  agressão e, 177-178
  alucinações e, 141*f*, 145-147
  autoagressão e, 171-173
  considerações, 101-104
  CT-R de grupo e, 230-231, 231*f*
  delírios e, 123*f*, 125*f*, 126-127, 132*f*, 134-135
  desafios na comunicação e, 155*f*, 158-159
  exemplo de, 91
  guiando para crenças positivas e de resiliência e, 96-100, 96*t*
  identificando crenças e, 92-96
  interações na CT-R e, 12-13, 13*f*
  lembrando crenças positivas e de resiliência e, 99-102, 102*f*
  sintomas negativos e, 112-114, 113*f*
  uso de substância e, 182-183
  Ver também Características centrais da CT-R; Conclusões; Crenças; Crenças positivas; Modo adaptativo; Resiliência
  visão geral, 1*f*, 8-12, 17, 91-92, 92*f*, 103-104
Funcionamento do cérebro, 15
Futuro, sonhos para o. *Ver* Aspirações

G
Grandes desejos, 65*f*, 66, 68-69, 71*t*. *Ver também* Aspirações; Objetivos

H
Habilidades de *grounding*, 171-172. *Ver também* Processo de redirecionamento do foco
Habilidades mente-corpo, 171-172
Humor, 87, 115-116, 161-162

I
Imaginário, 72-74, 73*f*, 76*f*, 145-146
Indivíduos, 248
Indivíduos isolados
  acessando e energizando o modo adaptativo e, 36-41, 38*f*
  CT-R em ambiente hospitalar e, 209-210, 211*f*
  desafios na comunicação e, 152-153
  sintomas negativos e, 108, 116
Indivíduos que rejeitam, 41-43, 42*f*
Indivíduos que se protegem, 41-43, 42*f*
Indivíduos retraídos, 36-41, 38*f*, 233-234. *Ver também* Sintomas negativos
Instituições de correção, 57-59, 78-79
Instituições forenses, 57-59, 78-79
Interações, CT-R. *Ver* Interações breves; Interações na CT-R
Interações breves, 36-37, 41-43, 209-210, 211*f*. *Ver também* Interações na CT-R
Interações na CT-R

controle e segurança e, 41-43
CT-R em ambiente hospitalar e, 209-210, 211*f*
estrutura das, 12-13, 13*f*
interações breves, 36-37
Mapa da Recuperação e, 30
visão geral, 17
Interesses
  CT-R em ambiente hospitalar e, 209-211, 211*f*, 212-213, 212*f*, 214-215, 217-218
  desenvolvendo ideias e suposições sobre, 33-35, 34*t*
  interesses compartilhados, 34-35
  interesses ou resposta de alto risco e, 41-46, 44*f*
  Mapa da Recuperação e, 30
Interesses Formas de se Engajar, seção do Mapa da Recuperação, 20-22, 21*f*. *Ver também* Mapa da Recuperação
Interesses ou resposta de alto risco, 41-46, 44*f*. *Ver também* Objetivos perigosos ou arriscados
Intervenções, 20, 30, 116, 185-186

J
Jogo olhe-aponte-nomeie, 143-146, 243-244
Jogos, 210-213, 212*f*, 226
Jogos interativos, 210-213, 212*f*

M
Mapa da Recuperação
  ação positiva e, 85*f*, 87
  acessando e energizando o modo adaptativo e, 9-10, 54-55, 59*f*
  alucinações e, 141-142, 142*f*
  aspirações e, 69*f*, 71, 77, 77*f*
  atualizar a característica central da CT-R e, 10-11
  benefícios do, 19-20
  como documentação, 25-26, 220-222
  CT-R em ambiente hospitalar e, 207-208, 220-224
  CT-R individual e, 192-193, 192*f*, 194, 194*f*, 199*f*, 200*f*, 202-203
  decidindo quando usar, 28-30
  delírios e, 119*f*, 123-125, 123*f*, 125*f*, 126, 126*f*, 129*f*, 130-131, 130*f*, 131*f*, 132, 133-134,
  desafios e, 11-12
  desafios na comunicação e, 147*f*, 152-154, 154*f*, 155*f*, 157*f*, 158-159
  desenvolver a característica central da CT-R e, 10-11
  durante o curso do tratamento, 25-28
  exemplo de um Mapa da Recuperação preenchido, 26*f*
  famílias e, 238
  formulário para, 249
  fortalecendo crenças positivas e, 46-48, 47*f*
  fortalecendo o modo adaptativo e, 11-12
  Guia de Instruções para o Mapa da Recuperação, 250-251

mantendo uma unidade com CT-R e, 220-221
Mapas da Recuperação compartilhados, 28-29
planejamento do tratamento e, 26-28
preenchendo, 19-26, 21*f*, 23*f*, 25*f*
sintomas negativos e, 110-111, 111*f*, 112*f*, 113, 113*f*
uso de substância e, 179-180
Ver também Ação positiva; Acessando e energizando o modo adaptativo; Aspirações; Desafios; Empoderamento; Plano de ação;
visão geral, 9-10, 17-20, 30
Mapeando a recuperação. *Ver* Mapa da Recuperação
Mídia, 36-37, 39-41
Mindfulness, 146-147
Modelo cognitivo, 7-9, 13-14, 17, 30, 273-273
Modo adaptativo
  acessando e energizando, 9-10
  aspirações e, 59-60
  atualizar a característica central da CT-R e, 10-11
  CT-R em ambiente hospitalar e, 207-209
  CT-R individual e, 190
  definindo as aspirações e, 63
  delírios e, 137-138
  desenvolver a característica central da CT-R e, 9-11
  empoderamento da família e, 238-242
  fortalecendo crenças positivas e, 45-50, 46*t*, 47*f*
  fortalecendo, 10-12
  interações na CT-R e, 12-13, 13*f*
  Mapa da Recuperação e, 19-20
  sintomas negativos e, 109-112, 111*f*, 112*f*, 118-119
  Ver também Acessando e energizando o modo adaptativo; Atualizando o modo adaptativo; Desenvolvendo o modo adaptativo; Fortalecendo o modo adaptativo; Modos
  visão geral, 7-12, 9*f*, 17, 59-60, 248
Modo de segurança, 129
Modo expansivo
  crenças grandiosas, 119*f*, 120-127, 123*f*, 125*f*, 126*f*, 134-135
  visão geral, 137-138, 248
Modo paciente
  CT-R individual e, 190
  desafios e, 23-24
  empoderamento da família e, 245
  visão geral, 7-9, 248
Modos, 7-8, 17. *Ver também* Modo adaptativo; Modo de segurança; Modo expansivo; Modo paciente
Momentos nas suas melhores condições, 7-8, 32-34. *Ver também* Modo adaptativo
Motivação
  aspirações e, 90

CT-R em ambiente hospitalar e, 216-217
CT-R em grupo e, 234-235
empoderamento e, 15, 100-101
programação de ação positiva para aspirações e, 85-86
sintomas negativos e, 109

N

Namoro, 5-6, 5f, 6f. *Ver também* Relacionamentos; Vida, priorizando
New Freedom Commission on Mental Health (2003), 5
Notando no momento, 93

O

Objetivos
   CT-R individual e, 192-194, 194f, 195
   distinguindo aspirações de outros alvos e, 65f, 66-70, 69f
   identificando aspirações e, 65f, 66
   Mapa da Recuperação e, 22-24, 23f
   transformando alvos do objetivo em aspirações e, 71t
   Ver também Aspirações
   visão geral, 63
Objetivos arriscados. *Ver* Objetivos perigosos ou arriscados
Objetivos distantes, 65f, 66, 69, 71t. *Ver também* Aspirações; Objetivos
Objetivos orientados para o tratamento, 65f, 66-67, 71t. *Ver também* Aspirações; Objetivos
Objetivos perigosos ou arriscados, 65f, 66, 69-70, 71t. *Ver também* Aspirações; Interesses ou resposta de alto risco; Objetivos
Observações, 93
Olmstead x. L.C. (1999), 4-5
Otimismo, 115-116, 234-235

P

Papéis. *Ver* Papéis significativos; Papel de ajuda
Papéis de cuidador, 245
Papéis do profissional, 184-185
Papéis significativos
   assistência orientada para a recuperação e, 5-6, 5f, 6f
   CT-R em ambiente hospitalar e, 217-221
   sintomas negativos e, 108
   Ver também Propósito; Vida, priorizando
   visão geral, 8-9
Papel de ajuda
   acessando e energizando o modo adaptativo e, 34-35, 41-43
   CT-R de grupo e, 234-236
   CT-R em ambiente hospitalar e, 209-212, 217-220
   sugestões para atividades, 252
Parâmetros da CT-R, 205-206, 256-272
Passos
   aumentando a ação positiva na direção das aspirações e, 83-85, 85f

avaliando o progresso e, 86-87
CT-R de grupo e, 227-231, 235-236
gráfico para dividir as aspirações em, 254
identificando os passos e, 85f
transformando os alvos do objetivo em aspirações e, 71t
Ver também Aspirações; Atualizando o modo adaptativo; Objetivos
visão geral, 65f, 66-67, 90
Perguntas abertas, 48-50. *Ver também* Questionamento
Perguntas fechadas, 48-50. *Ver também* Questionamento
Perguntas orientadoras e descoberta guiada
   considerações, 101-104
   CT-R de grupo e, 229-231
   CT-R em ambiente hospitalar e, 213-215, 220-221
   guiando para crenças positivas e de resiliência e, 96-100, 96t
   indo até as pessoas onde elas estão com, 102-104
   Ver também Questionamento
Planejamento
   aumentando a ação positiva na direção das aspirações e, 83-84
   avaliando o progresso e tirando conclusões a partir da ação positiva e, 87
   definição de aspirações e, 63
   desafios na comunicação e, 160-161
   sintomas negativos e, 112-113
   Ver também Plano de ação
Planejamento da transição, 263-265, 270-271
Planejamento do tratamento, 26-28, 251-263, 270-271
Plano de ação
   aumentando a ação positiva na direção das aspirações e, 83
   cartões de empoderamento e, 100-101
   CT-R de grupo e, 227-231, 231f, 232-236
   CT-R em ambiente hospitalar e, 207-208
   CT-R individual e, 194-196, 201-203, 202f
   Interações na CT-R e, 12-13, 13f
   Parâmetros da CT-R, 264-267
   sintomas negativos e, 112-113
   Ver também Atualizando o modo adaptativo; Mapa da Recuperação; Passos; Planejamento; Programação de ação positiva
   visão geral, 248
Ponte entre as sessões, 198-202, 202f, 231-232. *Ver também* CT-R individual
Previsibilidade, 165-167, 174-175
Problemas de saúde mental graves. *Ver* Doença mental
Processo de redirecionamento do foco

alucinações e, 138f, 140f, 141-149
autoagressão e, 171-172
desafios relacionados a trauma e, 185-186
empoderamento da família e, 243-244
Processo STEER, 176-178, 169f, 177f
Programação de ação positiva
   acessando e energizando o modo adaptativo e, 59-60
   CT-R em ambiente hospitalar e, 219-221
   energizando o modo adaptativo e, 49f, 50-52
   exemplo de, 51f
   fortalecendo crenças positivas e, 54-55, 55f
   lembrando crenças positivas e de resiliência e, 100-101
   para aspirações, 85-86
   Ver também Programação de atividades; Ação positiva
Programação de atividades
   CT-R em ambiente hospitalar e, 209-210, 211f
   energizando o modo adaptativo e, 49f, 50-52, 59-60
   exemplo de, 51f
   formulário para, 253
   Ver também Atividades; Programação de ação positiva
Progresso, índice do, 116-118
Progresso lento, 116-118
Progresso rápido, 117-118
Propósito
   atendimento orientado para a recuperação e, 5-6, 5f, 6f
   autoagressão e, 171-172
   CT-R de grupo e, 234-235
   CT-R em ambiente hospitalar e, 206
   interações na CT-R e, 12-13, 13f
   sintomas negativos e, 108, 112-113
   Ver também Papéis significativos
   visão geral, 8-10, 9f, 64

Q

Qualidade de vida, 5-6, 5f, 6f, 11-12, 64
Questionamento
   aspirações e, 76f
   CT-R de grupo e, 229-231
   CT-R em ambiente hospitalar, 213-215
   em vez de elogiar, 101-103
   fortalecendo crenças positivas e, 48-50
   guiando para crenças positivas e de resiliência e, 96-100, 96t
   identificando aspirações e, 64, 65f
   identificando crenças e, 93-94
   identificando os passos e, 83-84
   indo até as pessoas onde elas estão, 102-104
   transformando os alvos do objetivo em aspirações e, 71t
   Ver também Perguntas abertas; Perguntas fechadas

R
Recaída, 183-184, 184f
Recuperação, 4-6, 5f, 6f, 16-17, 248
Recursos visuais, 160-161
Rede social, 5-6, 5f, 6f, 214-215, 217-218. *Ver também* Comunidade; Relacionamentos; Vida, priorizando
Relação terapêutica
  acessando e energizando o modo adaptativo e, 48-49
  agressão e, 173-175
  CT-R individual e, 202-203
  definindo aspirações e, 63
  delírios e, 124-125, 134-137
  desafios na comunicação e, 158-162
  identificando crenças e, 94-96
  Ver também Conexão; Confiança; Relacionamentos
Relacionamentos
  atendimento orientado para a recuperação e, 5-6, 5f, 6f
  CT-R em ambiente hospitalar e, 206-208
  definição de aspirações e, 63
  desafios na comunicação e, 158
  sintomas negativos e, 108
  Ver também Comunidade; Namoro; Rede social; Relação terapêutica; Vida, priorizando;
Relaxamento, 146-147, 160-161, 171-172
Remoção de um desafio, 65f, 66-68, 71t. *Ver também* Aspirações; Desafios
Repetição, 57-58, 103-104, 118-119, 123-125
Resiliência
  aspirações e, 78-79
  CT-R de grupo e, 231f
  delírios e, 123f, 125f, 126-127, 132f, 134-135
  desafios na comunicação e, 152-153, 155f, 158-159
  empoderamento da família e, 241-242, 244-245
  empoderando, 10-12
  guiando para crenças positivas e de resiliência e, 96-100, 96t, 102-104
  identificando crenças positivas e, 92-96
  lembrando crenças positivas e de resiliência e, 99-102, 102f
  repetição no fortalecimento de crenças e, 57-58
  respondendo a estressores e, 102-103
  sintomas negativos e, 112-114, 113f
  uso de substância e, 182-183
  Ver também Fortalecendo o modo adaptativo
  visão geral, 6-10, 9f, 11-12, 248
Resultados, 13-17, 267-269, 271-272
Resultados de saúde, 11-12
Resultados do programa, 16-17, 205-206, 220-222, 256-272

S
Saúde pública, 11-12
Seção do Mapa da Recuperação de Ação Positiva e Empoderamento, 20. *Ver também* Ação positiva; Empoderamento; Mapa da Recuperação
Segurança
  acessando e energizando o modo adaptativo e, 41-43
  agressão e, 184-185
  aspirações perigosas e, 70
  crenças paranoides e o modo de segurança e, 128-135, 129f, 130f, 131f, 132f, 137-138
  definição de aspirações e, 63
  sintomas negativos e, 108
  trauma e, 164, 166-167, 185-186
Sentimentos, 74, 140-142, 142f, 160-162
Sentimentos como alucinações. *Ver* Alucinações
Significado
  ação positiva e, 84-87
  alucinações e, 145-146
  aspirações e, 22-24, 23f, 74-75, 75f, 76f
  CT-R em ambiente hospitalar e, 206
  CT-R individual e, 194-195
  delírios e, 124-126, 126f, 129f, 132-134, 137-138
  desafios na comunicação e, 156-158
  interações na CT-R e, 12-13, 13f
  Mapa da Recuperação e, 19-20
  sintomas negativos e, 117-118
  uso de substância e, 180-182
Sintomas. *Ver* Alucinações; Ansiedade; Autoagressão; Comportamento agressivo; Delírios; Sintomas negativos; Transtorno do pensamento formal; Trauma; Uso de substância;
Sintomas negativos
  acessando e energizando o modo adaptativo e, 109-112, 111f, 112f
  aspirações e, 111-113, 112f
  atualizando o modo adaptativo e, 112-113
  considerações em, 114-119
  empoderamento da família e, 241-243
  fortalecendo o modo adaptativo e, 112-114, 113f
  intervenções para, 255
  Mapa da Recuperação e, 23-24
  Ver também Desafios
  visão geral, 107-109, 118-119
Sintomas positivos, 23-24. *Ver também* Desafios
Situações de crise, 184-185
Solução de problemas
  autoagressão e, 171-172
  CT-R de grupo e, 228-231, 231f, 232, 235-236
  definição de aspirações e, 63
  fraco desempenho nos testes e tarefas e, 15

Sonhos, 111-113, 112f. *Ver também* Aspirações
Suposição, 93-94. *Ver também* Questionamento

T
Técnica da torta, 175f, 180-182
Tecnologia, 52
Tirando conclusões. *Ver* Conclusões
Trabalho, 5-6, 5f, 6f. *Ver também* Vida, priorizando
Transtorno de estresse pós-traumático (TEPT), 163. *Ver também* Trauma
Transtorno do pensamento formal, 150. *Ver também* Desafios na comunicação
Tratamento, 5-6, 5f, 6f, 15
Tratamento no meio, 205-206, 248, 257-259, 270-271. *Ver também* CT-R em ambiente hospitalar
Trauma
  acessando e energizando o modo adaptativo e, 165-167
  atualizando o modo adaptativo e, 166-168
  considerações, 182-186, 184f
  CT-R individual e, 196-197
  desenvolvendo o modo adaptativo e, 166-167
  Ver também Autoagressão; Comportamento agressivo; Uso de substância
  visão geral, 163-166, 185-186
Tríade cognitiva, 30

U
Uso de substância
  acessando e energizando o modo adaptativo e, 41-46, 44f, 179-181
  atualizando o modo adaptativo e, 175f, 180-183
  considerações, 182-186, 184f
  fortalecendo o modo adaptativo e, 182-183
  Mapa da Recuperação e, 23-24
  Ver também Desafios; Trauma
  visão geral, 177-179, 185-186

V
Valor, 164, 169, 185-186
Valor das atividades, 48-49. *Ver também* Atividades
Vendo coisas que não estão ali. *Ver* Alucinações
Verificação da recuperação, 198-202, 202f. *Ver também* CT-R individual
Vida diária, 12-13, 13f, 51, 93, 182-183
Vida, priorizando, 5-6, 5f, 6f, 64, 108
Vieses, 115-116
Visão geral da terapia cognitiva orientada para a recuperação (CT-R)
  características centrais da, 1f
  Parâmetros da CT-R, 256-272
  pesquisas e evidências que apoiam, 13-17
  recursos para, 273
  visão geral, 3-4, 8-12, 9f, 17
Vozes, ouvir. *Ver* Alucinações

IMPRESSÃO:

PALLOTTI
GRÁFICA

Santa Maria - RS | Fone: (55) 3220.4500
www.graficapallotti.com.br